生活窍门

全知道

曲波 编著

中国华侨出版社

北京

图书在版编目 (CIP) 数据

生活窍门全知道 / 曲波编著 . — 北京 : 中国华侨出版社 , 2017.5
ISBN 978-7-5113-6841-6

Ⅰ . ①生… Ⅱ . ①曲… Ⅲ . ①生活－知识 Ⅳ . ① TS976.3

中国版本图书馆 CIP 数据核字 (2017) 第 123361 号

生活窍门全知道

编　　著:	曲　波
出 版 人:	方　鸣
责任编辑:	滕　森
封面设计:	彼　岸
文字编辑:	陈凤玲
美术编辑:	张桓堃
经　　销:	新华书店
开　　本:	720mm × 1020mm　1/16　印张: 28　字数: 300 千字
印　　刷:	三河市万龙印装有限公司
版　　次:	2017 年 7 月第 1 版　2021 年 7 月第 3 次印刷
书　　号:	ISBN 978-7-5113-6841-6
定　　价:	75.00 元

中国华侨出版社　北京市朝阳区西坝河东里 77 号楼底商 5 号　邮编: 100028
法律顾问: 陈鹰律师事务所
发 行 部:　(010) 88893001　　　　传　真:　(010) 62707370

如果发现印装质量问题，影响阅读，请与印刷厂联系调换。

前言

日常生活中，我们经常会遇到一些小麻烦不知道如何处理，由此影响生活质量，比如衣服上的污渍怎么洗都洗不掉，买回家的大米总爱生虫子，厨房中的油烟很难清洗掉，柜子里已经堆得很满却还有不少东西没地方放置，新装修的甲醛味重没法居住，出门旅游晕车晕船很难受……这些小麻烦往往会给生活带来诸多不便，处理起来费时费力又令人头疼。这时候，你不妨学习一些实用的生活窍门来解决这些日常生活中的常见问题。

窍门就是解决问题的巧招、妙招。窍门是从生活实践中来的，是人们在日常生活中经过摸索或验证的宝贵技巧和经验，有着很高的实用价值，可以说集合了民间大众的生活智慧，可随时随地帮助你化解生活中的难题，协助你巧妙持家、智慧生活。这些窍门看似不起眼，却能轻松解决你困扰许久的麻烦，比如利用松节油可以轻松去除衣物上的油渍，用开水冲烫可以快速去除土豆皮等。小窍门贵在巧妙、快速、简便，可以让我们少走弯路，巧妙将繁杂琐碎的事情简单化，省时、省力、省心、又省钱。更为可贵的是，一些窍门还能帮我们减轻小病小痛的折磨，在一些诸如食物中毒、窒息等紧急情况下，采用适当的急救窍门还能帮我们实施自救或他救，从而化险为夷，挽救生命。

1

为满足现代家庭生活的需要，让更多的人轻松应对生活，不再为日常生活中的问题而烦恼，我们综合衣、食、住、用、行等各方面的窍门，汇编成这本《生活窍门全知道》。"饮食烹饪小窍门"针对食物的选购识别、储存保鲜、清洗加工、烹调等方面提供了大量窍门，可使你轻松烹饪一日三餐；"穿着服饰小窍门"可解决你在服饰选购、清洗、保养等方面的问题；"居家生活小窍门"针对你在装修布置、室内器具的修补与养护、清洁卫生、灭蟑除虫、节能环保等问题上提供很多实用的小窍门；"美容护肤小窍门"帮助你解决美白护肤、手足养护、美目护齿、护发美发、减肥塑形等方面的困扰；"家庭保健小窍门"帮助你解决失眠、口臭、困乏等令人烦恼的问题；"缓解病痛小窍门"针对感冒、头痛、哮喘、腹泻、胃痛、失眠，以及各种男科病、妇科病、儿科病和各种外伤，提供了大量有效的窍门和妙招，帮你快速解除病痛折磨；"休闲旅游小窍门"可解决你在栽花、养鱼、养宠物以及旅游出行等方面的小问题。

书中的窍门分类清晰简洁，即查即用，可随时随地帮助读者快速找到自己需要的信息。各种窍门简单易行，方便实用，一般人都可掌握，并不需要专门的技巧。而且，窍门中使用的材料随手可得，都是生活中常见常用的，花费也不多。掌握了这些生活小窍门，每个人都能成为居家生活的"百事通"。

目录

 第一章　饮食烹饪小窍门

食物选购和识别 /2

巧选冬瓜 /2

巧选苦瓜 /2

巧选萝卜 /2

巧选松菇 /2

巧选香菇 /2

巧识毒蘑菇 /2

巧选竹笋 /2

巧识激素水果 /3

巧识使用了"膨大剂"的猕猴桃 /3

巧选西瓜 /3

巧识母猪肉 /3

巧识种猪肉 /3

巧识死猪肉 /3

巧识病猪肉 /3

巧识注水猪肉 /3

巧识劣质猪肝 /4

识别猪肉上的印章 /4

巧选牛羊肉 /4

巧辨黄牛肉和水牛肉 /4

巧识注水鸡鸭 /4

巧选白条鸡 /4

巧选烧鸡 /5

巧辨鸡的老嫩 /5

巧辨活宰和死宰家禽 /5

巧选灌肠制品 /5

巧识掺淀粉香肠 /5

巧选鸡鸭蛋 /5

巧识散养柴鸡蛋 /5

巧识受污染鱼 /6

巧识注水鱼 /6

巧识毒死的鱼 /6

巧识变质带鱼 /6

巧识"染色"小黄鱼 /6

巧辨青鱼和草鱼 /6

巧辨鲢鱼和胖头鱼 /6

巧辨鲤鱼和鲫鱼 /6

巧识优质鱿鱼 /7

巧识养殖海虾与捕捞海虾 /7

巧选海蜇 /7

巧看鳃丝选海蟹 /7

巧选贝类 /7

巧辨人工饲养甲鱼和野生甲鱼 /7

巧选豆腐 /7

巧识掺假干豆腐 /7

巧识毒粉丝 /7

巧辨劣质银耳 /7

巧辨假木耳 /8

巧选酸白菜 /8

巧选紫菜 /8

巧选虾皮 /8

巧选干枣 /8

巧选瓜子 /8

巧识陈大米 /8

巧识"毒大米" /8

巧识用姜黄粉染色的小米 /9

巧识掺入色素柠檬黄的玉米面 /9

巧识掺入大米粉的糯米粉 /9

巧识添加增白剂的面粉 /9

巧辨手工拉面和机制面 /9

巧辨植物油的优劣 /9

1

巧识掺假食用油 /9

巧选香油 /9

食物清洗和加工 /10

盐水浸泡去叶菜残余农药 /10

加热烹饪法去蔬菜残余农药 /10

日照消毒可去蔬菜残余农药 /10

储存法去蔬菜残余农药 /10

巧洗菜花 /10

巧洗蘑菇 /10

巧洗香菇 /10

巧洗脏豆腐 /11

巧洗黑木耳 /11

巧为瓜果消毒 /11

巧去桃毛 /11

巧洗脏肉 /11

巧去冻肉异味 /11

食品快速解冻法 /12

猪心巧去味 /12

猪肝巧去味 /12

巧洗猪肚 /12

巧洗猪肺 /12

巧洗猪腰子 /12

巧洗咸肉 /12

巧淘米 /12

巧去土豆皮 /12

巧去萝卜皮 /13

巧去芋头皮 /13

巧去西红柿皮 /13

巧去莲心皮 /13

巧去蒜皮 /13

巧去姜皮 /13

巧剥毛豆 /13

巧切洋葱 /13

巧切黄瓜 /13

巧切竹笋 /13

巧除大蒜臭味 /13

巧除竹笋涩味 /14

巧除苦瓜苦味 /14

巧除芦荟苦味 /14

巧除菠菜涩味 /14

巧去桃子皮 /14

巧去橙子皮 /14

巧去大枣皮 /14

巧去板栗壳 /14

巧去核桃壳、皮 /14

巧别熟透的西瓜 /14

巧使生水果变熟 /14

巧除柿子涩味 /15

巧涨发蹄筋 /15

牛肉要横切 /15

切猪肉要斜刀 /15

鸡肉、兔肉要顺切 /15

巧切肥肉 /15

巧切肉丝 /15

巧切猪肘 /15

巧切猪大骨 /15

巧切火腿 /16

巧切肉皮 /16

巧做肉丸 /16

巧除猪腰臊味 /16

巧除鸡肉腥味 /16

巧分蛋清 /16

巧切蛋 /16

巧去鱼鳞 /16

巧去鲤鱼的白筋 /17

巧为整鱼剔骨 /17

巧手收拾黄鱼 /17

巧除贝类泥沙 /17

巧洗虾 /17

巧洗虾仁 /17

巧切鱼肉 /17

螃蟹钳手的处理 /17

巧洗乌贼 /17

巧洗螃蟹 /18

巧手收拾鲈鱼 /18

巧手收拾青鱼 /18

巧手收拾虾 /18

巧取虾仁 /18

巧取蚌肉 /18

巧取蟹肉 /19

巧去鱼身体黏液 /19

巧除腌鱼咸味 /19

除去海鲜腥味 /19

巧去手、口腥味 /19

巧除河鱼的"泥味" /19

巧除鱼胆苦味 /19

巧去带鱼腥味 /19

巧除甲鱼腥味 /19

巧除虾仁腥味 /19

巧除海参苦涩味 /19

巧泡海带 /20

巧泡干贝 /20

巧泡海米 /20

巧泡干海蜇 /20

巧泡鱿鱼干 /20

巧泡墨鱼干 /20

饺子不粘连小窍门 /20

巧做饺子皮 /20

农药残留多，怎样洗菜更干净 /20

洗平菇有什么小窍门吗 /21

小粒的芝麻该如何清洗 /22

怎样清洗才能去除水果上的果腊 /23

洗桃子有什么好办法 /23

如何洗葡萄才能又快又干净 /24

怎样快速泡发海带 /25

泡发香菇有何妙招 /25

切洋葱不流泪的小窍门是什么 /26

如何切菜不沾刀 /27

怎样切肉更轻松 /28

怎样剥开坚硬的坚果核 /28

怎样才能剥出完整的石榴果肉 /29

如何方便去果核 /29

怎样将未煮熟的虾剥皮 /30

怎样轻松除去鱼内脏 /31

剔除鱼刺有什么好办法 /31

有什么刮鱼鳞的小窍门吗 /32

鱼太腥怎么处理 /33

怎样轻松剥鸡蛋 /33

剥出完整松花蛋的办法是什么 /34

如何轻松去蒜皮 /34

如何取下柠檬果肉 /35

剥橙子有什么窍门 /36

剥掉芋头皮的便捷方法是什么 /36

快速剁肉馅的窍门是什么 /37

怎样取出完整的盒装豆腐 /38

怎样巧打海带结 /38

煮饭夹生了怎么办 /39

煎鸡蛋时总是溅油，怎么办 /40

去除汤面油脂的好办法是什么 /40

如何一锅煮出不同火候的鸡蛋 /41

怎样制作低热量蛋黄沙拉酱 /42

解冻冻肉的小窍门都有哪些 /42

有什么窍门能将蛋清、蛋黄分离 /43

如何自制果酱 /44

如何清洗草莓 /45

食物储存与保鲜 /46

大米巧防虫 /46

大米巧防潮 /46

大米生虫的处理 /46

米与水果不宜一起存放 /46

巧存剩米饭 /46

巧存面粉 /46

巧存馒头、包子 /46

巧存面包 /46

分类存放汤圆 /46

巧存蔬菜 /47

巧存小白菜 /47

巧存西红柿 /47

盐水浸泡鲜蘑菇 /47

巧存香菇 /47

存冬瓜不要去白霜 /47

存萝卜切头去尾 /47

巧存黄瓜 /48

黄瓜与西红柿不宜一起存放 /48

巧用丝袜存洋葱 /48

巧存韭菜 /48

巧存芹菜 /48

保存茄子不能去皮 /48

巧存青椒 /48

巧存莴苣 /48

巧存鲜藕 /48

巧存竹笋 /48

巧用苹果存土豆 /48

巧存豆角 /49

巧存豆腐 /49

巧存水果 /49

巧用纸箱存苹果 /49

巧防苹果变色 /49

巧用苹果存香蕉 /49

巧存柑橘 /49

巧存荔枝 /49

巧用醋保存鲜肉 /49

巧用料酒保存猪肉 /49

茶水浸泡猪肉可保鲜 /49

巧存鲜肝 /49

巧存腊肉 /49

夏季巧存火腿 /50

巧用面粉保存火腿 /50

巧用白酒存香肠 /50

葡萄酒保存火腿 /50

巧存熏肠 /50

巧防酸菜长毛 /50

巧用熟油存肉馅 /50

巧用葡萄酒保存剩菜 /50

巧用葡萄酒保存禽肉 /50

鸡蛋竖放可保鲜 /50

速烫法存鸡蛋 /50

蛋黄蛋清的保鲜 /50

鲜蛋与姜葱不宜一起存放 /50

松花蛋不宜入冰箱 /51

巧存鲜虾 /51

巧存鲜鱼 /51

鲜鱼保鲜法 /51

巧存活甲鱼 /51

巧存海参 /51

巧存海蜇 /51

巧存虾仁 /51

巧存虾米 /51

巧存泥鳅 /52

巧存活蟹 /52

巧使活蟹变肥 /52

巧存蛏、蛤 /52

巧存活蚶 /52

面包与饼干不宜一起存放 /52

巧用冰糖存月饼 /52

巧用面包存糕点 /52

巧让隔夜蛋糕恢复新鲜 /52

巧用苹果和白酒存点心 /52

饼干受潮的处理 /53

巧用微波炉加热潮饼干 /53

3

巧存食盐 /53

巧存酱油、醋 /53

巧存料酒 /53

巧存香油 /53

巧用维生素 E 保存植物油 /54

巧用生盐保存植物油 /54

巧法保存花生油 /54

巧选容器保存食用油 /54

巧存猪油 /54

巧存老汤 /54

巧存番茄酱 /54

牛奶不宜冰冻 /54

牛奶的保存时间 /54

牛奶忌放入暖瓶 /55

剩牛奶的处理 /55

巧用保鲜纸储存冰激凌 /55

存蜂蜜忌用金属容器 /55

巧法融解蜂蜜 /55

巧除糖瓶内蚂蚁 /55

巧解白糖板结 /55

巧存罐头 /55

啤酒忌震荡 /55

巧存葡萄酒 /55

真空法保存碳酸饮料 /56

巧用鸡蛋存米酒 /56

巧存药酒 /56

剩咖啡巧做冰块 /56

巧用生石灰存茶叶 /56

巧用暖水瓶储存茶叶 /56

冷藏法储存茶叶 /56

茶叶生霉的处理 /56

巧存人参、洋参 /56

熟银耳忌久存 /56

食物烹饪制作 /57

巧法补救夹生米饭 /57

巧除米饭煳味 /57

巧做陈米 /57

巧焖米饭不粘锅 /57

巧手一锅做出两样饭 /57

巧煮米饭不馊 /57

节约法煮米饭 /57

巧热剩饭 /58

炒米饭前洒点儿水 /58

煮汤圆不粘锅 /58

巧做饺子面 /58

巧煮饺子 /58

巧煮面条 /58

巧去面条碱味 /58

巧蒸食物 /58

蒸馒头碱大的处理 /58

巧热陈馒头 /58

巧炸馒头片 /58

炸春卷不煳锅 /58

炒菜省油法 /59

油锅巧防溅 /59

油炸巧防溢 /59

热油巧消沫 /59

巧用花生油 /59

巧用回锅油 /59

牛奶煮煳的处理 /59

巧热袋装牛奶 /59

巧让酸奶盖子不沾酸奶 /59

手撕莴苣味道好 /59

做四棱豆先焯水 /60

炒青菜巧放盐 /60

烧茄子巧省油 /60

巧炒土豆丝 /60

白酒去黄豆腥味 /60

巧煮土豆 /60

洋葱不炒焦的小窍门 /60

糖拌西红柿加盐味道好 /60

炒菜时适当加醋好 /60

巧治咸菜过咸 /60

巧去腌菜白膜 /60

巧炸干果 /60

花生米酥脆法 /60

巧煮花生米 /61

炒肉不粘锅 /61

巧炒肉片肉末 /61

巧炒猪肉 /61

做肉馅"三肥七瘦" /61

腌肉放白糖 /61

腌香肠放红葡萄酒 /61

巧炒牛肉 /61

巧用啤酒焖牛肉 /61

炖牛肉快烂法 /61

巧炒腰花 /62

巧炒猪肝 /62

巧炸猪排 /62

鸡肉炸前先冷冻 /62

巧法烤肉不焦 /62

煮排骨放醋有利于吸收 /62

巧去咸肉辛辣味 /62

煮猪肚后放盐 /62

巧炖羊肉 /62

巧除羊肉膻味 /62

炖火腿加白糖 /62

巧炖老鸭 /62

巧炖老鸡 /63
巧辨鸡肉的生熟 /63
巧除狗肉腥味 /63
巧用骨头汤煮鸡蛋 /63
巧煎鸡蛋 /63
炒鸡蛋巧放葱花 /63
炒鸡蛋放白酒味道佳 /63
巧煮鸡蛋不破 /63
巧去蛋壳 /64
巧煮有裂缝的咸鸭蛋 /64
巧煮咸蛋 /64
巧蒸鸡蛋羹 /64
巧打蛋花汤 /64
煎鱼不粘锅 /64
巧烧冻鱼 /64
巧煮鱼 /64
巧蒸鱼 /65
水果炖鱼味鲜美 /65
巧制鱼丸 /65
剩鱼巧回锅 /65
巧炒鲜虾 /65
蒸蟹不掉脚 /65
巧斟啤酒 /65
巧用牛奶除酱油味 /65
巧用西红柿去咸味 /65
巧用土豆去咸味 /65
泡蘑菇水的妙用 /65
白酒可去酸味 /65

饮食宜忌与食品安全 /66

进餐的正确顺序 /66
吃盐要适量 /66
喝绿豆汤也要讲方法 /66
汤面营养比捞面高 /66
馒头的营养价值比面包高 /66
包饺子不用生豆油 /66
萝卜分段吃有营养 /66
萝卜与烤肉同食可防癌 /67
凉拌菜可预防感染疾病 /67

蔬菜做馅不要挤汁 /67
香椿水焯有益健康 /67
洋葱搭配牛排有助消化 /67
白萝卜宜生食 /67
半熟豆芽有毒 /67
金针菜不宜鲜食 /67
大蒜不可长期食用 /67
蔬菜久存易生毒 /67
吃蚕豆当心"蚕豆病" /67
四季豆须完全炒熟 /68
巧除西红柿碱 /68
青西红柿不能吃 /68
空腹不宜吃西红柿 /68
水果忌马上入冰箱 /68
空腹不宜吃橘子 /68
空腹不宜吃柿子 /68
荔枝不宜多吃 /68
多吃菠萝易过敏 /68
肉类解冻后不宜再存放 /68
肉类焖吃营养高 /68
吃肝脏有讲究 /69
腌制食品加维生素C可防癌 /69
鸡蛋忌直接入冰箱 /69
鸡蛋煮吃营养高 /69
蛋类不宜食用过量 /69
炒鸡蛋不要加味精 /69
煮鸡蛋时间不要过长 /69
煮鸡蛋忌用冷水浸泡剥壳 /69
鸡蛋不宜与糖同煮 /69
忌用生水和热开水煮鸡蛋羹 /70
蒸鸡蛋羹忌提前加入调料 /70
蒸鸡蛋羹时间忌过长 /70
吃生鸡蛋害处多 /70
慎吃"毛蛋" /70
大豆不宜生食、干炒 /70
虾皮可补钙 /70
松花蛋最好蒸煮后再食用 /71
吃火锅的顺序 /71
火锅涮肉时间别太短 /71

吃火锅后宜吃水果 /71
吃火锅后不宜饮茶 /71
百叶太白不要吃 /71
喝牛奶的时间 /71
不要空腹喝牛奶 /72
牛奶的绝配是蜂蜜 /72
牛奶的口味并非越香浓越好 /72
奶油皮营养高 /72
牛奶加热后再加糖 /72
酸奶忌加热 /72
巧克力不宜与牛奶同食 /72
煮生豆浆的学问 /72
豆浆不宜反复煮 /72
鸡蛋不宜与豆浆同食 /72
红糖不宜与豆浆同食 /72
未煮透的豆浆不能喝 /73
保温瓶不能盛放豆浆 /73
煮开水的学问 /73
泡茶的适宜水温 /73
街头"现炒茶"别忙喝 /73
食用含钙食物后不宜喝茶 73
冷饮不能降温去暑 73
白酒宜烫热饮用 /73
喝汤要吃"渣" /73
不要喝太烫的汤 /73
饭前宜喝汤 /73
骨头汤忌久煮 /73
汤泡米饭害处多 /74

死甲鱼有毒 /74

吃螃蟹 "四除" /74

死蟹不能吃 /74

海螺要去头 /74

海鲜忌与洋葱、菠菜、竹笋同食 /74

第二章　穿着服饰小窍门

服饰选购 /76

巧选羽绒服 /76

巧识假羽绒服 /76

原毛羽绒服的鉴别 /76

巧选羊毛衫 /76

高档西装的选购 /76

正装衬衫的选购 /77

婴儿服装的选择 /77

选购儿童服装的小窍门 /77

巧选保暖内衣 /77

巧选睡衣 /78

巧选内衣 /78

内衣尺码的测量 /78

纯棉文胸好处多 /78

胸部较小者如何选择内衣 /78

巧选汗衫、背心 /79

巧选皮鞋 /79

羊绒制品的挑选 /79

皮装选购的窍门 /79

选购皮靴的窍门 /79

皮革的选购 /79

帽子的选购 /80

领带质量的鉴别 /80

皮带的选购 /80

长筒丝袜的选择 /80

巧选袜子 /80

假皮制品的鉴别 /81

呢绒好坏的鉴别 /81

化纤衣料的鉴别 /81

鉴别真丝和人造丝的窍门 /81

巧辨牛、羊、猪皮 /81

珍珠的鉴别 /81

购买钻饰的小窍门 /81

鉴别宝石的窍门 /81

穿戴搭配 /82

刚买的衣服不要马上穿 /82

皮肤白皙者的服饰色彩 /82

深褐色皮肤者的服饰色彩 /82

黄皮肤者的服饰色彩 /82

小麦肤色者的服饰色彩 /82

中年女性穿戴窍门 /82

老年妇女穿戴窍门 /83

男士服装的色彩搭配 /83

领带与西装的搭配 /83

皮带怎系要领 /83

项链的佩戴窍门 /83

佩戴围巾的窍门 /83

穿着无袖衫小窍门 /83

着装苗条小窍门 /84

腰粗者穿衣窍门 /84

小腹凸出者穿衣窍门 /84

臀部下垂者穿衣窍门 /84

臀肥腰细者穿衣窍门 /84

平胸女性穿衣窍门 /84

O 型腿人的着装窍门 /84

骨感女性的穿衣窍门 /84

胖人穿衣小窍门 /85

身材高大女性的穿衣窍门 /85

矮个女子巧穿衣 /85

上班族如何选择皮包 /85

女孩穿短裤的小窍门 /85

短腿者巧穿皮靴 /85

腿粗者巧穿皮靴 /86

女士骑车如何避免风吹裙子 /86

新衬衣的处理 /86

防丝袜向下翻卷窍门 /86

防丝袜下滑窍门 /86

防丝袜勒腿窍门 /86

巧解鞋带 /86

如何梳理假发 /86

如何固定假发 /86

戒指佩戴小窍门 /86

衣物清洗 /87

衣服翻过来洗涤好 /87

经济实用洗衣法 /87

蛋壳在洗涤中的妙用 /87

洗衣不宜久泡 /87

洗衣快干法 /87

鞋子快干法 /87

洗涤用品的选择 /87

棉织物的洗涤 /88

巧洗丝织品 /88

麻类织物的洗涤 /88

亚麻织物的洗涤 /88

巧洗毛衣 /88

巧洗羊毛织物 /88

莱卡的洗涤方法 /88
巧洗轻质物品 /88
蕾丝衣物的清洗 /88
巧法减少洗衣粉泡沫 /88
干洗衣物的处理 /88
巧洗羽绒服 /89
洗毛巾的方法 /89
巧洗衬衫 /89
巧洗长袖衣物 /89
巧洗白色袜子 /89
巧洗白背心 /89
巧洗汗衫 /89
洗牛仔服小窍门 /89
巧洗内衣 /89
巧洗衣领、袖口 /90
巧洗毛领 /90
巧洗帽子 /90
巧洗胶布雨衣 /90
巧洗毛线 /90
巧洗绒布衣 /90
巧洗蚊帐 /90
巧洗宝石 /90
巧洗钻石 /91
巧洗黄金饰品 /91
银饰品的清洗 /91
假发的清洗窍门 /91
洗雨伞小窍门 /91
巧刷白鞋 /91
巧擦皮革制品四法 /91
巧洗翻毛皮鞋 /91
巧除咖啡渍、茶渍 /92
巧去油渍 /92
巧去汗渍 /92
巧除柿子渍 /92
巧去油漆渍 /92
巧去墨水污渍 /92
巧去奶渍 /93
巧去鸡蛋渍 /93
除番茄酱渍 /93

巧去呕吐迹 /93
巧去血迹 /93
巧除果汁渍 /93
巧去葡萄汁污渍 /93
巧去酒迹 /93
除尿渍 /93
巧去煤油渍 /93
巧去醋渍 /93
除蟹黄渍 /94
除圆珠笔油渍 /94
除复写纸、蜡笔色渍 /94
除印油渍 /94
除黄泥渍 /94
除胶类渍 /94
除锈渍 /94
除桐油渍 /94
除柏油渍 /94
除烟油渍 /94
除沥青渍 /94
除青草渍 /94
鱼渍、鱼味的去除 /94
除红药水渍 /94
除碘酒渍 /94
除药膏渍 /95
除高锰酸钾渍 /95
除口红渍 /95
巧去眉笔色渍 /95
巧去甲油渍 /95
巧去染发水渍 /95
巧去皮革污渍 /95
白皮鞋去污法 /95
巧去绸缎的斑点 /95
巧去霉斑 /95

巧去口香糖 /96
衣服沾上口红印，怎样去除 /96
如何清洗衣服上的酱油渍 /96
衣服滴上蜡油怎么办 /97
衣服沾上锈迹，怎样去除 /98
衣服粘上口香糖怎么办 /98
衣服上的黄渍如何清理 /99
衣服沾上机油如何清洗 /100
如何清洗衣服上的墨迹 /100
怎样清洗新文胸 /101
电热毯怎么洗 /101
衣服如何进行局部清洗 /102
衣服起球了该怎么办 /103
怎样清除衣服上沾上的头发丝 /103
甩干衣服时如何防止衣服被磨损 /103
甩衣服时衬衫领变形怎么办 /104
如何刷洗白球鞋 /105

熨烫、织补与修复 /106

简易熨平 /106
巧法熨烫衣裤 /106
巧去衣服熨迹 /106
毛呢的熨烫 /106
棉麻衣物的熨烫 /106
丝绸衣物的熨烫 /106
毛衣的熨烫 /106
皮革服装的熨烫 /106
化纤衣物的熨烫 /106
羽绒服装的熨烫 /106
巧熨有褶裙 /106
巧除领带上的皱纹 /107
巧熨腈纶围巾 /107
巧熨羊毛围巾 /107

巧去西服中的气泡 /107
腈纶衣物除褶皱法 /107
衣物香味持久的小窍门 /107
衣物恢复光泽的小窍门 /107
巧补皮夹克破口 /107
棉织物烫黄后的处理 /107
化纤衣料烫黄后的处理 /107
巧补羽绒服破洞 /107
自制哺乳衫 /107
旧衣拆线法 /108
巧穿针 /108
白色衣服泛黄的处理 /108
防衣物褪色四法 /108
防毛衣缩水的小窍门 /108
防毛衣起球的小窍门 /108
毛衣磨损的处理 /108
巧去絮状物 /108
巧去毛呢油光 /108
如何恢复毛织物的光泽 /109
使松大的毛衣缩小法 /109
巧法防皮鞋磨脚 /109
皮鞋受潮的处理 /109
皮鞋发霉的处理 /109
鞋垫如何不出鞋外 /109
皮鞋褪色的处理 /109
呢绒大衣如何烫熨 /109
熨衣服时烧焦了怎么办 /110

保养与收藏 /111

麻类服装的保养 /111
丝织品的保养 /111
巧去呢绒衣上的灰尘 /111
白色衣物除尘小窍门 /111

醋水洗涤可除异味 /111
巧除胶布雨衣异味 /111
巧晒衣物 /111
西装的挂放 /111
巧除西装发光 /112
西装的保养 /112
皮包的保养 /112
领带的保养 /112
手套的保养 /112
延长皮带寿命的窍门 /112
如何延长丝袜使用寿命 /112
巧除绸衣黄色 /112
纽扣的保养 /112
巧除衣扣污迹 /113
铂金首饰的保养 /113
珍珠的保养 /113
钻石的保养 /113
黄金首饰变白的处理 /113
宝石戒指的擦拭 /113
银饰品的擦拭 /113
如何恢复银饰品的光泽 /113
翡翠的保养 /113
巧晒球鞋 /113
巧除胶鞋异味 /113
去除鞋内湿气 /113
皮鞋除皱法 /114
皮鞋"回春"法 /114
新皮鞋的保养 /114
皮靴的保养 /114
皮鞋淋雨后的处理 /114
如何擦黄色皮鞋 /114
白皮鞋的修补 /114
巧除球鞋污点 /114

鞋油的保存 /114
巧除毛皮衣物蛀虫 /114
毛料衣物的收藏 /115
皮鞋的收藏 /115
棉衣的收藏 /115
化纤衣物的收藏 /115
麻类服装的收藏 /115
羽绒服的收藏 /116
真丝品的收藏 /116
巧除球鞋臭味 /116
内衣的收藏 /116
使用樟脑丸的讲究 /116
加金银线的衣服别放樟脑 /116
衣物留香妙招 /116
大领衣服挂不住，怎么办 /116
怎样叠 T 恤不会有褶皱 /117
怎样挂裤子不会掉 /117
衣服太多，衣橱不够大怎么办 /118
贴身衣物如何收存才能不散乱 /119
如何叠衣服省时又省力 /119
如何收纳厚棉衣最节省空间 /120
单层隔板鞋柜，如何扩大容积 /121
不穿的长筒靴该怎样存放 /122
如何收纳高跟鞋 /122
怎样收存丝巾干净整齐 /123
怎样收存领带最整齐 /124
怎样晾帽子不变形 /125
怎样晾床单最节省空间 /126
连衣裙背后的拉链总是很难拉，怎么办 /126
防止鞋底打滑有什么妙招吗 /27
怎样佩戴胸针不会留下皱纹 /128
有什么方法能够轻松打领带 /128
怎样打一个可以调整长度的饰品绳结 /129
怎样快速缝制一条合身的棉裤 /130
怎样让披肩变外套 /131

第三章　居家生活小窍门

家居用品选购 /134

巧辨红木家具 /134

选购红木家具留意含水率 /134

重视红木类别及拉丁文名称 /134

避开销售旺季买空调 /134

买空调按面积选功率 /134

按照房间朝向选空调 /134

巧算能效选空调 /134

巧选电扇 /135

彩电试机小窍门 /135

冰箱上星级符号的意义 /135

巧识无霜冰箱 /135

买电炒锅前先查电 /135

巧试电炒锅的温控性能 /135

巧验高压锅密封性 /136

买高压锅应注意的细节 /136

购买高压锅应查看是否有泄压装置 /136

巧选消毒碗柜 /136

巧选微波炉 /136

购买油烟机的小窍门 /136

巧法识别电脑处理器 /136

巧选电脑显示器 /136

巧法识别正版手机 /136

巧识正版数码相机 /137

巧选计算器 /137

纽扣电池的失效判别 /137

巧购皮沙发 /137

巧购布艺沙发 /137

巧辨泡沫海绵选沙发 /137

巧选冬被套 /137

巧选毛巾被 /137

巧选卫浴产品 /138

巧选婴儿床 /138

巧选婴儿车 /138

巧选瓷器 /139

巧选热水瓶胆 /139

巧选玻璃杯 /139

巧辨节能灯 /139

巧看灯泡功率 /139

按面积选灯泡 /139

巧选茶壶 /139

巧识有毒塑料袋 /139

装修布置 /140

巧选装修时间 /140

巧选装修公司 /140

巧除手上的油漆 /140

春季装修选材料要防水 /140

冬季装修注意事项 /140

雨季装修选材小窍门 /140

雨季装修应通风 /140

雨季装修巧上泥子 /141

巧算刷墙涂料用量 /141

增强涂料附着力的妙方 /141

蓝墨水在粉墙中可增白 /141

刷墙小窍门 /141

油漆防干法 /141

防止油漆进指甲缝的方法 /141

购买建材小窍门 /141

防止墙面泛黄小窍门 /141

计算墙纸的方法 /141

巧除墙纸气泡 /142

低矮空间天花板巧装饰 /142

切、钻瓷砖妙法 /142

瓷砖用量的计算方法 /142

巧选瓷砖型号 /142

巧粘地砖 /142

厨房装修五忌 /143

扩大空间小窍门 /143

客厅装饰小窍门 /143

卧室装饰小窍门 /143

厨房装饰小窍门 /143

厨房最好不做敞开式 /144

厨房家具的最佳高度 /144

卫浴间装饰小窍门 /144

装修卫生间门框的小窍门 /144

卫生间安装镜子的小窍门 /144

巧装莲蓬头 /144

合理利用洗脸盆周围空间 /144

巧用浴缸周围的墙壁 /144

利用冲水槽上方空间 /145

巧粘玻璃拉手 /145

自制毛玻璃 /145

陶瓷片、卵石片可划玻璃 /145

巧用胶带纸钉钉 /145

墙上钉子松后的处理 /145

旋螺丝钉省力法 /145

家具钉钉防裂法 /145

巧法揭胶纸、胶带 /145

关门太紧的处理 /145

门自动开的处理 /146

装饰贴面鼓泡消除法 /146
低矮房间的布置 /146
巧招补救背阴客厅 /146
餐厅色彩布置小窍门 /146
巧搬衣柜 /146
巧用磁带装扮家具 /146
以手为尺 /146
室内家具搬动妙法 /147
防止木地板发声的小窍门 /147
巧用墙壁隔音 /147
巧用木质家具隔音 /147
巧用装饰品隔音 /147
巧法美化壁角 /147
巧法美化阳台 /147
家具陈列设计法 /147
家具"对比"布置 /147
小居室巧配书架 /148
巧放婴儿床 /148
电视机摆放的最佳位置 /148
放置电冰箱小窍门 /148
巧法避免沙发碰损墙壁 /148
防止沙发靠背压坏墙壁 /148
家居"治乱" /148

修补与养护 /149

巧用废塑料修补搪瓷器皿 /149
防玻璃杯破裂 /149
治"长流水"小窍门 /149
防止门锁自撞的方法 /149

排除水龙头喘振 /149
巧用铅块治水管漏水 /149
刀把松动的处理 /149
陶器修补小窍门 /149
指甲油防金属拉手生锈 /150
巧法延长日光灯寿命 /150
巧防钟表遭电池腐蚀 /150
电视机防尘小窍门 /150
延长电视机寿命小窍门 /150
拉链修复法 /151
红木家具的养护 /151
家具漆面擦伤的处理 /151
家具表面烧痕的处理 /151
巧除家具表面烫痕 /151
巧除家具表面水印 /151
家具蜡痕消除法 /151
白色家具变黄的处理 /151
巧防新木器脱漆 /151
巧为旧家具脱漆 /151
桐木家具碰伤的处理 /151
巧法修复地毯凹痕 /152
地毯巧防潮 /152
床垫保养小窍门 /152
巧晒被子 /152
巧存底片 /152
巧除底片指纹印 /152
巧除底片尘土 /152
巧除底片擦伤 /152
巧法防底片变色 /153
巧用牙膏修护表蒙 /153
巧妙保养新手表 /153
巧使手表消磁 /153
巧用硅胶消除手表积水 /153
巧用电灯消除手表积水 /153
如何保养手机电池 /153
巧除书籍霉斑 /153
巧除书籍苍蝇便迹 /153
水湿书的处理 /153
巧用口香糖"洗"图章 /153

巧除印章印泥渣 /154
巧用醋擦眼镜 /154
巧法分离粘连邮票 /154
巧铺塑料棋盘 /154
冬季巧防自行车慢撒气 /154
新菜板防裂小窍门 /154
延长高压锅圈寿命小窍门 /154
冰箱封条的修理 /154
电池保存小窍门 /154

物品使用 /155

牙膏巧做涂改液 /155
巧用肥皂 /155
肥皂头的妙用 /155
使软化肥皂变硬的妙方 /155
肥皂可润滑抽屉 /155
蜡烛头可润滑铁窗 /155
巧拧瓶子盖 /155
轻启玻璃罐头 /155
巧开葡萄酒软木塞 /156
巧用橡皮盖 /156
盐水可除毛巾异味 /156
巧用碱水软化毛巾 /156
开锁断钥匙的处理 /156
巧用玻璃瓶制漏斗 /156
叠紧的玻璃杯分离法 /156
烧开水水壶把不烫手 /156
巧除塑料容器怪味 /156
巧用透明胶带 /156
巧磨指甲刀 /156
钝刀片变锋利法 /157
钝剪刀快磨法 /157
拉链发涩的处理 /157
调节剪刀松紧法 /157
蛋清可黏合玻璃 /157
洗浴时巧用镜子 /157
破旧袜子的妙用 /157
防眼镜生"雾" /157
不戴花镜怎样看清小字 /157

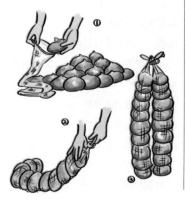

保持折伞开关灵活法 /157

旧伞衣的利用 /158

巧用保温瓶 /158

手机上的照片备份妙方 /158

巧用手机＃键 /158

巧妙避开屏保密码 /158

巧用电脑窗口键 /158

输入网址的捷径 /158

电池没电应急法 /158

电池使用可排顺序 /158

巧用电源插座 /158

夏日巧用灯 /158

盐水可使竹衣架耐用 /158

自制简易针线轴 /159

吸盘挂钩巧吸牢 /159

防雨伞上翻的小窍门 /159

凉席使用前的处理 /159

自制水果盘 /159

巧手做花瓶 /159

自织小地毯 /159

电热毯再使用小窍门 /159

提高煤气利用率的妙方 /159

巧烧水节省煤气 /160

巧为冰箱除霜 /160

冰箱停电的对策 /160

冰箱快速化霜小窍门 /160

电冰箱各间室的使用 /160

巧用冰温保鲜室 /160

食物化冻小窍门 /160

冬季巧为冰箱节电 /160

加长洗衣机排水管 /160

如何减小洗衣机噪声 /160

电饭锅省电法 /161

电话减噪小窍门 /161

电视节能 /161

热水器使用诀窍 /161

用玻璃弹珠消除疲劳 /161

巧用圆珠笔五法 /161

清洁卫生 /162

巧除室内异味 /162

活性炭巧除室内甲醛味 /162

家养吊兰除甲醛 /162

巧用芦荟除甲醛 /162

巧用红茶除室内甲醛味 /162

食醋可除室内油漆味 /162

巧用盐水除室内油漆味 /162

巧用干草除室内油漆味 /162

巧用洋葱除室内油漆味 /162

牛奶消除家具油漆味 /162

食醋可除室内烟味 /162

巧用柠檬除烟味 /163

咖啡渣除烟味 /163

巧除厨房异味 /163

巧用香水除厕所臭味 /163

巧用食醋除厕所臭味 /163

点蜡烛除厕所异味 /163

燃废茶叶除厕所臭味 /163

巧用洁厕灵疏通马桶 /163

巧用可乐清洁马桶 /163

塑料袋除下水道异味 /163

巧用丝袜除下水道异味 /163

巧用橘皮解煤气异味 /163

巧除衣柜霉味 /163

巧用植物净化室内空气 /163

巧用洋葱擦玻璃 /164

巧除玻璃上的石灰 /164

粉笔灰可使玻璃变亮 /164

牙膏可使玻璃变亮 /164

巧用蛋壳擦玻璃 /164

用啤酒擦玻璃 /164

巧除玻璃油迹 /164

巧除玻璃上的油漆 /164

巧用软布擦镜子 /164

巧用牛奶擦镜子 /164

塑钢窗滑槽排水法 /164

巧用牛奶擦地板 /164

巧用橘皮擦地板 /164

巧去木地板污垢 /165

巧用漂白水消毒地板 /165

巧除墙面蜡笔污渍 /165

地砖的清洁与保养 /165

巧除地砖斑痕 /165

巧除家具表面油污 /165

冬季撒雪扫地好处多 /165

巧用旧毛巾擦地板 /165

塑料地板去污法 /165

巧除水泥地上的墨迹 /165

巧洗脏油刷 /165

毛头刷除藤制家具灰尘 /165

绒面沙发除尘法 /166

除床上浮灰法 /166

巧除家电缝隙的灰尘 /166

巧给荧光屏除尘 /166

巧除钟内灰尘 /166

冬季室内增湿法 /166

自制加湿器 /166

自制房屋吸湿剂 /166

地面返潮缓解法 /166

除干花和人造花灰尘 /166

如何彻底清洗饮水机 /166

如何清洗毛绒玩具 /167
怎样快速消除烟味 /168
如何保持菜板清洁 /169
餐具油污难洗净，怎么办 /169

器物清洗与除垢 /171

巧用烟头洗纱窗 /171
巧除纱窗油渍 /171
巧用碱水洗纱窗 /171
巧用牛奶洗纱窗帘 /171
巧用手套清洗百叶窗 /171
去除床垫污渍小窍门 /171
巧除双手异味 /171
巧洗椅垫 /171
家庭洗涤地毯 /172
酒精清洗毛绒沙发 /172
巧法清洁影碟机 /172
剩茶水可清洁家具 /172
锡箔纸除茶迹 /172
巧法清洁钢琴 /172
巧用茶袋清洗塑料制品 /172
巧用面汤洗碗 /172
巧洗装牛奶的餐具 /172
巧洗糖汁锅 /172
巧洗瓦罐砂锅 /172
巧洗银制餐具 /172
巧除电饭锅底焦 /172
玻璃制品及陶器的清洗 /173
塑料餐具的清洗 /173
苹果皮可使铝锅光亮 /173
巧去锅底外部煤烟污物 /173

巧洗煤气灶 /173
白萝卜擦料理台 /173
巧用保鲜膜清洁墙面 /173
瓷砖去污妙招 /173
巧用乱发擦拭脸盆 /173
巧去铝制品污渍 /173
巧除热水瓶水垢 /173
巧用水垢除油污 /174
巧用废报纸除油污 /174
巧用黄酒除油污 /174
巧用菜叶除油污 /174
巧用鲜梨皮除焦油污 /174
巧用白酒除餐桌油污 /174
食醋除厨房灯泡油污 /174
食醋除排气扇油污 /174
小苏打可洗塑料油壶 /174
巧用碎蛋壳除油垢 /174
漂白粉除木器油污 /174
巧法避免热水器水垢 /174
饮水机加柠檬巧去渣 /174
巧除淋浴喷头水垢 /174
巧除水杯茶垢 /174
巧除碗碟积垢 /174
巧除水壶水垢 /175
巧除电熨斗底部污垢 /175
巧除地毯污渍 /175
巧除地毯口香糖渣 /175
凉席除垢法 /175
盐水洗藤竹器 /175
塑料花的洗涤 /175
巧用葱头除锈 /175

巧用淘米水除锈 /175
食醋可除锈 /175
巧用蜡油防锈 /175
橘子皮可除冰箱异味 /175
巧用柠檬除冰箱异味 /175
暖瓶里厚厚的水碱该如何清除 /176

灭蟑除虫 /177

巧用夹竹桃叶驱蟑螂 /177
巧用黄瓜驱蟑螂 /177
巧用橘皮驱蟑螂 /177
巧捕蟑螂 /177
巧用洋葱驱蟑螂 /177
巧用盖帘除蟑螂 /177
巧用抽油烟机废油灭蟑螂 /177
桐油捕蟑螂 /177
巧用胶带灭蟑螂 /177
巧用灭蝇纸除蟑螂 /177
自制灭蟑药 /177
硼酸灭蟑螂 /178
冬日巧灭蟑螂 /178
旧居装修巧灭蟑螂 /178
果酱瓶灭蟑螂 /178
节省蚊香法 /178
蛋壳灭蚊 /178
香烟丝驱蚊 /178
巧用电吹风驱蚊 /178
巧用醪糟灭蚊 /178
巧用玉米面灭蚊 /179
糖罐防蚁小窍门 /179
恶治蚂蚁 /179
鲜茴香诱杀蚂蚁 /179
甜食诱杀蚂蚁 /179
蜡封蚁洞除蚂蚁 /179
巧用肥肉除蚁 /179
巧用橡皮条驱红蚂蚁 /179
蛋壳驱除鼻涕虫 /179
辣椒防虫蛀 /179
中药丸蜡壳放樟脑防虫 /179

节能环保 /180

怎样利用冰箱空间减少耗能 /180

怎样烧水更节能 /180

煮饭省电有什么窍门 /181

怎样做绿豆汤方便又节能 /182

怎样煮腊八粥更省电 /182

怎样做蛋炒饭更省煤气 /183

灯光太暗，如何提亮 /184

怎样煮元宵能省电 /184

空调冷凝水都有什么妙用 /185

怎样节约马桶槽冲水的耗水量 /186

水龙头的水四处喷溅浪费水怎么办 /186

水管漏水了怎么办 /187

如何延长毛刷使用寿命 /188

破洞的毛绒坐垫如何修补 /188

如何对付难穿的旧鞋带 /189

擦车节水的小窍门有什么 /190

卷笔刀该如何翻新 /190

节约洗手液有什么方法 /191

创意生活 /183

有什么妙法可以轻松揭胶带 /193

怎样打结牢固又易解 /193

锁头锈住了打不开，怎么办 /194

拧紧的螺丝总是松，怎么办 /195

如何解决挂钩粘不牢固的难题 /196

怎样把叠在一起的玻璃杯快速分离 /196

遥控器反应迟钝，有什么办法能恢复灵敏 /197

防止自行车胎漏气有什么诀窍 /198

出远门没人浇花怎么办 /198

如何提重物不觉得勒手 /199

大摞报纸怎么拎比较省力 /200

外出洗手成难题，如何解决 /200

眼镜总是从鼻梁上滑落该怎样解决 /201

自己贴膏药有何妙招 /202

裹浴巾总是滑落怎么办 /202

年画总是挂歪怎么办 /203

保鲜膜总是被拽出来怎么办 /204

防止拉链下滑有什么妙招吗 /204

运动后如何能保持衣服干爽 /205

怎样轻松拉断塑料绳 /206

塑料瓶有什么妙用 /206

如何制作应急漏斗 /207

如何用旧领带做伞套 /208

打碎的鸡蛋怎样快速清理 /209

怎样刷马桶省时又省力 /209

清理难以擦拭的门窗凹槽有什么好办法 /210

扫地时总是卷起漫天灰尘，怎样解决 /210

地毯上的液体污渍该如何清理 /211

有什么办法能让旧书看起来像新的一样 /212

如何保持遥控器的清洁 /213

怎样让电视机看上去更加干净 /213

照片该怎样清洗 /214

第四章　美容护肤小窍门

美白护肤 /216

软米饭洁肤 /216

巧用米醋护肤 /216

黄酒巧护肤 /216

干性皮肤巧去皱 /216

干性皮肤保湿急救法 /216

蒸汽去油法 /216

自制蜂蜜保湿水 /216

巧法使皮肤细嫩 /217

淘米水美容 /217

草茉莉子可护肤 /217

白萝卜汁洗脸美容 /217

西瓜皮美容 /217

快速去死皮妙招 /217

豆浆美容 /217

黄瓜片美容 /217

豆腐美容 /217

猪蹄除皱法 /217

南瓜巧护肤 /217

丝瓜藤汁美容 /218

巧用橘皮润肤 /218

盐水美白法 /218

西红柿美白法 /218

牛奶护肤 /218

简易美颜操 /218

上网女性巧护肤 /219

巧用吹风机洁肤 /219

冰敷改善毛孔粗大 /219

水果敷脸改善毛孔粗大 /219

柠檬汁洗脸可解决毛孔粗大 /219

吹口哨可美容 /219

去除抬头纹的小窍门 /219

夏季皮肤巧补水 /219

花粉能有效抗衰老 /219

鸡蛋巧去皱 /219

鸡蛋橄榄油紧肤法 /219
巧法去黑头 /219
栗子皮紧肤法 /220
香橙美肤法 /220
蜜水洗浴可嫩肤 /220
海盐洗浴滋养皮肤 /220
酒浴美肤法 /220
促进皮肤紧致法 /220
颈部保湿小窍门 /220
颈部美白小窍门 /220
洁尔阴缓解紫外线过敏 /220
凉水冷敷缓解日晒 /221
鸡蛋祛斑妙招 /221
巧除暗疮 /221
巧用芦荟去青春痘 /221
夏季除毛小窍门 /221
柠檬汁可祛斑 /221
食醋洗脸可祛斑 /221
巧用茄子皮祛斑 /221
维生素 E 祛斑 /221
产后祛斑方 /222
牛肝粥缓解蝴蝶斑 /222
醋加面粉祛斑 /222
芦荟叶缓解雀斑 /222
酸奶面膜减淡雀斑 /222
胡萝卜牛奶除雀斑 /222
搓擦法消除老年斑 /222
色拉酱缓解老年斑 /222
鲜茭白缓解酒糟鼻 /222
缓解红鼻子 /223
麻黄酒缓解酒糟鼻 /223
食盐缓解酒糟鼻 /223
肤质粗糙，如何自制面膜 /223

祛斑美白有什么小窍门 /224
滋润皮肤有什么小妙招 /224
消除青春痘有什么妙招 /225
身上有瘀青如何去除 /225
有什么办法能够缩小毛孔 /226
怎样解决颈部皮肤松弛的问题 /226
薏仁粉美白皮肤 /227
维生素 C 美白皮肤 /227
按摩脚掌增白 /227
苹果汁美白皮肤 /227

手足养护 /228

自制护手霜 /228
自制护手油 /228
巧用橄榄油护手 /228
巧做滋润手膜 /228
手部护理小窍门 /228
柠檬水巧护手 /229
巧用维生素 E 护手 /229
敲击可促进手部血液循环 /229
秋冬用多脂香皂洗手 /229
巧除手上圆珠笔污渍 /229
修剪指甲的小窍门 /229
巧去指甲四周的老化角质 /229
巧用化妆油护甲 /229
使软皮变软的小窍门 /229
巧用醋美甲 /229
加钙亮油护甲 /229
去除足部硬茧的小窍门 /230
改善脚部粗糙的小窍门 /230
柠檬水巧去角质 /230
双足放松小窍门 /230
脚部的健美运动 /230

巧用莲蓬头按摩脚部 /230
去脚肿小窍门 /231
泡脚小窍门 /231
脚趾摩擦可护足 /231
巧除手指烟迹 /231
氯霉素滴眼液去灰指甲 /231
凤仙花缓解灰指甲 /231
韭菜汁缓解手掌脱皮 /231
柏树枝叶缓解指掌脱皮 /231
黑芸豆缓解手裂脱皮 /231
染发剂沾到皮肤上了，怎么办 /231
指甲油易脱落，怎样保护更持久 /232
如何快速去除手上的死皮 /233

美目护齿 /234

常梳眉毛粗又黑 /234
巧用茶叶祛黑眼圈 /234
苹果祛黑眼圈 /234
巧用酸奶祛黑眼圈 /234
巧用蜂蜜祛黑眼圈 /234
妙法消除下眼袋 /234
巧用黄瓜消除下眼袋 /234
奶醋消除眼肿 /234
冷热敷交替消"肿眼" /235
按摩法消除眼袋 /235
按摩法改善鱼尾纹 /235
两分钟除皱按摩 /235
使用眼膜的小窍门 /235
敷眼膜的最佳时间 /235
按摩法消除眼袋 /235
熬夜巧护目 /235
巧用茶水增长睫毛 /235
巧用橄榄油美唇 /235
巧用维生素润唇 /235
自制奶粉唇膜 /236
巧用保鲜膜润唇 /236
热敷去嘴唇角质翘皮 /236
巧用白糖清除嘴唇脱皮 /236
巧去嘴唇死皮 /236

防唇裂小窍门 /236

维生素 B_2 缓解唇裂 /236

蜂蜜缓解唇裂 /236

蒸汽缓解烂嘴角 /236

按摩法去唇纹 /236

自制美白牙膏 /237

牙齿洁白法 /237

选择牙刷的小窍门 /237

芹菜可美白牙齿 /237

奶酪可固齿 /237

叩齿、按摩可坚固牙齿 /237

巧用苹果汁刷牙 /237

巧用花生除牙垢 /237

巧除牙齿烟垢 /238

睫毛短小，如何增长 /238

有什么妙招可以去除眼袋 /238

怎样消除黑眼圈 /239

缓解鱼尾纹有何妙招 /239

化妆小技巧 /240

选购洁肤品的小窍门 /240

选购化妆水的小窍门 /240

选购精华素的小窍门 /240

选购乳液（面霜）的小窍门 /240

选购化妆品小窍门 /240

化妆品保存小窍门 /241

粉扑的选购与保养 /241

妆容持久的小窍门 /241

软化干面膜的小窍门 /241

巧用化妆水 /241

巧用化妆棉 /241

选购口红的小窍门 /241

巧选粉底 /242

巧选腮红 /242

巧选香水 /242

依季节搭配香水 /242

香水持久留香的秘诀 /242

使用粉扑的窍门 /242

粉底液过于稠密的处理方法 / 242

令皮肤闪亮的小窍门 /242

巧用粉底遮雀斑 /242

巧用粉底遮青春痘 /243

掩饰黑痣的化妆技巧 /243

掩饰皱纹的技巧 /243

长时间保持腮红的小窍门 /243

化妆除眼袋 /243

巧化妆恢复双眼生气 /244

巧化妆消除眼睛水肿 /244

肿眼泡的修饰 /244

巧化妆消除眼角皱纹 /244

巧用眼药水除"红眼" /244

拔眉小窍门 /244

眉钳变钝的处理 /244

巧夹睫毛 /244

巧用眉笔 /245

眼睛变大化妆法 /245

巧画眼线 /245

巧画眼妆 /245

误涂眼线的补救措施 /245

眉毛的化妆方法 /245

如何防止睫毛膏和睫毛粘到一起 /246

自我检查眼线效果 /246

打造百变眼妆 /246

带角度的眉峰显脸长 /246

瓜子脸适合自然眉型 /246

拱形眉柔和方脸线条 /246

平眉让长脸变优雅 /246

眼妆的卸妆方法 /246

如何延长睫毛膏的使用期限　246

如何保养假睫毛 /246

大鼻子的化妆技巧 /246

塌鼻子的化妆技巧 /247

耳朵同样需装扮 /247

巧用唇线笔 /247

误涂口红的补救措施 /247

厚唇变薄化妆法 /247

让嘴唇更丰满的化妆法 /247

不对称唇形的化妆窍门 /247

有皱纹唇部的化妆窍门 /247

唇角下垂的化妆窍门 /248

"双下巴"的化妆窍门 /248

下颚松弛的化妆窍门 /248

巧选指甲油 /248

巧画指甲油 /248

如何快速涂好指甲油 /248

巧除残余指甲油 /248

戴眼镜者的化妆窍门 /248

卸妆小窍门 /248

护发美发 /249

糯米泔水护发 /249

茶水巧护发 /249

巧用酸奶护发 /249

自制西红柿柠檬汁洗发水 /249

陈醋可保持发型持久 /249

巧用丝巾保护发型 /249

防染发剂污染小窍门 /250

冰箱可保染发剂不变质 /250

巧梳烫发 /250

染发当日不要洗发 /250

开叉发丝的护理 /250

秀发不带电的八个妙招 /250

睡眠时的头发护理 /250

游泳时的头发护理 /250

巧用芦荟保湿 /251

防头发干涩小窍门 /251
巧用婴儿油黑发 /251
蜜蛋油可使稀发变浓 /251
掩盖头发稀少的窍门 /251
处理浓密头发的窍门 /251
卷发平滑服帖的窍门 /251
如何处理朝上生的头发 /251
身材矮小者的美发窍门 /251
身材高大者的美发窍门 /252
身材矮胖者的美发窍门 /252
身材瘦高者的美发窍门 /252
巧用洗发水和护发素 /252
核桃缓解头皮屑 /252
葱泥打头去头屑 /252
生姜缓解头皮屑 /252
啤酒去头皮屑 /253
米汤缓解头皮屑 /253
西芹西红柿汁预防头发起屑 /253
梳头缓解头屑 /253
红枣缓解掉发 /253
冷热水交替可防脱发 /253
核桃拌韭菜缓解白发 /253
头皮按摩防脱发 /253
侧柏泡水缓解脱发 /254
透骨草汤缓解脱发 /254
柚子核缓解脱落发 /254
何首乌加水果就酒使白发变黑 /254
中老年花白头发的保养与护理 /254
何首乌煮鸡蛋缓解白发 /254
银针刺激头皮缓解斑秃 /254

酸奶缓解微秃 /254
花椒泡酒缓解秃顶 /254
何首乌缓解秃发 /254
缓解斑秃一法 /254
如何去除头发异味 /254
怎样处理分叉的头发 /255
头发发黄怎么办 /256
如何缓解脱发 /256
避免头发洗后发黏 /257
用水美发 /257
用醋美发 /257
用啤酒美发 /257
用醋水、豆浆水美发 /257
用蛋黄茶水美发 /257
日常护发 /257
食疗护发 /258
清晨综合洗漱护发 /258
防头皮瘙痒和头屑 /258
去头屑五方法 /258
处理头发分叉的方法 /258
食疗防头发变黄 /259
用何首乌加生地缓解黄发 /259
食疗缓解白发 /259
使头发乌黑的食物 /259
食用黑芝麻使头发乌黑 /259
食用何首乌煮鸡蛋使白发变黑发 /259
用何首乌泡酒能使白发变黑 /259
黑芝麻、何首乌缓解少年白头 /259
补铁防脱发 /259
用盐水缓解脱发 /259
用露蜂房再生头发 /259
防头屑多吃含锌食物 /260
防头屑避免吃刺激性食品 /260
防头屑避免吃得过甜 /260
硼砂苏打除头皮油腻 /260

减肥塑形 /261
巧用沐浴减肥 /261
爬楼梯可减肥 /261

办公室内巧减肥 /261
常吃生萝卜减肥效果佳 /261
盐疗减肥法 /261
花椒粉减肥法 /261
腹部健美与减肥的捏揉法 /261
大蒜减脂茶饮方 /262
减肥增肥简易疗法 /262
荷叶汤减肥法 /262
调理肠胃的减肥法 /262
老年人减肥一法 /262
玫瑰蜜枣茶可瘦身 /262
限定吃饭的场所可减肥 /262
餐桌巧减肥 /262
臀部"行走"可局部减肥 /262
办公室"美腹"小窍门 /262
床上"平腹"法 /263
简易收腹运动 /263
健美腰部的运动 /263
防止臀部赘肉的小窍门 /263
美臀运动 /263
乳房清洁小窍门 /263
冷热水交替帮助塑胸 /263
按摩丰胸小窍门 /263
举哑铃可防止乳房下垂 /263
精油按摩保持胸部健美 /264
丰胸按摩小窍门 /264
文胸的正确穿法 /264
健美背部的运动 /264
走路可美腿 /265
蹬腿瘦腿法 /265
大腿的保鲜膜减肥法 /265
小腿塑形运动 /265
圆白菜美腿法 /265
睡前美腿法 /265
巧用咖啡美腿 /265
产后美腿小窍门 /266
帮助乳房丰满的小窍门是什么 /266
少食多餐减肥 /266
控制脂肪量减肥 /266

流食减肥 /266
提前进餐时间减肥安排 /266
饮水减肥 /267
多吃蔬菜减肥 /267
细嚼慢咽减肥 /267
食绿豆芽减肥 /267
用茶叶减肥 /267
用荷叶减肥 /267
吃大蒜减肥 /267
用食醋减肥 /267
糖水冲服煳花椒粉减肥 /267
用辣椒减肥 /267

以豆代肉减肥 /267
食冻豆腐减肥 /268
做香酥豆腐渣丸子减肥 /268
用香菇豆腐减肥瘦身 /268
食木耳豆腐汤能瘦身 /268
食鳝鱼肉瘦身 /268
每秒一步减肥 /268
发汗减肥 /268
产妇防肥胖技巧 /268
产妇做转体运动 /269
产妇做抬腿运动 /269
产妇做仿蹬单车运动 /269

中年女性减肥 /269
老年人减肥一法 /269
男性胸部健美法一 /269
男性胸部健美法二 /269
女性胸部健美四法 /269
女性丰乳 /270
玉米须冬葵子赤豆汤瘦身 /270
山楂泡茶减肥 /270
当归芦荟茶减肥 /270
山楂薏米粥减肥 /270

第五章　家庭保健小窍门

日常保健 /272

盐水浴可提神 /272
抗瞌睡穴位按揉法 /272
巧用薄荷缓解午困 /272
食醋可帮助睡眠 /272
巧用牛奶安眠 /272
水果香味可帮助睡眠 /272
小米粥可助睡眠 /272
茶叶枕的妙用 /272
左手握拳可催眠 /272
上软下硬两个枕头睡眠好 /273
防止侧卧垫枕滑落法 /273
酒后喝点儿蜂蜜水 /273
豆制品可解酒 /273
巧用橘皮解酒 /273
吃水果可解酒 /273
热姜水代茶喝可醒酒 /273
简易解酒菜 /273
巧服中药不苦口 /273
巧法防口臭 /273
巧用茶叶去口臭 /273
巧用牛奶除口臭 /273

巧用盐水除口臭 /273
薄荷甘草茶缓解口臭 /273
巧洗脸改善眼部循环 /274
冬天盖被子如何防肩膀漏风 /274
常看电视应补充维生素A /274
减少电脑伤害策略 /274
看电视要注意脸部卫生 /274
看完电视不宜立即睡觉 /274
巧抱婴儿 /274
婴儿巧睡三法 /275
婴儿止哭法 /275
防吐奶三法 /275
婴儿不宜多食炼乳 /275
哺母乳的婴儿不必喂水 /275
如何提高小儿饮流质的兴趣 /276
婴儿巧吃鲜橘汁 /276
怎样使儿童乐意服药 /276
晒晒孩子骨头硬 /276
两岁内幼儿莫驱虫 /276
缓解孩子厌食 /276
红葡萄酒可降低女性中风率 /276
使用卫生巾前要洗手 /277

卫生巾要勤换 /277
预产期计算法 /277
妊娠呕吐时间 /277
蜂王浆可调节内分泌 /277
孕妇看电视要注意 /277
脚心测男性健康 /277
从嘴唇看男性健康 /278
男子小便精力检查法 /278
老年人夜间口渴怎么办 /278
老年人穿丝袜睡眠可保暖 /278
萝卜加白糖可戒烟 /278
口含话梅可戒烟 /278
老年人晨练前要进食 /278
每日搓八个部位可防衰老 /278
晒太阳可降血压 /279
做个圈圈来健身 /279
搓衣板可代"健身踏板" /279
手"弹弦子"可保健 /279
明目保健法 /279
主妇简易解乏四法 /280
以脚代手巧健身 /280
牙线护牙效果好 /280

叩齿运动保护牙齿 /280

巧防口腔疾病 /280

巧用电话健身 /280

拾东西健身法 /280

公交车健身法 /280

放松双肩法 /281

全身摇摆可缓解腰痛 /281

骑自行车恢复体力法 /281

剩茶水洗脚可消除疲劳 /281

两人互背消除疲劳 /281

巧用石子健身 /281

梳头可益智 /281

手指运动防老年痴呆 /281

视疲劳消除法 /281

搓脚心可防衰老 /282

运用脚趾可强健肠胃 /282

搓双足可清肝明目 /282

敲手掌可调节脏腑 /282

拍手背缓解寿斑 /282

捶腰背可强肾壮腰 /282

睡前锻炼胜于晨练 /282

春练注意避风保暖 /282

看电视时怎样保护眼睛 /282

空调室内须防病 /283

使用电脑保健 /283

仙人掌可防辐射 /283

用水熨法保健 /283

用醋熨法保健 /283

用姜熨法保健 /283

用葱熨法保健 /283

用盐熨法保健 /283

橄榄油可保健 /284

自制茶叶枕有益健康 /284

勤洗鼻孔好处多 /284

怎样在纳凉时避蚊子 /284

秋天吃藕好处多 /284

冬天锻炼可补阳气 /284

冬天不要盖厚被 /284

心理保健 /285

清晨减压法 /285

巧用名言激发工作热情 /285

利用塞车时间放松身心 /285

指压劳宫穴去心烦 /285

多闻花香心情好 /285

办公室头脑清醒法 /285

抱抱婴儿可缓解低落心情 /285

长吁短叹有益健康 /285

深呼吸可缓解压力 /286

唱歌可培养自信 /286

呼吸平稳可减轻精神压力 /286

回忆过去可缓解压力 /286

多与人交往，摆脱孤独 /286

散步有利身心健康 /286

香精油的妙用 /286

多糖饮食缓解抑郁 /286

心情低落应避免喝咖啡 /286

跑步可缓解压力 /287

指压法缓解抑郁 /287

"斗鸡眼"缓解心情烦躁 /287

巧用光亮消除抑郁 /287

倾诉流泪减压法 /287

适当发泄有助减压 /287

信笔涂鸦可减压 /287

情绪不佳时避免做重大决定 /287

白袜子可提升情绪 /287

按摩法消除紧张 /287

热水泡澡可缓解焦虑 /288

转移注意力可减压 /288

心理疲劳识别 /288

心理异常识别 /288

成瘾行为识别 /288

非心理疾病的异常心理辨别 /288

精神抑郁症识别 /289

用美消除精神压力 /289

用行为消除精神压力 /289

适度宣泄消除精神压力 /289

精神压力自然消除法 /289

调节不良激情 /289

"情疗"改善心理失衡六法 /290

失恋精神萎靡消除法 /290

第六章　缓解病痛小窍门

感冒、头痛 /292

冷水擦背防感冒 /292

洗脸防感冒 /292

冰糖蛋汤防感冒 /292

葱姜蒜缓解感冒初发 /92

酒煮鸡蛋缓解感冒 /292

药水擦身缓解感冒 /93

一贴灵缓解风寒感冒 /293

葱蒜粥缓解感冒头痛 /293

缓解风寒感冒家用便方 /93

用葱缓解感冒鼻塞 /93

吃辣面缓解感冒鼻塞 /293

喝陈皮汤缓解感冒、关节痛 /294

紫苏黑枣汤缓解感冒、关节痛 /294

紫苏山楂汤缓解感冒、关节痛 /294

芥菜豆腐汤缓解感冒 /294
葱豉黄酒汤缓解感冒 /294
姜丝红糖水缓解感冒 /294
"神仙粥"缓解感冒 /295
银花山楂饮缓解感冒 /295
药膏贴脐缓解风寒感冒 /295
敷贴法缓解风寒感冒 /295
涂擦太阳穴缓解风寒感冒 /295
薄荷粥缓解风热感冒 /295
擦拭法缓解感冒 /296
葱头汤缓解风寒感冒 /296
药粉贴涌泉穴缓解感冒 /296
豆腐汤预防缓解感冒 /296
药酒预防流感 /296
复方紫苏汁缓解感冒 /296
香菜黄豆汤缓解感冒 /296
白萝卜缓解感冒 /296
白芥子缓解小儿感冒 /296
敷胸缓解小儿感冒 /296

咳嗽、哮喘、气管炎 /297

葱姜萝卜缓解咳嗽 /297
香油拌鸡蛋缓解咳嗽 /297
车前草汤缓解感冒咳嗽 /297
大葱缓解感冒咳嗽 /297
大蒜缓解久咳不愈 /297
鱼腥草拌莴笋缓解咳嗽 /297
枇杷叶缓解咳嗽 /298
柠檬叶猪肺汤缓解咳嗽 /298
虫草蒸鹌鹑缓解咳嗽 /298
松子胡桃仁缓解干咳 /298
自制八宝羹缓解咳嗽 /298
陈皮萝卜缓解咳嗽 /298
蒜泥贴脚心缓解咳嗽 /298
心里美萝卜缓解咳嗽 /298
桃仁浸酒缓解暴咳 /299
橘皮香菜根缓解咳嗽 /299
水果缓解咳嗽 /299
柿子缓解咳嗽 /299

红白萝卜缓解咳嗽 /299
白萝卜缓解咳嗽黄痰 /299
萝卜子桃仁缓解咳嗽 /299
蜂蜜香油缓解咳嗽 /300
干杏仁缓解咳嗽 /300
百合杏仁粥缓解干咳 /300
猪粉肠缓解干咳 /300
梨杏饮缓解肺热咳嗽 /300
蜂蜜木瓜缓解咳嗽 /300
烤梨缓解咳嗽 /300
油炸绿豆缓解咳嗽 /300
桃仁杏仁缓解咳嗽 /300
丝瓜花蜜饮缓解咳嗽 /301
莲藕缓解咳嗽 /301
缓解咳嗽验方一则 /301
姜末荷包蛋缓解久咳不愈 /301
炖香蕉能缓解咳嗽 /301
麦芽糖缓解咳嗽 /301
常服百合汁可缓解咳嗽 /301
小枣蜂蜜润肠缓解咳嗽 /301
加糖蛋清缓解咳嗽 /301
白糖拌鸡蛋缓解咳嗽 /301
蒸柚子缓解咳嗽气喘 /302
自制止咳秋梨膏 /302
猪肺缓解咳嗽 /302
麦竹汁缓解咳嗽 /302
茄子缓解咳嗽 /302
烤柑橘能缓解咳嗽 /302
烤红皮甘蔗能缓解咳嗽 /302
深呼吸止咳法 /302
缓解小儿咳嗽一方 /302
简单方法缓解哮喘 /302
哮喘发作期疗方 /302
仙人掌缓解哮喘 /302
炖紫皮蒜缓解哮喘 /303
萝卜荸荠猪肺汤缓解哮喘 /303
缓解哮喘家常粥 /303
葡萄泡蜂蜜缓解哮喘 /03
栗子炖肉缓解哮喘 /03

缓解冬季哮喘一方 /303
腌鸭梨缓解老年性哮喘 /303
小冬瓜缓解小儿哮喘 /303
蒸南瓜缓解小儿寒性哮喘 /303
生姜黑烧缓解气管炎 /303
丝瓜叶汁缓解气管炎 /303
缓解慢性气管炎一法 /304
南瓜汁缓解支气管炎 /304
百合粥缓解支气管炎 /304
五味子泡蛋缓解支气管炎 /304
萝卜糖水缓解急性支气管炎 /304
猪肺缓解慢性支气管炎 /304
海带缓解老年慢性支气管炎 /304
茄干茶缓解慢性支气管炎 /304
冬季控制气管炎发作一法 /304
食倭瓜缓解支气管炎 /304

腹泻、消化不良 /305

平胃散鼻嗅法缓解腹泻 /305
核桃肉缓解久泻 /305
生熟麦水缓解急性肠炎腹泻 /305
豌豆缓解腹泻 /305
醋拌浓茶缓解腹泻 /305
大蒜缓解腹泻 /305
辣椒缓解腹泻 /306
焦锅巴可缓解腹泻 /306
焦米汤缓解风寒腹泻 /306
青梅缓解腹泻 /306
苦参子缓解腹泻 /306
风干鸡缓解腹泻 /306
吃鸡蛋缓解腹泻 /307
海棠花栗子粥缓解腹泻 /307
白醋缓解腹泻 /307
酱油煮茶叶缓解消化不良 /307
蜜橘干缓解消化不良 /307
日饮定量啤酒缓解消化不良 /307
生姜缓解消化不良 /307
双手运动促进消化 /308
焦锅巴末缓解消化不良 /308

缓解消化不良二方 /308
吃红薯粉缓解消化不良 /308
处理积食一法 /308
吃萝卜缓解胃酸过多 /308
吃过多粽子积食的处理 /308
喝咖啡也能缓解消化不良 /308

胃痛、呃逆 /309

生姜缓解胃寒痛 /309
归参敷贴方缓解胃痛、胃溃疡 /309
蒸猪肚缓解胃溃疡 /309
缓解胃寒症一方 /309
柚子蒸鸡缓解胃痛 /309
巧用荔枝缓解胃痛 /310
煎羊心可缓解胃痛 /310
青木瓜汁缓解胃痛 /310
花生油缓解胃痛 /310
鱼鳔猪肉汤缓解胃痛 /310
烤黄雌鸡缓解胃痛 /310
缓解打嗝 /310
南瓜蒂汤止打嗝 /311
黄草纸烟熏止打嗝 /311
韭菜子止打嗝 /311
雄黄高粱酒止打嗝 /311
绿豆粉茶止打嗝 /311
拔罐法止打嗝 /311
姜汁蜂蜜止打嗝 /311
缓解顽固性呃逆方 /311

失眠、盗汗 /312

按摩耳部缓解失眠 /312
阿胶鸡蛋汤缓解失眠 /312
吃大蒜可缓解失眠 /312
五味子蜜丸缓解失眠 /312
枸杞蜂蜜缓解失眠 /312
按摩胸腹可安眠 /312
猪心缓解失眠 /312
桂圆泡酒缓解失眠、健忘 /313
醋蛋液缓解失眠 /313
灵芝酒缓解失眠 /313

红枣葱白汤缓解失眠 /313
蚕蛹泡酒缓解失眠 /313
鲜果皮有安眠作用 /313
酸枣仁熬粥缓解失眠 /313
莲子心缓解失眠 /313
药粉贴脚心缓解失眠 /313
摩擦脚心缓解失眠 /313
默数入睡法 /313
干姜粉缓解失眠 /314
按摩穴位缓解失眠 /314
花生叶缓解失眠 /314
柿叶楂核汤缓解失眠 /314
摇晃促进入眠 /314
大枣煎汤缓解失眠 /314
西洋参缓解失眠 /314
核桃仁粥缓解失眠 /315
百合酸枣仁缓解失眠 /315
红果核大枣缓解失眠 /315
麦枣甘草汤缓解失眠 /315
百合蜂蜜缓解失眠 /315
老年人失眠简单缓解 /315
静坐缓解失眠 /315
小麦缓解盗汗 /315
胡萝卜百合汤缓解盗汗 /315
牡蛎蚬肉汤缓解阴虚盗汗 /316
羊脂缓解盗汗 /316
紫米、麸皮缓解盗汗 /316
用黑豆缓解盗汗 /316
服百合缓解盗汗 /316
用韭菜缓解盗汗 /316
吃甲鱼缓解盗汗 /316
用二锅头泡枸杞缓解虚汗 /316
用五倍子缓解多汗盗汗 /316
用黄芪白术缓解夜间盗汗 /316
用火腿煮白萝卜可缓解盗汗 /316
用明矾五倍子敷脐缓解盗汗 /316

肾病、泌尿系统疾病 /317

荠菜鸡蛋汤缓解急性肾炎 /317

玉米须茶缓解急性肾炎 /317
贴脚心缓解急性肾炎 /317
缓解肾炎水肿一法 /317
缓解慢性肾炎古方二则 /317
蚕豆糖浆缓解慢性肾炎 /317
缓解慢性肾炎一方 /317
柿叶泡茶缓解肾炎 /318
鳖肉缓解肾炎 /318
黄精粥缓解慢性肾炎 /318
鲤鱼缓解肾炎水肿 /318
西瓜方缓解肾炎不适 /318
巧用蝼蛄缓解肾盂肾炎 /318
酒煮山药缓解肾盂肾炎 /318
苦瓜代茶缓解肾盂肾炎 /318
鲜拌莴苣缓解肾盂肾炎 /318
缓解肾盂肾炎一方 /319
小叶石苇缓解肾盂肾炎 /319
贴脐缓解肾炎水肿 /319
白瓜子辅缓解前列腺肥大 /319
绿豆车前子缓解前列腺炎 /319
猕猴桃汁缓解前列腺炎 /319
马齿苋缓解前列腺炎 /319
缓解中老年尿频一方 /319
西瓜蒸蒜可缓解尿频 /320
按摩缓解前列腺肥大 /320
草莓缓解尿频 /320
拍打后腰可缓解尿频 /320
栗子煮粥缓解尿频 /320
紫米糍粑缓解夜尿频数 /320
丝瓜水缓解尿频 /320
核桃仁缓解尿频 /320
盐水助尿通 /320
捏指关节可通尿 /320
缓解尿滞不畅妙法 /320
田螺缓解小便不通 /321
车前草缓解老年人零撒尿 /321
缓解老年遗尿一法 /321
猪尿泡煮饭缓解遗尿 /321
鲜蒿子缓解急性膀胱炎 /321

用花生衣缓解血尿 /321
用茄子黄酒缓解血尿 /321
用苦杏仁缓解尿道炎 /321
用玉米缓解尿路结石 /321
核桃麻油冰糖缓解尿路结石 /321

高血压、高血脂、贫血 /322

按摩缓解高血压症状 /322
洋葱降血压二方 /322
高血压患者宜常吃西红柿 /322
降血压一方 /322
萝卜荸荠汁降血压 /322
花生壳降血压 /322
香菇炒芹菜可降血压 /322
刺儿菜降血压 /322
银耳羹缓解高血压、眼底出血 /323
天地龙骨茶降血压 /323
山楂代茶饮可降血压 /323
喝莲心茶降血压 /323
臭蒿子降血压 /323
敷贴法降血压 /323
明矾枕头降血压 /323
猪胆、绿豆降血压 /323
香蕉皮水泡脚降血压 /323
芥末水洗脚可降压 /323
小苏打洗脚降血压 /324
大蒜降血压 /324
巧用食醋降血压 /324
荸荠芹菜汁降血压 /324
赤豆丝瓜饮降血压 /324
羊油炒麻豆腐降血压 /324
海带拌芹菜降血压 /324
茭白、芹菜降血压 /325
芦笋茶降血压 /325
降血压一方 /325
芦荟叶降血压 /325
苹果降血压 /325
玉米穗缓解老年性高血压方 /325
热姜水泡脚降血压 /325

缓解高脂血症一方 /325
自制药酒降血脂 /325
山楂柿叶茶降血脂 /325
高脂血症患者宜常吃猕猴桃 /326
花生草汤缓解高脂血症 /326
海带绿豆缓解高脂血症 /326
高脂血症食疗方 /326
红枣熬粥缓解贫血 /326
龙眼小米粥缓解贫血 /326
缓解贫血一方 /326
香菇蒸鸡缓解贫血 /326
藕粉糯米饼可补血 /326
吃猪血可预防贫血 /326
缓解贫血食疗二方 /326

糖尿病 /327

洋葱缓解糖尿病 /327
蚕蛹缓解糖尿病 /327
银耳菠菜汤缓解糖尿病 /327
山药黄连缓解糖尿病 /327
猪脾缓解糖尿病 /327
红薯藤、冬瓜皮缓解糖尿病 /328
鸡蛋、醋、蜜缓解糖尿病 /328
西瓜皮汁缓解糖尿病 /328
枸杞蒸蛋缓解糖尿病 /328
糖尿病患者宜常吃苦瓜 /328
蒸鸡饮缓解糖尿病 /328
降糖饮配方 /328
南瓜汤缓解糖尿病 /329
鲫鱼缓解糖尿病 /329
茅根饮缓解糖尿病 /329
冬瓜皮、西瓜皮缓解糖尿病 /329
田螺汤缓解糖尿病 /329
乌龟玉米汤缓解糖尿病 /329
芡实老鸭汤缓解糖尿病 /329
黑豆、黄豆等缓解糖尿病 /329
用苞米缨子煎水缓解糖尿病 /329
黑木耳、扁豆缓解糖尿病 /329
冷水茶缓解糖尿病 /329

便秘、痔疮、肛周疾病 /330

按摩腹部通便 /330
葱头拌香油缓解便秘 /330
吃猕猴桃缓解便秘 /330
缓解习惯性便秘一方 /330
煮黄豆缓解便秘 /330
葡萄干能通便 /330
指压法预防便秘 /331
四季缓解便秘良方 /331
食醋可通大便 /331
冬瓜瓤缓解便秘 /331
炒葵花子可缓解便秘 /331
菠菜面条缓解便秘 /331
洋葱拌香油缓解老年便秘 /331
芹菜炒鸡蛋缓解老年便秘 /331
菠菜猪血汤缓解便秘 /332
黑豆缓解便秘 /332
炒红薯叶缓解便秘 /332
生土豆汁缓解便秘 /332
空腹喝紫菜汤可缓解便秘 /332
空腹吃橘子可缓解便秘 /332
空腹吃梨可缓解便秘 /332
芦荟缓解便秘 /332
便秘防脑血管破裂法 /332
缓解老年习惯性便秘一方 /332
红薯粥缓解老年便秘 /332
自制苹果醋缓解便秘 /332
番泻叶缓解便秘 /332
郁李仁缓解便秘 /333
蒲公英汤缓解小儿热性便秘 /333
痔疮熏洗疗法 /333
水菖蒲缓解痔疮 /333
无花果缓解痔疮 /333

蒲公英汤缓解痔疮 /333
缓解痔疮一方 /333
牡丹皮饼缓解痔疮 /333
花椒缓解痔疮 /333
枸杞根枝缓解痔疮 /334
痔疮坐浴疗法 /334
河蚌水缓解痔疮 /334
蜂蜜香蕉缓解痔疮 /334
皮炎平缓解痔疮 /334
龟肉利于缓解痔疮 /334
田螺敷贴缓解脱肛 /334
五倍子缓解脱肛 /334

关节炎、风湿症、腰腿痛 /335

药粥缓解关节炎 /335
羊肉串缓解关节炎 /335
姜糖膏缓解关节炎 /335
五加皮鸡汤缓解风湿 /335
炖牛肉缓解关节炎 /335
花椒水缓解关节炎疼痛 /335
芝麻叶缓解关节炎肿痛 /336
药酒缓解关节炎 /336
墨鱼干缓解风湿性关节炎 /336
狗骨粉缓解风湿性关节炎 /336
山楂树根缓解风湿性关节炎 /336

葱、醋热敷缓解关节炎 /336
缓解关节肿痛一方 /336
桑葚缓解关节炎 /336
鲜桃叶缓解关节炎 /336
生姜缓解关节炎疼痛 /336
柳芽泡茶预防关节炎复发 /337
陈醋熏法缓解关节炎 /337
黄豆缓解风湿性关节炎 /337
酒烧鸡蛋缓解关节炎 /337
换季时缓解关节疼痛二方 /337
敷贴法缓解关节炎 /337
芝麻叶汤缓解关节炎 /337
酒炖鲤鱼缓解风湿 /337
乌鸡汤缓解关节炎 /338
宣木瓜缓解关节不利 /338
桑树根蒸猪蹄缓解关节炎 /338
辣椒、陈皮缓解老年性关节炎 /338
童子鸡缓解风湿症 /338
缓解关节炎一方 /339
粗沙子渗醋缓解关节炎 /339
药水熏蒸缓解膝关节痛 /339
妙法缓解肩周炎 /339
缓解骨结核、腰椎结核一方 /339
麦麸加醋缓解腰腿痛 /339
芥菜缓解腿痛 /339
倒行缓解腰腿痛 /339
转体缓解腰痛 /339
缓解膝盖痛一法 /339
喝骨头汤预防腿脚抽筋 /340
熏洗缓解老寒腿 /340
热姜水缓解腰肩疼痛 /340
红果加红糖缓解腰腿痛 /340
自制药酒缓解腿酸痛 /340
热药酒缓解老寒腿 /340
火酒缓解腰腿痛 /340
用核桃泡酒喝缓解劳伤腰痛 /340

手脚干裂、麻木 /341

大枣外用缓解手脚裂 /341

橘皮缓解手足干裂 /341
麦秸根缓解手脚干裂 /341
抹芥末缓解脚裂口 /341
洗面奶缓解手脚干裂 /341
"双甘液"缓解脚皲裂 /341
冬季常喝果汁缓解手脚干裂 /342
蔬菜水缓解脚干裂 /342
食醋缓解手脚裂 /342
苹果皮缓解脚跟干裂 /342
缓解脚跟干裂一法 /342
黄蜡油缓解手脚裂 /342
缓解脚跟干裂一方 /342
橘子皮缓解手脚干裂 /342
创可贴改善冬季手脚干裂 /342
牛奶缓解脚跟干裂 /343
香蕉缓解皮肤皲裂 /343
软柿子缓解手皴 /343
巧去脚后跟干裂现象 /343
用蜂蜜缓解手皴裂 /343
凤仙花根茎缓解脚跟痛 /343
缓解脚跟痛一方 /343
新鲜苍耳缓解脚跟痛 /343
缓解脚趾关节骨质增生 /343
捏手指法缓解手麻 /343·

汗脚、脚气 /344

"硝矾散"缓解汗脚 /344
缓解汗脚一法 /344
无花果叶缓解脚气 /344
冬瓜皮缓解脚气 /344
吃栗子鸡缓解脚气 /344
嫩柳叶缓解脚气 /344
白茅根缓解脚气 /345
巧用白糖缓解脚气 /345
小枣煮海蜇头缓解脚气 /345
花生缓解脚气 /345
白皮松树皮缓解脚气 /345
烫脚可缓解脚垫、脚气 /345
蒜头炖龟缓解脚气 /345

花椒盐水缓解脚气 /345

缓解脚气一方 /346

高锰酸钾水缓解脚气 /346

啤酒泡脚可缓解脚气 /346

芦荟缓解脚气 /346

夏蜜柑缓解脚气 /346

缓解脚气一方 /346

预防脚气冲心一方 /346

吃鲫鱼利于缓解脚气 /346

老盐汤缓解脚气 /346

醋蒜缓解脚气 /346

煮黄豆水缓解脚气 /346

黄精食醋缓解脚气 /346

APC 药片缓解脚臭 /347

萝卜水洗脚缓解脚臭 /347

土霉素缓解脚臭 /347

姜水洗脚缓解脚臭 /347

用番茄敷可缓解脚气 /347

杏仁陈醋可缓解脚气 /347

熬醋泡脚缓解顽固性脚气 /347

酒精浸泡黄精缓解脚气 /347

五官科疾病 /348

川椒拌面缓解口腔溃疡 /348

莲心缓解口腔溃疡 /348

口腔溃疡缓解一法 /348

橘叶薄荷茶缓解口腔溃疡 /348

荸荠煮水缓解口腔溃疡 /348

嚼茶叶缓解口腔溃疡 /348

枸杞沏水喝缓解口腔溃疡 /348

苹果片擦拭缓解口腔溃疡 /348

缓解口舌溃疡一法 /349

绿豆蛋花缓解慢性口腔溃疡 /349

腌苦瓜缓解口腔溃疡 /349

生食青椒缓解口腔溃疡 /349

芦荟胶缓解慢性口腔溃疡 /349

葱白皮缓解口腔溃疡 /349

含白酒缓解口腔溃疡 /349

牙膏交替使用预防口腔溃疡 /349

热姜水缓解口腔溃疡 /349

蜂蜜缓解口腔溃疡 /349

核桃壳煮水缓解口腔溃疡 /349

女贞子叶汁缓解口腔溃疡 /349

明矾缓解口腔溃疡 /349

口香糖缓解口腔溃疡 /350

蒲公英叶缓解口腔炎 /350

漱口法缓解口腔炎 /350

缓解口苦二方 /350

马蹄通草茶缓解口苦 /350

鲫鱼缓解口腔炎 /350

蒸汽水缓解烂嘴角 /350

荠菜缓解口角炎 /350

缓解口舌生疮一方 /351

香蜜蛋花汤缓解咽炎 /351

糖腌海带缓解咽炎 /351

罗汉果缓解咽炎 /351

嚼芝麻叶缓解咽炎 /351

盐腌藕节缓解咽炎 /351

缓解咽炎贴方 /351

自制止咳清音合剂 /351

缓解声音沙哑一方 /351

吸玉米须烟缓解鼻炎 /351

香菜冰糖茶缓解声音沙哑 /351

缓解慢性咽炎一方 /352

缓解声音嘶哑三法 /352

热姜水缓解咽喉肿痛 /352

巧用葱白缓解鼻炎 /352

鸡蛋缓解失音 /352

姜枣糖水缓解急性鼻炎 /352

辛夷花缓解急性鼻炎 /353

桃叶塞鼻缓解鼻炎 /353

巧用蜂蜜缓解鼻炎 /353

大蒜汁缓解鼻炎 /353

香油缓解慢性鼻炎 /353

味精止牙痛 /353

冰块可缓解牙痛 /353

五倍子漱口缓解虫牙痛 /353

牙痛急救五法 /353

黄髓丸缓解牙痛 /354

酒煮鸡蛋缓解牙周炎 /354

五谷虫缓解牙周炎 /354

含话梅核可预防牙周炎 /354

月黄雄黄缓解牙周炎 /354

热姜水缓解牙周炎 /354

嚼食茶叶缓解牙龈出血 /354

缓解牙龈炎食疗法 /354

两根汤缓解红眼病 /354

敷贴法缓解结膜炎 /354

清热桑花饮缓解结膜炎 /354

小指运动可缓解眼病 /355

蒜味熏眼缓解红眼病 /355

菖蒲甘草汤缓解中耳炎 /355

蒲公英汁缓解中耳炎 /355

滴耳油缓解中耳炎 /355

田螺黏液缓解中耳炎 /355

男科疾病 /356

鸡肝粥缓解遗精 /356

韭菜子缓解遗精 /356

酒炒螺蛳缓解遗精 /356
山药茯苓包子缓解遗精 /356
山药核桃饼缓解遗精 /356
核桃衣缓解遗精 /356
山药酒缓解遗精 /356
蝎子末缓解遗精 /356
药敷肚脐缓解遗精 /356
淡菜缓解梦遗 /357
猪肾核桃仁缓解遗精 /357
蚕茧缓解遗精 /357
金樱子膏缓解遗精 /357
缓解遗精、早泄一方 /357
黄花鱼海参缓解阳痿、早泄 /357
白果鸡蛋缓解阳痿 /357
苦瓜子缓解阳痿、早泄 /358
韭菜缓解阳痿、早泄方 /358
蚕蛹核桃缓解阳痿、滑精 /358
牛睾丸缓解阳痿、早泄 /358
栗子梅花粥缓解阳痿 /358
缓解阳痿、早泄食疗方 /358
鲜铁线藤可缓解遗精 /358

妇科疾病 /359

侧身碰墙缓解痛经 /359
小腹贴墙缓解痛经 /359
黄芪乌骨鸡缓解痛经 /359
川芎煮鸡蛋缓解痛经 /359

双椒缓解痛经法 /359
姜枣花椒汤缓解痛经 /359
叉腰摆腿缓解痛经 /359
三花茶缓解痛经 /360
山楂酒缓解痛经 /360
韭菜月季花缓解痛经 /360
黄芪膏缓解痛经 /360
桑葚子缓解痛经 /360
煮鸭蛋缓解痛经 /360
莲花茶缓解痛经 /360
贴关节镇痛膏缓解痛经 /360
乳香没药缓解痛经 /360
耳窍塞药缓解痛经 /360
樱桃叶糖浆缓解痛经 /360
金樱当归汤缓解闭经 /361
猪肤汤缓解经期鼻出血 /361
改善不孕症一方 /361
狗头骨改善不孕症 /361
参乌汤改善不孕 /361
川芎煎剂缓解子宫出血 /361
党参汤缓解子宫出血 /361
旱莲牡蛎汤缓解子宫出血 /361
核桃皮煎剂改善子宫脱垂 /361
芦荟叶缓解乳腺炎 /362
缓解带下病一方 /362
用芹菜缓解经血超期 /362
喝红葡萄酒使经期正常 /362
用花椒陈醋缓解阴道炎 /362
孕妇临时止吐法 /362
用菊花叶缓解乳疮 /362
用仙人掌防奶疮 /362
用电动按摩器消除乳胀 /362
用蒲公英缓解奶疙瘩 /362

各种外伤 /363

巧止鼻血 /363
巧用白糖止血 /363
巧用生姜止血 /363
赤小豆缓解血肿及扭伤 /363

香油缓解磕碰伤 /363
用韭菜缓解外伤淤血 /363
柿子蒂助伤口愈合 /363
刺菜、茉莉花茶可止血 /363
柳絮可促进伤口愈合 /363
蜂蜜可缓解外伤 /363
土豆缓解打针引起的臀部肿块 /364
土豆生姜缓解各种红肿、疮块 /364
缓解闪腰一法 /364
槐树枝缓解外伤感染 /364
槐子缓解开水烫伤 /364
大白菜缓解烫伤 /365
小白菜叶缓解水火烫伤 /365
黑豆汁缓解小儿烫伤 /365
紫草缓解烫伤 /365
枣树皮缓解烫伤 /365
鸡蛋油缓解烫伤 /365
大葱叶缓解烫伤 /365
浸鲜葵花缓解烫伤 /365
地榆绿豆缓解烧伤、烫伤 /366
虎杖根缓解开水烫伤 /366
巧用生姜汁缓解烫伤 /366
绿豆缓解烧伤 /366
用植物油去血痂 /366
用橘皮缓解皮肤皲裂 /366
用烤香蕉缓解皮肤皲裂 /366
用米醋花椒缓解皮肤皲裂 /366
用鱼肝油缓解皮肤皲裂 /366
用羊油缓解皮肤皲裂 /366
用伤湿止痛膏缓油缓解皮肤皲裂 /366
用甘油蜂蜜缓解嘴唇皲裂 /366

鸡眼、赘疣 /367

乌梅肉除鸡眼 /367
芹菜叶除鸡眼 /367
乌桕叶除鸡眼 /367
葱白除鸡眼 /367
大蒜除鸡眼 /367
循序渐进除鸡眼二法 /367

盐水除鸡眼 /368
葱蒜花椒除鸡眼 /368
韭菜汁除鸡眼 /368
芦荟除鸡眼 /368
贴豆腐除鸡眼 /368
银杏叶除鸡眼 /368
荔枝核除鸡眼 /368
醋蛋除鸡眼 /368
巧用荞麦、荸荠除鸡眼 /368
煤油除鸡眼 /369
薏仁除赘疣 /369
鸡蛋拌醋除寻常疣 /369
黄豆芽汤除寻常疣 /369
丝瓜叶除软疣 /369
鲜丝瓜叶除寻常疣 /369
鱼香草除寻常疣 /369
鲜半夏除寻常疣 /370
薏仁霜除疣 /370
木香薏仁汤除扁平疣 /370
马齿苋除扁平疣 /370
牙膏除寻常疣 /370
蜈蚣油除瘊子 /370
荞麦苗除瘊子 /370
蜘蛛丝除瘊子 /370

癣、斑、冻疮、蚊虫叮咬 /371

大蒜韭菜泥缓解牛皮癣 /371
鸡蛋缓解牛皮癣二方 /371
老茶树根缓解牛皮癣 /371
缓解牛皮癣一方 /371
紫皮蒜缓解花斑癣 /371
土茯苓缓解牛皮癣 /371
芦笋缓解皮肤疥癣 /371
缓解牛皮癣一法 /371
药粥缓解牛皮癣 /372
白及、五倍子缓解牛皮癣 /372
荸荠缓解牛皮癣 /372
简易灸法缓解牛皮癣 /372
醋熬花椒缓解癣 /372

缓解牛皮癣简法 /372
芦荟叶缓解脚癣 /372
三七缓解脚癣 /373
西红柿缓解脚癣 /373
醋水浸泡缓解手癣 /373
韭菜汤水缓解手癣、脚癣 /373
缓解白癜风一方 /373
生姜缓解白癜风 /373
巧用苦瓜缓解汗斑 /373
陀硫粉缓解汗斑 /373
乌贼桃仁缓解黄褐斑 /373
芦荟绿豆外用缓解黄褐斑 /373
橘皮生姜缓解冻疮 /373
蒜泥防冻疮 /373
蜂蜜凡士林缓解冻疮 /374
云南白药缓解冻疮 /374
辣椒酒缓解冻疮 /374
巧用生姜缓解冻疮 /374
河蚌壳缓解冻疮 /374
山楂细辛膏缓解冻疮 /374
缓解冻疮药洗方 /374
预防冻疮一法 /374
浸冷水缓解冻疮 /374
山药缓解冻疮初起 /374
防冻疮一方 /374
大油蛋清缓解冻疮 /375
紫草根缓解冻疮 /375
凡士林缓解冻疮 /375
肥皂止痒法 /375
纳凉避蚊一法 /375
苦瓜止痒法 /375
蚊虫叮咬后用大蒜止痒 /375
洗衣粉止痒法 /375
食盐止痒法 /375
猪蹄甲缓解冻疮 /375

皮炎、湿疹、荨麻疹 /376

红皮蒜缓解皮炎 /376
猪蹄甲缓解皮炎 /376

缓解皮炎一方 /376
醋蛋液缓解皮炎 /376
水浸松树皮缓解皮炎 /376
丝瓜叶缓解皮炎 /376
食醋糊剂缓解皮炎 /376
海带水洗浴缓解皮炎 /377
姜汁缓解皮炎 /377
陈醋木鳖子缓解皮炎 /377
小苏打洗浴缓解皮炎 /377
韭菜糯米浆缓解皮炎 /377
自制明矾皮炎茶 /377
桑葚百合汤缓解湿疹 /377
绿豆香油膏缓解湿疹 /377
双甘煎汤缓解湿疹 /377
松叶泡酒缓解湿疹 /377
干荷叶、茶叶外敷缓解湿疹 /377
核桃仁粉缓解湿疹 /378
海带绿豆汤缓解湿疹 /378
茅根薏仁粥缓解湿疹 /378
牡蛎烧慈姑缓解湿疹 /378
玉米须莲子羹缓解湿疹 /378
清蒸鲫鱼缓解湿疹 /378
山药茯苓膏缓解湿疹 /378
冬瓜莲子羹缓解湿疹 /378
土豆泥缓解湿疹 /378
蜂蜜缓解湿疹 /378
嫩柳叶缓解湿疹 /378

川椒冰片油缓解阴囊湿疹 /378
缓解阴囊湿疹一方 /379
芋头炖猪排缓解荨麻疹 /379
韭菜涂擦缓解荨麻疹 /379
鲜木瓜生姜缓解荨麻疹 /379
浮萍涂擦缓解荨麻疹 /379
火罐法缓解荨麻疹 /379
葱白汤缓解荨麻疹 /379
野兔肉缓解荨麻疹 /379

小儿常见病 /380

白菜冰糖饮缓解百日咳 /380
金橘干炖鸭喉缓解百日咳 /380
童便鸡蛋清缓解百日咳 /380
蛋黄缓解百日咳 /380
花生红花茶缓解百日咳 /380
川贝鸡蛋缓解百日咳 /380
鸡苦胆缓解百日咳 /380
核桃炖梨缓解百日咳 /380
大蒜敷贴缓解百日咳 /380
雪里蕻煮猪肚缓解百日咳 /380
鸡胆百合散缓解百日咳 /380
鸡蛋蘸蝎末缓解百日咳 /381
缓解百日咳一方 /381
车前草缓解百日咳 /381
百日咳初起缓解二方 /381
板栗叶玉米穗缓解百日咳 /381
大枣侧柏叶缓解百日咳 /381
核桃缓解小儿百日咳 /381
柚子皮缓解小儿肺炎 /381
黄花菜汤缓解小儿口腔溃疡 /381
香油缓解小儿口腔溃疡 /382
缓解小儿口腔溃疡一方 /382
敷贴法缓解小儿口腔溃疡 /382
地龙白糖浸液缓解口腔溃疡 /382
药贴涌泉穴缓解婴儿鹅口疮 /382
荞麦面鸡蛋清缓解麻疹 /382
金针香菜饮缓解麻疹 /383
萝卜荸荠饮缓解麻疹 /383

老丝瓜缓解麻疹 /383
鼻嗅法缓解麻疹期哮喘 /383
缓解小儿疹发不畅一方 /383
樱桃核助麻疹透发 /383
黄花鱼汤助麻疹透发 /383
缓解小儿麻疹一方 /383
鲫鱼豆腐汤缓解麻疹 /383
山椒缓解小儿蛔虫 /383
摄涎汤缓解小儿流涎 /383
热姜水缓解蛲虫病 /384
缓解小儿蛲虫二法 /384
鸡肝缓解疳积 /384
止涎散缓解小儿流涎 /384
白益枣汤缓解小儿流涎 /384
天南星缓解小儿流涎 /384
鹌鹑蛋缓解小儿遗尿 /384
山药散缓解小儿遗尿 /384
缓解小儿遗尿症一方 /384
龙骨蛋汤缓解小儿遗尿 /384
黑胡椒粉缓解小儿遗尿 /385
大黄甘草散缓解小儿夜啼 /384
鹌鹑粥缓解小儿食欲不振 /385
自制五倍子止啼汤 /385
灯芯草搽剂缓解小儿夜啼 /385
牡蛎粉缓解小儿疝气 /385
乌鸡蛋缓解小儿疝气 /385
荔枝冰糖缓解小儿疝气 /385
丝瓜瓤缓解小儿疝气 /385
贴内关穴缓解小儿惊吓 /385
侧柏叶搽剂缓解小儿腮腺炎 /386
木鳖子缓解小儿腮腺炎 /386
梧桐花汁缓解小儿腮腺炎 /386
维生素E胶丸缓解婴儿脸部裂纹 /386
解除婴儿打嗝法 /386
用橘皮缓解小儿厌食 /386
小儿腹泻食疗 /386

家庭安全与急救 /387

生石灰入眼的处理 /387

橙皮缓解鱼刺卡喉 /387
维生素C可软化鱼刺 /387
鱼刺鲠喉化解法 /387
巧夹鱼刺 /387
巧除软刺 /387
巧除肉中刺 /387
牙齿磕掉怎么办 /387
巧去鼻子内异物 /387
巧排耳道进水 /387
解食物中毒五法 /388
昆虫入耳的急救 /388
巧除耳朵异物 /388
颈部受伤的急救 /388
缓解落枕 /389
心绞痛病人的急救 /389
胆绞痛病人的急救 /389
胰腺炎病人的急救 /389
老年人噎食的急救 /389
老年人噎食的自救 /389
咬断体温表的紧急处理 /389
游泳时腿部抽筋自救 /389
呛水的自救 /389
游泳时腹痛的处理 /390
游泳时头晕的处理 /390
溺水的急救 /390
煤气中毒的急救 /390
雨天防雷小窍门 /390
户外防雷小窍门 /390
巧救油锅着火 /390
儿童电击伤的急救 /390
电视机或电脑着火的紧急处理 /391
电热毯着火的紧急处理 /391
火灾中的求生小窍门 /391
火灾报警小窍门 /391
如何拨打"120" /391
如何进行人工呼吸 /392
如何进行胸外心脏按压 /392
护送急症病人时的体位 /392
家庭急救需注意 /392

家庭急救箱配置 /392
家庭急救注意 /392
家庭急救药箱配置 /393
拨打急救电话的方法 /393
急救病人不宜用出租车 /393
食物中毒家庭急救 /393
用山楂解食物中毒 /394

用橘皮解食物中毒 /394
用韭菜解食物中毒 /394
用大蒜解食物中毒 /394
用生姜解食物中毒 /394
用盐解食物中毒 /394
用糖水解食物中毒 /394
用绿豆解食物中毒 /394

用黑豆、干草等解毒 /394
食用土豆中毒急救 /394
食用未熟豆角中毒急救 /394
食用木薯中毒急救 /394
食用菱角中毒急救 /394
解蘑菇中毒 /394

第七章　休闲旅游小窍门

花卉养护 /396

自测花土的 pH 值 /396
阳台栽花选择小窍门 /396
适合卧室栽培的花卉 /396
不适合卧室摆放的花木 /396
巧用冰块延长水仙花期 /397
巧用葡萄糖粉做花肥 /397
巧法促进海棠开花 /397
促进朱顶红在春节开花小窍门 /397
剩鱼虫可做花肥 /397
巧用废油做花肥 /397
巧用羽毛做花肥 /397
巧做米兰花肥 /397
巧用剩茶叶浇花 /397
巧用柑橘皮泡水浇南方花卉 /397
食醋可代替硫酸亚铁浇花 /397
橘子皮除花肥臭味 /398
巧用头发茬做花肥 /398
巧用花瓣 /398
瓶插花的保鲜绝招 /398
巧用白醋使花卉保鲜 /398
水切法使花卉保鲜 /398
鲜花萎蔫的处理 /398
枯萎花材复活法 /398
受冻盆花复苏法 /398
巧用鲜花净化空气 /398

巧用剩啤酒擦花叶 /398
盆景生青苔法 /398
巧用大葱除花卉虫害 /399
巧用大蒜除花卉虫害 /399
巧用烟草末除花卉虫害 /399
草木灰可除花卉虫害 /399
根除庭院杂草法 /399
巧灭盆花蚜虫 /399
君子兰烂根的巧妙处理 /399
君子兰"枯死"不要扔 /399
剪枝插种茉莉花小窍门 /399

宠物饲养 /400

磁化水浇花喂鸟效果好 /400
自制玻璃鱼缸 /400
新鱼缸的处理 /400
鱼缸容水量的计算方法 /400
巧调养鱼水 /400
囤水妙招 /400
购鱼小窍门 /400
喂鱼小窍门 /400
冬季保存鲜鱼虫 /400
鱼苗打包小窍门 /400
自制金鱼冬季饲料 /401
冬季养热带鱼保温法 /401
缓解热带鱼烂尾烂鳃 /401
铜丝缓解金鱼皮肤病 /401

鱼缸内潜水泵美观法 /401
巧洗滤棉 /402
宠物洗澡小窍门 /402
梳理宠物毛发小窍门 /402
巧除宠物耳垢 /402
与狗玩耍的时间限制 /402
幼犬不宜多接触陌生人 /402
抓幼犬的小窍门 /402
狗毛变亮小窍门 /402
松叶防狗蚤 /403
给狗狗剪指甲的窍门 /403
巧喂狗狗吃药 /403
从小培养狗狗的几个习惯 /403
训练狗狗的最佳时间 /403
自制狗狗小玩具 /403
巧算猫食分量 /403
如何喂养没牙的小猫 /403
巧法清洗猫咪牙齿 /403

喂猫吃药法 /403
捉猫小窍门 /403

旅游出行 /404

淡季出游省钱多 /404
旅游应自备睡衣 /404
旅游鞋应大一号 /404
随身携带消毒液 /404
旅游常备的 7 种小药 /404
鲜姜防晕车 /404
止痛膏防晕车 /405
自制腕套防晕车 /405
梅子陈皮防晕车 /405
牙膏缓解头晕头痛 /405
巧用腰带防晕车 /405
杧果缓解晕船呕吐 /405
叩齿缓解晕船晕车 /405
乘飞机前忌进食过饱 /405
乘飞机前忌食油腻食物 /405
乘飞机不适的临时处置方法 /405
巧法处理脚泡 /405
扳脚缓解小腿抽筋 /405
按压穴位缓解小腿抽筋 /405
缓解旅途扭伤 /406
外出住宿不可盆浴 /406
景点门票避"通"就"分" /406
旅行就餐避"大"就"小" /406
旅途休息巧护肤 /406
旅途巧打扮 /406
盛夏出行巧穿衣 /406
解渴适可而止 /407

胶卷多照照片的窍门 /407
清晨巧测一日天气 /407
水管预测天气 /407
旅途巧避雷 /407
看月色辨天气 /407
巧用手表判定方位 /407
看月亮辨方向 /407
观察北极星辨方向 /407

汽车养护 /408

平稳开车可省油 /408
轻车行驶可省油 /408
油箱加满油更省钱 /408
汽油标号并非越高越好 /408
养成暖车好习惯 /408
选择阴天贴膜 /408
汽车防静电小窍门 /408
巧洗散热器 /409
防止汽车挡风玻璃结霜小窍门 /409
如何检查胎压 /409
夏季保养轮胎小窍门 /409
汽车暴晒后需通风 /409
汽车启动小窍门 /409
高速路行驶最好开天窗 /409
汽车停放小窍门 /409
用牙膏去除划痕 /409
巧用旧报纸除湿 /409
橡皮可除车门上的鞋印 /410
雨天巧除倒后镜上水珠 /410
留意汽车异味 /410
留意汽车怪声 /410
定期检查后备胎 /410
车辆熄火的处理 /410
如何换备胎 /410
巧取折断气门芯 /411
风扇皮带断裂的应急维修 /411
巧用千斤顶代替大锤 /411
油箱损伤的应急维修 /411
油管破裂的应急维修 /411

油箱油管折断的应急维修 /411
油缸盖出现砂眼的应急维修 /411
油管接头漏油的应急维修 /411
进、出水软管破裂的应急维修 /411
卸轮胎螺母的妙法 /411
螺孔滑扣的应急维修 /412
膜片或输油泵膜片破损的应急维修 /412
气门弹簧折断的应急维修 /412
汽车防盗小窍门 /412
私人车辆巧投责任保险 /412
旧车怎样投保盗抢险 /412
小事故不要到保险公司索赔 /412

第一章

饮食烹饪
小窍门

食物选购和识别

巧选冬瓜 >>>

冬瓜身上是否有一层白霜是辨别质量好坏的一个标准。如冬瓜肉有纹，瓜身较轻，请勿购买——肉质有花纹，是因为瓜肉变松；瓜身很轻，说明此瓜已变质，味也苦。

巧选苦瓜 >>>

苦瓜身上一粒一粒的果瘤是判断苦瓜好坏的标准。果瘤颗粒越大越饱满，表示瓜肉越厚；颗粒越小，瓜肉相对较薄。选苦瓜除了要挑果瘤大、果形直立的，还要外观碧绿漂亮的，因为如果苦瓜出现黄化，就代表已经熟过，果肉就会柔软不够脆，也失去了应有的口感。

巧选萝卜 >>>

用手指背弹碰萝卜的腰部，声音沉重、结实的不糠心，如声音浑浊则多为糠心萝卜。

巧选松菇 >>>

以片大体轻、黑褐色、身干、整齐、无泥沙、带白丝、油润、不霉、不碎的为好。

巧选香菇 >>>

❶看颜色：色泽黄褐（福建香菇为黑褐色有微霜），菌伞下面有褶裥紧密细白。

❷看形状：个大均匀，菌伞肥厚粗壮，盖面平滑，质干不碎。

❸用手捏：菌柄有硬感，菌伞蓬松。

❹用鼻闻：有香气。

▲巧选香菇

巧识毒蘑菇 >>>

❶看形状：毒蘑菇一般比较黏滑，菌盖上常沾些杂物或生长一些像补丁般的斑块和肉瘤，且菌柄上常有菌环；无毒蘑菇很少有菌环。

❷观颜色：毒蘑菇多呈金黄、粉红、白、黑、绿等鲜艳色；无毒蘑菇多为咖啡、淡紫或灰红色。

❸闻气味：毒蘑菇有土豆或萝卜味；无毒蘑菇为苦杏或水果味。

❹看分泌物：撕断新鲜野蘑菇的菌杆，无毒的分泌物清亮如水（个别为白色），撕断不变色；有毒的分泌物稠浓，呈赤褐色，伞柄很难用手撕开，撕断后在空气中易变色。

❺蘑菇煮好后放些葱，如变成蓝色或褐色，便是毒蘑菇。

巧选竹笋 >>>

将笋提在手里，应是干湿适中，周身

无瘪洞，无凹陷，无断裂痕迹。另外，还可以用指甲在笋肉上划一下——嫩不嫩一划便知。

巧识激素水果 >>>

凡是激素水果，均形状特大且异常，外观色泽光鲜，果肉味道反而平淡。反季节蔬菜和水果几乎都是用激素催熟的，如早上市的特大草莓、外表有方棱的大猕猴桃等，大都是喷了膨大剂；蒂是红色的荔枝和切开后瓜瓤通红瓜子却不熟、味道不甜的西瓜等，多是施用了催熟剂；还有些无子大葡萄，是喷了雌激素。

巧识使用了"膨大剂"的猕猴桃 >>>

❶优质标准的猕猴桃一般单果重量只有 80 ～ 120 克，而使用"膨大剂"后的猕猴桃果个特大，单果重量可达到 150 克以上，有的甚至可以达到 250 克。

❷未使用"膨大剂"的果子切开后果心翠绿，酸甜可口；而使用了"膨大剂"的果子切开后果心粗，果肉熟后发黄，味变淡。

巧选西瓜 >>>

❶成熟的西瓜重量轻，托瓜的手能感到颤动震手；不成熟的西瓜重量重，没有震荡感。两个差不多一样大的西瓜，重量比较轻的为熟瓜。

❷将西瓜托在手中，用手指轻轻弹拍，发出"咚、咚"的清脆声，是熟瓜；发出"突、突"声，是成熟度比较高的反映；发出"噗、噗"声，是过熟的瓜；发出"嗒、嗒"声的是生瓜。

巧识母猪肉 >>>

母猪肉一般皮糙肉厚，肌肉纤维粗，横切面颗粒大。经产母猪皮肤较厚，皮下脂肪少，瘦肉多，骨骼硬而脆，乳腺发达，腹部肌肉结缔组织多，切割时韧性大。

巧识种猪肉 >>>

❶肉皮厚而硬，毛孔粗，皮肤与脂肪之间几乎分不清界限，尤其以肩胛骨部位最明显，去皮去骨后的脂肪又厚又硬，几乎和带皮的肉一样。

❷瘦肉颜色呈深红色，肌肉纤维粗糙，纹路清，水分少，结缔组织较大。

巧识死猪肉 >>>

死猪肉周身淤血呈紫红色，脂肪灰红，肌肉暗红，血管中充满黑红色的凝固血液。切开后腿内部的大血管可以挤出黑红色的血栓来；剥开板油，可见腹膜上有黑紫色的毛细血管网；切开肾包囊扒出肾脏，可以看到局部变绿，有腐败气味。

巧识病猪肉 >>>

识别瘟猪肉的方法是看肉的皮肤。如皮肤有大小不等的出血点，或有出血性斑块，即为病猪肉；如果是去皮肉，则可看脂肪和腱膜，如有出血点即可认定为病猪肉。个别肉贩常将病猪肉用清水浸泡一夜，第二天再上市销售，这种肉外表显得特别白，看不见出血点，但将肉切开，看断面上，脂肪、肌肉中依然存在明显的出血点。

巧识注水猪肉 >>>

用卫生纸紧贴在瘦肉或肥肉上，用手平压，等纸张全部浸透后取下，用火柴点燃。如果那张纸烧尽，证明猪肉没有注水；如果那张纸烧不尽，点燃时还会发出轻微的"啪啪"声，就证明猪肉是注水了。这种肉色泽变淡，呈淡灰红色，有时偏黄，并显得肿胀。

注水的冻瘦猪肉卷，透过塑料薄膜可以看到里面有灰白色半透明的冰和红色血冰；砍开后有碎冰块和冰碴溅出，肉解冻后还会有许多血水渗出。

巧识劣质猪肝 >>>

病死猪肝色紫红，切开后有瘀血外溢，少数有浓水泡，做熟后无鲜味。灌水猪肝色赭红显白，比未灌水的猪肝饱满，手指压迫处会下沉，片刻复原，切开处有水外溢，做熟后味差。

识别猪肉上的印章 >>>

❶ "×"形章是"销毁"章，盖此章的肉禁止出售和食用。

❷ 椭圆形章是"工业油"章，此肉不能出售和食用，只能作为工业用油。

❸ 三角形章是"高温"章，这类肉含有某种细菌、病毒，或某种寄生虫，必须在规定时间内进行高温处理。

❹ 长方形章是"食用油"章，盖有此章的生肉不能直接出售和食用，必须熬炼成油后才能出售。

❺ 圆形章是合格印章，章内标有定点屠宰厂厂名、序号和年、月、日，这是经过兽医部门检验合格的猪肉。

巧选牛羊肉 >>>

❶ 看色泽：新鲜肉肌肉有光泽，红色均匀，脂肪洁白；变质肉肌肉色暗，脂肪黄绿色。

❷ 摸黏度：新鲜肉外表微干或有风干膜，不粘手，弹性好；变质肉外表粘手或极度干燥，新切面发黏，指压后凹陷不能恢复，留有明显压痕。

❸ 闻气味：鲜肉有鲜肉味，变质肉有异味。

巧辨黄牛肉和水牛肉 >>>

❶ 黄牛肉：肌肉呈深红色，肉质较软。肥度在中等以上的肉，肌肉间夹杂着脂肪，形成所谓的"大理石状"。

❷ 水牛肉：肉色比黄牛肉暗，并带棕红色；肌肉纤维粗且松弛，脂肪为白色，肉不易煮烂。

巧识注水鸡鸭 >>>

❶ 注水的鸡鸭肉特别有弹性，用手一拍就会有"卟卟"的声音。

❷ 扳起鸡鸭的翅膀仔细查看，如果发现上边有红针点或乌黑色，那就是注水的证明。

❸ 用手捏摸鸡腹和两翅骨下，若不觉得肥壮，而是有滑动感，则多是用针筒注射了水。

❹ 有的人用注水器将水打入鸡鸭腔内膜和网状内膜，只要用手指在上面轻轻一抠，注过水的鸡鸭肉，网膜一破，水就会流淌出来。

❺ 皮下注过水的鸡鸭肉，高低不平，摸起来像是长有肿块。

巧选白条鸡 >>>

❶ 好的白条鸡颈部应有宰杀刀口，刀口处应有血液浸润；病死的白条鸡颈部没有刀口，死后补刀的鸡，刀口处无血液浸润现象。

❷ 好的白条鸡眼球饱满，有光泽，眼皮多为全开或半开；病死的白条鸡眼球干缩凹陷，无光泽，眼皮完全闭合。

❸ 好的白条鸡肛门处清洁，无坏死或病灶；病死鸡的肛门周围不洁净，常常发绿。

❹ 好的白条鸡的鸡爪不弯曲，病死的

白条鸡的鸡爪呈团状弯曲。

巧选烧鸡 >>>

首先可以看鸡的眼睛：如果眼眶饱满，双眼微闭，眼球明亮，鸡冠湿润，血线匀细、清晰，则是好鸡。如果鸡的眼睛是全部闭着的，同时眼眶下陷，鸡冠显得十分干巴，就证明这是病死的鸡。其次挑开一点儿肉皮，看里面肉为红色，则是死鸡做成的烧鸡。

巧辨鸡的老嫩 >>>

❶鸡嘴：嫩鸡的嘴尖而软；老鸡的嘴尖而硬。

❷胸骨：嫩鸡的胸骨软而有弹性；老鸡的胸骨较硬而且缺少弹性。

❸鸡脸：嫩鸡的脸部滋润细腻；老鸡的脸部皮肤松弛。

❹鸡冠：嫩鸡的鸡冠较小，纹理细腻；老鸡的鸡冠较大，肉重皮厚而多皱纹，并且纹理粗糙。

巧辨活宰和死宰家禽 >>>

活宰的家禽放血尽，血液鲜红，表皮干燥紧缩，脂肪呈乳白色或淡黄色，肌肉有光泽和弹性，呈玫瑰红色。死宰的家禽放血不尽，血液呈暗红或暗紫色，皮粗糙发暗红，并间有青紫色死斑，脂肪呈暗红色，肌肉无弹性。

巧选灌肠制品 >>>

在选购灌肠制品时，外观上应注意挑选外皮完整，肠衣干燥，色泽正常，线绳扎得紧，无霉点，肠头不发黑，肠体清晰坚实，富有弹性的产品。切开的灌肠，肉馅应坚实紧密，无空洞或极少空洞。变质的灌肠，香味减退或消失，有异味，不能食用。

巧识掺淀粉香肠 >>>

将碘酒涂在白纸上，趁其未干时，将香肠的断面按在有碘酒的纸上，若掺有淀粉，按压处就会变成蓝黑色。

巧选鸡鸭蛋 >>>

❶用手指拿稳鸡蛋在耳边轻轻摇晃，好蛋音实；贴壳蛋和臭蛋有瓦碴声；空头蛋有空洞声；裂纹蛋有"啪啪"声。

▲巧选鸡鸭蛋

❷把蛋放在15%左右的食盐水中，沉入水底的是鲜蛋；大头朝上、小头朝下、半沉半浮的是陈蛋；臭蛋则浮于水面。

巧识散养柴鸡蛋 >>>

❶个头比一般鸡场的鸡蛋要小一些，北方的柴鸡蛋个头比南方的要略微大一些。

❷蛋黄要比普通鸡蛋的蛋黄黄一些，肉眼可以辨别出来；但颜色也不是特别黄或者发红，如果蛋黄的颜色特别红，明显是喂了色素。

❸柴鸡蛋在打蛋的时候不太容易打散。

如果是蒸蛋羹或者炒鸡蛋，颜色金黄、口感特别好。

④柴鸡蛋蛋皮的颜色并不完全一样，有的深有的浅，不要认为柴鸡蛋的颜色都是红皮或白皮。

⑤真正的散养鸡蛋，打开后会发现蛋黄上有白点，旁边有白色絮状物，这种鸡蛋是受过精的，一般在北方的农村每家农户的鸡群里都有一两只公鸡。当然并不是每个鸡蛋都有，应该说大部分都有，而养鸡场的鸡蛋大部分都是笼养，就不会有这种情况。

巧识受污染鱼 >>>

①受污染的鱼形体不整齐，头大尾小，脊椎弯曲甚至畸形，还有的皮膜发黄，尾部发青。

②受污染的鱼眼睛浑浊，失去正常光泽，有的甚至向外鼓出。

③有毒的鱼鳃不光滑，较粗糙且呈暗红色。

④正常鱼有鱼腥味，污染了的鱼则气味异常，根据毒物的不同而呈大蒜味、氨味、煤油味、火药味等，含酚量高的鱼鳃还可能被点燃。

巧识注水鱼 >>>

首先是肚子大。如果在腹部灌水，将鱼提起就会发现鱼肛门下方两侧凸出下垂，用小手指插入肛门，旋转两下，手指抽出，水就会流出。注过水的鱼肉松且软，而正常的鱼肉有弹性。注水的鱼发呆不喜动，活不长。

巧识毒死的鱼 >>>

在农贸市场上，常见有被农药毒死的鱼类出售，购买时要特别注意。

①鱼鳃：正常死的鲜鱼，其鳃色是鲜红或淡红的；毒死的鱼，鳃色为紫红或棕红。

②鱼鳍：正常死的鲜鱼，其腹鳍紧贴腹部；毒死的鱼，腹鳍张开而且发硬。

③鱼嘴：正常鱼死亡后，闭合的嘴能自然拉开；毒死的鱼，鱼嘴紧闭，不易自然拉开。

④气味：正常死的鲜鱼，有一股鱼腥味，无其他异味；毒死的鱼，从鱼鳃中能闻到一点儿农药味，但不包括无味农药。

巧识变质带鱼 >>>

新鲜的带鱼银白发亮，如果失去了银白色光泽，鱼体表面附着一层黄色的物质——这是鱼不新鲜的标志。

巧识"染色"小黄鱼 >>>

可用白纸轻擦鱼体表面，白纸变黄，则表明涂了着色颜料。

巧辨青鱼和草鱼 >>>

①青鱼的背部及两侧上半部呈乌黑色，腹部青灰色，各鳍均为灰黑色；草鱼呈茶黄色，腹部灰白，胸、腹鳍带灰黄色，其余各鳍颜色较淡。

②青鱼嘴呈尖形，草鱼嘴部呈圆形。

巧辨鲢鱼和胖头鱼 >>>

鲢鱼同胖头的主要区别是体色和头。鲢鱼又叫白鲢、鲢子，体表呈银白色，头较小，头长与体长之比为1：4；胖头鱼的头明显要大得多，头长、体长之比为1：3。胖头鱼体色比鲢鱼深，杂有不规则的黄黑色斑纹，因而又叫"花鲢""黄鲢头"。它的味道虽不及青鱼、草鱼，但比白鲢好，尤其是它的头，味道特别鲜美。

巧辨鲤鱼和鲫鱼 >>>

①鲤鱼同鲫鱼的主要区别在于有无"胡子"，鲤鱼的口缘两侧有两对触须，十分好辨认。

❷鲤鱼的背比鲫鱼"驼"一点儿，体呈纺锤形，青黄色；而鲫鱼是灰青色的，体态侧扁。

❸鲤鱼比鲫鱼要大，鲫鱼少见到单条超过 500 克的。

巧识优质鱿鱼 >>>

优质鱿鱼体形完整坚实，呈粉红色，有光泽，体表面略现白霜，肉肥厚，半透明，背部不红。劣质鱿鱼体形瘦小残缺，颜色赤黄略带黑，无光泽，表面白霜过厚，背部呈黑红色或霉红色。

巧识养殖海虾与捕捞海虾 >>>

海洋捕捞对虾与养殖虾在同等大小、同样鲜度时，价格差异很大。养殖虾的须子很长，而海洋捕捞对虾须短，养殖虾头部"虾枪"长、齿锐，质地较软，而海洋捕捞对虾头部"虾枪"短、齿钝，质地坚硬。

巧选海蜇 >>>

❶看颜色：优质海蜇皮呈白色或淡黄色，有光泽感，无红斑、红衣和泥沙。

❷观肉质：质量好的海蜇，皮薄、张大、色白，而且质坚韧不脆裂。

❸尝口味：将海蜇放入口中咀嚼，若能发出脆响的"咯咯"声，而且有咬劲的，则为优质海蜇；若感到无韧性，不脆响的则为劣质品。

巧看鳃丝选海蟹 >>>

新鲜海蟹鳃丝清晰，呈白色或稍带微褐色；次鲜海蟹鳃丝尚清晰，但色变暗，尚无异味；腐败海蟹鳃丝污秽模糊，呈暗褐色或暗灰色，有难闻异味。

巧选贝类 >>>

无论是海水或淡水中均有贝类存在。主要品种有鲍鱼、牡蛎、贻贝、文蛤、蛏、扇贝等。活贝的壳可以自然开闭，死贝的壳不会闭合，这是识别贝类死活的主要标志。

巧辨人工饲养甲鱼和野生甲鱼 >>>

野生甲鱼的背壳呈灰黑色，有五朵深黑色的花纹，俗称五朵金花；腹部的颜色为灰色，同样有五朵金花。而人工饲养的甲鱼背壳上虽然也有花纹，但不止五朵；腹部无花纹，腹部的颜色通常为浅黄色或黑黄色。

巧选豆腐 >>>

手握 1 枚缝衣针，在离豆腐 30 厘米高处松手，让针自由下落，针能插入的则为优质豆腐。

巧识掺假干豆腐 >>>

掺假干豆腐表面粗糙，光泽差，如轻轻折叠，易裂，且折裂面呈不规则的锯齿状，仔细查看可见粗糙物，这是因为掺了豆渣或玉米粉。

巧识毒粉丝 >>>

❶正常粉丝的色泽略微偏黄，接近淀粉原色；那种特别白特别亮的粉丝最好别买。

❷水煮时，有酸味或其他异味的粉丝也应引起警惕。

❸将粉丝点燃，正常粉丝燃烧时应有黑色的炭，并且粉丝有多长炭就应该有多长；而毒粉丝燃烧时没有炭残留，而且还会伴随很大的声响。

巧辨劣质银耳 >>>

变质的干银耳的耳片呈焦黄色或绿褐色，没有鲜壳，朵形瘦弱不一，易碎，蒂部有黑点或橘红色斑块。腐烂部分，经水泡后，发黏并有异味。舌感刺激或有辣味，说明银耳已用硫黄熏过,虽然颜色尚好,但不能食用。

极易生虫、霉变,不能久存。

巧辨假木耳 >>>

假木耳肉厚,形态膨胀少卷曲,耳片常粘在一起,显得肥厚,边缘较为完整;用手摸,感觉较重,易碎,用手稍掰即碎断脱落,有潮湿感;放在口中嚼,有腥味。

真木耳肉大,卷曲紧缩,朵片较薄,无完整轮廓;表面乌黑光润,背呈灰色;手摸感觉分量轻、有韧劲、不易捏碎;干燥,无杂质,无僵块卷耳;放在嘴里尝有清香味。

巧选酸白菜 >>>

优质酸白菜颜色玉白或微黄,有质嫩感,有乳酸香味,手感脆硬。劣质酸白菜色泽灰暗或呈褐色,发臭或有其他异味,手感绵软。

巧选紫菜 >>>

将紫菜浸泡在凉水中,若紫菜呈蓝紫色,说明该菜在干燥、包装前已被有毒物质所污染,这种紫菜对人体有害,不能食用。

巧选虾皮 >>>

选购虾皮时,用手紧握一把虾皮,然后再将虾皮放松后,虾皮能自动散开,说明其质量是好的。这样的虾皮清洁并呈黄色,有光泽,体形完整,颈部和躯体也紧连着,虾眼齐全。

如果放松后,虾皮相互粘着不易散开,虾皮外壳污秽无光,体形多不完整,碎末多,颜色呈苍白或暗红色,并有霉味,说明虾皮已经变质。

巧选干枣 >>>

用手捏红枣,松开时枣能复原,手感坚实,则质量为佳。如果红枣湿软皮黏,表面返潮,极易变形,则为次品。湿度大的干枣

巧选瓜子 >>>

❶ 看起来有光泽且摸时有油状物的黑瓜子,很可能表面涂有矿物油;用漂白剂漂过或硫黄熏过的白瓜子有异味。

❷ 优质西瓜子中间是黄色的,四周黑色,劣质西瓜子表面颜色模糊不清,一些加了滑石粉、石蜡的瓜子表面还有白色结晶。

▲巧选瓜子

巧识陈大米 >>>

陈米的色泽变暗,表面呈灰粉状或有白道沟纹,其量越多则说明大米越陈旧。同时,捧起大米闻一闻气味是否正常,如有发霉的气味说明是陈米。另外,看米粒中是否有虫蚀粒,如果有虫屎和虫尸也说明是陈米。

巧识"毒大米" >>>

"毒大米"用少量热水浸泡后,手捻会有油腻感,严重者水面可浮有油斑,仔细观察会发现米粒有一点儿浅黄。通常这种大米的外包装上都不会写明厂址及生产日期,价格也会比正常大米低一些。

巧识用姜黄粉染色的小米 >>>

用手拈几粒小米，蘸点儿水在手心搓一搓，凡用姜黄粉染过色的小米颜色会由黄变灰暗，手心残留有黄色。

巧识掺入色素柠檬黄的玉米面 >>>

取少量样品加水浸泡，被色素柠檬黄染色的玉米面滤液呈黄色。

巧识掺入大米粉的糯米粉 >>>

❶色泽：糯米粉呈乳白色，缺乏光泽，大米粉色白清亮。

❷粉粒：用手指搓捻，糯米粉粉粒粗，大米粉粉粒细。

❸水试：糯米粉用水调成的面团手捏黏性大，大米粉用水调成的面团手捏黏性小。

巧识添加增白剂的面粉 >>>

从色泽上看，未增白面粉和面制品为乳白色或微黄本色，使用增白剂的面粉及其制品呈雪白或惨白色；从气味上辨别，未增白面粉有一股面粉固有的清香气味，而使用增白剂的面粉淡而无味，甚至带有少许化学药品味。掺有滑石粉的面粉，和面时面团松懈、软塌，难以成形，食后会肚胀。

巧辨手工拉面和机制面 >>>

❶手工拉面面条粗细不均匀；机制拉面标准划一，粗细均匀。

❷机制面熟化后在水中较短时间内会糊化，煮面的汤水表面会起泡沫；而手工拉面不易糊化，汤水表面不会有泡沫。

❸手工拉面含一定盐分，机制拉面则较淡。

❹机制面粘牙，手工拉面是不粘牙的。

巧辨植物油的优劣 >>>

取油层底部的油一两滴，涂在易燃的纸片上，点燃并听其响声。燃烧正常无响声者，是合格产品；燃烧时发出"叭叭"的爆炸声，有可能是掺水产品，不能购买。加热后拨去油沫，观察油的颜色，若油色变深，有沉淀，说明杂质较多。

巧识掺假食用油 >>>

鉴别掺入蓖麻油的食用油时，将油样静置一段时间后，油样能自动分离成两层，食用油在上，蓖麻油在下。

巧选香油 >>>

将油样滴于手心，用另一手掌用力摩擦，由于摩擦产热，油内芳香物质分子运动加速，香味容易扩散。如为纯正香油，则有单纯浓重的香油香味。如掺入菜籽油，则可闻到辛辣味；如掺入棉籽油，则可闻到碱味；如掺入大豆油，则可闻到豆腥味。此法简便易行，可靠性较强，适用于现场鉴别。

▲巧选香油

食物清洗和加工

盐水浸泡去叶菜残余农药 >>>

一般先用水冲洗掉表面污物，然后用盐水浸泡（不少于10分钟）。必要时加入果蔬清洗剂，以增加农药的溶出。如此清洗浸泡2～3次，可清除绝大部分残留的农药。

▲盐水浸泡去蔬菜残余农药

加热烹饪法去蔬菜残余农药 >>>

氨基甲酸酯类杀虫剂随着温度的升高分解会加快，所以对一些蔬菜可通过加热来去除部分残留农药，常用于芹菜、圆白菜、青椒、豆角等。先用清水将蔬菜表面污物洗净，放入沸水中2～5分钟后捞出，然后用清水冲洗1～2遍后置于锅中烹饪成菜肴。

日照消毒可去蔬菜残余农药 >>>

阳光照射蔬菜会使蔬菜中部分残留农药被分解、破坏。据测定，蔬菜、水果在阳光下照射5分钟，有机氯、有机汞农药的残留量会减少60%。另外，方便贮藏的蔬菜，应在室温下放两天左右，残留化学农药平均消失率为5%。

储存法去蔬菜残余农药 >>>

农药在空气中随着时间的推移，能够缓慢地分解成对人体无害的物质，所以对一些易于保管的蔬菜如冬瓜、番瓜等，可通过一定时间的存放来减少农药残留量。一般应存放10天以上。

巧洗菜花 >>>

菜花虽然营养丰富，但常有残留的农药，还容易生菜虫。所以在吃之前，可将菜花放在盐水里浸泡几分钟，菜虫就跑出来了，还可去除残留农药。

巧洗蘑菇 >>>

洗蘑菇时，在水里先放点儿食盐搅拌使其溶解，将蘑菇放在水里泡一会儿再洗，这样泥沙就很容易洗掉。市场上有泡在液体中的袋装蘑菇，食用前一定要多漂洗几遍，以去掉某些化学物质。最好吃鲜蘑。

巧洗香菇 >>>

先将香菇放入60℃的温水中浸泡1小时左右，然后用手朝一个方向旋转搅拌，10分钟左右，被裹在里面的沙粒就随之徐徐落下沉入盆底。最后，将香菇捞出，再用清水冲洗干净挤去水，就可以烹制食用了。

巧洗脏豆腐 >>>

豆腐表面沾污后，可将其放在一只塑料漏盆里，然后在自来水下轻轻冲洗，既可保持豆腐完整不碎，又能使豆腐洁净如初。

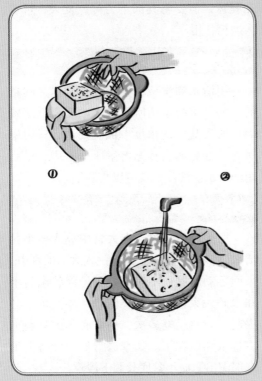

▲巧洗脏豆腐

巧洗黑木耳 >>>

❶涨发木耳时，加一点儿醋在水中，然后轻轻搓洗，很快就能除去木耳上的沙土。

❷温水中放入泡发的黑木耳，然后加入两勺淀粉，之后进行搅拌，用这种方法可以去除黑木耳上细小的杂质和残留的沙粒。

巧为瓜果消毒 >>>

❶个体较大，且有光滑外皮的水果，如苹果、梨等，先在清水中洗净，然后放在沸水中烫泡30秒钟再吃，就可确保安全无患了。

❷对于难洗易破的水果，如草莓、樱桃等，可先将其放在盐水中浸泡10分钟左右，取出后再用凉开水冲洗干净，就可放心吃了。

巧去桃毛 >>>

在清水中放入少许食用碱，将鲜桃放入浸泡3分钟，搅动几下，桃毛便会自动脱落，清洗几下毛就没有了，很方便。

巧洗脏肉 >>>

❶猪油或是肥肉沾上了土或灰，可放在30～40℃的温水中泡10分钟，再用干净的包装纸等慢慢地擦洗，就可变干净了。

❷若用热淘米水洗两遍，再用清水洗，脏物就除净了。

❸也可拿来一团和好的面，在脏肉上来回滚动，就能很快将脏物粘下。

❹鲜肉如果有煤油味（或者柴油、机油），可以用浓红茶水泡，30分钟后冲掉，油味、异味即可去除。

巧去冻肉异味 >>>

❶啤酒浸泡法：将冷冻过的肉放入啤酒中浸泡10分钟捞出，用清水洗净再烹调，便可除去异味，增进香味。

❷盐水去味法：冻肉如用盐水化解，不仅有利于去除冰箱的异味，而且还能不失肉的鲜味。

❸姜汁去味法：将冷冻肉用姜汁浸泡3～5分钟可除去异味。

食品快速解冻法 >>>

将两个铝锅洗干净，将其中一只倒置，在其上放需要解冻的食品，然后在食品上扣上另一只锅，这样就可以轻松解冻了。通常情况下，自然解冻需要1小时的食品按这种方法10分钟左右就可以完成解冻，且不会失去食品原有的美味。

猪心巧去味 >>>

买回的猪心有股异味，可在面粉中"滚"一下，放置1小时左右，再用清水洗净，这样烹炒出来的猪心味美纯正。

猪肝巧去味 >>>

猪肝常有一种特殊的异味，烹制前，先用水将肝血洗净，然后剥去薄皮放入盘中，再加放适量牛奶浸泡，异味即可消除。

巧洗猪肚 >>>

先用面粉把猪肚擦一遍，放在清水里洗去污秽黏液，然后放进开水锅中煮至白脐结皮取出，再放在冷水中，用刀刮去白脐上的秽物。外部洗净后，从肚头（肉厚部分）切开，去掉内壁的油污，再取少量的醋和食盐，擦搓肚子，以去除膜味。最后，用清水冲洗至无滑腻感时，即可下锅煮至熟烂，随意烹制。

巧洗猪肺 >>>

将肺管套在水龙头上，使水灌入肺内，让肺扩张，待大小血管都充满水后，再将水倒出。如此反复多次，见肺叶变白，然后放入锅中烧开，浸出肺管中的残物，再洗一遍，另换水煮至酥烂即可。

巧洗猪腰子 >>>

❶将鲜猪腰洗干净，撕去外层薄膜及腰油，然后用刀从中切成两个半片。将半片内层向上放在砧板上，用左手拍打四边，使猪腰内层中间白色部位突出，用刀由右向左平移，割除白色的腰腺即可。

❷将切成形的腰花放入盆内，取葱白、姜各少许，洗净用刀拍一下放入，再滴入黄酒，浸没为度。约20分钟后，用干净的纱布沥去黄酒，拣去葱白、姜，即能去腰花腥味，但要将其沥干为好。夏天，可放入冰箱备用。

巧洗咸肉 >>>

用清水漂洗咸肉并不能达到退盐的目的，如果用盐水（所用盐水浓度要低于咸肉中所含盐分的浓度）漂洗几次，咸肉中所含的盐分就会逐渐溶解于盐水中，最后用淡盐水清洗一下就可以烹制了。

巧淘米 >>>

取大小两只盆，在大盆中放入多半盆清水，将米放入小盆，连盆浸入大盆的水中；来回摇动小盆，不时将处于悬浮状态的米和水倾入大盆中，不要倒净，小盆也不必提起；如此反复多次，小盆底部就只剩下少量米和沙粒了。如掌握得好，可将大米全部淘出，而小盆底只剩下沙粒。

淘沙子比较多的米，可取一个搪瓷钵，将米放在里面。在钵中注入清水没过米，用手轻轻将水旋转一下，使比米重的沙子沉底。然后连水倒入准备做饭的铝锅中。必须注意，每次倒出的只是装在钵中最上面的一层大米。然后再放入清水，如此重复地淘洗，最后剩下的便是沙子。采用此法能将沙子全部淘净，并省时省力。

巧去土豆皮 >>>

❶将土豆放入一个棉质布袋中扎紧口，

像洗衣服一样用手揉搓，就能很简单地将土豆皮去净，最后用刀剔去有芽部分即成。

❷把土豆放在开水中煮一下，然后用手直接剥皮，就可以很快将皮去掉。

❸把新土豆放入热水中浸泡一下，再放入冷水中，这样就很容易去皮。

巧去萝卜皮 >>>

萝卜皮很硬，去除时十分麻烦。可以将整条萝卜放进水中煮一下，然后放在水龙头下，借水的冲力用手把皮去除，可不留一点儿残皮。

巧去芋头皮 >>>

将带皮的芋头装进小口袋里（只装半袋），用手抓住袋口，将袋子在水泥地上摔几下，再把芋头倒出，便可发现芋头皮全脱下了。

巧去西红柿皮 >>>

用开水浇西红柿上，或者把西红柿放在开水里焯一下，西红柿的皮就会很容易被剥去。

巧去莲心皮 >>>

在锅内放适量的水，加热后放入少许食用碱，再倒入莲心，边烧边用勺子搅动，10分钟左右，莲心皮皱起后，即可取出，倒入冷水内。这时只要用手轻轻搓揉，皮就可被全部去净。莲子心可用牙签或细竹捅掉。

巧去蒜皮 >>>

❶将蒜用温水泡3~5分钟捞出，用手一搓，蒜皮即可脱落。

❷如需一次剥好多蒜，可将蒜摊在案板上，用刀轻轻拍打即可脱去蒜皮。

巧去姜皮 >>>

姜的形状弯曲不平，体积又小，欲削掉姜皮十分麻烦，可用汽水瓶或酒瓶盖周围的齿来削姜皮，既快又方便。

巧剥毛豆 >>>

将洗好的毛豆荚倒入锅内，放水煮开后闷一小会儿，然后立刻倒入冷水中，此时，只要用手轻轻一挤毛豆荚，毛豆就出来了，而且豆粒没有任何损伤，与生豆一样圆润。

巧切洋葱 >>>

❶切洋葱时，可将其去皮放入冰箱冷冻室存放数小时后再切，就不会刺眼，使之流泪了。

❷把刀或洋葱不断地放在冷水中浸一下，再切也不会刺痛眼睛。

❸用食盐和食油擦刀，或用胡萝卜片擦刀，都可以解决气味刺眼的问题。

❹盛一碗凉水放在旁边，既可以缓解挥发性物质对眼睛的刺激，也能使眼睛有清凉舒适的感觉。

巧切黄瓜 >>>

将牙签劈成两半用水打湿，然后贴在距刀刃3厘米的刀面上，这样，切黄瓜的时候，瓜片就不会贴在刀上了。

巧切竹笋 >>>

切竹笋有讲究，靠近笋尖部的地方宜顺切，下部宜横切，这样烹制时不但易熟烂，而且更易入味。

巧除大蒜臭味 >>>

大蒜是烹调中经常使用的调料，若烦其臭味，可将丁香捣碎拌在大蒜里一起食用，臭味可除去。

巧除竹笋涩味 >>>

❶将竹笋连皮放入淘米水中，放一个去子的红辣椒，用温火煮好后熄火，让它自然冷却，再取出来用水冲洗，涩味就没了。

❷将新鲜笋（去壳或经刀工处理）放入沸水中焯煮，然后用清水浸漂，即可除去不良味道。

巧除苦瓜苦味 >>>

❶盐渍：将切好的瓜片撒上盐腌渍一会儿，然后将水滤掉，可减轻苦味。或把苦瓜切开，用盐稍腌片刻，然后炒食，可减轻苦味，又可保持苦瓜的原味。

❷水焯：把苦瓜切成块状，先用水煮熟，然后放进冷水中浸泡，这样苦味虽能除尽，但却丢掉了苦瓜的风味。

巧除芦荟苦味 >>>

芦荟以凉拌、清炒为佳。但芦荟有苦味，烹调前应去掉绿皮，水煮3～5分钟，即可去掉苦味。

巧除菠菜涩味 >>>

菠菜中含有草酸，这不仅使菠菜带有一股涩味，还会与食物中的钙相结合，产生不溶于水的草酸钙，影响人体对钙质的吸收。只要把菠菜放入开水煮2～3分钟，既可除去涩味，又能减少草酸的破坏作用。

巧去桃子皮 >>>

将桃子浸入滚开水中1分钟左右，捞起来再浸入冷水中，冷却后取出，用手可不费劲地剥去皮。

巧去橙子皮 >>>

把橙子放在桌面上，用手掌压住慢慢地来回揉搓，用力要均匀，这样橙子就像橘子一样容易剥皮了，吃起来也既干净又方便。

巧去大枣皮 >>>

将干的大枣用清水浸泡3小时，然后放入锅中煮沸，待大枣完全泡开发胖时，将其捞起剥皮，就很容易剥掉了。

巧去板栗壳 >>>

在板栗上横着掐开一条缝，然后用手一捏，口儿就开大了；用手指把一边的壳瓣去，再把果仁从另一半壳中瓣出。横着瓣，果仁不易瓣碎。

巧去核桃壳、皮 >>>

将核桃放在蒸锅里用大火蒸8分钟取出，放入凉开水中浸3分钟，捞出逐个破壳，就能取出完整的果仁。再把果仁放入开水中烫4分钟，只要用手轻轻一捻，皮即刻脱落。

巧切熟透的西瓜 >>>

先用筷子在西瓜底部戳一个洞（注意要缓缓插进去，否则筷子有可能折断），当筷子插进西瓜的部分有七八厘米时，左右转动几下，然后拔出筷子，西瓜底部就形成了一个小洞，而后用刀从洞口切下去，两刀就对半切出平整的西瓜了。

巧使生水果变熟 >>>

将不熟或将要熟的水果入坛或入罐，喷上白酒或是放一个湿润的酒精棉球，盖紧盖子，放于温度适宜的地方。经过2～3天，青色变成鲜艳的红色，甜味也增加，从而美味可口。

▲巧使生水果变熟

巧除柿子涩味 >>>

❶将涩柿子放在陶瓷盆里，喷上白酒（两次即可），三四天后，涩味可除去。

❷将涩柿子和熟梨熟苹果等混装在容器里，密闭，1周后涩味消除。

❸稍切开涩柿子，在切口部位加入少量葡萄酒，涩味便会消失。

巧涨发蹄筋 >>>

取 8 ~ 10 枚干蹄筋，放入保温性能好的暖水瓶中，装入沸水后塞紧，第二天早上即成水发蹄筋，便可烹制食用。

牛肉要横切 >>>

牛肉质老（即纤维组织多）、筋多（即结缔组织多），必须横着纤维纹路切，即顶着肌肉的纹路切（又称为顶刀切）才能把筋切断，便于烹制适口菜肴。如果顺着纹路切，筋腱会保留下来，烧熟后肉质柴艮，咀嚼不烂。

切猪肉要斜刀 >>>

猪肉的肉质比较嫩，肉中筋少，横切易碎，顺切又易老，应斜着纤维纹路切，这样才能达到即不易碎，又不易老的效果。

鸡肉、兔肉要顺切 >>>

鸡肉、兔肉更细嫩，其中含筋更少，只有顺着纤维切，炒时才能使肉不散碎，整齐美观。

巧切肥肉 >>>

切肥肉时，可先将肥肉蘸一下凉水，然后放在案板上，一边切一边洒些凉水，这样切着省力，肥肉也不会滑动，且不易粘案板。

巧切肉丝 >>>

切肉丝或肉片时，为使刀工漂亮，可将整块肉包好，放冰柜冰冻半小时，待外形冻硬固定时，再取出切割，就容易多了。

巧切猪肘 >>>

猪肘的皮面含有丰富的胶质，加热后收缩性较大，而肌肉组织的收缩性则较小。如果皮面与肌肉并齐或是皮面小于肌肉，加热后皮面会收缩变小而脱落，致使肌肉裸露而散碎。因此皮面要适当地留长一点儿，加热后皮面收缩，恰好包裹住肌肉又不至于脱落，菜肴形体整齐美观。

巧切猪大骨 >>>

用菜刀斩大骨头既费力又容易把菜刀崩坏。可拿把锯子，在大骨的中间锯上 1 毫米深、2 毫米宽的缺口，然后用菜刀背砍一下缺口，猪大骨就会断开，又方便、又省力、又安全。

巧切火腿 >>>

取钢锯1把，将火腿置于小木凳上，一脚踩紧火腿，一手持锯，按需要的大小段锯下，省时省力且断面平整。以此类推，鲜猪腿、咸猪腿及带骨肉、大条的鱼等，都可用锯破开，以便加工烹调。

巧切肉皮 >>>

煮肉皮冻时，肉皮要切成小块，否则煮很长时间也不易煮好。可是生肉皮很难切，可将肉皮洗净后，用开水滚一下，捞出来用绞肉机将它绞碎，这样煮起来就又快又好。

巧做肉丸 >>>

做肉丸的关键在"打"。"打"是使肉糜产生韧性的一种方法。在肉糜中加上盐、味精、葱姜末、料酒、胡椒、水、蛋清等调味品后，用筷子搅动，这就是"打"。越搅"打"越上劲，上了劲就产生了韧性。肉糜在"打"2～3分钟后，加适量淀粉（按50克肉10克淀粉的比例），再"打"片刻，搅拌均匀，然后做成肉丸。

巧除猪腰臊味 >>>

猪腰内有臭腺，如果除不净，炒成菜后味道就会变。首先将其去薄膜，然后剖开去除臭腺，把猪腰切成花或片成片，先用清水洗一遍，捞出沥干，接着用白酒拌一下，以猪腰500克、酒50克的比例，边捏挤边搅拌，再用清水洗两遍，最后，放开水里涮一涮，加葱姜和青蒜，这样炒出来的腰花样美味鲜。

巧除鸡肉腥味 >>>

❶洗鸡时必须把鸡屁股剪掉，并将鸡身内外黏附的血块内脏挖干净。

❷不论是整只烹煮，还是剁块焖炒，都要先放在开水里烫透。因为鸡肉表皮受热后，毛孔张开，可以排出一些表皮脂肪油，达到去腥味的目的。

❸在炒、炸之前，最好用酱油、料酒、胡椒粉、盐和啤酒腌一下。

❹如果是冻鸡，就用加入姜末的酱油腌10分钟，鸡肉中的怪味就没有了。

巧分蛋清 >>>

❶将蛋打在漏斗里，蛋清含水分多，可顺着漏斗流出，而蛋黄仍会留在漏斗中。

❷或将蛋的大头和小头各打一个洞，大头一端略大一些，朝下，让蛋清从中流出，蛋黄仍会留在蛋壳内。待蛋清流完后，打开蛋壳便可取出被分离的蛋黄。

巧切蛋 >>>

制作凉菜时，常常会将完整的熟鸡蛋、鸭蛋、松花蛋带壳切开，一不小心就会切碎，有个好办法：先将刀在开水中烫热后再切，蛋就不会碎，而且光滑整齐。

巧去鱼鳞 >>>

❶将鱼装在较大塑料袋里，放到案板上，用刀背反复拍打鱼体两面的鳞，然后将

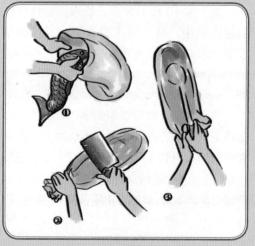

▲巧去鱼鳞

勺伸入袋内轻轻地刮，鱼鳞即可刮净，且不外溅。

❷按每千克冷水加醋 10 克配成溶液，把活鱼浸泡 2 小时再杀，鱼鳞极易除去。

❸带鱼的鳞较难去除，可将其放入80℃左右的水中，烫 10 秒钟，立即浸入冷水中，再用刷子或布擦洗一下，鱼鳞很快会被去掉。

巧去鲤鱼的白筋 >>>

鲤鱼脊背上有两道白筋，此物奇腥无比。洗鱼时，在鲤鱼齐鳃处横切一刀，在切口的中间部位找出白筋头，用手拽住外拉，同时，用刀轻轻拍打鱼的脊背，直至白筋全部抽出；用同样的方法再抽出鱼另一侧的筋。这样，烹制出的鲤鱼就没有腥味了。

巧为整鱼剔骨 >>>

使鱼肚朝左、背朝右躺在砧上，刀贴鱼背骨横批进去，深及鱼肚，批断脊骨与肋骨相连处（勿伤皮）；然后将鱼翻身，批开另一端脊骨与肉。把靠近头部的脊骨斩断或用手折断、拉出，在鱼尾处斩断脊骨。随后将鱼腹朝下放在墩子上，翻开鱼肉，使肋骨露出根端，将刀斜批进去，使肋骨脱离鱼肉。将两边肋骨去掉后，即成头、尾仍存，中段无骨，仍然保持鱼形完整的脱骨鱼了。

巧手收拾黄鱼 >>>

洗黄鱼的时候不一定非要剖腹，只要用两根筷子从鱼嘴插入鱼腹，夹住肠子后转搅数下，就可以从鱼嘴里抽出肠肚。但如果鱼已不新鲜，略有臭味，还是剖腹洗净为好。

巧除贝类泥沙 >>>

将贝类放置于水盆或塑料桶内，加水养两三天，同时在水中滴入少许植物油，贝类闻到油味之后就会将壳中的泥沙吐出，这样就可轻易巧妙地将泥沙去除干净。

巧洗虾 >>>

在清洗时，可用剪刀将头的前部剪去，挤出胃中的残留物，将虾煮至半熟，剥去甲壳，此时虾的背肌很容易翻起，可把直肠去掉，再加工成各种菜肴。较大的虾，可在清洗时用刀沿背部切开，直接把直肠取出洗净，再加工成菜。

巧洗虾仁 >>>

将虾仁放入碗内，加一点儿精盐、食用碱粉，用手抓搓一会儿后用清水浸泡，然后再用清水洗净，这样能使炒出的虾仁透明如水晶，爽嫩可口。

巧切鱼肉 >>>

❶鱼肉质细，纤维短，极易破碎，切时应将鱼皮朝下，刀口斜入，最好顺着鱼刺，切起来要干净利落，这样炒熟后形状完整。

❷鱼的表皮有一层黏液非常滑，所以切起来不太容易，若在切鱼时将手放在盐水中浸泡一会儿，切起来就不会打滑了。

螃蟹钳手的处理 >>>

在清洗螃蟹时，稍不留心会被螃蟹的螯钳住手，此时可将手和蟹螯一同放入水中，蟹螯即可松开。

巧洗乌贼 >>>

乌贼体内含有许多墨汁，不易洗净，可先撕去表皮，拉掉灰骨，将乌贼放在装有水的盆中，在水中拉出内脏，再在水中挖掉乌贼的眼珠，使其流尽墨汁。然后多换几次清水将内外洗净即可。

巧洗螃蟹 >>>

先在装螃蟹的桶里倒入少量的白酒去腥，等螃蟹略有昏迷的时候用锅铲的背面将螃蟹抽晕，用手迅速抓住它的背部，拿刷子朝着已经成平面状的螃蟹腹部猛刷，角落不要遗漏。检查没有淤泥后丢入另一桶中，用清水冲净即可。

巧手收拾鲈鱼 >>>

为了保证鲈鱼的肉质洁白，宰杀时应把鲈鱼的鳃夹骨斩断，倒吊放血，待血污流尽后，放在砧板上，从鱼尾部顺着脊骨逆刀而上，剖断胸骨，将鲈鱼分成软、硬两边，取出内脏，洗净血污即可。

巧手收拾青鱼 >>>

右手握刀，左手按住鱼的头部，刀从尾部向头部用力刮去鳞片，然后用右手大拇指和食指将鱼鳃挖出，用剪刀从青鱼的口部至脐眼处剖开腹部，挖出内脏，用水冲洗干净，腹部的黑膜用刀刮一刮，再冲洗干净。

巧手收拾虾 >>>

剪虾，一般用拇指和食指的虎口托住虾身（虾脊向上），用剪刀先剪去须、枪，剔出虾屎，将虾身反转，用指按着虾尾，掌心托着虾身，继而由头部直剪，去清虾爪和挠足，再将虾身反转，剔出虾肠，最后，将虾的三叉尾按住，先剪底部的1/4，再剪齐上尾，用清水洗净。

巧取虾仁 >>>

❶挤。对比较小的虾，摘去头后，用左手捏住虾的尾部，右手自尾部到背颈处挤出虾肉。

❷剥。对比较大的虾，把头尾摘掉后，从腹部开口将外壳剥开，取出虾肉。这种方法，能保持虾肉完整。

巧取蚌肉 >>>

先用左手握紧河蚌，使蚌口朝上，再用右手持小刀由河蚌的出水口处，紧贴一侧的肉壳壁刺入体内，刺进深度约为1/3，用力刮断河蚌的吸壳肌，然后抽出小刀，再用同样方法

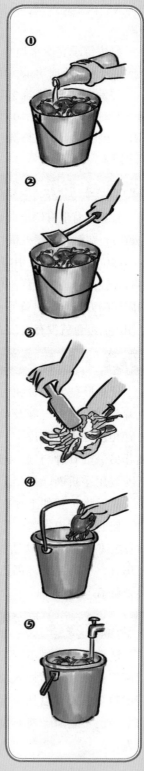

▲巧洗螃蟹

刮断另一端的吸壳肌，打开蚌壳，即可将蚌肉完整无损地取出来。

巧取蟹肉 >>>

先将蟹煮熟或蒸熟，然后把蟹腿掰下，剪去两头，用细筷子将腿肉捅出。再打开蟹脐，挖出脐盖上的黄，剥下蟹盖，用竹签拨开蟹胃取出蟹黄。最后用刀把蟹身切开，再用竹签将蟹肉剔出。

巧去鱼身体黏液 >>>

许多鱼类皮层带有较多的黏液，初步加工时必须将这层黏液除去，才能烹制食用。因为这层黏液非常腥。方法是：将鱼宰杀后放入沸水中烫一下，再用清水洗净，即可去掉黏液。

巧除腌鱼咸味 >>>

将腌鱼浸泡在淡盐水中漂去盐分，这样做不仅腌鱼表面接触水的部分的盐得到溶化，而且还能使渗透进鱼体的盐分也慢慢地溶解出来。淡盐水的浓度是1.5%，即三大杯冷水加2小匙食盐。

除去海鲜腥味 >>>

一般多用鲜姜泥和温开水混合成的姜汁加适量食醋浸泡。这两种调味品不仅能使海鲜去腥提鲜，解去油腻，而且还有开胃散寒、增进食欲、促进消化的功效。

巧去手、口腥味 >>>

❶洗鱼、剖鱼时，手上总会有腥味，只要用点儿白酒或牙膏洗手，再用清水冲净，腥味即可除去。

❷吃过鱼后口有味时，嚼上三五片茶叶，立刻口气清新。

巧除河鱼的"泥味" >>>

❶可先将鱼放在米酒中浸一下，就不会有土腥味了。

❷将鱼放到盐水中浸泡，如果是死鱼，就浸泡一个小时，可以去除泥味。

❸或者在泡鱼的水中放少许食醋，或在鱼肚中撒些花椒，再烧鱼时，则无异味。

巧除鱼胆苦味 >>>

清洗鱼类经常会弄破鱼胆，使胆液流出，鱼烧熟后会有苦涩味难以下咽。如果在胆汁刚弄破时及时在鱼肉上涂一些小苏打或发酵粉，使胆汁溶解，片刻后用水冲洗干净，鱼肉上的苦味便会荡然无存。

巧去带鱼腥味 >>>

带鱼身上的腥味和油腻较大，用清水很难洗净，可把带鱼先放在淘米水或碱水中泡一下，再用清水洗，就会很容易洗净，而且无腥味。

巧除甲鱼腥味 >>>

甲鱼肉的腥味较难除掉，光靠洗或加葱、姜、酒等调料，都不能达到令人满意的效果。在宰杀甲鱼时，从甲鱼的内脏中拣出胆囊，取出胆汁，待将甲鱼洗涤后，在甲鱼胆汁中加些水，涂抹于甲鱼全身。稍待片刻，用清水漂洗干净。甲鱼胆汁不苦，不用担心会使甲鱼肉变苦。

巧除虾仁腥味 >>>

在烹制之前，先同料酒、葱、姜一起浸泡。在用滚水烫煮虾时，在水中放一根肉桂棒，即可去腥，而且不影响虾的鲜味。

巧除海参苦涩味 >>>

将泡发好的海参切成所需要的形状，每

5000克发好的海参，配250克醋加500克开水，然后倒在海参内，拌匀。随后将海参放入自来水中，漂浸2～3个小时，至海参还原变软，无酸味和苦涩味即可。

巧泡海带 >>>

❶用淘米水泡发海带或干菜，易胀、易发、煮时易烂，而且味美。

❷水泡海带时，最好换1～2次水。但浸泡时间不要过长，最多不超过6小时，以免水溶性的营养物质损失过多。

巧泡干贝 >>>

涨发前先把干贝边上的一块老肉去掉，用冷水清洗后放在容器内，加入料酒、葱、姜以及适量的水（以淹没干贝为度），上笼蒸1小时左右，用手捏得开即可，与原汤一起存放备用。

巧泡海米 >>>

用温水将海米洗净，再用沸水浸泡3～4小时，待海米回软时，即可使用。也可用凉水洗净后，加水上屉蒸软。如夏天气温高，可将发好的海米用醋浸泡，能长时间放置。

▲巧泡海米

巧泡干海蜇 >>>

❶先用冷水浸泡半小时，洗净后切成丝，用沸水烫一下，待海蜇收缩时立即取出，然后用冷开水浸泡，可达到脆嫩的效果。

❷将海蜇冷泡2小时后，洗净泥沙，切成细丝放进清水里，再放入苏打（500克海蜇放10克苏打），泡20分钟后，用清水洗净就可以拌制凉菜了。经此法处理后的海蜇，既出数，又柔韧、清脆。

巧泡鱿鱼干 >>>

每500克干鱿鱼用香油10克，碱少许，同时放入水中，泡至涨软为止。

巧泡墨鱼干 >>>

墨鱼干洗前应泡在溶有小苏打粉的热水里，泡透后去掉鱼骨，然后再剥皮就容易多了。

饺子不粘连小窍门 >>>

在500克面粉里掺入6个蛋清，使面里蛋白质增加，包的饺子下锅后蛋白质会很快凝固收缩，饺子起锅后收水快，不易粘连。

巧做饺子皮 >>>

把整块面擀成一张面皮，对折两次，然后用剪成半截的易拉罐一次摁下去，几个饺子皮就做出来了。注意在把面对折的时候要在夹层撒些面粉，以免粘连。

农药残留多，怎样洗菜更干净 >>>

蔬菜是我们餐桌上必不可少的食物，它能给我们提供人体所必需的多种维生素和矿物质。但由于现代农业的发展，很多蔬菜在种植的时候为了防治虫害都被喷洒了农药，而农药虽然能够消灭虫害，但也会对人的身体造成一定的损害。因此，在我们烧制菜肴之前要对蔬菜进行仔细地清洗，但反复地清洗蔬菜不仅费时费力，更会造成蔬菜营养的流失，那么，有没有什么清洗蔬菜的小窍门呢？

窍门1：淘米水洗菜更干净

材料：淘米水√

操作方法

❶将要洗的蔬菜择去不能吃的部分后放入洗菜的盆中。

❷将淘米用过的水倒入盆中，水没过蔬菜即可，让蔬菜在淘米水里浸泡一段时间。

❸将浸泡过一段时间的蔬菜在淘米水里揉搓一下，最后再用清水冲洗干净即可。

窍门2：水中加碱洗菜更干净

材料：食用碱√

操作方法

❶接一盆清水，在水中加入一些食用碱，水和食用碱的比例大约是 100：1。

❷将需要洗的蔬菜放在配好的碱水中浸泡10分钟左右。

❸将蔬菜从碱水中拿出，用清水冲洗干净。

洗平菇有什么小窍门吗 >>>

　　平菇又叫侧耳，是一种相当常见的灰色食用菇，平菇不仅味道好，还具有祛风散寒、舒筋活络的功效，能够抗癌防癌、提高免疫力。经常食用平菇可以缓解腰腿疼痛、手足麻木、筋络不通等症状。但食用平菇总会碰上一件麻烦事，这就是平菇的清洗，因为平菇需要一朵一朵仔细清洗，很是麻烦。那么，有没有什么技巧能让清洗平菇变成一件简单省力的事情呢？

窍门：搅水法洗净平菇

材料：清水√

操作方法

❶将大朵的平菇掰成小朵放入盆中，在盆中接上适量清水。

❷用手把漂浮在水面上的平菇按到水底，让其浸泡一段时间。

❸手放在水中，先顺时针搅动几圈，再逆时针搅动几圈。

❹手停止搅动，让平菇中滤出的杂质慢慢沉积在水底。

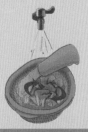

❺将脏水倒掉，将平菇用清水冲洗干净。

小粒的芝麻该如何清洗 >>>

芝麻就是胡麻的籽种，这种食物所含营养十分丰富，尤其是铁的含量很高，具有补脑补血、延年益寿的功效，用芝麻可以制成多种可口的点心和其他食品。刚买回来的芝麻，要经过清洗才能食用，但芝麻的颗粒那么小，要是一粒一粒洗起来实在是太费事了。在这里，我们就学习一个清洗小粒芝麻的窍门吧。

窍门：巧用屉布洗芝麻

材料：屉布√

操作方法

❶准备一块干净的屉布，将需要清洗的芝麻放在屉布的中心位置。

❷将屉布的四个角系在一起，打一个结实的结，保证在洗芝麻的时候芝麻不会从屉布中掉落出来。

❸将包有芝麻的屉布包放在装有清水的盆子中，反复揉搓，洗出脏水。

❹最后将屉布包从水盆中拿出，放在水龙头下冲洗干净。

怎样清洗才能去除水果上的果腊 >>>

现代社会，随着生活水平的提高，一年四季我们都能吃到想吃的水果和蔬菜。这其中，很多水果都是经过长途运输从外地运来的。在长途运输的过程中，为了保护水果中的水分不至于过度流失，常常会在水果的表层上涂上一层蜡加以保护，很多进口水果的表面都可能被打上蜡。而水果表皮上的这层蜡是不宜食用的。那么，怎样才能将水果表皮上的这层蜡清除掉呢？

窍门：盐搓法去除果蜡

材料：食盐√

操作方法

❶在手心中倒入大约半勺食盐。

❷两只手掌相对轻搓一阵，让手心上均匀沾满盐粒。

❸双手拿起要洗的苹果，用力反复揉搓水果的表皮，要将每一块地方都揉搓到。

❹将揉搓过的水果用清水洗净。

❺用勺子轻轻刮一下水果的果皮，检验一下是否还有果蜡残留，如果没有洗净，就按照上面的方法再洗一次。

洗桃子有什么好办法 >>>

对于喜爱吃桃子的人来说，每年当桃子成熟的季节来临，买上一大袋桃子，让酸甜的汁水流连在唇齿之间，真是一件享受的事情。但洗桃子这活儿，可能就没那么享受了。桃子上的细小绒毛，很不容易洗干净，如果吃到嘴里，就会影响桃子的口感。在清洗桃子的时候，手碰到桃子的细小绒毛，还会发痒，这些原因都让我们对鲜美的桃子望而却步。那么有什么方法可以让我们皮肤不接触桃子，还能把桃子清洗干净呢？

窍门：揉袋法洗桃子

材料：塑料袋、果蔬洗涤剂√

操作方法

❶准备一个干净的塑料袋，将要洗的桃子都放入塑料袋中，需要注意的是，所准备的塑料袋不能漏水。

❷在装了桃子的塑料袋中接入适量清水，清水要能够没过所有的桃子，再往清水中加入少量的果蔬洗涤剂。

❸系上塑料袋，手心向下，在虎口处夹住袋口，依次按照顺时针方向和逆时针方向隔着塑料袋揉洗桃子。

❹等到摩擦力使桃子差不多被洗干净了，用空闲的那只手提起袋子底端，松开夹住袋口的手，让桃毛和脏水一起流出。

❺最后用清水把桃子冲洗干净即可。

如何洗葡萄才能又快又干净 >>>

经常洗水果的人都知道，洗葡萄可是件

麻烦事。有些人喜欢将葡萄一粒一粒拔下然后逐个洗净，这样不仅费时费力还浪费水，在拔葡萄的过程中，更可能将葡萄破坏。但不一粒一粒清洗的话，又唯恐葡萄会洗不干净。其实，只要一个简单的窍门就能让你把葡萄洗得又快又干净。

窍门：巧用淀粉洗葡萄

材料：淀粉√

操作方法

❶在盆中接入适量的清水。

❷在清水中加入适量淀粉，搅拌一下。一般来说，一盆清水加入一勺淀粉就可以了。

❸手拿住葡萄柄，将葡萄浸入淀粉水中，反复涮洗。

❹等到葡萄上的杂质差不多都被洗掉了，把葡萄从水中取出再用清水洗一遍即可。

怎样快速泡发海带 >>>

　　海带是一种生长在海底岩石上的褐藻，因为其叶片又长又厚，就像带子一样，故而得名海带。海带中含有丰富的维生素和矿物质，其中碘的含量更是十分丰富，无论是用来凉拌还是做汤，味道都相当不错。但我们能够在市场上买到的，大多数是干制的海带。干海带在食用之前要经过泡发，而泡发的程度直接影响到了食用海带的口感。那么，心急的你，不妨来学习一下快速泡发海带的小窍门吧。

窍门1：淘米水泡发海带

材料：淘米水√

操作方法

❶淘米时将第一遍比较脏的水倒掉，留下第二遍比较干净的水，将之倒在一个盆中。

❷将待泡发的干海带放在淘米水中，浸泡大约半个小时，海带就泡好了。

窍门2：微波炉泡发海带

材料：微波炉、醋√

操作方法

❶将干海带放入可以放进微波炉加热的容器中，在容器中加入适量凉开水。

❷在泡海带的水中加入少量的醋。

❸将海带放入微波炉中，高温加热一分钟左右，取出后海带就泡发好了。

泡发香菇有何妙招 >>>

　　香菇富含丰富的B族维生素、维生素D、铁、钾等微量营养元素，具有提高食欲、降脂防癌的神奇功效。新鲜的香菇进行烤制之后可以做成干香菇，而干制之后香菇中的核糖核酸更容易释放出来，这种物质能让香菇吃起来更加鲜美，有很多人觉得干香菇的香味要比新鲜的香菇更加浓郁，吃起来味道也更好。但干香菇在食用之前必须经过泡发，而泡发的时间一般长达好几个小时，着实让人心焦，这里就介绍一个快速泡发香菇以及让泡发出的香菇味道更鲜美的方法。

窍门1：摇晃法快速泡发香菇

材料：瓶子√

操作方法

❶将干香菇清洗一下，放在一个瓶子中，在瓶子中加入适量温水，温水能够没过瓶子中的香菇即可。

❷将盛放香菇的瓶子盖紧盖子，用力摇晃瓶子1分钟左右。如果香菇较多或者尚未被泡发好，可多摇晃一会儿。

❸打开瓶盖将香菇取出，这时的香菇已经被泡发好了。

窍门2：白糖水泡发香菇味道更鲜美

材料：白糖√

操作方法

❶准备一盆温水，水温大约30℃。按照水和白糖100 : 1的比例加入适量白糖。

❷将洗过的香菇放入白糖水中，搅拌一下，再浸泡一段时间即可。用这种方法泡发的香菇吃起来味道会更加鲜美。

切洋葱不流泪的小窍门是什么 >>>

洋葱因为味道独特并且营养价值很高而成为很多人青睐的食品，常吃洋葱能够健胃润肠、解毒杀虫、降低血压、提高食欲。常见的洋葱一般可分为红皮、黄皮、白皮三种，四季都能吃到。尽管洋葱美味又营养，但也可能给你带来意想不到的烦恼。在剥洋葱、切洋葱的时候，鼻子发呛、眼睛流泪的情况估计很多人都遇到过。那么，有没有什么窍门，让我们可以既享受美食，又免于受罪呢？

窍门1：点蜡烛切洋葱不流泪

材料：蜡烛√

操作方法

❶准备两根蜡烛，将两根蜡烛分别放在距案板10厘米左右的前方两侧。

❷点燃两根蜡烛，等待半分钟左右。

❸开始切洋葱。用这种方法可以有效缓解切洋葱流泪的问题。

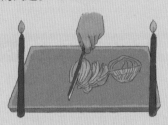

窍门2：冷水浸刀切洋葱不流泪

材料：冷水√

操作方法

❶将准备切洋葱的刀放在冷水中浸泡一段时间。

❷用浸泡好的刀开始切洋葱，这样切洋葱时你就不会被呛得流泪了。

如何切菜不沾刀 >>>

很多人在切菜的时候都会遇到一件麻烦事，这就是在切菜的时候，切好的丝状或者片状的菜总是会粘在菜刀的一侧，因此一边切菜还要一边用手将这些菜抹掉，十分麻烦。如果赶着将菜下锅的话，更可能一不留神就割伤手指。那么，到底要怎么做才能防止切下的菜粘到刀上呢？

窍门：改造菜刀切菜不沾刀

材料：牙签、透明胶√

操作方法

❶准备一根干净的牙签，将牙签放在菜刀右侧距离刀刃大约2厘米的地方。需要注意的是，此法适用于从右向左切菜，如果从左向右切菜的话，就把牙签放在菜刀左侧。

❷剪下两段长度合适的透明胶，粘在牙签的两端，使牙签固定住。

❸用改造好的菜刀来切菜，切到粘牙签的地方时，菜就会自动掉下，不会再沾在菜刀上。

怎样切肉更轻松 >>>

很多人在切鲜肉的时候都遇到一件麻烦事，这就是不管切肉的刀如何锋利，切在绵软的肉块上总是发挥不出应有的效果，更糟糕的是，切肉的时候，黏黏糊糊的肉总会粘在刀面上，更增加了切肉时的阻力，让你想快都快不起来。如果你想要让切肉这活儿变得更轻松一些，不妨试试下面两个小窍门吧。

窍门1：包锡箔纸冷冻切肉更轻松

材料：锡箔纸、冰箱√

操作方法

❶准备一块大小合适的锡箔纸，将要切的鲜肉包在锡箔纸中。

❷将锡箔纸包好的肉放入冰箱中冷冻一段时间拿出，再切就容易多了。冷冻的时间根据肉的多少来做适当调整，一般100克鲜肉冷冻半小时左右就可以了。

窍门2：抹油切肉更轻松

材料：食用油√

操作方法

❶在手掌上倒上一点儿食用油，将这些油均匀地抹在肉块的表面。

❷用刀开始切抹好油的肉块，这样切肉就变得容易多了。

怎样剥开坚硬的坚果核 >>>

坚果不仅营养丰富，还十分美味，因此很多人都喜欢吃坚果。但想要吃到坚果壳中包裹的果肉，就要先将坚果壳剥下，面对坚硬的坚果核，很多人一筹莫展，其实只要几个简单的窍门就能解决大问题。

窍门1：冷热法剥生栗子壳

材料：锅、冰块√

操作方法

❶将清洗过的栗子放到装有沸水的锅里煮2～3分钟。

❷将煮过的栗子放入加有冰块的冷水中直至冰块融化。

❸将栗子从水中捞出，经过上述两道工序处理的栗子壳已经凹陷下去，这时只要用剪刀在栗子壳上剪出一个口，栗子壳就能轻松剥落了。

窍门2：巧用剪刀开核桃

材料：剪刀√

操作方法

❶把核桃拿在手中，找到核桃圆头处的小孔，用剪刀的尖端或者勺子柄的尖端或者锥子头插进去。

❷用力旋转手中剪刀，同时向前推送，核桃壳就被轻松撬开了，这时就可以将完整的果肉取出来吃了。

怎样才能剥出完整的石榴果肉 >>>

　　酸甜多汁的石榴，是很多人喜欢吃的水果，剥开石榴果皮，露出一颗颗红宝石般的石榴果肉，光是看着就忍不住流口水。但是一些人在剥石榴果皮的时候，总是不得其法，剥不出完整的石榴果肉不说，还弄得手上都是淋漓的汁水，既浪费又不卫生。下面这个剥石榴的小窍门能让你剥出完整的石榴果肉，避免上述问题的发生。

窍门：去石榴花剥离完整石榴果肉

材料：小刀√

操作方法

❶用小刀在石榴花部分的果皮处划一圈。下刀处在整个石榴顶部的五分之一处即可，不需要切得太深。

❷沿着刀切的痕迹，将连着石榴花的那部分石榴皮剥下。

❸去掉石榴顶部的石榴皮后，可以在石榴的横切面上看到几道薄膜，顺着这些薄膜在石榴皮上一刀一刀纵向划下去。

❹顺着刀痕，就可以很轻松地将石榴掰成小瓣。这样，就能吃到完整的石榴果肉了。

如何方便去果核 >>>

　　吃水果的时候不小心被水果核硌到了牙真是一件扫兴的事，如果是被坚硬的枣核或者山楂核硌到了，还可能会对牙齿造成一定的伤害。在这里，我们就介绍几个去果核的小窍门，让你在吃水果的时候，不再担心坚硬的果核。如果你想要自己制作枣泥或者水果酱的话，这些窍门恰好可以派上用场！

窍门1：穿孔法去除枣核

材料：筷子、算子、盆√

操作方法

❶准备一个大小合适的盆，盆口要比算子的大小稍小些。把家中的算子架在盆上，将洗干净

的大枣放在箅子上，让大枣顶部中心的位置对准箅子的一个孔。

❷用筷子比较粗的一端钉在大枣上端的中心处，用力将筷子穿过大枣，大枣的核就会通过箅子上的孔被顶到盆里。

窍门2：硬质吸管去除山楂核

材料：硬质吸管√

操作方法 ∿∿∿∿∿∿∿∿∿∿∿∿∿∿

❶将山楂洗干净，准备一个清洁过的硬质吸管，将吸管对准山楂的中心处。

❷用力将硬质吸管穿过山楂中心的位置。山楂核就会被戳进吸管中。如果一次没有将山楂核去除掉，可以反复多戳几次。

怎样将未煮熟的虾剥皮 >>>

　　有些人吃虾的时候，喜欢连着虾壳一起吃，有些人却只喜欢吃虾仁，煮熟的虾再剥去壳很容易，但要将未煮熟的鲜虾剥壳却并不容易，人们剥生虾的时候，常常将虾肉剥得支离破碎、体无完肤，其实只要掌握了剥生虾虾壳的技巧，就能将生虾的虾仁完整地

剥出来了。

窍门：找准部位剥虾壳

材料：无√

操作方法 ∿∿∿∿∿∿∿∿∿∿∿∿∿∿

❶将准备剥壳的生虾清洗一遍。

❷将鲜虾的头部小心地摘掉，注意不要让虾壳上的尖刺扎到手。

❸从上至下，找到虾身体部分的第二节和第三节相连接的地方，将其抠开。

第二节和第三节
相连接的地方

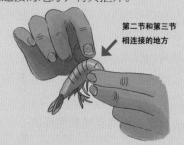

❹抓住这抠开的两节虾壳，用力向两边拉去，虾壳就会被轻松去掉。

怎样轻松除去鱼内脏 >>>

　　新鲜的鱼买回家，要经过刮鳞、掏出内脏等工序才能下锅烹制，但剖开鱼腹取出内脏可不是件简单的事儿。其实，不用破坏鱼的身体表面也能将鱼的内脏掏得干干净净，只要一个简单的窍门，就能帮你轻松去除鱼内脏。

窍门：巧用筷子掏除鱼内脏

材料：筷子√

操作方法

❶在鱼的肛门处切一刀，下刀的深度达到大约一指深就可以。

❷把鱼嘴捏开，拿一支筷子贴鱼嘴右侧插入，再从右侧鱼鳃处穿出来，按住鱼鳃，让筷子深入到鱼腹中。

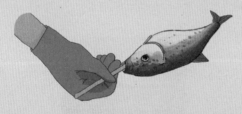

❸用相同的办法将另一支筷子从鱼嘴的左侧插进去，深度和第一支筷子一样即可。

❹一只手将鱼固定住，另一只手握住两支筷子，顺时针旋转几圈。

❺当感觉筷子在鱼腹中转圈不再费力时，将筷子抽出，鱼的鳃和内脏就会被筷子连带着拔出了。

剔除鱼刺有什么好办法 >>>

　　相信很多喜欢吃鱼的人都有过不慎被鱼刺卡住喉咙的经验，如果鱼刺比较小，能够随着吞咽滑下喉咙还算比较好的情况；如果鱼刺比较大，卡在喉咙中无法取出，轻则喉咙发炎，严重的甚至可能会刺破食道和动脉从而危及生命，遇到此种情况，就应该去医院及时就医。那么，有没有什么方法，可以让我们在吃鱼之前就去掉一部分鱼刺，最大限度地减少鱼刺卡喉情况的发生呢？

窍门：刀划法去除鱼刺

材料：刀√

操作方法

❶将准备烹饪的鱼洗好，放在案板上。从鱼头部分开始，用刀在鱼背上划一刀，下刀要深一点儿，以能感觉到鱼的脊柱为宜。

❷在鱼头的根部浅浅地划一刀，不要让鱼头和鱼身断开。

❸将鱼翻转过去，在鱼头另外一侧的相同位置也划一刀。

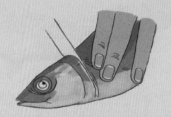

❹最后将鱼的尾巴切掉就可以进行烹饪了。

❺将烹饪好的鱼盛放在盘子中。一只手按住鱼身，另一只手抓住鱼尾处露出的大骨头，轻轻向外一拉，就能在不破坏鱼完整形状的情况下将鱼刺拉出。

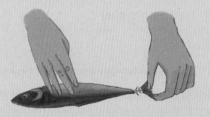

有什么刮鱼鳞的小窍门吗 >>>

　　对于喜欢吃鱼的人来说，烹饪之前对鱼的处理可是一件耗费精力的事儿，其中尤以刮鱼鳞为甚。那么，有没有什么可以方便快速地刮鱼鳞的方法呢？下面就来一起学习一下吧。

窍门1：自制刮鱼鳞器轻松刮鱼鳞

材料：木板、瓶盖、钉子√

操作方法

❶准备一块长条形的木板如家中废弃不用的刷子的刷把，依据木板的长度，将啤酒瓶的瓶盖依次钉在木板上。

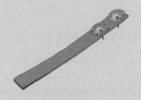

❷用做好的刮鱼鳞器来刮除鱼鳞。

窍门2：大拇指指甲刮鱼鳞

材料：无√

操作方法

❶将鱼洗净之后平放在案板上。

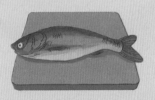

❷用大拇指指甲从鱼尾处开始刮鱼鳞，注意大拇指的指甲应该稍稍侧一点儿，刮鱼鳞的时候只要逆着鱼鳞往前推，鱼鳞就会一片片掉下来了。

鱼太腥怎么处理 >>>

鱼类是我们餐桌上的常见菜，但鱼类的腥味，也让很多人感到不适。在烹饪时加入料酒或醋或者将鱼用盐水泡上一段时间，都可以减少鱼腥味，但效果都不太彻底。其实，鱼的腥味来自鱼身上的鱼腥线，将鱼腥线剔除，就可以大大减少鱼的腥味。下面我们就来看看如何去除鱼腥线。

窍门：去除鱼线减轻鱼腥味

材料：刀√

操作方法

❶ 在鱼头下一指的部位切一刀，下刀深度保持在鱼厚度的四分之一即可。如果做鱼时不需要鱼头，在此步骤将鱼头切掉亦可。

❷ 用两手分开刀口处，能够看到一个白点，这就是鱼腥线。

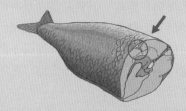

❸ 一手固定住鱼，另一只手抓住鱼腥线，慢慢向外抽出，注意不要将鱼腥线拉断，如果拉不出来，就轻轻拍几下鱼的脊背处。抽出一侧的鱼腥线后，用同样的方法将鱼另一侧的鱼腥线抽出。

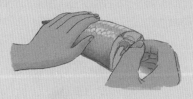

怎样轻松剥鸡蛋 >>>

很多人喜欢在早餐的时候吃一颗煮鸡蛋，认为这样营养又健康，但是不管是前一天晚上已经煮好了鸡蛋还是早上刚刚煮的鸡蛋，在吃之前都要将鸡蛋壳剥下。如果早上比较赶时间的话，往往会把鸡蛋剥得残缺不全。那么，不妨来看一下下面一个轻松剥鸡蛋的妙法吧，它们能够帮助你省时又省力地剥出完整的鸡蛋。

窍门：快速晃动剥鸡蛋

材料：塑料饭盒√

操作方法

❶ 将煮好需要剥壳的鸡蛋放在准备好的塑料饭盒里。

❷ 向塑料饭盒中注入凉开水直到凉开水快要没过鸡蛋。

❸ 将饭盒的盒盖紧，两只手拿起饭盒，将饭盒持续快速地左右晃动，晃动一阵儿之后将蛋壳已经破碎的鸡蛋从塑料饭盒中取出，再剥鸡蛋壳就容易多了。

剥出完整松花蛋的办法是什么 >>>

松花蛋又叫皮蛋，是一种非常具有特色的食品，它的独特味道，不仅受到中国人的喜爱，也越来越为世界人民所接受。松花蛋能够去热、醒酒、润喉，加上一点儿醋拌上一拌，当作下酒的小菜，真是再适合不过了。松花蛋味道鲜美，可是松花蛋的皮却不太好剥，剥皮时不是不小心把松花蛋弄碎，就是蛋皮粘在蛋上剥不下来。那么，有没有什么窍门能够轻松地剥出完整的松花蛋呢？

窍门：吹出完整松花蛋

材料：无√

操作方法

❶找到松花蛋的圆头部分，在松花蛋的圆头部分磕一个口，从这个开口剥掉松花蛋蛋皮的四分之一。

❷在松花蛋的另外一头，也就是尖头部分磕一个口，注意，松花蛋尖头部分的开口一定不能太大。

❸用嘴对准松花蛋尖头的小口轻轻吹气，完整无损的松花蛋就被轻松吹出来了。

❹将吹出的松花蛋用清水清洗一下就可以食用了。

如何轻松去蒜皮 >>>

别看大蒜味道刺鼻，其实它可是个宝贝。大蒜具有降血压、降血脂、解毒、杀虫等多种功效，可谓保健养生的佳品。在平时生活中，即使不直接食用大蒜，我们也常常会使用大蒜来爆锅和提味，但剥蒜实在是一件让人烦恼的活儿，剥蒜时要一瓣一瓣地剥，花了很长时间没剥多少不说，还弄得满手都是蒜味，清洗不掉。那么，有什么窍门可以轻松地剥去蒜皮呢？

窍门1：刀拍法轻松剥蒜皮

材料：菜刀√

操作方法

❶取一头大蒜，将蒜的外皮剥去，掰成蒜瓣。将掰开的蒜瓣平放在案板上，用菜刀的侧边用力将蒜瓣拍扁。

❷这时蒜皮已经破裂，再剥起来就容易多了。

窍门2：泡开水轻松剥蒜皮

材料：热水√

操作方法

❶准备一个盆，在盆中倒入适量的开水。

❷将掰好未去皮的蒜瓣泡在开水中，持续1到2个小时，拿出时再剥蒜皮就容易多了。

如何取下杧果果肉

　　杧果作为一种热带水果，如今在我们的生活里却越来越常见了，杧果中富含维生素C和胡萝卜素，在炎热的夏季吃上几个，还能起到解渴消暑的作用。由于杧果核的个头比较大，形状也算不上规则，很多人吃杧果的时候都是剥去杧果皮然后直接吃，这样很容易让杧果汁滴在衣服上，吃相也不太雅观。如果将杧果肉削下食用，又容易削不干净造成浪费。那么，有没有什么窍门能将杧果肉轻松取下，吃到嘴中又不浪费呢？

窍门：剖出果核吃杧果

材料：刀√

操作方法

❶将要食用的杧果用清水冲洗干净。在杧果顶部的三分之一处下刀，从上至下，紧贴着杧果核切下一片果肉。

❷在杧果的另外一侧以同样的方法也切下一片果肉。

❸将杧果果核上的果肉用刀剔下来或者直接食用。

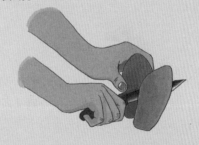

❹用刀在杧果果肉的切面上纵、横各划几刀，果粒的大小根据自己的喜好来决定。

❺将划有刀痕的杧果肉拿在手中，向上一翻，再轻轻一顶，杧果肉就自然而然地鼓出来了。

剥橙子有什么窍门 >>>

　　橙子果肉好吃，可橙子皮却又厚又硬又难剥，想要将橙子果肉吃到嘴可不容易。假如你出行在外，手边上又没有趁手的工具，不妨发挥你的才智，把一切可以利用的东西都利用上来剥橙皮吧。

窍门1：硬质卡片剥橙子

材料：硬质卡片√

操作方法 //////////////////////

❶准备一张废弃不用的过期会员卡。将会员卡和橙子都清洁干净。用会员卡的一角在橙子的表皮上纵向划几下，直到橙子的表皮被划破为止。

❷将会员卡沿着橙子表皮上被划开的划痕插入橙子的果皮内侧和果肉之间，再用会员卡向外一撬，橙子皮就剥下来了。

窍门2：餐勺剥橙子

材料：餐勺√

操作方法 //////////////////////

❶手按橙子，将橙子在桌子上搓揉一段时间，

使果皮与果肉尽量分离。

❷用勺子在橙子表皮上划出一个横向的口子，将勺子插入橙子皮肉之间，一点儿一点儿将橙子的表皮撬开。

剥掉芋头皮的便捷方法是什么 >>>

　　芋艿俗称芋头，是一种营养丰富的蔬菜，具有保护牙齿、美容乌发的功效，经常食用可以增强人体免疫力。蒸、煮、烤、炒、烧，芋头的食用方法异常丰富，但一般情况下，人们喜欢把芋头蒸熟或者煮熟食用。但在食用芋头之前，先要将芋头的皮剥掉。一般人将芋头剥皮，要费很大力气才能把皮全都剥下。其实，只要掌握一个窍门，就能让剥芋头皮变成一件轻松事。

窍门：妙用牙签剥芋头

材料：牙签、刀√

操作方法 //////////////////////

❶将芋头清洗干净，放在锅中蒸熟或者煮熟。做熟的芋头出锅之后凉凉。用刀切掉芋头的两端。

❷根据芋头和牙签的长短，将芋头切成大小合适的几段。一般来说，一根普通的芋头切成两段就可以了。

❸将准备好的牙签插入芋头皮和芋头肉之间，轻轻划一圈。

❹拔出牙签，从芋头根部将芋头肉从芋头皮之间挤出来。

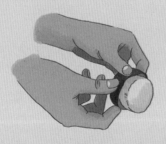

快速剁肉馅的窍门是什么 >>>

包子、饺子都是中国人爱吃的食物，但是包饺子就要和肉馅，要将一整块肉剁成碎碎的肉馅，还真不是件容易的事。超市里虽然一般都会出售现成的肉馅，但机器绞出的肉馅总是没有剁出的肉馅口感好，肉馅的新鲜程度也得不到保证。那么，有没有将一块肉快速剁成肉馅的窍门呢？

窍门：多角度快速剁肉馅

材料：刀√

操作方法

❶把要切的肉放在案板上摆好，纵向将肉切成3毫米左右的薄片，肉块的下面部分要留下3毫米左右连着，不要切断。

❷将肉翻转到另外一面，横向切片，按照上一步的方式，不要切断。

❸再将肉翻回到原来的一面，刀刃与肉块竖直的一边成45°角切肉，不要把底切断。

❹再将肉翻到背面，同样以45°角的角度斜切，这一步要将肉块下面的部分切断。

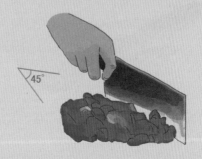

❺这时候的肉已经被切成碎碎的肉块了，只要

再用菜刀稍稍剁一会儿，就变成可以用来调和包子、饺子馅的肉馅了。

怎样取出完整的盒装豆腐 >>>

　　传统的豆腐储存时间比较短，买回去即使是放在冰箱里也不能保存很久，自从有了盒装豆腐，这个问题就得到了解决。盒装豆腐口味众多，方便储藏，买一盒盒装豆腐放在家中的冰箱里，想什么时候吃就什么时候吃，再也不用担心浪费了。但盒装豆腐也有着自身的弱点，这就是盒装豆腐一般比较嫩、软，按照平常的方法开盒取出往往会将其弄碎，那么，有没有什么办法能取出完整的盒装豆腐呢？

窍门：倒扣盒子取完整盒装豆腐

材料：刀、盘子√

操作方法

❶用刀或者剪刀在装豆腐的盒子上的塑料薄膜封盖上划开一个口子，将塑料膜揭掉，注意一定要揭完整。

❷把盘子扣在揭了塑料薄膜的豆腐盒子上，再将盘子连着豆腐盒子一起翻转过来。

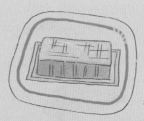

❸用刀沿着装豆腐盒子的边角处划两道口子，轻轻捏一下盒子的边缘，让盒子上的口张开。

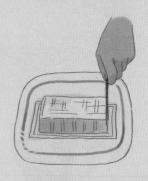

❹捏住豆腐盒提起，完整的豆腐就被盛在盘子中了。

怎样巧打海带结 >>>

　　海带很有营养，味道也不错，不管是煲汤，还是炒菜都很适宜。但海带的叶片又长又厚，买来之后常常要做成海带结以方便烹饪。那么，要将这些长长的滑溜溜的海带叶片制成海带结该怎么做呢？

窍门：缠绕法打海带结

材料：刀√

操作方法

❶将泡发好的海带切掉根部，卷好，整齐铺放

在案板上。

❷纵向下刀,将成卷的海带切成细条,每一条海带的宽度在2厘米左右即可。

❸用一只手的食指和中指夹住海带条的一端,将海带条一圈一圈地缠绕在手指上。

❹一般长度的海带条,缠五圈左右就可以了。

❺把缠好的海带圈从手上拿下来,将海带条被夹在食指和中指间的部分从海带圈中穿过去再拉出来,就能得到一串海带结。

❻将打好的一串海带结切成一个一个单独的海带结。

煮饭夹生了怎么办 >>>

蒸米饭的时候没有掌握好放水的量,就可能会蒸出一锅夹生饭,夹生饭即使继续加热蒸,也很难蒸熟,但要把一大锅还没吃过的米饭直接扔掉,又太过浪费。其实,只要掌握几个小小的窍门,就能够补救被蒸夹生的米饭。

窍门1:筷子扎洞煮熟夹生饭

材料:筷子√

操作方法

❶用筷子在盛有米饭的锅中扎几个直通锅底的孔。

❷将适量的温水倒入锅中重新焖一会儿。

窍门2:妙用黄酒煮熟夹生饭

材料:黄酒√

操作方法

❶将饭锅中的夹生饭用饭铲铲散。

❷在米饭中加入适量的黄酒，将米饭重新再煮一会儿。

煎鸡蛋时总是溅油，怎么办 >>>

　　鸡蛋除了煮着吃之外，最常见的方法还有煎着吃，香喷喷的煎鸡蛋想起来就叫人流口水。可是煎鸡蛋的时候也常常会遇到一个问题，这就是煎鸡蛋的时候锅里的油点常常迸溅出来，油点溅到皮肤上会让人感到疼痛，严重的还可能会起泡，如果油点溅到衣服上，也很难将之洗掉。那么，有没有什么煎鸡蛋的方法可以避免溅油呢？

窍门1：冷冻法煎鸡蛋不溅油

材料：冰箱√

操作方法

❶将准备要煎的鸡蛋放入冰箱冷冻室中冷冻。由于将鸡蛋冻透的时间较长，需要煎的鸡蛋应该提前放入冰箱冷冻。

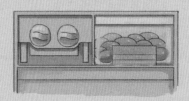

❷将冻好的鸡蛋取出，打碎鸡蛋壳倒入锅中，再按照正常的方法煎好即可。

窍门2：微波炉煎鸡蛋不溅油

材料：微波炉、保鲜盒√

操作方法

❶将保鲜盒里刷上一层薄薄的油，将鸡蛋打到保鲜盒中，用牙签在蛋黄上扎几个小孔。

❷盖上保鲜盒的盖子，把盒子放进微波炉里，加热30秒左右就可以吃了。

去除汤面油脂的好办法是什么 >>>

　　一些人喜欢喝汤，认为食材的精华都融入在汤中。但煲制一些肉汤如排骨汤、鸡汤时，汤的最上层往往会浮上一层油脂，如果不想将这些油脂喝下，一般就会用汤勺将这些油脂一勺一勺舀出去，可是这样不仅浪费时间，还会浪费一些汤汁。那么，怎么做才能解决这一问题呢？

窍门：保鲜膜去汤锅浮油

材料：保鲜膜√

操作方法

❶将一块保鲜膜剪裁成比汤锅口略大的大小。

❷将保鲜膜整齐地折叠成方块状，在折叠过的保鲜膜方块上用牙签或者针扎一些小孔，这些小孔最好尽量扎得多一些、密一些，这些小孔要穿过折好的保鲜膜的每一层。

❸将折叠好的带孔保鲜膜展开，松开保鲜膜的一角，将保鲜膜用勺子慢慢压进汤中，并将保鲜膜与锅的内壁贴紧，以防去汤油时，汤油会从保鲜膜与锅的空隙中流出。让保鲜膜在锅中绷成一个平面。

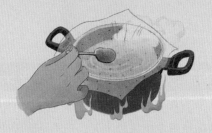

❹等锅中的汤冷却，汤油凝结成薄薄的一层，这时把保鲜膜松一松，提住保鲜膜的两角将保鲜膜取出，就可以将汤中的油去除了。

如何一锅煮出不同火候的鸡蛋 >>>

即使是一家人在一起吃饭，口味也可能各不相同。就拿煮鸡蛋来说吧，家里有的人喜欢吃十成熟的鸡蛋，有的人却喜欢吃煮到六成熟的"糖心鸡蛋"，要煮两锅鸡蛋实在太麻烦，最后只得是一方迁就另一方。其实，只要掌握了下面的小窍门，就能让你一锅煮出两种鸡蛋！这样，无论你想吃哪种，都没有问题，再也不用为了煮鸡蛋火候的问题争论不休。

窍门：巧用塑料盒一锅煮出两种蛋

材料：锅、塑料盒√

操作方法

❶将需要煮成半熟的鸡蛋放在塑料盒中，在塑料盒中加入适量的水，塑料盒中的水能够没过鸡蛋即可。

❷将装有鸡蛋的塑料盒放在锅中，将要煮成全熟的鸡蛋放入锅中，在锅中接入适量的水，水量同样以没过锅中的鸡蛋为宜。

❸将锅架在火上，用中火煮大约 10 分钟，两种不同熟度的鸡蛋就都可以取出来吃了。

怎样制作低热量蛋黄沙拉酱 >>>

　　用蛋黄沙拉酱可以调制出多种美味的蔬菜、水果沙拉，它还是制作多款西餐、面点的基本原料。但蛋黄沙拉酱中所含的热量极高，经常食用会给人体带来很多危害。当美味和健康产生冲突的时候，我们当然应该选择健康，但嘴馋的时候实在忍不住，怎么办？其实你可以试着用盒装豆腐为原料来制作一款热量远低于蛋黄酱，美味却不输蛋黄酱的自制"蛋黄沙拉酱"。

窍门：用盒装豆腐制作沙拉酱

材料：豆腐、白醋、白糖、盐、芥末√

操作方法 ~~~~~~~~~~~~~

❶将准备好的盒装鸡蛋豆腐拆开包装，将盒中的鸡蛋豆腐都用勺子装到事先准备好的保鲜袋中。

❷在保鲜袋中加入一大勺白醋以及少量的白糖、盐和芥末，这些配料的量可以根据豆腐的多少和自己的口味稍做调整。

❸排出保鲜袋中的空气，将保鲜袋的袋口封住，防止豆腐在下一步加工过程中从袋中被挤出。用擀面杖或者其他工具将保鲜袋中的鸡蛋豆腐碾碎挤压成糊状。

❹将已经被挤压成糊状的鸡蛋豆腐倒入一个干净的容器中，再搅拌一下就可以吃了。

解冻冻肉的小窍门都有哪些 >>>

　　有些人炒菜时习惯放点儿肉，可把冻肉从冰箱里拿出来放半天，还不见冻肉变软，

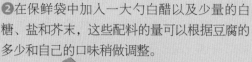

把冻肉放进微波炉解冻吧，又总是化得不均匀，有些地方已经软了，有些地方却依然坚硬，让人无法下刀，真是件头疼的事。如果你也经常遇到这样的问题，不妨学习一下下面的两个小窍门吧，无论你家里有没有微波炉，都能够从中获得一些灵感。

窍门1：盖盆子均匀解冻冻肉

材料：铝盆√

操作方法

❶将一个铝盆倒扣在一个平面上，将用保鲜膜或者塑料袋包裹着的冻肉放在倒扣着的铝盆底上的中心位置。

❷将另外一个铝盆口朝上放在冻肉上，要保证两个铝盆都紧贴着冻肉，冻肉就能够很快解冻了。

窍门2：盖盘子解冻冻肉更均匀

材料：盘子、微波炉√

操作方法

❶将准备解冻的冻肉放在一个盘子之中，拿另外一个盘子盖在冻肉上。盖在冻肉上的盘子的大小应该略大于装冻肉的盘子。

❷将盘子和冻肉一起放进微波炉，将微波炉调到解冻一档上，加热一段时间即可。用这一窍门解冻好的冻肉，冻肉里面部分和冻肉的表面部分被解冻的程度都是一样的。

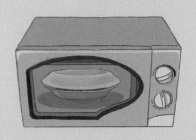

有什么窍门能将蛋清、蛋黄分离 >>>

鸡蛋黄指的是鸡蛋内发黄的那一部分，含有大量的蛋白质以及脂溶性维生素，而鸡蛋清又叫鸡子白，是鸡蛋中包裹着蛋黄的那一部分，可以用来美容。因为鸡蛋黄和鸡蛋清所含的营养成分不同，用途也大不相同，所以，人们常常需要分离鸡蛋黄和鸡蛋清，虽然有人推荐用专门的蛋清、蛋黄分离器，可这种工具并不是处处都能买到，即使能够买到，分离蛋清和蛋黄也需要一定的时间。那么，有没有什么方法能在不损坏鸡蛋清和鸡蛋黄的情况下将两者快速分离呢？

窍门：妙用矿泉水瓶分离蛋清、蛋黄

材料：矿泉水瓶√

操作方法

❶将鸡蛋打在洗干净的碗中。

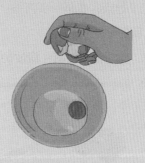

❷准备一个矿泉水瓶，将之清洁干净，将矿泉

水瓶中的空气挤出来,把瓶口对准碗里的蛋黄。

❸松开手,蛋黄就被吸进矿泉水瓶中了。再将矿泉水瓶轻轻一挤,就可以把蛋黄挤出来。

如何自制果酱 >>>

一些人喜欢在早餐的时候吃几片吐司面包加点儿果酱,方便又节省时间,但果酱中的色素和防腐剂,又让人望而却步。想吃到酸甜适口的果酱,又担心在市场上买的果酱不够健康,那你不妨试试自己动手制作果酱,将家中吃不完的水果做成果酱,既杜绝了浪费又保证了健康,真是一举两得。

窍门1:自制苹果果酱

材料:刀、榨汁机、白糖、微波炉√

操作方法

❶取几个苹果,将苹果洗干净,削掉苹果皮,再切成小块。

❷将切碎的苹果块放入榨汁机中,加少量水,启动机器打成苹果泥。

❸将榨汁机中的苹果泥倒出,加入等量的白糖,再加入一小勺白醋,搅拌好之后放入微波炉中高火加热几分钟即可,加热的时间根据苹果泥的稀稠程度和自己的喜好而定。

窍门2:自制葡萄果酱

材料:刀、白糖√

操作方法

❶准备适量的葡萄,将葡萄洗净去皮去子,葡萄子丢掉,葡萄皮和葡萄果肉分别放在两个碗中备用。

❷将葡萄皮放在锅中,加水熬出紫色的葡萄汁。

❸将葡萄果肉、葡萄汁倒在锅中大火煮开，再加入适量麦芽糖和白砂糖小火熬煮，注意在熬煮的时候要不停搅拌。熬煮至黏稠即可关火。

如何清洗草莓 >>>

　　草莓之所以清洗起来比较困难，主要是因为其外表粗糙，而且皮很薄，一洗就破。因此，很多人为了图省事，简单地用水冲冲就吃。事实上，草莓属于草本植物，植株比较低矮、果实细嫩多汁，这些都导致它容易受病虫害和微生物的侵袭。因此，种植草莓的过程中，要经常使用农药，这些农药、肥料以及病菌等，很容易附着在草莓粗糙的表面上，如果清洗不干净，很可能引发腹泻，甚至农药中毒。其实，只要一个简单的窍门就能让你把草莓洗干净。

窍门：巧洗草莓

材料：淘米水或淡盐水√

操作方法 ~~~~~~~~~~~~~~~~~~~~~~~~~~~~~~

❶将草莓用清水冲洗几分钟（注意：不要浸泡在水中，以免农药溶出后再被草莓吸收）。

❷将草莓在淘米水或淡盐水中浸泡3分钟后，捞出沥水。

❸将草莓用清水冲洗干净即可。

食物储存与保鲜

大米巧防虫 >>>

❶ 按 120：1 的比例取花椒、大料，包成若干纱布包，混放在米缸内，加盖密封，可以防虫。

❷ 取大蒜、姜片许多，混放在米缸内。

❸ 将大米打成塑料小包，放冰柜中冷冻，取出后绝不生虫；米多时轮流冷冻。

大米巧防潮 >>>

用 500 克干海带与 15 千克大米共同储存，可以防潮，海带拿出仍可食用。

大米生虫的处理 >>>

大米生虫后，人们常常喜欢把大米置于阳光曝晒，这样做非但达不到杀死米虫的目的，反而会适得其反，因为二三天后，大米中的米虫定会有增无减，而且曝晒后的大米因丧失水分而影响口味。正确的做法是将生虫大米放在阴凉通风处，让虫子慢慢爬出，然后再筛一筛。

米与水果不宜一起存放 >>>

米易发热，水果受热则容易蒸发水分而干枯，而米亦会吸收水分后发生霉变或生虫。

巧存剩米饭 >>>

将其放入高压锅中加热，上气、加阀后用旺火烧 5 分钟；或放入一般蒸锅中，上气后 8 分钟再关火，千万别再开盖，以免空气中微生物落入。这样处理过的米饭，既可在室温下安全存放 24 小时以上，又不会变得干硬粗糙，再吃时其风味虽不及新鲜时，但基本上不会损害营养价值。

巧存面粉 >>>

口袋要清洁，盛面粉后要放在阴凉、通风、干燥处，减温散热，避免发霉。如生虫，可用鲜树叶放于表层，密封 4 天杀虫。

巧存馒头、包子 >>>

将新制成的馒头或包子趁热放入冰箱迅速冷却。没有条件的家庭，可放置在橱柜里或阴凉处，也可放在蒸笼里密封贮藏，或放在食品篓中，上蒙一块湿润的盖布，用油纸包裹起来。这些办法只能减缓面食品变硬的速度，只要时间不是过长，都能收到一定的效果。

巧存面包 >>>

❶ 先将隔夜面包放在蒸屉里，然后往锅内倒小半锅温开水，再放点儿醋，把面包稍蒸即可。

❷ 把面包用原来的包装蜡纸包好，再用几张浸湿冷水的纸包在包装纸外层，放进一个塑料袋里，将袋口扎牢。这种方法适宜外出旅游时面包保鲜用。

❸ 在装有面包的塑料袋中放一根鲜芹菜，可以使面包保持新鲜滋味。

分类存放汤圆 >>>

速冻汤圆买回家后，应做到分类存放：甜汤圆放入冰箱的速冻层内；叉烧、腊味等肉类的咸汤圆最好放入冷藏层内，以免低温破坏馅料的肉质纤维结构。

▲巧存西红柿

巧存蔬菜 >>>

从营养价值看，垂直放的蔬菜所保存的叶绿素含量比水平放的蔬菜要多，且经过时间越长，差异越大。叶绿素中造血的成分对人体有很高的营养价值，因此蔬菜购买回来应将其竖放。

巧存小白菜 >>>

小白菜包裹后冷藏只能维持 2 ~ 3 天，如连根一起贮藏，可稍延长 1 ~ 2 天。

巧存西红柿 >>>

西红柿大量上市时，质好价廉，选些半红或青熟的放进食品袋，然后扎紧袋口，放在阴凉通风处，每隔 1 天打开袋口 1 次，并倒掉袋内的水珠，5 分钟后再扎紧口袋。待西红柿熟红后即可取出食用。需注意的是，西红柿全部转红后，就不要再扎袋口。此法可贮存 1 个月。

盐水浸泡鲜蘑菇 >>>

将鲜蘑菇根部的杂物除净，放入 1% 的盐水中浸泡 10 ~ 15 分钟，捞出后沥干，装入塑料袋中，可保鲜 3 ~ 5 天。

巧存香菇 >>>

将香菇放在阳光下曝晒，晒至下午干燥时，将香菇装入塑料袋内，喷几口白酒或酒精，扎紧袋口，不使其露气，这种保管法可以保证香菇几年不生虫，可随时食用。

存冬瓜不要去白霜 >>>

冬瓜的外皮有一层白霜，它不但能防止外界微生物的侵害，而且能减少瓜肉内水分的蒸发。所以在存放冬瓜时，不要碰掉冬瓜皮上的白霜。另外，着地的一面最好垫干草或木板。冬瓜切开以后，剖切面上便会出现星星点点的黏液，取一张白纸或保鲜膜贴上，再用手抹平贴紧，存放 3 ~ 5 天仍新鲜。

存萝卜切头去尾 >>>

贮存萝卜、胡萝卜，一定得切头去尾。切头不让萝卜发芽，免得吸取内部的水分；去根免得萝卜长须根，避免耗费养分。

巧存黄瓜 >>>

将黄瓜洗净后，浸泡在盛有稀释食盐水的容器中，黄瓜周围便会附着许多细小的气泡，它可继续维持黄瓜的新陈代谢活动，使其保持新鲜不变质。此外，盐水还能使黄瓜不失水分，并可防止微生物的繁殖，在18 ~ 25℃的常温下，可保鲜20天左右。

黄瓜与西红柿不宜一起存放 >>>

黄瓜忌乙烯，而西红柿含有乙烯，会使黄瓜变质腐烂。

巧用丝袜存洋葱 >>>

将洋葱装进丝袜中，装一只打一个结，装好一串后，将其吊在阴凉通风的地方，就可以保存很长时间，拿出来仍然很新鲜。可以随吃随取。

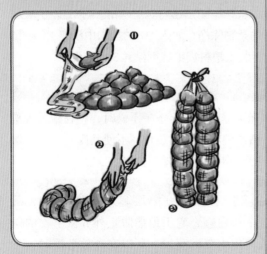

▲巧用丝袜存洋葱

巧存韭菜 >>>

将韭菜用小绳捆起来，根朝下，放在水盆内，能在两三天内不发干、不腐烂。

巧存芹菜 >>>

将新鲜、整齐的芹菜捆好，用保鲜袋或保鲜膜将茎叶部分包严，然后将芹菜根部朝下竖直放入清水盆中，1周内不黄不蔫。

保存茄子不能去皮 >>>

茄子表面有一层蜡质，对自身起保护作用。如果这层蜡质被碰破或被洗刷掉，茄子很快就会发霉腐烂。所以保管茄子最重要的是不要碰破它的表皮，轻拿轻放，不要用水洗和让它被雨淋，要放在阴凉通风处。

巧存青椒 >>>

取1只竹筐，筐底及四围用牛皮纸垫好，将青椒放满后包严实，放在气温较低的屋子或阴凉通风处，隔10天翻动一次，可保鲜2个月不坏。

巧存莴苣 >>>

新鲜的莴苣吃不了就放在冰箱里。但因莴苣是时鲜菜，不多久，就发蔫并容易生"锈"。如果在需存放的莴苣下面垫1块毛巾，莴苣就不会生"锈"了。

巧存鲜藕 >>>

用清水把沾在藕上的泥洗净，根据藕的多少选择适当的盆或木桶，把藕放进去后，加满清水，把藕浸没水中，每隔1 ~ 2天换1次凉水，冬季要保持水不结冰，可以保持鲜藕1 ~ 2个月不变质、不霉烂。

巧存竹笋 >>>

笋因为有壳保护，比较容易储存。但如果将整块笋煮熟后冷冻，放置时间可更长些。

巧用苹果存土豆 >>>

把需要储存的土豆放入纸箱内，同时放入几个青苹果，盖好放在阴凉处，可使土豆新鲜、不烂。

巧存豆角 >>>

将豆角用开水煮一下，捞出凉凉，装在小塑料袋内放入冰箱冷冻室冷冻，随吃随取。此法保鲜持久，长达数月。

巧存豆腐 >>>

将食盐化水煮沸，冷却后将豆腐浸入，以全部浸没为准。这样豆腐即使在夏天也能保存较长时间。但注意，烹食时不要再加盐或少加盐。

巧存水果 >>>

❶不管是什么水果，只要水果新鲜，就可以用淀粉、蛋清、动物油混合液体喷洒水果，干后在水果表面形成一层薄膜，对水果有保鲜作用，水果能贮藏半年不坏不腐。

❷把新鲜水果放在1%浓度的小苏打溶液中浸泡2分钟。保存时间会更长。

巧用纸箱存苹果 >>>

要求箱子清洁无味，箱底和四周放两层纸。将包好的苹果，每5～10个装一小塑料袋。早晨低温时，将装满袋的苹果，两袋口对口挤放在箱内，逐层将箱装满，上面先盖2～3层软纸，再覆上一层塑料布，然后封盖。放在阴凉处，一般可储存半年以上。

巧防苹果变色 >>>

将柠檬汁滴到苹果切片上，可防止苹果氧化变色。

巧用苹果存香蕉 >>>

把香蕉放进塑料袋里，再放一个苹果，然后尽量排出袋子里的空气，扎紧袋口，放在家里不靠近暖气的地方。这样可以保存1个星期。

巧存柑橘 >>>

把柑橘放在小苏打水里浸泡1分钟，捞出沥干，装进塑料袋里把口扎紧，放进冰箱，可保持柑橘1～2个月新鲜好吃。

巧存荔枝 >>>

荔枝的保鲜期很短，可将荔枝放在密封的容器里，由于其吸氧呼出二氧化碳作用，使容器形成一个低氧、高二氧化碳的环境，采取此法存放荔枝、在1～5℃的低温条件下，可存放30～40天，常温下可存放6～7天，而且风味不变。

巧用醋保存鲜肉 >>>

用浸过醋的湿布将鲜肉包起来，可保鲜一昼夜。

巧用料酒保存猪肉 >>>

将肉切成肉片，放入塑料盒里，喷上一层料酒，盖上盖，放入冰箱的冷藏室，可贮藏1天不变味。

茶水浸泡猪肉可保鲜 >>>

用茶叶加水泡成浓度为5%的茶汁，把鲜肉浸泡在茶汁中，过些时候取出冷藏。经过这样处理的鲜肉，可以减少70%～80%的过氧化合物。因为茶叶中含有鞣酸及黄酮类物质，能减少肉类的过氧化物产生，从而达到保鲜效果。

巧存鲜肝 >>>

在鲜肝的表面，均匀地涂一层油，放入冰箱保存，再次食用时，仍可保持原来的鲜嫩。

巧存腊肉 >>>

存放腊肉时，应先将腊肉晒干或烤干，

放在小口坛子里，上面撒少量食盐，再用塑料薄膜把坛口扎紧。随用随取，取后封严。这样保存的腊肉到来年秋天也不会变质变味。

夏季巧存火腿 >>>

夏天可用食油在火腿两面擦抹1遍，置于罐内，上盖咸干菜可保存较长时间。

巧用面粉保存火腿 >>>

将火腿挂在通风的阴凉干燥处，避免阳光直射，并可用植物油80%，面粉20%调成糊状，涂抹在火腿表面。

巧用白酒存香肠 >>>

储藏前，在香肠上涂一层白酒，然后将香肠放入密封性能良好的容器内，将盖子盖严，置于阴凉干燥通风处。

葡萄酒保存火腿 >>>

做菜时如果火腿用不完，可在开口处涂些葡萄酒，包好后放入冰箱里能久放，且可保持原有的口味。

巧存熏肠 >>>

高温季节存放熏肠，可在肠表面划几道刀痕，放在金属盘上，放冷冻室冻硬后放入塑料袋中，挤出袋中空气，扎紧袋口，置冷藏室上层贮放。

巧防酸菜长毛 >>>

在腌酸菜的缸里少倒入一点儿白酒，或把腌酸菜的汤煮一下，凉凉再倒入酸菜中，都可以避免酸菜长毛。

巧用熟油存肉馅 >>>

肉馅如一时不用，可将其盛在碗里，将表面抹平，再浇1层熟食油，可以隔绝空气，存放不易变质。

巧用葡萄酒保存剩菜 >>>

炒菜时加点儿葡萄酒，菜不易变馊。

巧用葡萄酒保存禽肉 >>>

在鸡、鸭肉上浇些葡萄酒，再置于密闭的容器中进行冷冻，可防止变色，且味道鲜美。

鸡蛋竖放可保鲜 >>>

刚生下来的鸡蛋，蛋白很浓稠，能够有效地固定蛋黄的位置。但随着存放时间的推延，尤其是外界温度比较高的时候，在蛋白酶的作用下，蛋白中的黏液素就会脱水，慢慢变稀，失去固定蛋黄的作用。这时，如果把鲜蛋横放，蛋黄就会上浮，靠近蛋壳，变成贴壳蛋。如果把蛋的大头向上，即使蛋黄上浮，也不会贴近蛋壳。

速烫法存鸡蛋 >>>

将鲜蛋洗净，在沸水中迅速浸烫半分钟，晾干后，密封保存。由于蛋的外层蛋白质受热凝固，形成一层保护膜，因此可保存数月不坏。

蛋黄蛋清的保鲜 >>>

❶蛋黄的保鲜：蛋黄从蛋白中分离出来后，浸在麻油里，可保鲜2~3天。

❷蛋清的保鲜：把蛋清盛在碗里，浇上冷开水，可保留数天不坏。要使蛋清变稠，可在蛋清里放一些糖，或滴上几滴柠檬，或放上少许盐均可。

鲜蛋与姜葱不宜一起存放 >>>

蛋壳上有许多小气孔，生姜、洋葱的强烈气味会钻入气孔内，加速鲜蛋的变质，时间稍长，蛋就会发臭。

松花蛋不宜入冰箱 >>>

松花蛋若经冷冻，水分会逐渐结冰。待拿出来吃时，冰逐渐融化，其胶状体会变成蜂窝状，改变了松花蛋原有的风味，降低了食用价值。

巧存鲜虾 >>>

冷冻新鲜的河虾或海虾，可先用水将其洗净后，放入金属盒中，注入冷水，将虾浸没，再放入冷冻室内冻结。待冻结后将金属盒取出，在外面稍放一会儿，倒出冻结的虾块，再用保鲜袋或塑料食品袋密封包装，放入冷冻室内储藏。

巧存鲜鱼 >>>

❶在活鱼的嘴里灌几滴白酒，或用细绳将鱼唇和肛门缚成"弓形"，可使鱼多活一些时间。

❷用浸湿的纸贴在鱼眼睛上，可使鱼多活 3 ~ 5 个小时。因鱼眼内神经后面有一条死亡线，鱼离开水后，这条死亡线就会断开，继而死亡。

❸将鱼放入隔日的自来水中，并保证每天换一次水，这样鱼能存活 1 个月左右。

鲜鱼保鲜法 >>>

❶将鲜鱼放入 88℃的水中浸泡 2 秒钟，体表变白后即放入冰箱；或将鱼切好经热水消毒杀菌后装塑料袋在 34℃左右保存；或放在有漂白粉的热水中浸泡 2 秒钟。

❷活鱼剖杀后，不要刮鳞，不要用水洗，用布去血污后，放在凉盐水中泡 4 小时后，取出晒干，再涂上点儿油，挂在阴凉处，可存放多日，味道如初。

❸将鱼剖开，取掉内脏，洗净后，放在盛有盐水的塑料袋中冷冻，鱼肚中再放几

粒花椒，鱼不发干，味道鲜美。

巧存活甲鱼 >>>

夏天甲鱼易被蚊子叮咬而死亡，但如果将甲鱼养在冰箱冷藏的果盘盒内，既可防止蚊子叮咬，又可延长甲鱼的存活时间。

巧存海参 >>>

将海参晒得干透，装入双层食品塑料袋中，加几头蒜，然后扎紧袋口，悬挂在高处，不会变质生虫。

巧存海蜇 >>>

海蜇买回来后，不要沾淡水，用盐把它一层一层地腌存在口部较小的坛（或罐）子里，坛口部也要放一层盐，然后密封。此法能使海蜇保存几年不变质。但需要注意的是，腌泡海蜇的坛子，一定要清洗干净，并且不能与其他海产品混合腌泡，否则容易腐烂。

巧存虾仁 >>>

虾仁是去掉了头和壳的鲜虾肉。鲜虾仁入冰箱贮藏前，要先用水焯或油余至断生，可使红色固定，鲜味恒长。如需要剥仁备用，可在虾仁中加适量清水，再入冰箱冻存。这样即使存放时间稍长一些，也不会影响鲜虾的质、味、量，更不会出现难看的颜色。

巧存虾米 >>>

❶淡质虾米可摊在太阳光下，待其干后，装入瓶内，保存起来。

❷咸质虾米，切忌在阳光下晾晒，只能将其摊在阴凉处风干，再装进瓶中。

❸无论是保存淡质虾米，还是保存咸质虾米，都可将瓶中放入适量大蒜，以避免虫蛀。

巧存泥鳅 >>>

把活泥鳅用清水洗一下，捞出后放进一个塑料袋里，袋内装适量的水，将袋口用细绳扎紧，放进冰箱的冷冻室里冷冻，泥鳅就会进入冬眠状态。需要烹制时，取出泥鳅，放进一盆干净的冷水里，待冰块融化后，泥鳅很快就会复活。

▲巧存泥鳅

巧存活蟹 >>>

买来的活蟹如想暂放几天再吃，可用大口瓮、坛等器皿，底部铺一层泥，稍放些水，将蟹放入其中，然后移放到阴凉处。如器皿浅，上面要加透气的盖压住，以防爬出。

巧使活蟹变肥 >>>

如买来的蟹较瘦，想把它养肥一点儿再吃，或暂时储存着怕瘦下去，可用糙米加入两个打碎壳的鸡蛋，再撒上两把黑芝麻，放到缸里。这样养3天左右取出。由于螃蟹吸收了米、蛋中的营养，蟹肚即壮实丰满，重量明显增加，吃起来肥鲜香美。但是，不能放得太多，以防蟹吃得太多而胀死。

巧存蛏、蛤 >>>

要使蛏、蛤等数天不死，在需要烹调时保持新鲜味美，可在养殖蛏、蛤的清水中加入食盐，盐量要达到近似海水的咸度，蛏、蛤在这种近似海水的淡水中，可存活数天。

巧存活蚶 >>>

蚶是一种水生软体动物，离水后不久就会死掉。如果保持蚶外壳的泥质，并将其装入蒲包，在蒲包中放一些小冰块，可使蚶半月不死。

面包与饼干不宜一起存放 >>>

饼干干燥，也无水分，而面包的水分较多，两者放在一起，饼干会变软而失去香脆，面包则会变硬难吃。

巧用冰糖存月饼 >>>

将月饼用筷子挟到容器中，将一些冰糖也放入容器中，盖好盖子，将容器放在低温、阴凉处就可以了。

巧用面包存糕点 >>>

在贮藏糕点的密封容器里加一片新鲜面包，当面包发硬时，再及时更换一块新鲜的，这样糕点就能较长时间保鲜。

巧让隔夜蛋糕恢复新鲜 >>>

在装面包或汉堡的牛皮纸袋里加入一些水，然后把隔夜蛋糕放到纸袋里，把袋口卷起来，放到微波炉加热1分钟，蛋糕便恢复新鲜时的松软了。

巧用苹果和白酒存点心 >>>

准备一个大口的容器，一个削了皮的苹果和一小杯白酒。首先在容器底部摆放一些点心，然后把削好的苹果放在中间，再在苹果周围和上面摆放点心，最后在点心的最上面放一小杯白酒；然后把容器的盖子盖好，就可以随吃随拿了。用这种方法保存点心，可以使糕点保持半年不坏，而且还特别松软。

饼干受潮的处理 >>>

饼干密封后放在冰箱中储存，可保酥脆。受潮软化的饼干放入冰箱冷藏几天，即可恢复原状。

巧用微波炉加热潮饼干 >>>

把受潮的饼干装到盘子里，然后放到微波炉内加热，不过要注意用中火加热1分钟左右，然后取出。如果饼干已经酥脆，便可不必加热；如果还没有，那就需要再以30秒的时间，继续加热。使用微波炉的方法很简便，但是一不小心饼干就会变煳。

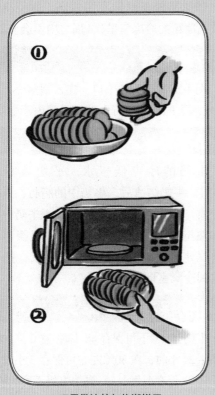

▲巧用微波炉加热潮饼干

巧存食盐 >>>

❶ 炒热储存法：夏天，食盐会因吸收了空气中的水分而返潮，若将食盐放到锅里炒热，使食盐中吸收潮气的氯化镁分解成氧化镁，食盐就不会返潮了。

❷ 加玉米面储存法：在食盐中放些玉米面粉，食盐就能保持干燥，不易回潮，也不影响食用。

巧存酱油、醋 >>>

❶ 购买前，先把容器中残留的酱油、醋倒掉，然后用水洗刷干净，再用开水烫一下。

❷ 酱油、醋买回后，最好先烧开一下，待凉后再装瓶，并且要将瓶盖盖严。

❸ 在瓶中倒点儿清生油或香油，把酱油、醋和空气隔开。在酱油、醋中放几瓣大蒜或倒入几滴白酒，均可防止发霉。

❹ 醋最好用玻璃、陶瓷器皿贮藏，凡是带酸性的食物都不要用金属容器贮藏。

❺ 醋里滴几滴白酒，再略加点儿盐，醋就会更加香气浓郁，且长久不坏。

巧存料酒 >>>

料酒存放久了，会产生酸味。如果在酒里放几颗黑枣或红枣（500毫升黄酒放5～10颗），就能使料酒保持较长时间不变酸，而且使酒味更醇。

巧存香油 >>>

把香油装进一小口玻璃瓶内，每500克油加入精盐1克，将瓶口塞紧不断地摇动，使食盐溶化，放在暗处3日左右，再将沉淀后的香油倒入洗净的棕色玻璃瓶中，拧紧瓶盖，置于避光处保存，随吃随取。要注意的是，装油的瓶子切勿用橡皮等有异味的瓶塞。

巧用维生素 E 保存植物油 >>>

在植物油中加维生素 E，用量为每 500 克植物油加 0.1 克；或每 1 千克加 1 粒维生素 E 胶丸，可长时间贮藏。

巧用生盐保存植物油 >>>

将生盐炒热去水，凉后将少量（按 40：1 之比）倒入油里，可保持油的色、香、味两三年不变质。

巧法保存花生油 >>>

将花生油（或豆油）入锅加热，放入少许花椒、茴香，待油冷后倒进搪瓷或陶瓷容器中存放，不但久不变质，做菜用此油，味道也特别香。

巧选容器保存食用油 >>>

用不同的容器存放，食用油的保质期也不相同。用金属容器存放最安全，既不进氧，也不进光，油难以被氧化，一般采用金属桶装油可保存 2 年。而玻璃瓶、塑料桶在这些方面都有欠缺，尤其是用塑料桶装，非常容易被氧化。采用玻璃瓶可保存 1 ~ 2 年，塑

▲巧选容器保存食用油

料桶仅可保存半年至一年。

巧存猪油 >>>

❶ 猪油热天易变坏，炼油时可放少许茴香，盛油时放一片萝卜或几颗黄豆，油中加一点儿白糖、食盐或豆油，可久存无怪味。

❷ 在刚炼好的猪油中加入几粒花椒，搅拌并密封，可使猪油长时间不变味。

巧存老汤 >>>

❶ 保存老汤时，一定要先除去汤中的杂质，等汤凉透后再放进冰箱里。

❷ 盛汤的容器最好是大搪瓷杯，一是占空间小，二是保证汤汁不与容器发生化学反应。

❸ 容器要有盖，外面再套上塑料袋，即使放在冷藏室内，5 天之后也不会变质。

❹ 如果较长时间不用老汤，则可将老汤放在冰箱的冷冻室里，3 周之内不会变质。

巧存番茄酱 >>>

把番茄酱罐头开个口，先入锅蒸一下再吃，吃剩下的番茄酱可在较长时间内不变质。

牛奶不宜冰冻 >>>

牛奶的冰点低于水，平均为零下 0.55℃。牛奶结冰后，牛奶中的脂肪，蛋白质分离，干酪素呈微粒状态分散于牛奶中。再加热溶化的冰冻牛奶，味道明显淡薄，液体呈水样，营养价值降低。所以，把牛奶放到冷藏室即可。

牛奶的保存时间 >>>

牛奶在 0℃ 下可保存 48 小时；在 0 ~ 10℃ 可保存 24 小时；在 30℃ 左右可保存 3 小时。温度越高，保存时间越短。夏季牛奶不可久放，否则会变质。

牛奶忌放入暖瓶 >>>

保温瓶中的温度适宜细菌繁殖。细菌在牛奶中约20分钟繁殖1次，隔3～4小时，保温瓶中的牛奶就会变质。

剩牛奶的处理 >>>

牛奶倒进杯子、茶壶等容器，如没有喝完，应盖好盖子放回冰箱，切记不可倒回原来的瓶子。

巧用保鲜纸储存冰激凌 >>>

把保鲜纸盖在吃剩的冰激凌上，放回冰箱内，可防止结霜，保持其味道。

存蜂蜜忌用金属容器 >>>

贮藏蜂蜜使用金属容器会破坏蜂蜜的营养成分，甚至会使人中毒。因为蜂蜜有酸性，会和金属发生化学反应而使金属析出，与蜂蜜结合成异物，破坏蜂蜜的营养价值。人吃了这种蜂蜜还会发生轻微中毒。因此，储存蜂蜜最好是用玻璃或陶瓷容器。

巧法融解蜂蜜 >>>

蜂蜜存放日久，会沉淀在瓶底，食用时很不方便。这时可将蜂蜜罐放入加有冷水的锅中，徐徐加热，当水温升到70～80℃时，沉淀物即溶化，且不会再沉淀。

巧除糖瓶内蚂蚁 >>>

蚂蚁喜甜食，常窜入糖罐中为害，预防的方法是，在糖罐周围放几块旧橡皮或橡皮筋即可。对已经成群入罐的蚂蚁，可在糖罐内插一只竹筷，蚂蚁即会成群结队爬上来。

巧解白糖板结 >>>

❶可取一个不大的青苹果，切成几块放在糖罐内盖好，过1～2天后，板结的白

▲巧解白糖板结

糖便自然松散了，这时可将苹果取出。

❷在食糖上面敷上一块湿布，使表面重新受潮，使之散开。

❸将砂糖块放入盘中，用微波炉加热5分钟。根据砂糖量的不同，加热时间不同，所以在加热时应在微波炉旁观察。因为如果加热时间过长，砂糖将会融化。

巧存罐头 >>>

罐头一经打开，食品就不要继续放在罐头盒里了。因为在空气的作用下，罐头盒的金属发生氧化，会破坏食品中的维生素C。所以，打开的罐头一时吃不完，要取出放在搪瓷、陶瓷或塑料食品容器中，但也忌久放。

啤酒忌震荡 >>>

啤酒震荡后，会降低二氧化碳在啤酒中的溶解度。所以，不要来回倾倒。

巧存葡萄酒 >>>

葡萄酒保存方法正确可维持其美味芳香，先将酒存在具有隔热、隔光效果的纸箱内，再置于阴凉通风且温度变化不大的地方，可存半年。

真空法保存碳酸饮料 >>>

将装有剩余饮料的瓶子放在腋下，用力将里面的空气慢慢导出，在瓶子里制造出一个相对的真空空间。也可以用其他方法将瓶压扁，这样做虽然使饮料瓶子不好看，但是饮料保存1周到10天还是可以喝的。

巧用鸡蛋存米酒 >>>

把一个洗干净的鲜鸡蛋放在未煮的米酒中，2小时后蛋壳颜色变深，时间越长，蛋壳颜色则越深，这样，米酒保鲜时间就越长。米酒用完了，鸡蛋仍可食用。

巧存药酒 >>>

❶家庭配置好的药酒应该及时装进细口颈的玻璃瓶内，或其他有盖的玻璃容器里，并将口密封。

❷家庭自制的药酒要贴上标签，并写明药酒的名称、作用、配置时间和用量等内容，以免时间长了发生混乱，造成不必要的麻烦。

❸夏季储存药酒时要避免阳光的直射，以免药酒的有效成分被破坏，功效降低。

剩咖啡巧做冰块 >>>

喝剩下的咖啡，可以倒在制冰盒中，放在冰箱的冷冻室，做成小冰块，在喝咖啡时当冰块用。这种冰块融化后不会冲淡咖啡的味道。

巧用生石灰存茶叶 >>>

选用干燥、封闭的陶瓷坛，放置在干燥、阴凉处，将茶叶用薄牛皮纸包好，扎紧，分层环排于坛内四周，再把装有生石灰的小布袋放于茶包中间，装满后密封坛口，灰袋最好每隔1～2个月换一次，这样可使茶叶久存而不变质。

巧用暖水瓶储存茶叶 >>>

将茶叶装进新买回的暖水瓶中，然后用白蜡封口并裹以胶布。此法最适用于家庭保管茶叶。

冷藏法储存茶叶 >>>

将含水量在6%以下的新茶装进铁制或木制的茶罐，罐口用胶布密封好，把它放在电冰箱内，长期冷藏，温度保持在5℃，效果较好。

另外，茶叶要放在较高的通风处，阳光不要直射茶罐。买茶叶的量以1个月能喝完最好。

茶叶生霉的处理 >>>

如果保存不当，茶叶生霉，切忌在阳光下晒，放在锅中干焙10分钟左右，味道便可恢复，但锅内要清洁，火不宜太大。

巧存人参、洋参 >>>

用食品塑料袋或纸袋包好，放入盛有石灰的箱内或者放在炒黄的大米罐内，这样可以保持参体干燥，质地坚实，煎汤时汁水充足，味道醇正清香，研磨成粉末也很容易。但人参不能放入冰箱，参体从冰箱取出后吸附空气中的水分，会发软，易生虫、发霉。

熟银耳忌久存 >>>

有些人为了做菜方便快捷，习惯先将银耳煮熟放置起来，这种做法不科学，会使银耳营养受损，伤害人体健康。银耳中含有较多的硝酸盐类，煮熟的银耳放置时间过长，在细菌的分解作用下，硝酸盐就会还原成亚硝酸盐，亚硝酸盐会导致人体血液中的血红蛋白丧失携带氧气的能力，破坏人体的造血功能。

食物烹饪制作

巧法补救夹生米饭 >>>

❶如全部夹生，可用筷子在饭内扎些直通锅底的小孔，加适量温水重焖。

❷若是局部夹生，就在夹生处扎眼，加点儿水再焖一下。

❸表面夹生，可将表层翻到中间加水再焖。

❹如在饭中加二三勺米酒拌匀再蒸，也可消除夹生。

巧除米饭煳味 >>>

❶米饭不小心被烧煳以后，应立即停火，倒一杯冷水置于饭锅中，盖上锅盖，煳饭的焦味就会被水吸收掉。

❷不要搅动它，把饭锅放置在潮湿处10分钟，烟熏气味就没有了。

❸将8～10厘米长的葱洗净，插入饭中，盖严锅盖，片刻煳味即除。

❹在米饭上面放一块面包皮，盖上锅盖，5分钟后，面包皮即可把煳味吸收。

▲巧除米饭煳味

巧做陈米 >>>

淘过米之后，多浸泡一段时间。在往米中加水的同时，加入少量啤酒或食用油，这样蒸出来的米饭香甜，且有光泽，如同新米一样。

巧焖米饭不粘锅 >>>

米饭焖好后，马上把饭锅在水盆或水池中放一会儿，热锅底遇到冷水后迅速冷却，米饭就不会粘在锅上了。

巧手一锅做出两样饭 >>>

先将米淘洗干净放入锅里，加适量的水，然后把米推成一面高，一面低，高处与水面持平，盖好盖加热，做熟后，低的一面水多饭软，高的一面相对水少饭硬，能同时满足两代人的不同需要。

巧煮米饭不馊 >>>

夏天，煮饭时按1500克米合2～3毫升的比例加入食醋，这样煮的饭并无酸味，却更易保存防馊。

节约法煮米饭 >>>

将大米用水淘洗干净，放入普通锅中，加入适量的凉水，浸泡2～4小时。等米吃透水后，倒出所剩的水，再加入等量的开水，然后用大火烧开锅，两分钟后改成微火，将锅不断转动，轮流烧锅的边缘，8分钟后米饭即熟。用此法焖制的米饭，省时省火，大米营养流失极少，口感很好。

巧热剩饭 >>>

热过的剩饭吃起来总有一股异味，在热剩饭时，可在蒸锅水中兑入少量盐水，即可除去剩饭的异味。

炒米饭前洒点儿水 >>>

冷饭在存放过程中水分容易流失，加热时先洒一点儿水，焖一下，让米饭中的水分饱和，炒饭时才容易吸收其他配料的味道，饭粒的口感也不至于干硬难嚼。

煮汤圆不粘锅 >>>

汤圆下锅之前先在凉水里蘸一蘸，再下到锅里，这样煮出来的汤圆，个是个，汤是汤，不会粘连。

巧做饺子面 >>>

制作饺子时，在每 500 克面粉中打入两个鸡蛋，加适量水，将面粉和鸡蛋调匀和好，待 5 分钟后再制作，饺子煮出后既美观好看，又不破肚，也不粘连。

巧煮饺子 >>>

❶煮饺子时要添足水，待水开后加入一棵大葱或 2% 的食盐，溶解后再下饺子，能增加面筋的韧性，饺子不会粘皮、粘底，饺子的色泽会变白，汤清饺香。

❷饺子煮熟以后，先用笊篱把饺子捞出，随即放入温开水中浸涮一下，然后再装盘，饺子就不会互相粘在一起了。

巧煮面条 >>>

❶煮面条时加一小汤匙食油，面条不会粘连，面汤也不会起泡沫、溢出锅外。

❷煮面条时，在锅中加少许食盐，煮出的面条不易烂糊。

❸煮挂面时，不要等水沸后下面，当锅底有小气泡往上冒时就下，下后搅动几下，盖锅煮沸，沸后加适量冷水，再盖锅煮沸就变熟了。这样煮面，热量慢慢向面条内部渗透，面柔而汤清。

巧去面条碱味 >>>

买来的切面有时碱味很重，在面条快煮好的时候，适量地加入几滴醋，可以使面条碱味全无，面条的颜色也会由黄变白。

巧蒸食物 >>>

❶蒸食物时，蒸锅水不要放得太多，一般以蒸好后锅内剩半碗水为宜，这样做，可最大限度节约煤气。

❷打开蒸锅锅盖，用划燃的火柴凑近热蒸汽，若火焰奄奄一息甚至熄灭了，就说明食物基本熟了。

蒸馒头碱大的处理 >>>

蒸馒头碱放多了起黄，如在原蒸锅水里加醋 2 ~ 3 汤匙，再蒸 10 ~ 15 分钟，馒头可变白。

巧热陈馒头 >>>

馒头放久了，变得又干又硬，回锅加热很难蒸透，而且蒸出的馒头硬瘪难吃。如在重新加热前，在馒头的表皮淋上一点儿水，蒸出的馒头会松软可口。

巧炸馒头片 >>>

炸馒头片时，先将馒头片在冷水（或冷盐水）里稍浸一下，然后再入锅炸，这样炸好的馒头片焦黄酥脆，既好吃又省油。

炸春卷不煳锅 >>>

炸春卷，如果汤汁流出，就会煳锅底，并使油变黑，成品色、味均受影响。可在拌馅时适量加些淀粉或面粉，馅内菜汁就不容易流出来了。

炒菜省油法 >>>

炒菜时先放少许油炒，待快炒熟时，再放一些熟油在里面炒，直至炒熟。这样，菜汤减少，油也渗透进菜里，油用得不多，但是油味浓郁，菜味很香。

油锅巧防溅 >>>

炒菜时，在油里先略撒点儿盐，既可防止倒入蔬菜时热油四溅，又能破坏油中残存的黄曲霉毒素。

油炸巧防溢 >>>

油炸东西的时候，有时被炸的食物含有水分，会使油的体积很快增大，甚至从锅里溢出来。遇到这种情况，只要拿几粒花椒投入油里，胀起来的油就会很快地消下去。

热油巧消沫 >>>

油脂在炼制过程中，不可避免地混入一些蛋白质、色素和磷脂等。当食油加热时，这些物质就会产生泡沫。如果在热油泛沫时，用手指轻弹一点儿水进去，一阵轻微爆锅后，油沫就没了。要注意勿多弹或带水进锅，以防热油爆溅，烫伤皮肤。

巧用花生油 >>>

用花生油炒菜，在油加热后，先放盐，在油中爆约30秒，可除去花生油中可能存有的黄曲霉毒素。

巧用回锅油 >>>

❶炸过食品的油，往往会发黑。可在贮油的容器里，放几块鸡蛋壳，由于鸡蛋壳有吸附作用，能把油中的炭粒吸附过去，油就不会发黑了。

❷可用现成的咖啡滤纸代替滤油纸，在滤过的油容器中，各放一片大蒜和生姜，这样不仅气味没了，还可使油更为香浓可口。

❸炸过鱼、虾的花生油用来炒菜时，常会影响菜肴的清香，但只要用此油炸一次茄子，即可使油变得清爽，而吸收了鱼虾味的茄子也格外好吃。

牛奶煮煳的处理 >>>

牛奶煮煳了，放点儿盐，冷却后味道更好。

巧热袋装牛奶 >>>

❶先将水烧开，然后把火关掉，将袋装牛奶放入锅中，几分钟后将牛奶取出。千万不要把袋装牛奶放入水中再点火加热，因为其包装材料在120℃时会产生化学反应，形成一种危害人体健康的有毒物质。

❷袋装牛奶冬季或冰箱放置后，其油脂会凝结附着在袋壁上，不易刮下，可在煮之前将其放暖气片上或火炉旁预热片刻，油脂即溶。

巧让酸奶盖子不沾酸奶 >>>

把酸奶放入电冰箱内冷冻30分钟后取出，盖子上就不会沾有酸奶。如果是大盒酸奶，要把时间增加到35分钟。如果放入冰箱的时间为20分钟，打开酸奶时，盖子上还会沾有酸奶。如果时间是40分钟，酸奶内部就会结冰。

手撕莴苣味道好 >>>

莴苣最好不要用菜刀切，用手撕比较好吃。因为用菜刀切会分断细胞膜，咬起来口感就没那么好，而用手撕就不会破坏细胞膜。再者，细胞中所含的各种维生素，可能会从菜刀切断的地方失掉。

做四棱豆先焯水 >>>

烹饪四棱豆需要用水焯透，然后用淡盐水浸泡一会儿再烹饪，口感会更好。

炒青菜巧放盐 >>>

在炒黄瓜、莴笋等青菜时，洗净切好后，撒少许盐拌和，腌渍几分钟，控去水分后再炒，能保持脆嫩清鲜。

烧茄子巧省油 >>>

❶烧茄子时，先将切好的茄块放在太阳光下晒一会儿（大约茄块有些发蔫），过油时就容易上色而且省油。

❷烧茄子时把加工好的茄子（片或块），先用盐腌一下，当茄子渗出水分时，把它挤掉，然后再加油烹调，味道好还可以省油。

巧炒土豆丝 >>>

将切好的土豆丝先在清水中泡洗一下，将淀粉洗掉一些，这样炒出的土豆丝脆滑爽口。

白酒去黄豆腥味 >>>

在炒黄豆或黄豆芽时，滴几滴酒，再放少许盐，这样豆腥味会少得多。或者在炒之前用凉盐水洗一下，也可达到同样的效果。

巧煮土豆 >>>

❶为使土豆熟得快一些，可往煮土豆的水里加进1汤匙人造黄油。

❷为使土豆味更鲜，可往汤里加进少许茴香。

❸为使带皮的土豆煮熟后不开裂、不发黑，可往水里加点儿醋。

洋葱不炒焦的小窍门 >>>

炒洋葱时，加少许葡萄酒，洋葱不易炒焦。

糖拌西红柿加盐味道好 >>>

糖凉拌西红柿时，放少许盐会更甜，因为盐能改变其酸糖比。

炒菜时适当加醋好 >>>

醋对于蔬菜中的维生素C有保护作用，而且加醋后，菜味更鲜美可口。

巧治咸菜过咸 >>>

❶如果腌制的咸菜过咸了，在水中掺些白酒浸泡咸菜，就可以去掉一些咸味。

❷用热盐水浸泡咸菜，不仅能迅速减去咸味，而且还不失其香味。

巧去腌菜白膜 >>>

家庭腌制冬菜，表面容易产生一层白膜，而使腌菜腐烂变质。把菜缸、菜罐放在气温低的地方，在腌菜表面洒些白酒，或加上一些洗净切碎的葱头、生姜，把腌菜缸或罐密闭3～5天，白膜即可消失。

巧炸干果 >>>

先将干果用清水泡软或放入滚水中焯透，晾干水。然后用冻油、文武火炸，这样炸出的干果较为酥脆。

花生米酥脆法 >>>

❶炒时用冷锅冷油，将油和花生米同时入锅，逐渐升温，炸出的花生米内外受热均匀，酥脆一致，色泽美观，香味可口。

❷炒好盛入盘中后，趁热洒上少许白酒，并搅拌均匀，同时可听到花生米"啪啪"的爆裂声，稍凉后立刻撒上少许食盐。经过这样处理的花生米，放上几天几夜再吃都酥脆如初。

▲花生米酥脆法

巧煮花生米 >>>

关火后不要立即揭开锅盖捞花生，而应让花生米有一个入味的过程，约半个小时后吃味道才好。

炒肉不粘锅 >>>

将炒锅烧热再放油，油温后放肉片，不会粘锅。

巧炒肉片肉末 >>>

烧菜时经常会用到肉片和肉末，为了使肉质嫩滑，许多家庭在腌肉时加嫩肉粉，其实这样也解决不了根本问题。正确的办法是切好肉片后搁在碗里，加些生抽，用筷子拌匀即可，也可加少许生粉（不要太多，否则会把水分吸干），保持肉片的湿度（稍有点儿生抽）。

巧炒猪肉 >>>

❶将切好的猪肉片放在漏勺里，在开水中晃动几下，待肉刚变色时就起水，沥去水分，再下炒锅，这样只需 3～4 分钟就能熟，并且鲜嫩可口。

❷猪肉丝切好后放在小苏打溶液里浸

一下再炒，会特别疏松可口。

做肉馅"三肥七瘦" >>>

配制肉馅时，肥瘦肉的搭配比例非常重要。如果瘦肉过多，烹制出的菜肴成品就会出现干、老、柴、硬等现象，滋味欠美，质感不佳，达不到外酥、内软的效果。如果肥肉过多，菜肴的油腻就会过大，加热时脂肪容易熔化，菜肴会松散变形，外表失去光滑。实践表明，按三肥七瘦的比例配制最合适。

腌肉放白糖 >>>

腌肉时，除加入盐和其他调味料外，应加入白糖。在腌渍过程中，因糖液具有抗氧化性，可防肉质褪色。当用亚硝酸盐腌渍时，白糖也能起到保色和助色的作用。糖溶液有一定的渗透压，与盐配合得好，可阻止微生物发育，增加腌肉的防腐性。

腌香肠放红葡萄酒 >>>

为使腌制的香肠不仅味道鲜美，而且形色美观，可在腌制过程中，往馅内加入一点儿红葡萄酒，这样制成的香肠就呈红色，能诱人增添食欲。

巧炒牛肉 >>>

炒牛肉片之前，先用啤酒将面粉调稀淋在牛肉片上，拌匀后腌 30 分钟。啤酒中的酶能使一些蛋白质分解，可增加牛肉的鲜嫩程度。

巧用啤酒焖牛肉 >>>

用啤酒代水焖烧牛肉，能使牛肉肉质鲜嫩，异香扑鼻。

炖牛肉快烂法 >>>

❶要把牛肉炖烂，可往锅里加几片山楂、橘皮或一小撮茶叶，然后用文火慢慢炖

煮，这样牛肉酥烂且味美。

❷头天晚上将牛肉涂上一层芥末，第二天洗净后加少许醋和料酒再炖，可使牛肉易熟快烂。

❸煮牛肉时，加入一小布袋茶叶同牛肉一起煮，牛肉会熟得快，味道也更清香。

巧炒腰花 >>>

腰花要是炒不好，不但色泽难看，而且影响口感和食欲。腰花洗净切好后，加少许白醋，用水浸泡10分钟，就会发大，去尽血水，炒熟后口感爽脆、鲜香。

巧炒猪肝 >>>

炒猪肝前，可用点儿白醋渍一下，再用清水冲洗干净，这样炒熟的猪肝口感滑嫩。

巧炸猪排 >>>

在有筋的地方割2～3个切口，炸出的猪排不会收缩。

鸡肉炸前先冷冻 >>>

先将鸡肉腌制一会儿，封上保鲜膜后放入冰箱，过20分钟再取出入锅炸，这样炸出的鸡肉酥脆可口。

巧法烤肉不焦 >>>

用烤箱烤肉，如在烤箱下格放只盛上水的器皿，可使烤肉不焦不硬。因为器皿中的水受热变成水蒸气，可防止水分散失过多而使烤肉焦糊。

煮排骨放醋有利于吸收 >>>

煮排骨时放点儿醋，可使排骨中的钙、磷、铁等矿物质溶解出来，利于吸收，营养价值更高。此外，醋还可以防止食物中的维生素被破坏。

巧去咸肉辛辣味 >>>

咸肉放时间长了会有一股辛辣味，在煮咸肉时放一个白萝卜或者十几颗钻了许多小孔的胡桃（核桃）在锅里同煮，然后再烹调，辛辣味即可除去。

煮猪肚后放盐 >>>

煮猪肚时，千万不能先放盐，等煮熟后吃时再放盐，否则猪肚会缩得像牛筋一样硬。

巧炖羊肉 >>>

❶往水里放些食碱，羊肉就易熟。

❷煮羊肉时在锅内放些猪肉或鲜橘皮，能使味道更加鲜美。

巧除羊肉膻味 >>>

❶山楂：煮制时放几个山楂可以去除膻味，羊肉也更容易熟烂。

❷米醋：把羊肉切块放入开水锅中加点儿米醋（0.5千克羊肉加0.5千克水、25克醋），煮沸后，捞出羊肉烹调，膻味可除。

❸孜然：孜然气味芳香而浓烈，适宜烹制羊肉，还能起到理气开胃、祛风止痛的作用。

炖火腿加白糖 >>>

火腿是坚硬的干制品，很不容易煮烂。如果在煮之前在火腿上涂些白糖，然后再放入水锅中煮，就容易煮烂，且味道鲜美好吃。

巧炖老鸭 >>>

❶把鸭子尾端两侧的臊豆去掉，味道会更美。

❷可取猪胰1块，切碎与老鸭同煮，鸭肉易烂，且汤鲜味美。

❸炖老鸭时加几片火腿肉或腊肉，能增加鸭肉的鲜香味。

❹将老鸭肉用凉水加少量食醋浸泡2小

时，再用小火炖，肉易烂，且能返嫩。

巧炖老鸡 >>>

❶在锅内加 20 ~ 30 颗黄豆同炖，熟得快且味道鲜。

❷放 3 ~ 4 枚山楂或凤仙花子，鸡肉易烂。

❸在炖鸡块时放入两个咸梅干，食用时鸡骨和鸡肉就会迅速分离。

❹把鸡先用凉水或少许食醋泡 2 小时，再用微火炖，肉就变得香嫩可口。

巧辨鸡肉的生熟 >>>

❶在保持一定水温的情况下，在经过预定的烹煮时间后，见鸡体浮起，说明鸡肉已熟。

❷将鸡捞出，用手捏一下鸡腿，如果肉已变硬，有轻微离骨感，说明熟了。

❸用牙签刺一下鸡腿，没有血水流出即熟。

巧除狗肉腥味 >>>

将狗肉用白酒、姜片反复揉搓，再将白酒用水稀释浸泡狗肉 1 ~ 2 小时，清水冲洗，

▲巧除狗肉腥味

入热油锅微炸后再行烹调，可有效降低狗肉的腥味。

巧用骨头汤煮鸡蛋 >>>

煮骨头汤的时候，把几个鸡蛋洗干净放在里面，等汤熟了，把鸡蛋壳敲破。这样煮出的鸡蛋不但味道好，还吸收了大量的钙在里面。

巧煎鸡蛋 >>>

❶煎蛋时，在平底锅里放足油，油微热时将蛋下锅，鸡蛋慢慢变熟，外观美，不粘锅。

❷煎蛋时，在热油中撒点儿面粉，蛋会煎得黄亮好看，油也不易溅出锅外。

❸煎蛋时，在蛋黄即将凝固之际浇一点儿冷开水，会使蛋又黄又嫩。

❹若想把蛋皮煎得既薄又有韧性，可用小火煎。

炒鸡蛋巧放葱花 >>>

不要把葱花直接放入蛋液入油锅翻炒，这样不是蛋熟葱不熟，就是葱熟蛋已过火变老，色泽不好，味道也欠佳。可先将葱花放油锅内煸炒之后，再往锅内倒入已调好味的蛋液，翻炒几下，即可出锅。

炒鸡蛋放白酒味道佳 >>>

炒鸡蛋时，如果在下锅之前往搅拌好的鸡蛋液中滴几滴白酒，炒出的蛋会松软、光亮。

巧煮鸡蛋不破 >>>

❶将鸡蛋放入冷水中浸湿，再放进热水里煮，蛋壳不会破裂也容易剥下。

❷煮蛋时放入少许食盐，不仅能防止磕破的蛋不会流出蛋清，而且煮熟后很容易剥壳。

巧去蛋壳 >>>

❶将生鸡蛋轻轻磕出一个小坑或者用针扎一个小孔，然后放入水中煮，蛋壳也容易去掉。

❷如果鸡蛋破口较大，可用一张柔韧的纸片粘在破口处，再放入盐水里煮，可防蛋清外流。

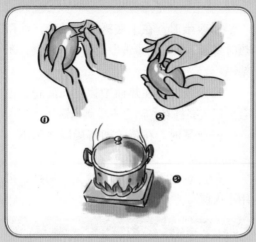

▲巧去蛋壳

巧煮有裂缝的咸鸭蛋 >>>

将有裂缝的咸鸭蛋放入冰箱的冷藏室中凉透，取出后直接放入热水中煮，热水的温度以手指伸入感到热但又不烫人为宜，这样煮熟的咸鸭蛋外表光滑完整，不进水不跑味。

巧煮咸蛋 >>>

将咸鸡蛋蛋壳的一头敲破，用筷子在蛋白和蛋黄上戳几个洞，倒入少量米醋，再将味精用温水调和后注入蛋中，破口用面糊好，煮熟后鲜嫩可口，味似蟹肉。

巧蒸鸡蛋羹 >>>

❶蒸鸡蛋羹最好用放气法，即锅盖不要盖严，留一点儿空隙，边蒸边跑气。蒸蛋时间以熟而嫩时出锅为宜。

❷鸡蛋羹易粘碗，洗碗比较麻烦。如果在蒸时先在碗内抹些熟油，然后再将鸡蛋磕进碗内打匀，加水，蒸出来的鸡蛋羹就不会粘碗了。

巧打蛋花汤 >>>

要想打出漂亮的蛋花汤，最简单的方法就是在汤滚之际加上几滴醋。

煎鱼不粘锅 >>>

❶煎鱼之前，将锅洗净、擦干，然后把锅置于火上加热，放油。待油很热时转一下锅，使锅内四周均匀地布上油，然后把鱼放入锅内，鱼皮煎至金黄色时翻动一下，再煎另一面。注意油一定要热，否则，鱼皮就容易粘在锅上。

❷把锅洗净擦干后烧热，用鲜姜在锅底涂上一层姜汁，而后再放油，油热时，再放鱼煎，这种方法不会粘锅。

❸打两个蛋清搅匀，把鱼放到里边蘸一下，使鱼裹上一层蛋糊，而后放入热油中煎，这样煎出的鱼也不会粘锅。

❹用油煎鱼时，向锅内喷上小半杯葡萄酒，能防止鱼皮粘锅。

巧烧冻鱼 >>>

冻过的鱼，味道总比不上鲜鱼，若在烧制时倒点儿牛奶，小火慢炖，会使味道接近鲜鱼；也可将冻鱼放在少许盐水中解冻，冻鱼肉中的蛋白质遇盐会慢慢凝固，防止其进一步从细胞中溢出。

巧煮鱼 >>>

煮鱼时要沸水下锅，这是因为鲜鱼质地细嫩，沸水下锅能使鱼体表面骤受高温，体表蛋白质变性凝固，从而保持鱼体形状完整。同时，还能使鲜鱼所含的营养素和鲜美滋味不至于大量外溢，其损失可减少到最低程度。

巧蒸鱼 >>>

❶蒸鱼时要先将锅内水烧开后再放鱼，因为鱼在突遇高温时，外部组织凝固，可锁住内部鲜汁和营养。

❷蒸前在鱼身上放一块鸡油或者猪油，可使鱼肉更加嫩滑。没有鸡油和猪油，可放生油。

❸判断鱼是否蒸熟可看鱼眼，新鲜的鱼蒸熟后眼睛向外凸出。

水果炖鱼味鲜美 >>>

烧鱼炖肉时，加入适量的新鲜水果，如鸭梨、苹果等，可使成菜有一种水果香味，风味独特。方法是：将水果洗净，削皮去核，切成小块，装入纱布袋内，扎住袋口（也可直接放入锅中），待鱼肉即将热时放入，与鱼肉一起炖煮，肉煮熟后，取出水果袋即可。

巧制鱼丸 >>>

制作鱼丸时在加入猪油前，将猪油与食盐用力搅拌，至发白后再加入鱼茸中，则猪油易均匀地分散在鱼茸中而不是成大小不一的颗粒状，使成品鱼丸更为洁白、光亮，口感更细嫩，且鱼丸中"蜂窝"的现象会大大减少。

剩鱼巧回锅 >>>

鱼类菜肴放凉以后，就会出现腥味，这是因为残留在鱼肉中的三甲氨作祟的缘故。但是回锅加热，也会有一股异味，如果在回锅时再加入少许料酒或食醋等调料，仍可使之恢复鲜美之味。

巧炒鲜虾 >>>

炒鲜虾之前，可先将虾用浸泡桂皮的沸水冲烫一下，然后再炒，味道更鲜美。

蒸蟹不掉脚 >>>

蒸螃蟹容易掉脚。如用细针在蟹嘴上斜刺进1厘米，这样蒸蟹，脚就不掉了。

巧斟啤酒 >>>

啤酒开瓶后，往往刚斟上半杯，杯内就溢满了泡沫。如果让啤酒沿着杯子的边缘慢慢地斟入，就不会有泡沫出现了。

巧用牛奶除酱油味 >>>

若酱油放多了，在菜中加入少许牛奶，可使味道变美。

巧用西红柿去咸味 >>>

汤做咸了，可在汤里加入几片西红柿，煮两分钟后，咸味会明显减轻，且不会冲淡汤的鲜味。

巧用土豆去咸味 >>>

汤做咸了，可在汤里加入一个土豆，煮5分钟后，咸味会明显减轻，且不会冲淡汤的鲜味。

泡蘑菇水的妙用 >>>

水泡蘑菇的过程中，蘑菇体内会浸出大量游离氨基酸和芳香物质，如将这种水倒掉，会造成浪费。如将蘑菇水澄清后，用来烹菜或制汤，不仅鲜美可口，还可增加营养。

白酒可去酸味 >>>

做菜时不小心放多了醋，可往菜中再加点儿白酒，醋的酸味会减轻。

饮食宜忌与食品安全

进餐的正确顺序 >>>

正确的进餐顺序是：先喝汤，然后蔬菜、饭、肉按序摄入，半小时后再食用水果最佳，而不是饭后立即吃水果。

▲进餐的正确顺序

吃盐要适量 >>>

世界卫生组织建议：一般人群每日食盐量为 6 ~ 8 克。我国居民膳食指南提倡每人每日食盐量应少于 6 克。需注意的是，计算食盐量时，也应加上通过酱油所摄入的食盐量，酱油中食盐含量为 18% 左右。

喝绿豆汤也要讲方法 >>>

一般人认为，夏天胃口不好是因为上火，因此常喝绿豆汤解暑。但甜腻腻的绿豆汤喝得太多同样会发胖。如果饭后要喝一碗绿豆汤（热量约 300 焦耳），那么饭量应减少 1/4；并且绿豆汤中要少放糖，可以加入少许低脂牛奶或水果，这样既有营养，又不容易发胖。

汤面营养比捞面高 >>>

吃面食时应注意减少营养素损失。如吃捞面，面条中很多营养素会溶于面汤内，若面汤弃而不用则造成浪费。因此吃汤面比吃捞面营养价值高。

馒头的营养价值比面包高 >>>

面包是用烘炉烤出来的，色香味都比较好。然而这种烘烤的办法，会使面粉中的赖氨酸在高温中发生分解，产生棕色的物质。而用蒸汽蒸出来的馒头，则无此反应，蛋白质的含量会高一些。所以，从营养价值来看，吃蒸馒头比吃用烘炉烤出的面包好。

包饺子不用生豆油 >>>

豆油在加工中残留极少量的苯和多环芳烃等有害物质。一些家庭包饺子习惯用生豆油调馅，人吃后对神经和造血系统有害，会出现头痛，眩晕，眼球震颤，睡眠不安，食欲不振及贫血等慢性中毒症状。因此，调馅时，一定要把豆油烧开，使其所含的有害物质自然挥发掉，然后再拌入馅中。

萝卜分段吃有营养 >>>

从萝卜的顶部至 3 ~ 5 厘米处为第一段，此段维生素 C 含量最多，但质地有些硬，宜于切丝、条，快速烹调，也可切丝煮汤，用于配羊肉做馅，味道极佳；萝卜中段，含糖量较多，质地较脆嫩，可切丁做沙拉，可切丝用糖、醋拌凉菜，炒煮也很可口；萝卜从中段到尾段，有较多的淀粉酶和芥子油一类的物质，有些辛辣味，可帮助消化，增进食欲，可用来腌拌；若削皮生吃，是糖尿病患者用以代替水果的上选；做菜可炖块、炒丝、做汤。

萝卜与烤肉同食可防癌 >>>

萝卜中的一些酶不但能分解食物中的淀粉、脂肪，还可以分解致癌作用很强的亚硝胺。而烤鱼、烤肉时，温度骤升达400℃，使食物烧焦而产生致癌性很强的物质，若经常食用，就会导致癌症的发生。所以，吃烤鱼、烤肉时，宜与萝卜搭配食用，以分解其有害物质，减少毒性。

凉拌菜可预防感染疾病 >>>

春季为流行病高发期，家里可多做些提高人体免疫力的凉拌菜：海带丝、芦笋丝、萝卜丝、鱼腥草、枸杞菜等，适当多吃，可预防感染疾病。

蔬菜做馅不要挤汁 >>>

菜汁中含大量维生素C和其他营养物质，挤去不仅丢失了营养还使味道失鲜。可把洗净晾干的菜切碎，浇上食油轻轻拌和，把水分先锁住。再倒入已加过调料的肉馅拌匀。这样再加盐，馅内也不会泛水了。

香椿水焯有益健康 >>>

将洗净的香椿用开水焯一下，不仅香椿原本含有的亚硝酸盐含量会大大降低，有益身体健康，而且浓香四溢、颜色鲜艳。拌豆腐、炒鸡蛋会更有特色。

洋葱搭配牛排有助消化 >>>

享用高脂肪食物时，最好能搭配洋葱，洋葱所含的化合物有助于抵消高脂肪食物引起的血液凝块。牛排与洋葱就是不错的搭配。

白萝卜宜生食 >>>

白萝卜煮熟后其有效成分会被破坏，生吃细嚼才能使萝卜细胞中有效成分释放出来。要注意吃后半个小时内不能进饮食，以防其有效成分被其他食物稀释。用量是每日或隔日吃100～150克。

半熟豆芽有毒 >>>

豆芽质地脆嫩、味道鲜美、营养丰富，但要注意食用时一定要炒熟。否则，食用半熟的豆芽后会出现恶心、呕吐、腹泻、头晕等不适反应或中毒症状。

金针菜不宜鲜食 >>>

鲜金针菜中含有秋水仙碱素，炒食后能在体内被氧化，产生一种剧毒物质，轻则出现喉干、恶心、呕吐或腹胀、腹泻等，严重时还会出现血尿、血便等。因此，应以蒸煮晒干后存放，而后食用为好。

大蒜不可长期食用 >>>

大蒜具有使肠道变硬的作用，这往往是造成便秘的原因。还会杀死大肠内大量的正常菌群，由此引起许多皮肤病。

蔬菜久存易生毒 >>>

将蔬菜存放数日后再食用是非常危险的，危险来自蔬菜含有的硝酸盐。硝酸盐本身无毒，然而在储藏一段时间之后，由于酶和细菌的作用，硝酸盐被还原成亚硝酸盐，这是一种有毒物质。亚硝酸盐在人体内与蛋白质结合，可生成致癌的亚硝酸胺类物质。所以，新鲜蔬菜在冰箱内储存不应超过3天。

吃蚕豆当心"蚕豆病" >>>

医学研究证明，引起"蚕豆病"的主要原因是病人体内的红细胞缺乏一种酶。这种缺乏症有遗传性，蚕豆只能作为一种诱发的外因而起作用。此病在我国分布极广，以广东潮汕地区为多发区，与其盛产蚕豆，食用人数众多有关。这类患者有近半数家庭中有相同的发病者，若有这种病的人，则应避免食用蚕豆。

四季豆须完全炒熟 >>>

四季豆（菜豆）中含有胰蛋白酶抑制剂、血球凝集素和皂素等成分，若食用未加工熟的菜豆会引起恶心、呕吐、腹痛、头晕等中毒反应，严重者会出现心慌、腹泻、血尿、肢体麻木等现象。

巧除西红柿碱 >>>

烧煮西红柿时稍加些醋，能破坏其中的有害物质西红柿碱。

青西红柿不能吃 >>>

没有成熟的青西红柿含有龙葵碱，对胃肠黏膜有较强的刺激作用，对中枢神经有麻痹作用，会引起呕吐、头晕、流涎等症状，生食危害更大。另外发芽和变青的土豆与青西红柿一样，含有龙葵碱，也不能食用。

空腹不宜吃西红柿 >>>

西红柿含有大量的果胶、柿胶酚、可溶性收敛剂等成分，容易与胃酸发生化学作用，凝结成不易溶解的块状物。这些硬块可将胃的出口——幽门堵塞，使胃里的压力升高，造成胃扩张而使人感到胃胀痛。

水果忌马上入冰箱 >>>

刚买的水果和非叶类蔬菜，不宜立即放入冰箱冷藏，因为低温会抑制果菜酵素活动，无法分解残毒，应先放一两天，使残毒有时间被分解掉。

空腹不宜吃橘子 >>>

橘子内含有大量糖分及有机酸。空腹吃下肚，会使胃酸增加，使脾胃不适，嗝酸，使胃肠功能紊乱。

空腹不宜吃柿子 >>>

柿子含有柿胶酚、果胶、鞣酸和鞣红素等物质，具有很强的收敛作用。在胃空时遇到较强的胃酸，容易和胃酸结合凝成难以溶解的硬块。小硬块可以随粪便排泄，若结成大的硬块，就易引起"胃柿结石症"，中医称为"柿石症"。

荔枝不宜多吃 >>>

荔枝性温热，每次不宜多吃，吃后最好饮用盐水或绿豆茶消暑降火。吃完荔枝后，把荔枝蒂部凹进果肉的白色蒂状部分吃掉，大概吃3粒，就可以有效地防止上火。

多吃菠萝易过敏 >>>

菠萝吃多了容易引起过敏，因其含有一种蛋白酶成分。食用前应用盐水或开水浸泡一下，以免发生过敏。如果吃菠萝后感到喉部不适，就是过敏症状，应立即停止进食，并喝一杯淡盐水稀释致敏成分。

肉类解冻后不宜再存放 >>>

鸡鸭鱼肉在冷冻的时候，由于水分结晶的作用，其组织细胞已经受到破坏，一旦解冻，被破坏的组织细胞中会渗出大量的蛋白质，形成细菌繁殖的温床。冷冻一天后化解的鱼在30℃的温度下腐败的速度比未经冷冻的新鲜鱼要快1倍。

肉类焖吃营养高 >>>

肉类食物在烹调过程中，某些营养物质会遭到破坏。不同的烹调方法，其营养损失的程度也有所不同。如：蛋白质，在炸的过程中损失可达8%～12%，煮和焖则损耗较少。维生素B在炸的过程中损失45%，煮为42%，焖为30%。由此可见，肉类在烹调过程中，焖损失营养最少。另外，如果把肉剁成肉泥与面粉等做成丸子或肉饼，其营养损失要比直接炸和煮减少一半。

吃肝脏有讲究 >>>

肝是动物体内最大的毒物中转站和解毒器官，所以鲜肝买回后，应把肝放在自来水龙头下冲洗10分钟，然后放在水中浸泡30分钟再下锅。烹调时间也不能太短，至少应该在急火中炒5分钟以上，使肝完全变成灰褐色，看不到血丝才好。

腌制食品加维生素C可防癌 >>>

食品在腌制的过程中，会产生对人体有害的亚硝酸盐，食后容易诱发消化系统的癌症。如在腌制时，按每1000克食品加入400毫克维生素C和50毫克苯甲酸，就可以阻断有害物质的形成，其阻断率可达85%～98%，而且腌制品不长霉、不酸败、无异味。

鸡蛋忌直接入冰箱 >>>

鸡蛋壳上有枯草杆菌、假芽孢菌、大肠杆菌等细菌，这些细菌在低温下可生长繁殖，而冰箱贮藏室温度常为4℃左右，不能抑制微生物的生长繁殖——这不仅不利于鸡蛋的储存，也会对冰箱中的其他食物造成污染。正确的方法是把鲜鸡蛋装入干燥洁净的食品袋内，然后放入冰箱蛋架上存放。

鸡蛋煮吃营养高 >>>

蒸、煮、炒的鸡蛋比煎或炸的营养价值高。利用蒸、煮、炒来烹制的蛋类菜肴，因

加热温度较低，时间短，其蛋白质、脂肪、无机盐等营养成分基本没有损失，维生素的损失也很少。

蛋类不宜食用过量 >>>

蛋类属高蛋白食品，食用过多，会导致氮等代谢产物增多，同时也增加肾脏负担。一般来说，孩子和老人每天1个鸡蛋，青少年及成人每天2个比较适宜。对肾病，肝炎等疾病患者则应遵医嘱。

炒鸡蛋不要加味精 >>>

鸡蛋中含有氯化钠和大量的谷氨酸，这两种成分在加热后会生成谷氨酸钠，这种物质具有纯正的鲜味。如果炒鸡蛋时再放入味精，会影响鸡蛋本身合成的谷氨酸钠，破坏鸡蛋的鲜味。

煮鸡蛋时间不要过长 >>>

一般以8～10分钟为宜。鸡蛋煮得时间过长，蛋黄表面会形成灰绿色的硫化亚铁层，这种物质很难被人体吸收，降低了鸡蛋的营养价值。而且鸡蛋久煮会使蛋白质老化，变硬变韧，不易吸收，也影响食欲和口感。

煮鸡蛋忌用冷水浸泡剥壳 >>>

新鲜鸡蛋外表有一层保护膜，使蛋内水分不易挥发，并防止微生物侵入，鸡蛋煮熟后壳上的保护膜被破坏，蛋内气腔的气体逸出，此时若将鸡蛋置于冷水内会使气腔内温度骤降并呈负压，冷水和微生物可通过蛋壳和壳内双层膜上的气孔进入蛋内，贮藏时容易腐败变质。

鸡蛋不宜与糖同煮 >>>

鸡蛋与糖同煮，会因高温作用生成一种叫糖基赖氨酸的物质，破坏了鸡蛋中对人体

有益的氨基酸成分，而且这种物质有凝血作用，进入人体后会造成危害。如需在煮鸡蛋中加糖，应该等鸡蛋煮熟稍凉后再加，不仅不会破坏口味，更有利于健康。

忌用生水和热开水煮鸡蛋羹 >>>

忌加生水，因自来水中有空气，水被烧沸后，空气排出，蛋羹会出现小蜂窝，影响质量，缺乏嫩感，营养成分也会受损。也忌用热开水，否则开水先将蛋液烫热，再去蒸，营养受损，甚至蒸不出蛋羹。最好是用凉开水蒸鸡蛋羹，不仅使营养免遭损失，还会使蛋羹表面光滑，软嫩如脑，口感鲜美。

蒸鸡蛋羹忌提前加入调料 >>>

鸡蛋羹若在蒸制前加入调料，会使蛋白质变性，营养受损，蒸出的蛋羹也不鲜嫩。调味的方法应是：蒸熟后用刀将蛋羹划几刀，再加入少许熟酱油或盐水以及葱花、香油等。这样蛋羹味美，质嫩，营养不受损。

▲蒸鸡蛋羹忌提前加入调料

蒸鸡蛋羹时间忌过长 >>>

蛋液含蛋白质丰富，加热到85℃左右，就会逐渐凝固成块。蒸制时间过长，会使蛋羹变硬，蛋白质受损；蒸汽太大会使蛋羹出现蜂窝，鲜味降低。

吃生鸡蛋害处多 >>>

生鸡蛋不仅不卫生，容易引起细菌感染，而且也没有营养。生鸡蛋蛋清中含抗生物素蛋白和抗胰蛋白酶，前者可影响人体对食物生物素的吸收，导致食欲不振、全身无力、肌肉疼痛等"生物素缺乏症"；而后者可妨碍人体对蛋白质的消化吸收。鸡蛋煮熟之后，这两种有害物质被破坏，使蛋白质的致密结构变得松散，易于人体消化吸收。

慎吃"毛蛋" >>>

新鲜的毛蛋是有较高的营养价值，既可做药，又可做佳肴。但并不是所有的毛蛋都能吃，因为毛蛋是死胎，在孵化过程中容易受病原菌的污染。在烹调过程中如果加热不够，就容易造成中毒。因此，在食用"毛蛋"时要注意选用新鲜"毛蛋"，如蛋壳灰暗有斑点，或有异味，说明已变质，不可食用。

大豆不宜生食、干炒 >>>

生大豆含有一种胰蛋白酶抑制物，它可以抑制小肠胰蛋白酶的活力，阻碍大豆蛋白质的消化吸收和利用。生食、干炒大豆都没有把这种物质破坏，从而降低人体对蛋白质的吸收。

虾皮可补钙 >>>

虾皮具有特殊的营养价值。它含钙质极高，每100克的虾皮含钙达1克，有些虾皮甚至高达2克，这是其他任何食物所无法相比的。钙是构成骨骼的主要原料，参与凝血过程，维持神经肌肉的兴奋性，调节心脏的活动。人的一生都需要钙，尤其是儿童、孕妇、哺乳妇女和老年人更为需要。

松花蛋最好蒸煮后再食用 >>>

松花蛋是用生鸭蛋腌制而成，虽然蛋清完全凝固，可蛋黄还呈流体状，并没有完全凝固，不便于切配和食用。将松花蛋煮熟还能起杀菌消毒、减轻涩味的作用。所以，食用前可以摇一摇，如果有响声就不要吃，蒸一会儿再吃。

吃火锅的顺序 >>>

最好吃前先喝一小杯新鲜果汁，接着吃蔬菜，然后是肉，这样，才可以合理利用食物的营养，减少胃肠负担，达到健康饮食的目的。以下几种饮料都是吃火锅时可以选择的：碳酸饮料、果汁饮料、蔬菜汁、乳品等。

火锅涮肉时间别太短 >>>

涮肉时间短的最大危害是不能完全杀死肉片中的细菌和寄生虫虫卵。一般来讲，薄肉片在沸腾的锅中烫1分钟左右，肉的颜色由鲜红变为灰白才可以吃；其他肉片要涮多长时间，需根据原料的大小而定，一个重要的原则就是，一定要让食物熟透。因此，火锅中汤的温度要高，最好使它一直处于沸腾状态。

吃火锅后宜吃水果 >>>

一般来说吃火锅30分钟后可吃些水果，水果性凉，有良好的败火作用，餐后只要吃上一两个水果就可防止"上火"。

吃火锅后不宜饮茶 >>>

在吃过羊肉火锅后，不宜马上饮茶，以防茶中鞣酸与肉中的蛋白质结合，影响营养物质的吸收及发生便秘。

百叶太白不要吃 >>>

据有关部门检查发现，有些饭店中的百叶、黄喉、玉兰片等火锅用料看起来很白，是因为使用了国家禁用的工业碱、双氧水、福尔马林等有毒物质泡发而成的。双氧水能腐蚀胃肠，导致溃疡；福尔马林则可能致癌。所以，涮肉时一定要注意辨别用料的质量。

喝牛奶的时间 >>>

早餐的热能供应占总热能需求的25% ~ 30%，因此，早

▲松花蛋最好蒸煮后再食用

71

餐喝一杯牛奶加鸡蛋或加面包比较好；也可以在下午 4 时左右作为晚饭前饮料喝；除此之外，晚上睡前喝一杯牛奶有助于睡眠，喝的时候最好配上几块饼干。

不要空腹喝牛奶 >>>

空腹饮牛奶会使肠蠕动增加，牛奶在胃内停留时间缩短，营养素不能被充分吸收利用，有的人还可能因空腹饮牛奶出现腹痛、腹泻等症状。因此，喝牛奶最好与馒头、面包、玉米粥、豆类等同食，以延长其在消化系统内停留的时间。

牛奶的绝配是蜂蜜 >>>

蜂蜜是人体最佳的碳水化合物源，它主要含有天然的单糖——果糖和葡萄糖，这些单糖有较高的热能，并可直接被人体吸收。牛奶的营养价值较高，但热能低，单饮牛奶不足以维持人体正常的生命活动。所以可以用蜂蜜代替白糖作乳品的添加剂。

牛奶的口味并非越香浓越好 >>>

牛奶的香味取决于牛奶中的乳脂肪含量和新鲜度。乳脂肪含量高，牛奶新鲜不受细菌污染，牛奶的香味就纯正。天然牛奶香味并不会很浓郁，过分的香浓往往是一些厂家为了迎合消费者的口味而配制的。

奶油皮营养高 >>>

煮牛奶时常见表面上产生一层奶油皮，不少人将这层皮丢掉了，这是非常可惜的，实际上这层奶皮的营养价值更高。例如其维生素 A 含量十分丰富，对眼睛发育和抵抗致病菌很有益处。

牛奶加热后再加糖 >>>

牛奶含赖氨酸物质，它易与糖在高温下产生有毒的果糖基赖氨酸，对人体健康有害。故牛奶烧沸后，应移离火源，放至不烫手时再放入糖。

酸奶忌加热 >>>

酸奶中存在的乳酸菌系活的细菌，加热会使其中活的乳酸菌被杀死，从而失去保健作用。

巧克力不宜与牛奶同食 >>>

牛奶含有丰富的蛋白质和钙，而巧克力含有草酸，两者同食会结合成不溶性草酸钙，极大影响钙的吸收，甚至会出现头发干枯和腹泻、生长缓慢等现象。

煮生豆浆的学问 >>>

生豆浆加热到 80 ~ 90℃的时候，会出现大量的白色泡沫，很多人误以为此时豆浆已经煮熟，但实际上这是一种"假沸"现象，此时的温度不能破坏豆浆中的皂苷物质。正确的煮豆浆的方法应该是，在出现"假沸"现象后继续加热 3 ~ 5 分钟，使泡沫完全消失。

豆浆不宜反复煮 >>>

有些人为了保险起见，将豆浆反复煮好几遍，这样虽然去除了豆浆中的有害物质，同时也造成了营养物质流失，因此，煮豆浆要恰到好处，控制好加热时间，千万不能反复煮。

鸡蛋不宜与豆浆同食 >>>

鸡蛋中的鸡蛋清会与豆浆里的胰蛋白酶结合，产生不被人体所能吸收的物质而失去营养价值。

红糖不宜与豆浆同食 >>>

红糖里含有的有机酸能够和豆浆中的蛋白质结合，产生变性沉淀物，影响人体对营养物质的吸收。

未煮透的豆浆不能喝 >>>

豆浆里含有脆蛋白酶抑制物，如煮得不透，人喝了会发生恶心、呕吐、腹泻等症状。

保温瓶不能盛放豆浆 >>>

豆浆中有溶解保温瓶中水垢的物质，使有害物质溶于浆中，而且时间长了造成细菌繁殖，使豆浆变质，对人体不利。

煮开水的学问 >>>

自来水刚煮沸就关火对健康不利，煮沸3 ~ 5分钟再熄火，烧出来的开水亚硝酸盐和氯化物等有毒物质含量都处于最低值，最适合饮用。

泡茶的适宜水温 >>>

水烧开后要凉一凉，不要马上泡茶，以70 ~ 80℃为宜；水温太高时茶叶中的维生素C、维生素P就会被破坏，还会分解出过多的鞣酸和芳香物质，因而造成茶汤偏于苦涩，大大减低茶的滋养保健效果。茶叶更不能煮着喝。

街头"现炒茶"别忙喝 >>>

现炒茶火气大，且未经氧化，易刺激胃、肠黏膜，饮用后易引发胃痛、胃胀，建议现炒茶存放10天以后再喝。

食用含钙食物后不宜喝茶 >>>

茶中含有草酸，草酸易与钙结合形成结石，因此食用含钙食物如豆腐、虾皮后尤其不宜马上喝茶。

冷饮不能降温去暑 >>>

棒冰、雪糕、冰激凌等清凉饮品，都是由糖、糖精、奶粉、淀粉、香料等成分与水经冷冻凝结而成的。它们温度虽低，吃下去也可吸收体内的一点儿热量，起到暂时的清凉作用。可是不用多久，奶粉和糖等物质还需要水来帮助溶解和消化，这样，体内由于缺水很快又发生口渴现象。人们常常感到冷饮越吃越渴，道理就在于此。

白酒宜烫热饮用 >>>

白酒中的醛对人体损害较大，只要把酒烫热一些，就可使大部分醛挥发掉，这样对人身体的危害就会少一些。

喝汤要吃"渣" >>>

实验表明，将鱼、鸡、牛肉等不同的含高蛋白质的食品煮6小时后，看上去汤已很浓，但蛋白质的溶出率只有6% ~ 15%，还有85%以上的蛋白质仍留在"渣"中。因此，除了吃流质的人以外，应提倡将汤与"渣"一起吃下去。

不要喝太烫的汤 >>>

人的口腔、食道、胃黏膜最高只能忍受60℃的温度，超过此温度则会造成黏膜烫伤，反复损伤极易导致上消化道黏膜恶变。调查显示，喜喝烫食者食道癌高发，其实喝50℃以下的汤更适宜。

饭前宜喝汤 >>>

饭后喝下的汤会把原来已被消化液混合得很好的食糜稀释，影响食物的消化吸收。正确的吃法是饭前先喝几口汤，将口腔、食道先润滑一下，以减少干硬食品对消化道黏膜的不良刺激，并促进消化腺分泌。

骨头汤忌久煮 >>>

煮的时间过长会破坏骨头中的蛋白质，增加汤内的脂肪，对人体健康不利。正确的方法是：用压力锅熬至骨头酥软即可，这样时间不太长，汤中的维生素等营养成分也不会损失很多，骨髓中所含的钙、磷等微量元素也容易被人体吸收。

▲骨头汤忌久煮

汤泡米饭害处多 >>>

人体在消化食物时，需咀嚼较长时间，唾液分泌量也较多，这样有利于润滑和吞咽食物；汤与饭混在一起吃，食物在口腔中没有被嚼烂，就与汤一道进了胃里。这不仅使人"食不知味"，而且舌头上的味觉神经没有得到充分刺激，胃和胰脏产生的消化液不多，并且还被汤冲淡，吃下去的食物不能得到很好的消化吸收，时间长了，便会导致胃病。

死甲鱼有毒 >>>

买甲鱼必须买活的，千万不能图便宜买死甲鱼。甲鱼死后体内会分解大量毒物，容易引起食物中毒，即使冷藏也不可食用。

吃螃蟹"四除" >>>

蟹体内常污染有沙门氏菌，未经彻底加热杀菌，食后可引起以急性胃肠炎为主要症状的食物中毒，甚至会危及人的生命。因此，吃螃蟹必须注意卫生，讲究吃的方法，必须做到四除：一除蟹鳃，蟹鳃俗称蟹绵絮，在蟹体两侧，形如眉毛，呈条状排列。二除蟹胃，蟹胃也叫蟹和尚，位于蟹谷前半部，紧连蟹黄，形如三角形小包。三除蟹心，蟹心位于蟹黄或蟹油中间，紧连蟹胃，呈六角形，不易辨别。四除蟹肠，蟹肠位于蟹脐中间，呈条状。这四样东西多沾有大量细菌、病毒、污物，必须剔除。

死蟹不能吃 >>>

螃蟹死后，其肉会迅速腐败变质，吃了会中毒。另外，螃蟹性咸寒，又是食腐动物，所以吃时必须蘸姜末、醋来祛寒杀菌，不宜单独食用。

海螺要去头 >>>

海螺的脑神经分泌的物质会引起食物中毒。海螺引起的食物中毒潜伏期短（1～2小时），症状为恶心、呕吐、头晕，所以在烹制前要把海螺的头部去掉。

海鲜忌与洋葱、菠菜、竹笋同食 >>>

海味食品含有丰富的蛋白质和钙，而洋葱、菠菜、竹笋等蔬菜含有较多的草酸。食物中的草酸会分解、破坏蛋白质，还会使蛋白质发生沉淀，凝固成不易消化的物质。海味中的钙还会与蔬菜中的草酸形成草酸钙结石。

第二章

穿着服饰小窍门

巧选羽绒服 >>>

一般以选含绒量多的为好。可将羽绒服放在案子上，用手拍打，蓬松度越高说明绒质越好，含绒量也越多。全棉防绒布表面有一层蜡质，耐热性强，但耐磨性差；防绒尼龙绸面料耐磨耐穿，但怕烫怕晒。选购涤棉面料的羽绒服较好。

巧识假羽绒服 >>>

用双手分别从衬里和面的同一部位，把衣内填充物向同一方向拍打。如果絮的都是羽绒就会因拍打使一部分羽绒集中，而另一部分出现夹层。向着光线充足的地方一照，就会发现那个部位透亮。如果其中絮有腈纶棉，就不会因拍打而出现夹层。

原毛羽绒服的鉴别 >>>

做羽绒服的羽绒必须经过水洗、消毒、去杂、筛选、配比等工艺，而原毛则是直接从鸭身上拔下来的毛绒，肮脏，保温性能差，还会危害人体健康。所以选购羽绒服时一要闻，原毛有较浓的腥气味；二要拍，原毛含尘量较高，用手拍一拍，如尘土飞扬或羽绒面料上出现尘迹，就可能是原毛制作的。

巧选羊毛衫 >>>

❶先看整件的颜色、光泽、款式和原料，仔细检查有否明显的云斑（即斑块）、粗细节、厚薄档、色花、色档、草屑等瑕疵以及有无编结、缝纫等方面的缺陷。

❷品质越优，手感越好，摸起来越滑爽柔软；手感粗糙的属低劣产品。化纤衫有静电作用，易吸附灰尘，缺乏毛型感。

❸一般来讲，开衫的尺寸应比套衫大一档（5厘米），应以宽松和略长为宜，以防洗涤后收缩。

高档西装的选购 >>>

❶款式：西装纽扣种类繁多，但最普遍的是单排两粒扣，适合各种场合穿着，身体瘦高者选双搭扣更好些。选购时应多试几

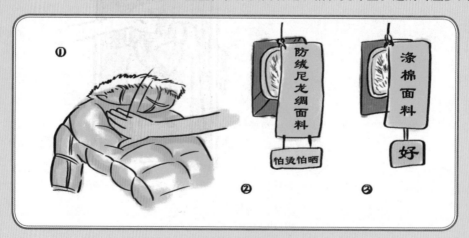

▲巧选羽绒服

件，以穿着合适，不影响一般活动，能体现男子的健壮体形，并能套进一件羊毛衫为好。

❷面料：以毛涤面料为好。高级男西装的衣服里面都有一层黏合衬，可用手攥一下衣服再松开，如感到衣服挺而不硬、不僵，弹性大，不留褶，毛感强，说明质量好。再检查衣前襟，没有"两张皮"现象说明质量较好。

❸颜色：身体胖的人宜穿竖条的深冷色调西装，身高体瘦宜选浅色格子西装，也可结合肤色来选择，但颜色选择切忌太艳太单。

❹做工：首先要看西装左右两边，尤其是衣领口袋，是否完全对称平整；口袋、纽扣位置是否准确端正；领、袖、前襟，及整体熨烫是否平整服帖；最后看针脚是否匀称，纽扣、缝线与面料色泽是否一致或协调，有无线头等。

❺装潢：高档男西装装潢较讲究，如带衣架、有塑料袋整装，有时还带有备用扣，商标精致并缝制了内衣口袋等。

正装衬衫的选购 >>>

❶颜色：中等明暗度的色调、深色调以及厚重的颜色是比较流行的颜色，白色和浅蓝色则是经典颜色。

❷款式：略带伸缩性的布料制成的衬衫广泛受到欢迎。

❸领口式样：领部扣纽扣或暗扣的衬衫是传统的式样，尖领是目前流行的样式。

❹纽扣：贝壳质地的纽扣在任何时候都好过塑料纽扣。在纽扣的钉法上，X形的缝线比平行的缝线更坚固。

❺袖口：法国式的袖口是经典款式，它使用袖扣而不是纽扣进行固定，看上去更雅致。挑选缝线较密的衬衫。做工精良的衬衫每英寸（2.54厘米）缝线至少应该有14针。

❻质料：斜纹织物是永恒的时尚，其他材质还包括宽幅细薄毛料、精纺布和府绸。

婴儿服装的选择 >>>

婴儿服装的选择以柔软、简单、温暖为原则。婴儿服装一般要宽大一些，领口也要大一些，袖子要长。左右衣襟要多掩上一些，以免婴儿受凉。夏天用的婴儿衣料，要透气，通常选择棉布、亚麻布；冬天一般用棉绒、法兰绒。

▲婴儿服装的选择

选购儿童服装的小窍门 >>>

孩子的服装以耐穿耐洗、舒适合体为原则。质料不必太讲究。2~3岁孩子的服装以舒适、简单为主，便于孩子的脱穿；3~4岁的孩子选择前面开口的娃娃衫为好，有助于孩子做各种复杂的动作。入学的孩子的衣服，可以选择稍微复杂一点儿的衣服，如男孩运动衣、夹克衫、西装裤等；女孩选择花色淡雅的连衣裙等。

巧选保暖内衣 >>>

应选内外表层均用40支以上全棉的产

品；用手轻抖不出现"沙沙"声，手感柔顺无异物感，有优良回弹性；最好选知名品牌。

巧选睡衣 >>>

棉质睡衣柔软，贴身，透气性能好；睡衣忌色彩鲜丽，浅色有安眠宁神作用；要足够肥，不能过小或刚刚好，要易穿、易脱。

巧选内衣 >>>

内衣要选轻薄类织物，它直接与人体接触，对皮肤不应有不良的刺激。织物手感要柔软，织物的吸湿和放湿性能要好，还要耐摩擦、不易污染、耐洗涤、耐日晒等。因此，要选择以棉、羊毛和丝为原料的平纹或斜纹织物。其中棉织物应用最广，丝织物是较为理想的，除具有上述要求外，纤维的导热系数要小，与皮肤接触时不会产生寒冷的感觉。

内衣尺码的测量 >>>

❶测量胸围：先量出胸围和下胸围，如75A中的75就是指下胸围，乳房下垂者应把乳房推高至正常位置测量，下胸围的可用标号有：70厘米、75厘米、80厘米、85厘米、90厘米、95厘米、100厘米、105厘米。

❷确定罩杯：A、B、C、D、E、F是指罩杯大小，胸围减去下胸围就是罩杯大小，一般来说，在10厘米左右选择A罩杯，12.5厘米左右选择B罩杯，15厘米左右选择C罩杯，17.5厘米左右选择D罩杯，20厘米左右选择E罩杯，20厘米以上选择F罩杯。

纯棉文胸好处多 >>>

文胸处是人体汗液排泄旺盛的地方，化纤文胸不吸汗不透气，特别是炎热的盛夏，汗液排不出，细菌滋生，不但体味不好，也不利于个人健康，久之，会引起痱子、瘙痒等皮肤病，而纯棉织物透气排汗，夏日穿用十分舒适。

胸部较小者如何选择内衣 >>>

胸部较小的女性如果不穿文胸导致的后果将是平板，穿着较紧身的文胸则会限制胸部的发育，应穿戴略大一点儿的文胸，让胸部血液流通，加强活动空间让它朝合适的位置和空间发展。可以用功能文胸来进行弥补，还有许多健胸款式可供选择，另外还可选择定型罩杯文胸。

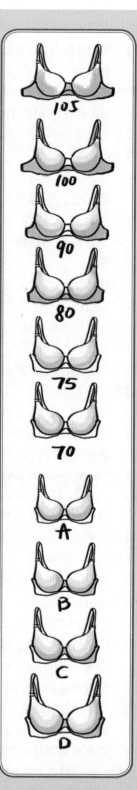

▲内衣尺码的测量

巧选汗衫、背心 >>>

❶纯棉汗衫背心，棉指数越高质量越好，双股线的比单股线的坚牢而耐穿。

❷维棉混纺背心，外观像纯棉，也能吸汗，强力比棉高，特别是耐磨度高，比较实用耐穿。

❸人造丝汗衫背心，轻薄光洁，吸湿性强，穿着时感觉柔软而凉快，但下水后强力几乎降低一半，洗涤时要轻搓轻拧。

❹锦纶长丝汗衫背心，结实耐磨，但不易吸汗，不适应夏天穿用。

巧选皮鞋 >>>

❶要根据自己的脚型，如脚背瘦薄而狭长的穿单底皮鞋比较美观；脚背较高或脚掌较肥的穿有带的皮鞋比较舒适。

❷用手指按一按皮鞋的表面，皮面皱纹面小，放手后细纹消失，柔软、乌亮、弹性好的是好皮子，如果按后皮面出现大的皱纹，表明皮子不好。

羊绒制品的挑选 >>>

除外观精致外，用手握紧后放开能自然弹回原状的为优等品；注意是否经过防缩加工处理，如果已经过防缩处理，则挑选时规格尺寸不宜过大，也不宜过小（特殊时装款除外），以免穿着时影响外观造型；购买国家认定质量稳定的厂家品牌，认真查看是否标有羊绒含量，据国家有关规定，挂纯羊绒标志的产品其羊绒含量必须在 95% 以上，还要看是否有合格证标贴及条形码。

皮装选购的窍门 >>>

确认商标、生产厂家；看是否真皮，看是什么皮；皮面、皮装正身及袖片各部位的皮面应粗细接近，颜色均匀一致，无明显伤残，无脱色、掉浆等问题；看做工、缝制是否精细。针码的大小应均匀一致，线续正直，按缝平整，领兜、拉链应对称平展；质量好的皮革服装，手感丰满，表面光滑细腻，有丝绸感。

选购皮靴的窍门 >>>

小腿比较粗的人在挑选靴子的时候最好舍弃皮质坚挺的款式，特别是小马皮这类质料，不妨挑选伸缩性佳，可顺着腿形伸展的质料，例如小牛皮制成的柔软的靴子；小腿肚比较圆的人可选择小腿的两侧加有松紧带的靴子；O形腿的人适合靴筒稍微超出小腿处的靴子，并且最好搭配过膝的护腿袜子，或者干脆用裙子将膝盖处遮住，避免暴露缺点。

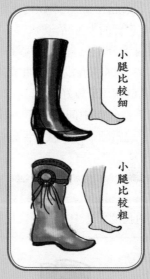

▲选购皮靴的窍门

皮革的选购 >>>

皮革的毛质要浓密而富有光泽，毛色一致且柔软无味。优质的皮革触感柔软，底毛绵密而针毛与底毛比例适中；用手把毛向上及后方刷动，如发现没有秃毛或毛皮破裂，而且毛皮柔软丰润，便是优良产品；注意每块皮革的缝合处是否平滑而坚固，不露痕迹；

注意皮革服装的标签。

帽子的选购 >>>

一般说来，缝制帽针迹要整齐、清晰、不脱线、无污点；针织处要无跳针、断线、漏针等现象；草编帽的草色应均匀，帽体有弹性；麻编帽编织应整齐均匀，表面无接头，手捏陷后能迅速恢复原状。

长形脸宜戴宽边或帽檐下拉的帽子，宽脸应戴有边帽或高顶帽；个子高者不宜戴高筒帽，个儿矮者不适合戴平顶宽边帽；年长者不宜戴过分装饰的深色帽；短头发适合选择将头遮住的帽子等。

领带质量的鉴别 >>>

❶从大头起在 33 厘米以内无织造病疵和染色印花病疵的为正品。

❷用两手分别拉直领带两端后，看看从大头起 33 厘米内有没有扭曲成油条状，不扭曲状的缝制质量较好。

❸用手在领带中间捏一下，放开后马上复原的，说明领带的质量弹性较好，反之则差。

皮带的选购 >>>

皮带的长度要适中，一定要比裤子长 5 厘米，在系好后尾端应该介于第一个和第二个裤袢之间。皮带宽窄应该保持在 3 厘米，太窄会使男人失去阳刚之气，太宽的皮带只适合于休闲、牛仔风格。

长筒丝袜的选择 >>>

丝袜的长度必须高于裙摆边缘，且留有较大的余地，当穿迷你裙或开叉较高的直筒裙，则宜选配连裤袜；对于身材修长、脚部较细的女性来讲，宜选购浅色丝袜，可使腿部显得丰满些；腿部较粗壮的女性宜选用深色丝袜，产生苗条感；胖者宜选购色泽较浅的肉色丝袜。腿较短的女性最好选用深色长裙与同一颜色的袜子和高跟鞋。有静脉曲张的女性忌穿透明的丝袜，避免暴露缺陷。

巧选袜子 >>>

汗脚者宜选购既透气又吸湿的棉线袜和毛线袜，而脚干裂者则应选购吸湿性较差的丙纶袜和尼龙袜；脚短者宜选购与高跟鞋同一颜色的丝袜，在视觉上可产生修长的感觉，不宜选购大红大绿等色彩艳丽的袜子；脚粗壮者最好选购深棕色、黑色等深色的丝袜，对穿高跟鞋的女性来说，宜选购薄型丝袜来搭配，鞋跟越高，则袜子就应越薄。

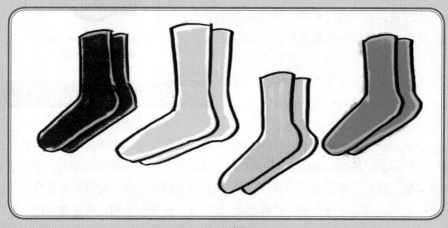

▲巧选袜子

假皮制品的鉴别 >>>

人造革是在布基上涂一层涂饰料,作为皮革的代用材料,从截面看能观察到布基的布丝头;合成革是用化工原料经化学处理而成,灼烧时有特殊气味而不是动物皮灼烧的焦味;再生革是将皮革的下脚料磨研成细料,加上黏合剂再压制而成,灼烧起来也有真皮的焦味,截面看也类似真皮的纤维层,但是从表面看即使压花也不会造出真皮表面那样的毛孔。

呢绒好坏的鉴别 >>>

❶眼看:质地要结实,呢面无露底现象,颜色均匀,呢边整齐是好呢绒。

❷手摸:柔软光洁,有光滑油润的感觉;用力揉呢面,不起毛,用手握牢,轻轻放开,能迅速恢复原状,手上不沾色即为好呢绒,否则为质差者。

化纤衣料的鉴别 >>>

❶看布面的光泽和颜色:在光亮的地方看,涤棉光泽亮,色泽艳,人造棉光泽较柔和,维棉光泽较差,色泽不匀,反光不亮,尼龙最亮。

❷手握:涤棉布挺括,平整滑爽,用手握褶皱较少。人造棉、富春纺褶皱多,不易消失,维棉有粗糙感,褶皱不能全部复原,尼龙褶皱用手握后一放开就没有了。

鉴别真丝和人造丝的窍门 >>>

真丝光泽均匀柔和,如电光闪亮,人造丝有贼光无柔和光,而且像涂了一层蜡,有条状光和闪光点,用手握再放松,真丝有抓手感,人造丝没有,真丝皱纹很深,不易散开,人造丝相反。

巧辨牛、羊、猪皮 >>>

猪皮毛眼粗大稀疏,大多是3个一组成"品"字形,表面粒纹粗糙,不太光滑。牛皮毛眼细小稠密,一般 5 ~ 7 个排成一行,表面粒纹细腻、光滑。有时,猪皮革的表面压上牛皮的毛眼粒纹后就难辨认了。这时可以凭借日光的斜射,仔细观察皮的表面,看它是否有直径为 1 ~ 2 毫米的斑晕均布或是从其他部位观察皮革里面是否有直径 2 毫米左右的斑块均布,如果有,可肯定是猪皮。羊皮革表面毛孔清楚,深度较浅,毛孔呈扁圆鱼鳞状。

珍珠的鉴别 >>>

真珍珠看上去有不均匀的彩虹,假的色调单一;真珍珠摸起来有清凉感;相互摩擦,有粗糙感的是真珍珠,明显光滑感的是人造珠;将珍珠放在阴暗处,闪闪发光的是上等珍珠。此外,珍珠越大、越圆越有价值。

购买钻饰的小窍门 >>>

❶问清是否天然钻石:根据 1997 年开始实施的珠宝玉石名称国家标准,使用生产国名或地名参与定名是不允许的,以避免引起概念的混乱。

❷询问品质如何,有无鉴定证书:衡量钻石品质和价值的要素有四个,即车工、净度、色泽和克拉重量。如附有国家认可的检验机构出具的鉴定证书,购买信心会更大。

❸询问镶嵌材料是什么:目前钻饰的镶嵌材料有 18K 黄金和铂金(商店也标为Pt,即俗称的"纯白金"),价钱不一,须问清楚。

❹询问有什么售后服务:一些有实力的专业珠宝店会提供一定的售后服务,如免费清洗、改指圈、退换货等。

鉴别宝石的窍门 >>>

将宝石放在衬物上让日光照射,穿透宝石的光线在衬物上呈现金星样子的为真品。若是假宝石,衬物上会呈现一块黑影。

刚买的衣服不要马上穿 >>>

服装在加工制作过程中，常用荧光增白剂等多种化学添加剂进行处理，这些化学添加剂残留在衣服上，与皮肤接触后，会引起皮肤过敏、发痒、发红等，特别是内衣、新买的纯棉背心、汗衫、短裤一定要洗后再用开水浸泡一会儿，干了再穿。服装在市场销售过程中，要经过各种人手的摸拿和环境如灰尘的污染，并不干净。

皮肤白皙者的服饰色彩 >>>

大部分颜色都适合这类型皮肤，能令白皙的皮肤更亮丽动人，色系当中尤以黄色系与蓝色系最能突出洁白的皮肤，令整体显得明艳照人，色调如淡橙红、柠檬黄、苹果绿、紫红、天蓝等明亮色彩最适宜。

深褐色皮肤者的服饰色彩 >>>

深褐色皮肤的人适合茶褐色系，墨绿、枣红、咖啡色、金黄色等，令人看来更有个性，自然高雅，相反蓝色系则有些格格不入。

黄皮肤者的服饰色彩 >>>

偏黄的皮肤宜穿蓝调服装，例如酒红、紫蓝等色彩，能令面容更白皙，但强烈的黄色系如褐色、橘红等则可免则免，以免令面色显得更加暗黄无光。

小麦肤色者的服饰色彩 >>>

拥有这种肌肤色调的女性给人健康活泼的感觉，黑白这种强烈对比的搭配与她们出奇地合衬，深蓝、炭灰等沉实的色调，以及桃红、深红、翠绿这些鲜艳色彩最能突出开朗个性。

中年女性穿戴窍门 >>>

到了发福的年龄，如果没有苗条的身材，就不要穿紧身上衣、紧身羊毛衫和紧身裙。最好选用挺括面料做衣服，软质面料容易显形体。不买廉价的衣服、鞋和手提包，买一套款式大方、做工精致、面料高档的套裙或套装，与其他衣服及不同的服饰相配，可顶无数件廉价的衣服。

▲各种肤色者的服饰色彩

老年妇女穿戴窍门 >>>

老年妇女肤色差，皱纹多，头发稀疏，如果再穿灰、黑色调的衣服，越发使人觉得老迈，所以必须刻意打扮自己，除了头洁脸净外，衣服可以红色调为好，以衬托老年妇女脸色红润，增加活力。

男士服装的色彩搭配 >>>

男士着装的色彩一般以咖啡色、灰色、深蓝、米黄等中性偏冷色彩较普遍，不宜过于花哨，尤其是职业男性着装。一般来说着装的整体色不宜超过 3 种，上装下装色彩分明的搭配方法也不佳，较理想的搭配是，上衣与下装的色彩类似。

领带与西装的搭配 >>>

选用领带时要注意同西装、衬衫的颜色相配，使领带、西装和衬衫构成立体感较强的套装。一些服饰评论家举出 4 种基本配色方法，按领带、衬衣、西装的顺序列为：

❶浓、中、淡：淡蓝的西装，群青色的衬衫，配上普鲁士蓝的领带，恬静高雅，表现了一个人的沉着稳健的气质。

❷淡、中、浓：以深色西装为中心，过渡到浅色的领带。

❸淡、浓、淡：以深色的衬衫为中心，与浅色领带和浅色西装相呼应。

❹浓、淡、浓：例如绀色（紫调混蓝）西装，配上浓绀的领带，与灰色调的衬衫形成对比，华而不浮，品格高雅，是中年人的常用色。

皮带穿系要领 >>>

不要在皮带上携挂手机等，会影响皮带的装饰性。在系皮带的时候不要使皮带扣与拉链不在一条线上，否则就闹笑话了。

项链的佩戴窍门 >>>

脖子较细长，可戴紧贴脖子的项链；脖子较粗，可选择戴长长的项链；脖子较长、身材较高的女士同时佩戴长短不一的几串项链，特别具有装饰性。亚洲女性特别适合佩戴珍珠项链。

佩戴围巾的窍门 >>>

围巾的选配根据衣服的颜色而定。穿暗颜色的衣服，可选择色泽浓郁、色彩热烈的丝巾；穿红色的衣服、可围黑色透明的围巾，使红色不太显眼，还可以显得皮肤白净；穿藏青色的西装，可系一条纯白的丝巾，既能衬托出唇红齿白，又有一种高雅的气质；穿深色的大衣，可选择鲜艳的围巾；穿浅色大衣可选淡雅的围巾。

▲佩戴围巾的窍门

穿着无袖衫小窍门 >>>

胖人胳膊粗，肩宽，不能穿无袖衫，清瘦苗条者穿无袖衫也要注意得体。无袖衫的袖笼不宜开得过大，特别是露出里面的内衣或胸罩，将特别不雅。内衣搭配得淡雅，紧些的背心比胸罩好。有腋毛的最好不要穿无袖衫，否则会有失雅观。

着装苗条小窍门 >>>

上衣用浅色，裙子、裤子用深色；同色调的衣服，上衣应用料厚重；衣服格子选择竖条纹细条纹，效果较好；裙子不穿质地特硬的；鞋子选高底或较适当的；丝袜宜选和鞋子同色的，鞋越高袜子应越薄；脖子上加彩饰或戴耳环，看起来会显得更高。

腰粗者穿衣窍门 >>>

较宽大或伞状上衣可成功掩饰浑圆腰部，其中个子较高者，适合宽的上衣；个子较小者，要选刚好过腰的宽上衣。一定不要选择瘦窄的裤子或弹力裤，避免暴露缺点。长裙、肥腿裤加上半高跟或高跟鞋，可加长腿的长度，减少腿型的暴露。

小腹凸出者穿衣窍门 >>>

❶把上半身的浅色衣服束入下半身深色的裙或裤内，便可掩饰这个缺点，并配以宽皮带系紧，可使腰部看上去更纤细。

❷全身穿冷色，并穿细条纹的长裤分散视线，可巧妙掩饰小腹凸出的缺点，包括皮带、丝巾、鞋、袜等都采用冷色系的搭配。

❸以萝卜形长裤搭配宽松毛衣，并用配件（帽子、围巾、皮带）将重心置于上方。

臀部下垂者穿衣窍门 >>>

❶以细褶或收腰的长白衬衫盖着冷色系裙子的掩饰法最简单也最漂亮。

❷穿着摇曳生姿的及膝圆裙，避免穿窄裙、直筒裙。

❸将上衣束入有后袋的裤子，并用深色的皮带束系。

臀肥腰细者穿衣窍门 >>>

臀肥腰细者，不宜穿连衣裙，也不宜将带褶的裙子穿在衬衣外边，可穿半卡腰、流线型的服装，以及向下略带喇叭的裤子，西裤可尽量低一点儿，裤腿稍窄一点儿。

平胸女性穿衣窍门 >>>

上衣要尽量精致讲究一些，样式复杂些，可以多加一些有变化的线条和装饰，比如在胸部多加些装饰，给人造成错觉，显得胸部丰满。穿衣也宜穿短、大、厚实的外衣，颜色鲜亮些，不适合穿贴身的衣服。

O 型腿人的着装窍门 >>>

可穿长裙将腰部以下完全遮盖，这样就掩盖了不太美观的腿形。若想让下半身透透气，可穿着裤管宽松、不太贴身的长裤。

▲O 型腿人的着装窍门

骨感女性的穿衣窍门 >>>

适宜穿高领的上衣，颜色以暖色调为主。女性可以在袖口、胸部点缀花边，也可配上一条腰带。纤细的腿适合穿直纹裤子，腰间可以有口袋等装饰品，以转移视线。AB 裤、硬挺的长裤搭配合身的上半身也是很好的选择。太瘦的人要尽量选择棉、麻等看起来有分量的布料。搭配上以多层次为原则，例如，衬衫外面加一件背心，脖子上围一条丝巾等。想穿出丰臀，可以选择松紧带设计、下身蓬松的裙装。不要穿贴身的丝质衣服和没有袖的衣服。

胖人穿衣小窍门 >>>

体形较胖的人，一般都给人脖颈粗短的感觉，因而选用低领"V"形上衣更好些。胖人的着装不宜太"花"，宜穿色泽暗淡的衣料，上身宽松款式，切忌穿紧身衣服。

身材高大女性的穿衣窍门 >>>

身材高大的女士，选择衣服不宜太长，应该穿一些不会太显露体形的衣服，而且某种场合的衣料要选配适当，松衣宽裙都较合适。

矮个女子巧穿衣 >>>

避免穿两截式服装，不妨多穿连身的小碎花洋装。如果有腰带，应选用质料轻柔的，宽而硬挺的皮质、塑胶腰带都应避免。

上班族如何选择皮包 >>>

❶使用公文包和手提包时，无论男女都应提在左手，以免与人握手时，因换手而显得手忙脚乱。

❷女性上班时，用的皮包应该大一些，这样可以存放较多的必备用品，但式样必须大方，与上班形象相符合。

女孩穿短裤的小窍门 >>>

❶不要穿有明袋的短裤，会显得臀部很大。

❷不要穿翻边的短裤，它会使粗腿更显粗，短脚更显短。

❸不要穿太短的短裤，看上去不雅，且骑车、坐下不方便。

❹不要穿裤脚太窄的短裤，会有压迫感。

❺不要穿太鲜艳的且短的短裤，不雅观又不稳重。

❻质地柔软打褶的短裤、裙裤、网球裙裤，看上去青春活泼。

❼矮个子女孩别穿过膝短裤，但也不能太短，膝上3厘米为好。

短腿者巧穿皮靴 >>>

裙摆和靴筒不要在小腿最粗的地方，最好搭配同色的长筒靴或短靴，并且要让裙摆盖住靴子的上缘，给人以下身线条一气呵成

▲上班族如何选择皮包

的感觉。如果要穿短裙，最好穿长筒靴，可使腿部看上去显得修长。

腿粗者巧穿皮靴 >>>

最好避免穿露出小腿肚的短靴或直筒靴，不妨选择可修饰小腿的及膝靴，特别是那种包裹脚踝并可清楚看见脚踝形状的款式。细高跟、尖头的设计更可强化女性曲线，也是很好的选择。

女士骑车如何避免风吹裙子 >>>

可在裙子内侧膝盖下部处缀一布条，捆在膝盖上部大腿处，留出活动余地即可，布条长度不超过裙长。若在膝盖下部捆一布条，上缝一个尼龙搭扣，上扣缝在留有活动余地的裙子上更为方便。

新衬衣的处理 >>>

新买或新做的的确良衬衫，穿着前用棉花球蘸上汽油（最好是优质白汽油）在硬领头和袖口上轻轻擦拭一两遍，等汽油挥发后，再用清水冲洗干净。以后穿用该衬衣时，领口和袖口弄脏了或沾上污渍，很容易清洗干净。

防丝袜向下翻卷窍门 >>>

❶在不使用吊袜带时，只要将袜口向内平折10毫米左右，袜子就不会向下翻卷了。

❷可以在袜口别上一枚硬币，提起袜口别上两圈固定住，一天也不会脱卷，十分省心。

防丝袜下滑窍门 >>>

如果丝袜的松紧带松了，袜子不住往下滑，可以将不穿用的及膝丝袜的松紧带剪下来充当袜带用。

防丝袜勒腿窍门 >>>

将新袜子袜腰折返部分的双层连接丝线挑开成为单层，一方面加长了袜腰，另一方面也不会脱丝，这样穿起来就不会勒腿了。

巧解鞋带 >>>

沾满泥污或潮湿的鞋带结很难解开，为了保护指甲，最好还是用钩针来帮忙。

如何梳理假发 >>>

假发套在使用前应先梳理好，戴上假发套后稍稍加以梳理就可以了。梳理假发一般选用比较稀疏的梳子为好，梳理假发时要采用斜侧梳理的方法，不可进行直梳，而且动作要轻。

如何固定假发 >>>

不要使用发夹。为了防止大风把假发套刮跑，有些人喜欢用发夹夹住假发。但是，夹发不可过于用劲。否则，容易勾坏假发的网套。因此，最好不要使用发夹，可在假发上使用装饰性的发带把发套固定住。

戒指佩戴小窍门 >>>

❶如果在两只手指上戴戒指，最好选择相邻的两只手指，如中指＋食指或中指＋无名指。

❷如果戒指的材质属性可以和手表搭配，是最理想了。否则最好将戴戒指的手与戴手表的手错开。

衣服翻过来洗涤好 >>>

洗衣服应翻过来洗里面，这样可以保护面料光泽，同时也不起毛儿，既保护外观，又延长衣服寿命。

经济实用洗衣法 >>>

用肥皂取代洗衣粉，省钱，洁衣，有意外的效果，且易漂洗。具体方法是：在洗衣机的洗衣桶内同时放入肥皂、衣物，加足水。随着洗衣机波轮的转动，衣物和肥皂不断旋转摩擦，即可渐渐去污。桶内肥皂水达到一定浓度，即可把肥皂取出。若要立即见效，一次可放进 3 ~ 5 块肥皂，经旋转摩擦两分钟后取出，也可视皂液浓度决定取出的时机或增加肥皂的数量。

蛋壳在洗涤中的妙用 >>>

把蛋壳捣碎装在小布袋里，放入热水中浸泡 5 分钟捞出，用泡蛋壳的水洗脏衣服，格外干净（一只鸡蛋壳泡的水，可洗 1 ~ 2 件衣服）。

洗衣不宜久泡 >>>

洗衣服不宜浸泡太久，最好以 15 分钟为限。因为，衣服纤维中的污垢在 15 分钟内便会渗到水中，如果超过了这段时间，水中的污物又会被纤维吸收，浸泡太长时间反而洗不干净了。

洗衣快干法 >>>

衣服上某个部位沾了污迹，用去污剂洗净后，用电吹风吹干，几分钟后便可穿用。

鞋子快干法 >>>

将刚刷洗完的鞋子放入洗衣机的甩干桶中，鞋面靠着机壁，两只鞋要对称放置。放好后，开启洗衣机脱水按钮，将鞋子甩几分钟，取出晾晒，既不淌水又干得快。

洗涤用品的选择 >>>

❶柔顺剂：目前，市面上的各种柔顺剂主要是起柔顺、去静电和提高舒适度的作用。冬季容易起静电，价格便宜的柔顺剂正

▲蛋壳在洗涤中的妙用

好能派上用场。

❷羊毛专用洗液：这种清洗液专门用于羊毛制品的洗涤，它的成分温和，不伤害羊毛结构，还有柔顺羊毛的作用，但价格稍贵一些。

❸特殊洗液：一般用于洗涤内衣、内裤和宝宝的衣物，洗涤效果好，质量很高。

棉织物的洗涤 >>>

棉织物的耐碱性强，不耐酸，抗高温性好，可用各种肥皂或洗涤剂洗涤。洗涤前，可在水中浸泡几分钟，但不宜过久，以免颜色受到破坏。最佳水温为 40 ~ 50℃，贴身内衣不可用热水浸泡，以免使汗渍中的蛋白质凝固而附着在内衣上。漂洗时采取"少量多次"的办法，每次冲洗完后应拧干，再进行第二次冲洗。在通风阴凉处晾晒，避免在日光下暴晒。

巧洗丝织品 >>>

洗丝织品时，在水里放点儿醋，能保持织品原有的光泽。

麻类织物的洗涤 >>>

麻纤维刚硬，抱合力差，洗涤时不能强力揉搓，洗后不可用力拧绞，也不能用硬毛刷刷洗，以免布面起毛。有色织物不要用热水烫泡，不宜在阳光下暴晒。

亚麻织物的洗涤 >>>

水温不宜超过 40℃，选用不含氯漂成分的中性或低碱性洗涤剂；洗涤时应避免用力揉搓，尤其不能用硬毛刷，洗涤后不可拧干，但可用脱水机甩干，用手弄平后挂晾。

巧洗毛衣 >>>

洗涤时水温切忌过高，这样会破坏毛绒松软性，最好用冷水或温水。用专门的高级毛织品洗涤剂泡成的溶液浸洗。切忌用搓板

洗和用力搓，要用手轻揉，可上下提拎多次；不要使劲拧干，应用手攥，再用大毛巾包好拧去水分晾到阴凉处。

巧洗羊毛织物 >>>

羊毛不耐碱，要用中性洗涤剂或专用羊毛洗涤剂洗涤，水温不应超过 40℃，否则会变形；切忌用搓板搓洗，即使用洗衣机洗涤，也应该轻洗；洗涤时间也不要过长，防止缩绒；洗涤后不要拧绞，用手挤压除去水分，然后沥干；用洗衣机脱水时以半分钟为宜；在阴凉通风处晾干，不要在强日光下暴晒。

莱卡的洗涤方法 >>>

选用中性洗涤剂，忌碱性洗涤剂；轻柔洗，不宜拧绞，阴干。高档衣服最好干洗，而西装、夹克装一定要干洗，不能用水洗。要注意防虫蛀，防霉。

巧洗轻质物品 >>>

洗尼龙袜、手帕等轻薄细长物品，宜放入尼龙网兜内，扎紧兜口再进行洗涤。

蕾丝衣物的清洗 >>>

如果是在家清洗，只需把蕾丝衣物放在洗衣袋中，以中性清洁剂洗涤就可以了，不可以用浓缩洗衣剂和漂白剂。较高级的蕾丝产品或较大件的蕾丝床罩等，最好送到洗衣店清洗和熨烫。

巧法减少洗衣粉泡沫 >>>

往洗涤液中加少量肥皂粉，泡沫会显著减少。若用洗衣机洗衣，可在洗衣缸里放一杯醋，洗衣粉泡沫就会消失。

干洗衣物的处理 >>>

干洗衣物取回后，不要立即穿上，最好

先将塑料套去掉，晾在通风处，让衣物上的洗涤溶剂自然挥发。等到没有异味时，再放入衣柜或穿着使用。如果长时间不穿用，务必做好防虫处理。

巧洗羽绒服 >>>

❶先把羽绒服放在清水里浸泡20分钟，挤去水分，再放到洗衣粉水（浓度不能太大，一盆清水放2～3汤匙洗衣粉就行了）里浸泡10分钟。

❷把衣服平铺在木板上，用软毛刷蘸洗衣粉溶液刷洗，先里后外，最后刷袖子。

❸刷完后，放在温水里漂洗两次（头一遍漂洗时要在水里加一小勺醋，可中和碱性的洗衣粉溶液），再用清水漂洗干净，挤去衣服里的水分，放在阴凉处风干。

❹风干后可用一根光滑的小木棍轻轻拍打几下，这样会使羽绒服蓬松如新。

❺如果羽绒服上有白色痕迹，可用工业酒精在痕迹处反复擦几次，再用热毛巾擦，就会消除。

洗毛巾的方法 >>>

夏季，毛巾擦汗的次数多，即使天天洗涤，也难免黏糊糊的，并有汗臭味。对这样

的毛巾，可先用食盐搓洗，再用清水漂净。用优质洗涤剂溶液或洗洁精溶液，烧沸，把毛巾放入煮10分钟，效果也很好。

巧洗衬衫 >>>

衬衣领和袖口不易洗干净，洗前可在衣领、袖口处均匀地涂一些牙膏，用毛刷轻轻刷洗一会儿，再用清水漂清，即可干净。

巧洗长袖衣物 >>>

长袖衬衫和其他衣物在洗衣机内一起洗，缠在一起很麻烦，把前襟的两个扣子分别扣入两袖口上的扣眼中，就不会乱缠了。

巧洗白色袜子 >>>

白袜子若发黄了，可用洗衣粉溶液浸泡30分钟后再进行洗涤。

巧洗白背心 >>>

白背心穿久了会出现黑斑，可取鲜姜100克捣烂放锅内，加500克水煮沸，稍凉后倒入洗衣盆，浸泡白背心10分钟，再反复揉搓几遍，黑斑即可消除。

巧洗汗衫 >>>

先将有汗斑的衣服在3%～5%的食盐水中浸泡，再进行正常洗涤。洗涤时应用冷水，因为带色的汗衫背心，在热水中容易褪色。

洗牛仔服小窍门 >>>

取一盆凉水，加一勺盐，然后将牛仔服放入盆中浸泡1小时，然后用洗衣粉按常法刷洗，既可迅速去除污垢，又可使牛仔装不易褪色。

巧洗内衣 >>>

❶内衣最好单独洗涤，能防止内外衣物交叉感染或被其他颜色沾染。

❷要使用中性洗剂，避免将洗衣液直接倾倒在衣物上，正确方法是先用清水浸泡10分钟。柔和细致的高档面料，为了使它的色彩稳定及使穿着时间有效延长，水温应控制在40℃以下。

巧洗衣领、袖口 >>>

衣领、袖口容易变脏，很难用肥皂或洗衣粉洗干净，这时可以用洗发水、剃须膏或者牙膏涂在污迹处，再用刷子刷，便很快就能洗干净。如果是机洗，可将衣物先放进溶有洗衣粉的温水中浸泡15～20分钟，再进行正常洗涤，也能洗干净。或者把衣领、袖口浸湿，抹上肥皂或洗衣粉，再放进洗衣机内，也可洗净。

巧洗毛领 >>>

用干洗剂或者用羊毛专用洗涤剂清洗，清洗时要轻揉，并用清水漂净，之后要阴干，或者用吹风机吹干并用梳子理顺。

巧洗帽子 >>>

在洗帽前先找一个和帽子同样大小的东西（如瓷盆、大玻璃瓶等）把帽子套在上面

▲巧洗帽子

洗刷，晾晒，等快干时再用手整理一下，干了就不会变形。

巧洗胶布雨衣 >>>

先把洗衣粉溶解在温水中，再将胶布雨衣浸入其中，用软毛刷轻轻刷洗，切忌用手揉或用搓板洗，以免损伤胶层。刷洗后用清水冲净，晾干。存放时，最好在挂胶的一面撒些滑石粉。

巧洗毛线 >>>

用25克茶叶泡成浓茶水，然后配制成40%浓度的茶温水溶液，将要洗的毛线和毛线衣浸入温水中，过20分钟后，用手轻轻翻动和挤压，随即用温水漂清，用毛巾包着毛线或毛线衣挤压，取出晾在竹竿上或均匀散开铺在木板上阴干，即可使毛线的颜色变得鲜亮如新。

巧洗绒布衣 >>>

绒布衣洗过几次以后就有些发硬，如果将绒布衣抖干净，放在加有氨水的水中（按每桶水加两汤匙氨水配）泡20分钟取出，再用肥皂水洗后，在清水里涮洗几次，不经过拧干就晾晒。这样处理后，绒布衣在使用中就不会出现发硬现象。

巧洗蚊帐 >>>

蚊帐用久后，会变得陈旧、发黄，用肥皂、洗衣粉洗也很难洗好。若用生姜100克切片放入水中，煮3分钟，然后将蚊帐浸泡在姜水中，另加草酸数粒和纯蓝墨水数滴，用手重压几次，然后在水中按常规搓洗、漂净。这样，陈旧发黄的蚊帐就会变得透亮如新。

巧洗宝石 >>>

可用棉棒在氧化镁和氨水混合物，或花

露水、甘油中沾湿，擦洗宝石和框架，然后用绒布擦亮即可。

巧洗钻石 >>>

先将钻饰放在盛有温和清洁剂或肥皂的小碟中约半小时，再用小软刷轻刷，用自来水冲洗后擦干即可，冲洗时将水池堵住，以防万一。

巧洗黄金饰品 >>>

把黄金饰品放入冷开水与中性洗衣粉调和的水中浸泡 15 分钟（忌用自来水和偏酸碱洗衣粉），再用软毛刷轻刷表面，最后用冷开水冲净。

银饰品的清洗 >>>

先用肥皂水洗净，用绒布擦亮，也可用热肥皂水洗涤。然后涂抹用氨水（阿摩尼亚水）和白粉（白垩）掺和的糊状混合物，干燥后，用小块绒布擦拭，直到发出光泽。

假发的清洗窍门 >>>

经常戴的发套，一般 2 ~ 3 个月洗涤一次为宜。在洗涤前，先用梳子把假发梳理好，再用稀释的护发素溶液边洗边梳理。切不能用双手搓拧，更不能把假发泡在洗涤液里洗。而应用双手轻轻地顺发丝方向漂净上面的泡沫，然后晾干，切忌在阳光下进行暴晒。

洗雨伞小窍门 >>>

先将伞上的泥污用干刷刷掉，再用软刷蘸温洗衣粉溶液洗刷。如仍不干净，可用 1：1 的醋水溶液洗刷。

巧刷白鞋 >>>

白色的鞋子刷洗后易留下黄斑，最后一遍漂洗时加少量白醋（记住是白醋，重点在白），泡半小时，晾时在表面贴上白纸巾，干后就会亮白如新。

▲巧刷白鞋

巧擦皮革制品四法 >>>

❶用喝剩的牛奶擦皮鞋或其他皮革制品，可防止皮革干裂，并使其柔软美观。

❷擦皮鞋时，往鞋油里滴几滴醋，擦出的皮鞋色鲜皮亮，而且能保持较长时间。

❸香蕉皮含有单宁等润滑物质，用它来擦拭皮鞋、皮包的油垢脏物，可以使皮面洁净如新。

❹擦皮鞋时，用少许牙膏与鞋油同时擦拭，皮鞋会光亮如新。

巧洗翻毛皮鞋 >>>

翻毛皮鞋脏了，可先用毛刷蘸温水擦洗，然后，放在阴凉通风处吹晾，待鞋面似干非干时，再用硬毛刷蘸翻毛鞋粉在鞋上轻刷，使翻毛蓬松起来。如果还不能复原，可继续吹晾，刷洗，直到翻毛恢复原状时为止。

巧除咖啡渍、茶渍 >>>

衣服上洒上咖啡或茶水，如果立即脱下用热水搓洗，便可洗干净。如果污渍已干，可用甘油和蛋黄的混合溶液涂拭污渍处，待稍干后，再用清水洗涤即可。

巧去油渍 >>>

❶用餐时衣服被油渍所染，可用新鲜白面包轻轻摩擦，油迹即可消除。

❷丝绸饰品如果沾上油渍，可用丙酮溶液轻轻搓洗即可。

❸深色衣服上的油渍，用残茶叶搓洗能去污。

❹翻毛裘衣沾上油渍，可在油渍处适当撒些生面粉，再用棕刷顺着毛擦刷，直到油渍去掉。然后，用藤条之类拍打毛面，全部除去余粉，使毛绒蓬松清洁。

巧去汗渍 >>>

❶将被汗液染黄的衣服，放在温水里浸10分钟左右，然后在污染处用去污粉搓洗数次，就可洗净。

❷将衣服浸泡在3%的盐水里约10分钟，再用清水漂洗后，用肥皂洗，即可除掉汗渍。

❸丝绸饰品的汗渍，可加洗涤剂漂洗，如果效果不理想，可将汗渍部分浸入稀释盐酸溶液中轻轻搓洗，最后用清水漂洗。

巧除柿子渍 >>>

新渍，用葡萄酒加浓盐水一起揉搓，再用肥皂和水清洗，丝绸织物则用10%柠檬酸溶液洗涤。

巧去油漆渍 >>>

衣服沾上油漆、喷漆污渍，可在刚沾上漆渍的衣服正反面涂上清凉油少许，隔几分钟，用棉花球顺衣料的经纬纹路擦几下，漆渍便消除。旧漆渍也可用此法除去，只要略微涂些清凉油，漆皮就会自行起皱，即可剥下，再将衣服洗一遍，漆渍便会荡然无存。

新渍可用松节油或香蕉水揩拭污渍处，然后用汽油擦洗即可。陈渍可将污渍处浸在10% ~ 20%的氨水或硼砂溶液中，使油漆溶解后用毛刷擦污迹，即可除去。

巧去墨水污渍 >>>

❶如是新迹，应及时用冷水洗涤，剩下的痕迹可用米饭或米粥加一点儿食盐放在墨迹处搓洗，再用洗涤剂搓洗，用清水洗净。

▲巧去墨水污渍

❷如果是陈墨汁迹，可用一份酒精加两份肥皂液反复涂擦，效果也很好。

❸先用牛奶洗，再用洗洁精浸泡后搓洗，污痕可除。

❹也可用牙膏涂在污渍部分揉搓，然后用水漂洗。

❺如果是丝绸料，要将污渍面向下平铺在干净的纸上，涂上干洗剂或酒精，揉搓丝织品污迹背面，直至污迹消失，然后洗涤、漂洗。

巧去奶渍 >>>

❶新渍立即用冷水洗，陈渍应先用洗涤剂洗后再用1：4的淡氨水洗。如果是丝绸料，则用四氯化碳揉搓污渍处，然后用热水漂洗。

❷把胡萝卜捣烂，拌上点儿盐，可擦掉衣服上的奶渍、血渍。

巧去鸡蛋渍 >>>

❶等到鸡蛋液干了以后，再用蛋黄和甘油的混合液擦拭，然后把衣服放在水中清洗即可。

❷用茶叶水把衣服浸泡一会儿，然后把衣服放在水中清洗。

❸用新鲜萝卜榨出来的汁搓洗衣服上的蛋渍，效果也很不错。

除番茄酱渍 >>>

将干的污渍刮去后，用温洗衣粉溶液洗净。

巧去呕吐迹 >>>

用汽油擦拭，再用5%的氨水擦拭，最后用温水洗清；或者用10%的氨水将呕吐液迹润湿，再用加有酒精的肥皂液擦拭，最后用洗涤剂洗净。

巧去血迹 >>>

如血迹未干，可立即放入清水中揉洗；如血迹已干，可用氨水擦洗，再用清水漂洗，即可除去血迹。

巧除果汁渍 >>>

❶新染上的果汁可先撒些食盐，轻轻地用水润湿，然后浸在肥皂水中洗涤。

❷在果汁渍上滴几滴食醋，用手揉搓几次，再用清水洗净。

巧去葡萄汁污渍 >>>

不慎将葡萄的汁液滴在棉质衣服上，用肥皂洗涤不但不能去掉污渍，反而会使其颜色加重，应立即用白醋浸泡污渍处数分钟，然后用清水洗净。

巧去酒迹 >>>

如果白衬衣上留下了酒迹，可用煮开的牛奶或少量西瓜汁搓洗，即可去除污迹。

除尿渍 >>>

刚污染的尿渍可用水洗除，若是陈迹，可用温热的洗衣粉（肥皂）溶液或淡氨水或硼砂溶液搓洗，再用清水漂净。

巧去煤油渍 >>>

用橘子皮擦拭衣服上沾染的煤油渍，再用清水漂洗干净即可。

巧去醋渍 >>>

如果衣服上沾染上了醋渍，趁尚未干时可用水清洗除去；若污渍已变干，可采用如下方法清洗：在150毫升清水中加入15克白糖，用脱脂棉蘸取擦拭污渍处，并用手用力拍击，然后用水冲洗即可去除。

除蟹黄渍 >>>

可在已经煮熟的蟹中取出白鳃搓拭，再放在冷水中用肥皂洗涤。

除圆珠笔油渍 >>>

将污渍用冷水浸湿后，用苯丙酮或四氯化碳轻轻擦去，再用洗涤剂洗净。不能用汽油洗。也可涂些牙膏加少量肥皂轻轻揉搓，如有残痕，再用酒精擦拭。

除复写纸、蜡笔色渍 >>>

先在温热的洗涤剂溶液中搓洗，后用汽油、煤油洗，再用酒精擦除。

除印油渍 >>>

用肥皂和汽油的混合液（不含水）浸漂或涂在色渍上，轻轻搓洗，使其溶解脱落，再用肥皂水洗涤，用清水漂净。若经过肥皂洗涤，油脂已除，颜色尚在，应作褪色处理。要用漂白粉或保险粉（用于真丝衣物的）来消除颜色渍。

除黄泥渍 >>>

衣裤上有黄泥斑痕，先用生姜汁涂擦，再用清水洗涤，黄斑会立刻褪去。

除胶类渍 >>>

灯芯绒衣物上沾有胶类等物时，可用清水浸泡后轻轻擦拭，切忌干搓，以防拔掉绒毛。

除锈渍 >>>

用1%的草酸溶液擦拭衣服上的锈渍处，再用清水漂洗。

除桐油渍 >>>

可用汽油、煤油或洗涤剂擦洗，也可用豆腐渣擦洗，然后用清水漂净。

除柏油渍 >>>

可用汽油和煤油擦洗。如没有汽油或煤油，也可将花生油、机油涂在被玷污处，待柏油溶解后，就容易擦掉了。

除烟油渍 >>>

衣服上刚滴上了烟筒油，应立即用汽油搓洗，如搓洗后仍留有色斑，可用2%的草酸液擦拭，再用清水洗净。

除沥青渍 >>>

先用小刀将衣服沾有的沥青轻轻刮去，然后用四氯化碳水（药店有售）略浸一会儿，再放入热水中揉洗。还可用松节油反复涂擦多次，再浸入热的肥皂水中洗涤即可。

除青草渍 >>>

用食盐水（1升水加100克盐）浸泡，即可除掉。

鱼渍、鱼味的去除 >>>

去除衣服上的鱼渍，特别是鱼鳞迹，可先用纯净的甘油将色渍湿润后，再用刷子轻轻擦拭，晾置约15分钟后，再用25～30℃的温热水洗涤，最后喷上柠檬香精，腥气与印迹便会消失。

除红药水渍 >>>

先用温洗衣粉溶液洗，再分别用草酸、高锰酸钾处理，最后用草酸脱色，用清水漂净。

除碘酒渍 >>>

先用亚硫酸钠溶液（温的）处理，再用清水反复漂洗。也可用酒精擦洗。

除药膏渍 >>>

先用汽油、煤油刷洗，也可用酒精或烧酒搓擦，待起污后用洗涤剂浸洗，再用清水漂净。

除高锰酸钾渍 >>>

先用柠檬酸或2%的草酸溶液洗涤，后用清水漂净。

除口红渍 >>>

衣物沾上口红，可涂上卸妆用的卸妆膏（清面膏）。水洗后再用肥皂洗，污渍就会完全被清除。

巧去眉笔色渍 >>>

可用溶剂汽油将衣物上的污渍润湿，再用掺有氨水的皂液洗除。最后还要用清水漂净。

巧去甲油渍 >>>

可用香蕉水擦洗，当污渍基本去除后再用四氯乙烯擦洗，然后再用温洗涤液洗涤，最后用清水漂净。

巧去染发水渍 >>>

常见的染发水多属于酸性染料，尤其对毛纤维的着色力很强，一旦弄到衣物上就很难去除，在白色衣物上就更为明显。可以根据织物纤维的性质，分别选用次氯酸钠或双氧水对污渍进行氧化处理。

巧去皮革污渍 >>>

先将鸡蛋清或鸭蛋清搅拌一下，然后用布蘸蛋清擦抹污处，污渍即可擦净，随后再用清洁柔软的布将蛋清擦净。若领口、袖口和前襟处有油垢擦不掉，可在油垢处滴几滴氨水和酒精配制的去油剂，再用布擦除。污渍擦净后还要上光，即用软布蘸鸡油或鸭油（不可用猪、牛、羊油）涂抹皮革服装，且要尽量涂薄涂匀，10分钟后擦净多余的鸡油或鸭油，皮革服装就会光亮如新了。

白皮鞋去污法 >>>

可用橡皮擦，就连蹭上的黑鞋油、铁锈都可擦掉，牛皮鞋效果尤佳；亦可用白色牙膏薄薄地涂在污点上，起遮盖污点作用，然后再打白色或无色鞋油即可。使用这两种方法前，先用微湿软布将鞋上浮土擦净。

巧去绸缎的斑点 >>>

绸缎上的斑点，可用绒布或新毛巾轻轻揩去，较大斑点可将氨液喷洒于丝绸上，再用熨斗烫平，白色绸缎的霉斑，可用酒精轻轻揩擦。

巧去霉斑 >>>

❶衣服出现霉点，可用少许绿豆芽在霉点处揉搓，然后用清水漂洗，霉点即可去除。

❷新霉斑先用软刷刷干净，再用酒精洗除。陈霉斑先涂上淡氨水，放置一会儿，再涂上高锰酸钾溶液，最后用亚硫酸氢钠溶液处理和水洗。

❸皮革衣服上有霉斑时，用毛巾蘸些肥皂水揩擦，去掉污垢后立即用清水洗干净，待晾干后再涂夹克油即可。

❹白色丝绸衣服上的霉斑，可用5%的白酒擦洗，除霉效果很好。

❺丝绸衣服出现霉斑，一般可以在水中用软刷刷洗，若霉斑较重，可在霉斑的地方涂上5%淡盐水，放置3～5分钟，再用清水漂洗即可。

巧去口香糖 >>>

口香糖粘在衣服上不要气急败坏地忙着将之撕掉，要知道，在平常情况下是无法将口香糖从衣服上撕掉的，还可能弄得手上也粘满口香糖。因此，去除衣服上的口香糖，可以按照下面进行处理。

在一个平面上放置一块硬纸板，将衣服平铺在硬纸板上面，注意衣服粘有口香糖的地方要贴着硬纸板。将熨斗调到中温一档，按照正常的方法对衣服进行熨烫，注意要重点熨烫衣服上粘有口香糖的位置。反复熨烫衣服等到衣服上的口香糖完全从衣服上转移到硬纸板上就可以了。但用这个办法处理过的衣服，很可能还会留下口香糖的痕迹，因此还要进行进一步的清洗。

衣服沾上口红印，怎样去除 >>>

无论是男士还是女士，都可能会碰上衣服沾上口红的困扰。对于一些女士来说，出门涂口红就像是出门要洗脸一样重要，不同颜色的口红更是能彰显女性的不同性格，但在穿着套头衫或者其他衣服时，很容易不小心沾上些口红在衣服上，如果不加清理，就会影响形象。那么，衣服上沾染了口红，到底该如何清洗呢？

窍门：汽油除口红

材料：刷子、汽油、洗涤剂√

操作方法

❶准备一把小刷子和少量的汽油，将刷子蘸上一点儿汽油。

❷用蘸有汽油的刷子找到衣服上被口红沾染到的地方，轻轻地刷，直到口红的油脂被除尽。

❸将口红的油脂除尽后，再用温性洗涤剂仔细洗一洗沾有口红的地方，最后用清水将衣服漂洗干净，就可以将口红印洗掉了。

如何清洗衣服上的酱油渍 >>>

人们做饭炒菜的时候，衣服常常会溅上酱油点，这些酱油点在一些衣服上看起来特别明显，让人十分烦恼。尽管有了围裙的遮挡，可这种情况还是免不了发生。那么，溅上酱油的衣服到底该怎样洗呢？下面就介绍一个洗掉衣服上酱油的好办法。

窍门：巧用白糖去除酱油污迹

材料：白糖√

操作方法

❶将沾上酱油污迹的衣服浸泡在水中或仅将衣服沾有酱油的部分沾湿也可。

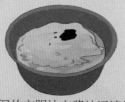

❷将已经浸湿的衣服沾有酱油污渍的部分撒上一些白糖。

❸用手细细揉搓衣服撒上白糖的部分，揉搓一段时间之后，可以看到衣服上的酱油污渍已经有一部分渗透进白糖里。

❹继续揉搓衣服沾上酱油的部分，将衣服上的酱油污渍尽量除去，这期间可以继续向衣服上沾有酱油的部分撒一点儿白糖。最后再用正常的洗衣方法将衣服洗净即可。

衣服滴上蜡油怎么办 >>>

尽管现代社会有了灯光照明，但遇上家里停电、亲友生日等特殊情况，人们还是要用到蜡烛，而放置蜡烛时熔化的蜡油滴在衣服上瞬间就凝固了，用水洗却怎样也洗不掉，这该如何是好？

窍门：巧用熨斗除蜡油

材料：小刀、熨斗、餐巾纸√

操作方法

❶先用小刀刮去衣服上凝固的蜡油，如果怕小刀刮伤衣服的话用手将蜡油搓掉也可以。

❷将几张餐巾纸或其他吸附性较强的纸分别垫在衣服沾上蜡油部分的布面两侧，垫纸的层数要根据纸张的薄厚而定，不要让熔化的蜡油沾到衣服的其他部分。

❸用熨斗烫熨衣服上沾有蜡油的部分，反复数次，直到衣服上的蜡油完全消失为止。

衣服沾上锈迹，怎样去除 >>>

　　冬季北方的暖气烧得很旺，有些人喜欢将刚刚洗好的衣服直接晾在暖气管上，一是能够利用暖气管的热气使衣服加速变干，另外还能让空气变得潮湿一些，起到加湿器的作用。可暖气管由于长期受潮，常常会有锈迹产生，导致衣服沾上锈迹。那么，衣服上的锈迹该如何去除呢？

窍门：维生素 C 去除衣服锈迹

材料：维生素 C 药片√

操作方法 ～～～～～～～～

❶准备几粒维生素 C 药片，将其碾成细细的粉末。

❷将维生素 C 药片碾成的粉末撒在衣服沾染锈迹处。

❸用水反复搓洗衣服上沾有锈迹处即可除去衣服上的锈迹。

❹最后将衣服用清水冲洗干净。

衣服粘上口香糖怎么办 >>>

　　口香糖能够保持口气清新，是不少年轻人的最爱，但也是环境的污染源。有一些人嚼过口香糖之后无处存放，就将之粘在公园长椅、地铁座椅、教室课桌等公共设施上，其他的人再坐上去时，往往被口香糖粘个正着。衣裤上的口香糖难以清洁，让很多人心烦气躁，有了下面的办法，就可以不再担心。

窍门：冰箱冷冻去除口香糖

材料：冰箱√

操作方法 ～～～～～～～～

❶把粘上口香糖的衣服放在塑料袋中，注意不要让口香糖再粘到衣服上的其他部分。

❷将装有衣服的塑料袋直接放进冰箱冷冻层里冷冻一段时间。

❸等口香糖被冻硬之后将衣服取出，用小刀轻轻刮一下衣服上粘有口香糖的位置，口香糖就轻松掉下来了。

衣服上的黄渍如何清理 >>>

　　白色衣服让人显得青春阳光，但是却特别容易脏。经过长时间汗水的浸泡和日晒，白色衣物很容易发黄。如何让白色衣物恢复原来的亮丽呢？跟着下面的方法做吧。

窍门1：特殊光照法让衣服洁白

材料：肥皂、塑料袋√

操作方法 ～～～～～～～～～～～～～

❶把衣服浸湿后，用肥皂涂抹一遍，清洗干净。

❷接下来，再往衣服上涂抹一遍肥皂，搓揉几下，使衣服上均匀地沾上肥皂水。

❸把沾有肥皂水的衣服放入一个透明的塑料袋，放在有阳光照射的地方，晒上一个小时，中途翻一下面，使塑料袋里的衣服能够充分地被日光照射到。

❹最后将衣服清洗干净就可以了。晾干后的衣服就会比原来洁白很多。

窍门2：菠菜水浸泡令衣物洁白

材料：菠菜√

操作方法 ～～～～～～～～～～～～～

❶将菠菜放入滚水中余烫3分钟后捞起来，把白色衣服放在焯菠菜剩下的水里搓揉2分钟。

❷再将衣服在菠菜水中浸泡5分钟后捞出来，按正常的洗衣程序洗涤、晾晒，晾干后的白色衣服就更亮丽了。

衣服沾上机油如何清洗 >>>

对于一些经常与大型机械接触的工人来说，工作时衣服上沾上机油真是再平常不过的事情了。有时候不单单是工作服，就连日常穿着的衣服也难以幸免,这该如何是好呢?

窍门：巧用汽油清除机油

材料：汽油、熨斗√

操作方法

❶先将衣服沾有机油的部分用汽油洗擦一下。

❷在衣服沾上油污部分的两侧各垫上一块布，用熨斗反复烫熨，使油完全蒸发，被吸附在布面上。

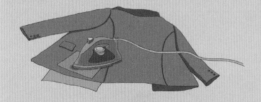

❸等到衣服上的油渍去除得差不多的时候，用洗涤剂将衣服洗涤一遍。

❹最后用清水将衣服洗干净即可。

如何清洗衣服上的墨迹 >>>

写毛笔字是一种很多人喜爱的陶冶情操方式，孩子通过练习毛笔字来增进修养，老人通过练习毛笔字来陶冶性情。那么当黑黑的墨汁沾染在衣服上的时候,该如何洗去呢?

窍门：饭粒、糨糊清洗衣服上的墨迹

材料：饭粒或糨糊、洗涤剂√

操作方法

❶拿一些饭粒或者糨糊将之与洗涤剂混合一下。

❷以手指蘸上一些上一步中调和成的混合物，直接在衣服沾上墨迹的部分反复涂抹直到将墨汁除净。

❸将衣物浸于含酶洗涤剂溶液中约30分钟。

❹将浸泡好的衣物取出再洗干净。

怎样清洗新文胸 >>>

　　一件好的文胸对女性朋友来说十分重要。当购买了一件新文胸时，总要洗一洗才能穿着。一般来说，新文胸只要用清水浸泡一段时间就可以达到清洗效果了，但总有一些人不放心，想要洗一洗。那么，怎样清洗新文胸才能保证洗得干净又不变形呢？

窍门：手洗文胸好处多

材料：清洁剂√

操作方法

❶准备一盆清水，加入适量衣物清洁剂。

❷将文胸浸泡在放有衣物清洁剂的清水中一段时间。

❸将浸泡过一段时间的文胸拿出，采取轻压拍打或者抓洗的方式洗涤。

❹最后用清水将文胸洗涤干净，晾晒。

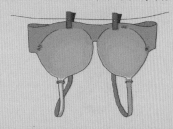

电热毯怎么洗 >>>

　　电热毯是我们都很熟悉的一种电器，但你知道该如何洗涤它吗？一般来说，电热毯是不用水洗的，但如果电热毯实在太脏，也可以用水洗涤，但一定要掌握正确的方法。那么，如何洗涤电热毯才算正确呢？

窍门：用正确方法洗涤电热毯

材料：洗衣液或肥皂√

操作方法

❶先将毯面放到清水中浸泡一段时间，但要小心不要让电热毯自身的开关、插头、调温器等沾上水。

❷将浸湿的电热毯平放在干净的地方，将电热毯布料一面沾上肥皂水或洗衣液，刷洗干净。

❸用手搓洗电热毯的棉毯一面，搓时要避免损伤电热线。

❹将电热毯用清水洗涤干净，并从水中拿出，舒展成原本的形状。

❺晾晒电热毯的过程中要注意保持电热毯的形状。

衣服如何进行局部清洗 >>>

无论在生活中还是工作中，保持自己整洁的形象都是极为重要的。衣服可以旧，但绝不能脏，相信这是大多数人的共识。但日常生活中往往会遇到意想不到的情况，有时候刚刚洗好的衣服却溅上小小的污点，

这时候衣服要不要重新清洗呢？又比如正穿着的衣服上有了污迹，手边却没有其他衣服可供换洗，这时候又该怎么办？只要掌握了局部清洗的妙招，这些问题就都解决了。

窍门：胶卷盒、小石子清洗衣服局部

材料：胶卷盒、小石子、洗衣液√

操作方法

❶将胶卷盒中加入半盒清水，再加入一点儿洗衣液。

❷将准备好的小石子放入胶卷盒。

❸将衣服有污迹的地方对准胶卷盒，从另一面用盖子盖上。

❹用力摇动胶卷盒，让小石子和衣服来回碰撞。

❺摇动一段时间后，取下胶卷盒，把盒中的水换成清水再按上述程序操作一遍即可。

衣服起球了该怎么办 >>>

有些衣服特别是毛衣穿着一段时间后会起很多小球，若跟其他衣物一起洗，还会沾上小毛，很不美观。用粘毛器去粘小球，往往粘不下来，如果一个个地将那些小球用手摘下，又很麻烦。那么，起球的衣服究竟应当如何处理呢？

窍门：剃须刀去除衣服毛球

材料：电动剃须刀√

操作方法

❶将起球的衣服平铺在干净的地方，让起球的一面朝上。

❷用电动剃须刀像剃胡须一样，将起球衣服上的毛球、小毛、尘土吸去，使衣服平整如新。

怎样清除衣服上沾上的头发丝 >>>

衣服、床单上经常会沾上头发丝、小颗粒之类的东西，用手根本拣不干净，虽然可以用超市里卖的那种带胶纸的滚子来去除，但用这种方法去除头发丝费时又麻烦。那么，还有什么好办法能够清除衣服上的头发丝呢？

窍门：橡皮筋清除衣服上沾上的头发丝

材料：橡皮筋、保鲜膜纸筒√

操作方法

❶在一个用完的保鲜膜纸筒的一端上缠上两根普通的橡皮筋。

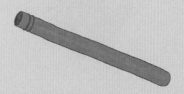

❷手持纸筒的另一端，在需要的地方横着橡皮筋的方向来回擦拭，利用橡皮筋的摩擦力，即可把头发等杂物缠绕在橡皮筋上。

❸将衣服清理完之后把橡皮筋取下来，放在水里洗净即可继续使用。

甩干衣服时如何防止衣服被磨损 >>>

洗衣机给现代人的生活带来了很多的方便，但机洗衣服时常会让衣服遭到这样、那样的损伤。尤其是在甩干的过程中，衣物上的亮片、珠串等小饰物很容易掉落，衣服也很容易遭到磨损，有没有好办法能够解决这一问题呢？

窍门：包浴巾法防止衣物磨损

材料：浴巾√

操作方法 ━━━━━━━━━━━━━━━━

❶准备一块比衣服稍大的浴巾，将要甩干的衣服平铺在浴巾上。

❷将浴巾的一条边向放有衣服的一面折，再沿着折叠处将浴巾紧紧卷成一个毛巾卷。

❸在毛巾卷的两头扎上橡皮筋或者用绳子固定。

❹把包裹好的毛巾卷放进洗衣机中甩干。

甩衣服时衬衫领变形怎么办 >>>

用洗衣机洗衬衫虽然方便，但可能会给衬衫造成一定的损害，特别是在甩干衬衫的过程中，衬衫领子总是会变形，好好的一件衬衫，就不能穿了，怎样才能解决这一问题呢？

窍门：巧叠衬衫甩干不变皱

材料：无√

操作方法 ━━━━━━━━━━━━━━━━

❶将洗过的衬衫拧干，整理平整，把衬衫的领子竖起来。

❷将衬衫最上面一颗扣子和最下面一颗扣子分别扣好。

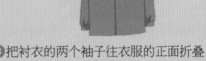

❸把衬衣的两个袖子往衣服的正面折叠，再将衬衫纵向对折。

❹将衬衫下摆处向上折叠一下，再从折叠处开始向上卷衬衣。

❺将衬衣卷好之后，把衬衫的领子从里往外翻出来，用领子包住卷好的衣服。

⑥将处理好的衬衫放进洗衣机里甩干。

如何刷洗白球鞋 >>>

有很多人喜欢穿白色的球鞋，但白球鞋是很容易脏的，脏了的白球鞋无论怎么刷，还是会有点儿发黄，有没有能够解决这一问题的方法呢？

窍门：妙用蓝墨水洗刷白球鞋

材料：蓝墨水√

操作方法

①把白球鞋先用洗衣粉或洗衣液按照普通的办法刷洗一遍。

②将刷洗过的白球鞋用清水反复漂洗。

③在一盆清水中滴几滴蓝墨水。

④将白球鞋放入滴有蓝墨水的水中浸泡一段时间。

⑤最后将白球鞋从水中取出，控水，再拿到阳台，放在阴凉处晾干。

熨烫、织补与修复

简易熨平 >>>

如果手边没有电熨斗，可以用平底搪瓷茶缸盛上开水，代替电熨斗。这种方法操作简便，也不会熨煳衣料。

巧法熨烫衣裤 >>>

熨衣裤时，如果在折线上铺一块浸泡过醋的布，然后再用熨斗烫，就会非常笔挺。此外，直接用醋弄湿衣裤的折线再烫也可以。

巧去衣服熨迹 >>>

熨烫衣服时，由于熨斗过热或过凉，往往使衣服上出现烙铁印或亮光，只要立刻向衣服上喷些雾一样的水花，将衣服叠好，10～15分钟后再打开，熨迹便可以去除了。

毛呢的熨烫 >>>

如果从正面熨烫，则要先用水喷洒一下，让毛料有一定的湿度，在熨烫时，熨斗一定要热。最好的方法是从反面垫上湿布再熨，因为毛料衣服有收缩性。

棉麻衣物的熨烫 >>>

在熨烫棉麻衣物时，熨斗的温度要偏高，而且要先熨烫衣里，熨烫时要用垫布，以防损伤衣物。亚麻织物的熨烫应该在半干时熨烫，双面沿纬向横烫，以保持织物原有的光泽。

丝绸衣物的熨烫 >>>

丝绸衣物清洗干净以后，滴干水，趁半干之际装进纸袋放入冰箱速冻室冷冻10分钟左右，再拿出来熨烫就非常快捷容易。丝绸衣物容易熨煳，倘若在衣物背面喷些淀粉浆，则可防止把衣物烫坏。

毛衣的熨烫 >>>

熨烫毛衣最好用大功率蒸汽熨斗，若用调温熨斗必须垫湿布，不要烫得太干。熨烫毛衣的顺序是先领后袖，最后是前后身，折叠时将领子前胸折叠在外、呈长方形放置。

皮革服装的熨烫 >>>

皮革服装须用低温熨烫。可用包装油纸作为熨垫，同时要不停地移动熨斗，使革面平整光亮。

化纤衣物的熨烫 >>>

台板必须铺垫毯子或厚布，最好趁衣料半干时熨烫。熨烫时衣料表面要垫湿布，不要让熨斗直接与衣料接触。压力不宜太大，要来回移动，否则会让反面的缝迹在衣料表面留下痕迹。

羽绒服装的熨烫 >>>

羽绒服装多为尼龙绸面，不宜用电熨斗熨烫，若出现褶皱，可用一只大号的搪瓷茶缸，盛满开水，在羽绒服上垫上一块湿布熨烫。

巧熨有褶裙 >>>

熨烫带有褶皱的裙子时，应先熨一遍褶边，然后再熨整个褶。

巧除领带上的皱纹 >>>

打皱了的领带，不用熨斗烫也能变得既平整又漂亮，只要把领带卷在啤酒瓶上，第二天再用时，原来的皱纹就消除了。

▲巧除领带上的皱纹

巧熨腈纶绒围巾 >>>

熨前将洗涤后晾九成干的围巾平铺在板上，再用湿润白纱布平贴伏于围巾之上，以避免熨烫时产生熨斗印痕和折光。熨烫温度一般调至中温略偏低，平压用力须均匀略轻微，一般普通熨斗均可使用。

巧熨羊毛围巾 >>>

熨斗温度调至中温状态，烫前将晾干的围巾均匀喷上水雾，再铺上浸润后挤干的白纱布片，以避免熨烫折痕。熨烫时要顺应经纬向顺序，切忌斜线走向以致围巾变形。熨烫用力程度视洗涤后变形窄宽度和围巾质地厚薄度而定。

巧去西服中的气泡 >>>

用大号针头的废旧注射器，把胶水或其他无色、无腐蚀、流动性较好的黏合剂，均匀适量注入西服的气泡处，再熨干、熨平，西服会挺括如初。

腈纶衣物除褶皱法 >>>

腈纶服装有了褶皱时，可用稍热的水浸一下，然后用力拉平，皱褶便会消除。

衣物香味持久的小窍门 >>>

熨衣裤时，先在垫布或吸墨纸上喷洒上一些花露水，然后再熨，会使衣服香味持久。

衣物恢复光泽的小窍门 >>>

要想使衣服熨后富有光泽，可在洗衣服时掺入少量牛奶。

巧补皮夹克破口 >>>

穿皮夹克稍不小心，极易被锐器刮破，如不及时修补，破口会越来越大。可用牙签将鸡蛋清涂于破口处，对好茬口，轻轻压实，待干后打上夹克油即可。

棉织物烫黄后的处理 >>>

棉织物烫黄后，可撒些细盐，然后用手轻轻揉搓，再放在太阳底下晒一会儿，最后用清水洗，焦痕可减轻或消失。

化纤衣料烫黄后的处理 >>>

化纤衣料烫黄后，立即垫上湿毛巾再烫一下，轻者可恢复原样，烫焦严重的只能用相同颜色的布料缝补。

巧补羽绒服破洞 >>>

羽绒服上有小洞，可找与羽绒服颜色相同的指甲油或无色指甲油轻轻涂上一层，洞口就会被封住，羽绒也不会钻出。

自制哺乳衫 >>>

在衣服的前胸两侧乳房的部位，各留

一个 10 厘米左右长的开口，外面再安上一个假兜。喂奶时把假兜解开，乳头即露出衣外，喂完后送回，再把假兜扣上，和普通衬衫没有什么两样。

旧衣拆线法 >>>

拆旧衣服时，只要先在沿缝线两面涂上蜡，拆线就非常容易，且不留线头。

巧穿针 >>>

缝补衣物穿不上针时，可将线头蘸点儿指甲油，稍等片刻，线就容易穿过了。这是一种在你失去耐心时最有效的办法。

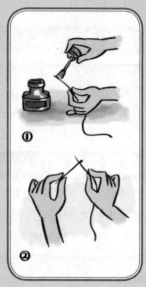

▲巧穿针

白色衣服泛黄的处理 >>>

白色衣裤洗后易泛黄，可取一盆清水，滴 2 ~ 3 滴蓝墨水，将洗过的衣裤再浸泡 1 刻钟，不必拧干就放在太阳下晒，这样洗过的衣服洁白干净。

防衣物褪色四法 >>>

❶染色衣物经过洗涤，往往会发生褪色现象，如果将衣服洗净后，再在加有 2 杯啤酒的清水中漂洗，褪色部位即可复色。

❷洗涤黑色棉布或亚麻布衣服时，在最后一道漂洗衣服的水里加些浓咖啡或浓茶，可以使有些褪色的衣服变黑如初。

❸凡红色或紫色棉织物，若用醋配以清水洗涤，可使光泽如新。

❹新买的有色花布，第一次下水时，加盐浸泡 10 分钟，可以防止布料褪色。

防毛衣缩水的小窍门 >>>

要防止毛线衣缩水，洗涤时水温不要超过 30℃；用高级中性肥皂片或洗涤剂洗涤（水与洗涤剂的比例应为 3：1）；过最后一遍水时加少许食醋，能有效保持毛衣的弹性和光泽。

防毛衣起球的小窍门 >>>

纤维毛衣在洗涤时翻过来洗就可避免起毛球；毛料衣裤、毛衣等穿久了会起很多小球，可用电动剃须刀像剃胡须一样将衣服剃一遍，衣服即可平整如新。

毛衣磨损的处理 >>>

毛衣袖肘部位容易磨损，可将袖子翻过来，在磨损处缝上一片旧丝袜。因丝袜质地结实、柔软，又透明而不易被看出。

巧去絮状物 >>>

衣物晾干后，有些面料的衣物爱沾絮状物，可以找一块浸水后拧干的海绵来擦拭衣物表面，可轻松除去其表面的杂物。

巧去毛呢油光 >>>

毛呢衣裤穿久了会出现油光。此时可用凡士林涂刷于油光处，再铺上吸墨纸用熨斗熨一下，即可除去油光。

如何恢复毛织物的光泽 >>>

毛线、毛衣等羊毛织物，洗的次数多了会逐渐失去原来的光泽，遇到这种情况，先把衣服在清水中漂洗几次，再在清水中加点儿醋（醋的多少看衣物的多少而定），使酸碱性中和，毛线、毛衣等毛织物就会恢复原有的光泽。

使松大的毛衣缩小法 >>>

毛线衣穿久了会变得宽松肥大，很不合体，且影响美观。为使其恢复原状，可用热水把毛线衣烫一下，水温最好在 70～80℃之间。水过热，毛线衣会缩得过小。如毛衣的袖口或下摆失去了伸缩性，可将该部位浸泡在 40～50℃的热水中，1～2 小时捞出晾干，其伸缩性便可复原。

巧法防皮鞋磨脚 >>>

可以用一块湿海绵或湿毛巾，将磨脚的部分皮面沾湿，1 小时后，皮面就软化多了，穿在脚上就不那么难受了。

皮鞋受潮的处理 >>>

皮鞋受潮后，要放在阴凉处风干；不可用火烤或放在烈日下暴晒，以免皮面产生裂纹或变形。

皮鞋发霉的处理 >>>

皮鞋放久了发霉时，可用软布蘸酒精加水（1：1）溶液进行擦拭，然后放在通风处晾干。对发霉的皮包也可如此处理。

鞋垫如何不出鞋外 >>>

找块布剪成"半月"形给鞋垫前面缝上个"包头"，如同拖鞋一样。往鞋里垫时，穿在脚上用脚顶进去，而且脱、穿自如。

▲鞋垫如何不出鞋外

皮鞋褪色的处理 >>>

皮鞋的鞋面磨得褪色而无光泽后，可用生鸡蛋清代替水放进砚池，用墨磨成深浓色的墨汁，再用毛笔蘸上墨汁反复涂抹鞋面，褪色有裂痕的地方多抹几遍，然后把皮鞋放在阴凉通风处晾干。整修后的皮鞋涂上鞋油，揩擦，皮鞋就会重现光亮，翻旧如新，以后即使被水淋湿，墨汁也不会脱落。

呢绒大衣如何烫熨 >>>

冬天穿上一件款式特别的呢绒大衣，真是保暖又有型。但呢绒的料子比较特殊，穿着时间长了，容易遭到磨损，磨损程度比较严重的呢绒大衣会被磨得发亮，其中以大衣的肘部、臀部等部位最容易出现这种情况。出现这种情况的呢绒大衣会显得很旧，穿出去也会影响美观。其实，只要掌握一个熨烫呢绒大衣的小窍门，就能解决这一问题。

窍门：食醋熨烫保护呢绒大衣

材料：食醋、熨斗√

操作方法

❶清洗呢绒大衣时，要在洗涤大衣的水中加入

少许食醋。

❷将洗涤好的呢绒大衣铺在一个平面上。

❸将呢绒大衣磨损比较严重，需要熨烫的地方覆盖上湿布。

❹用熨斗对覆盖湿布处进行熨烫。这样就能让呢绒大衣被磨光的部分恢复原样。

熨衣服时烧焦了怎么办 >>>

　　为了保持衣服的平整，很多时候我们要用熨斗来熨烫衣服，可能只是一走神的工夫，正在熨烫的衣服就被我们烧焦了，这其中有很多衣服是我们精心挑选的，价格还不低，难道就没有办法补救了吗？别着急，我们可以根据不同衣服的材质采取不同的补救措施。

窍门：辨别质地拯救熨焦衣物

材料：盐、湿毛巾、细砂纸、苏打粉√

操作方法

❶当棉织物不小心被熨得发黄，立即撒些细盐，用手轻轻揉搓，在阳光下晒一段时间之后用清水洗净，焦痕即可减轻甚至完全消失。

❷化纤衣物被烫焦，要立即垫上湿毛巾再次熨烫一下，如果焦得不严重的话就能够恢复原状。

❸厚外套不小心烫焦了，要用细砂纸摩擦烫焦的部位，然后用刷子刷一下，焦痕就消失了。

❹绸料衣服烫焦了，可以用适量苏打粉掺上水拌成糊状，涂在烫焦的地方，让衣服自然干燥，焦痕会随着苏打粉的脱离而消除。

保养与收藏

麻类服装的保养 >>>

亚麻西装等外衣，应该用衣架吊挂在衣柜里，以保持服装的挺括。

丝织品的保养 >>>

丝织衣物最好干洗，丝的品质不容易受干洗溶剂的影响，因此干洗是保养丝织物最安全的方法。如果可手洗，要使用中性洗涤剂，而且不要搓揉，熨烫时也要用中温，避免阳光直射，以免褪色。

巧去呢绒衣上的灰尘 >>>

将呢绒衣平铺在桌子上，把一条较厚的毛巾在温水（45℃左右）中浸透后，不要拧得太干，放在呢绒衣上，用手或细棍进行弹性拍打，使呢绒衣上的灰尘跑到热毛巾上，然后洗涤毛巾，反复几次即可除尘。如有折痕，可以顺毛熨烫。最后将干净的呢绒衣挂在通风处吹晾。

▲巧去呢绒衣上的灰尘

白色衣物除尘小窍门 >>>

白色的被、帐、衣服等如果尘垢较多，可用白萝卜煎汤来洗。这样能去除污垢，且洁白如初。

醋水洗涤可除异味 >>>

夏季，衣服和袜子常带有汗臭味，把洗净的衣服、袜子再放入加有少量食醋的清水中漂洗一遍，就能除衣、袜的异味。

巧除胶布雨衣异味 >>>

胶布雨衣穿久后常会出现一般难闻的异味。消除之法很简单，只要在穿用完毕后，尽量将衣服张开通风晾透即可。如果是橡胶本身发出的异味，消除该味可用双氧水（药房有售）一小瓶掺入一盆清水，将雨衣浸水湿透，然后再晾干，臭味即可消失。

巧晒衣物 >>>

衣服最好不要在阳光下暴晒，应在阴凉通风处晾至半干时，再放到较弱的太阳光下晒干，以保护衣服的色泽和穿着寿命。晾晒衣服不可拧得太干，应带水晾晒，并用手将衣服的襟、领、袖等处拉平，这样晾晒干的衣服会保持平整，不起褶皱。毛衣洗毕脱水后，可放置于网或帘子上平展整形。待稍微干燥，便挂吊在衣架上选一个通风背阴处晾干。细毛线晾晒前，可先在衣架上卷上一层毛巾或浴巾，防止变形。

西装的挂放 >>>

不能用普通衣架，必须用专挂西装的厚

衣架，否则厚实的肩膀会逐渐地下垂变形。西装和大衣的衣领内侧很容易堆积灰尘，这也是衣领变色的原因。所以，应将衣领竖起用衣架挂好，并将灰尘清除后收存。

巧除西装发光 >>>

较深色的西装，穿用一个时期后，常会在肘部、膝盖、臀部等地方呈现发光现象，冬天更甚。要用一盆温水加入少量洗涤剂，用毛巾沾湿揩拭发光部位，再垫上一层布，用熨斗熨烫一下，发光现象会自然消失。

西装的保养 >>>

挂在通风处，使之阴干。用一木棒轻轻敲打，使灰尘抖落。把袋口翻过来，清除里面脏物，用刷子刷净。再用一盆温水加入少量洗涤剂，用湿毛巾由上至下慢慢擦拭；容易弄脏的部位，用温水再擦拭一遍。在主要的部位，如前胸、口袋、领子等地方，盖上一层布，用熨斗把它烫平，两肩要另外仔细地熨，否则会变形。然后挂在衣架上，放在通风处阴干。

皮包的保养 >>>

真皮包不用时，最好置于棉布袋中保存，不要用塑料袋，因为塑料袋内空气不流通，会使皮革过干而受损，包内塞上一些纸以保持皮包形状。

皮包保存不当易生霉点。对此，可用干皮子或布擦一遍，然后涂上凡士林油，待10分钟后，再用干净布擦一擦，这样可使皮制品像新的一样。

领带的保养 >>>

领带不宜多洗涤，否则会掉色；不要在阳光下暴晒，那样会褪色、丝纤维发黄；领带存放处宜干燥，不要放樟脑球；不要吊挂，

应当挂在衣架中，以保持平挺；收藏前应该熨烫一次，以达到防霉防蛀杀虫灭菌的作用。

手套的保养 >>>

手套容易被汗浸湿，可经常在手套里撒上滑石粉保持干燥。皮手套被汗浸湿时，可在每个指头里塞上5～8粒干黄豆，2小时后取出，黄豆可吸收手套里面的潮气。

延长皮带寿命的窍门 >>>

新买的皮带，先用鸡油均匀地涂抹一遍，这样，皮带就变得比较柔软而且具有光泽。鸡油可以防止汗液侵蚀皮带，从而延长皮带的使用时间。

如何延长丝袜使用寿命 >>>

把新丝袜在水中浸透后，放进电冰箱的冷冻室内，待丝袜冻结后取出，让其自然融化晾干，这样在穿着时就不易损坏。对于已经穿用的旧丝袜，可滴几滴食醋在温水里，将洗净的丝袜浸泡片刻后再取出晒干，这样可使尼龙丝袜更坚韧而耐穿，同时还可去除袜子的异味。

巧除绸衣黄色 >>>

白绸衣物变黄后，可用干净的淘米水浸泡2～3天（每天更换一次新的淘米水）后取出，然后用自来水清洗即可除去黄色，如果用柠檬汁洗，则更为理想。

纽扣的保养 >>>

衣服上的纽扣，因时间过久会暗淡无光，欲恢复光泽，只需涂上点儿无色指甲油，用软布擦拭，即能焕然一新。

拆纽扣时，找一把小梳子，插在纽扣下，用刀片割断纽扣的缝线，这样既不损坏衣服、纽扣，又能把断线拆净。

巧除衣扣污迹 >>>

塑胶衣扣若有污渍，可以在扣子四周垫上塑胶纸，再用橡皮擦拭。

铂金首饰的保养 >>>

轻拿轻放，避免碰撞与摩擦，单独保存在珠宝盒或软皮口袋内；不要触摸漂白剂或其他有刺激性的化学品；做手工工作时，取下铂金首饰；定期进行专业清洗，镶嵌宝石的铂金首饰，要确保每6个月进行一次专业清洗。

珍珠的保养 >>>

❶不宜在阳光下暴晒，少与香水、油脂以及强酸强碱等化学物质接触，防止珍珠失光、褪色。佩戴时要常用洁净的软布擦抹。

❷珍珠不佩戴时，先用弱碱性的肥皂水洗涤一下，再用清水充分冲洗，然后用洁净软布将其擦净、阴干，放在丝绒盒内，置于避晒、防潮处保存。

钻石的保养 >>>

不要将钻饰堆放在一起，以免镶托间相互摩擦刮花；做粗重、剧烈活动时，先将钻饰脱下；每隔半年送珠宝店做一次专业性清洗。

黄金首饰变白的处理 >>>

将变白的首饰放在酒精灯上烧几分钟，首饰就又会恢复其闪闪金光了。

宝石戒指的擦拭 >>>

镶宝石的戒指上有了灰尘，大多积在下面。此时，可用牙签或火柴棒卷上一块棉花，在花露水、甘油或在氧化镁和氨水的混合物中蘸湿，擦洗宝石及其框架，然后用绒布擦亮戒指。切不可用锐利物清理宝石及其框架。

银饰品的擦拭 >>>

取少许牙粉，用热水拌和成糊状，涂抹饰物表面。然后擦亮，拭干即可。

如何恢复银饰品的光泽 >>>

先用洗涤剂洗净饰品表面，接着用硫代硫酸钠溶液（100克水加入20克硫代硫酸钠）清洗，最后再用清水洗涤。

翡翠的保养 >>>

尽量避免使它从高处坠落或撞击硬物，尤其是有少量裂纹的翡翠首饰，否则很容易破裂或损伤。切忌与酸、碱长期接触，这些化学试剂都会对翡翠首饰表面产生腐蚀作用。翡翠怕油污，所以一定要保持翡翠首饰的清洁，经常在中性洗涤剂中用软布清洗。不要将翡翠首饰长期放在箱子里，否则也会失水变干。

巧晒球鞋 >>>

洗完帆布运动鞋后，可在鞋尖部位各塞一块洗净的鹅卵石，然后再晾晒，以防鞋子变形。

巧除胶鞋异味 >>>

穿过的旧胶鞋，洗净晾干后，往胶鞋里喷洒白酒（新胶鞋可直接喷洒），直至不能吸收为止，然后晾干。这样穿就不会有脚臭味了。

去除鞋内湿气 >>>

❶脚汗多的人，可在每晚睡觉前将石灰粉装入一个小布袋，放进鞋内吸潮，第二天穿着干燥舒适。

❷冬季穿棉鞋或毛皮鞋，透气性差，里边易潮湿，又不便干燥。这时，如能用电吹风向鞋内吹上几分钟，即可干燥温暖，穿

着舒适。

皮鞋除皱法 >>>

皮鞋如出现少许皱纹或裂痕，可先涂少许鸡蛋清，然后再涂鞋油，如果是较大的皱纹，可以将石蜡嵌填在皱裂处，用熨斗熨平。

皮鞋"回春"法 >>>

皮鞋经过近半年的存放，皮革中的皮质纤维易发干发脆，膛底收缩变形。这时不要急于硬穿，要往膛底上刷一层水，隔一天鞋就会自然伸开，并恢复原样。

新皮鞋的保养 >>>

新买的皮鞋，在未穿之前，用蓖麻子油在鞋底接缝部分擦一遍，就能增加防水效果。而鞋面抹一层鸡油，可使鞋面光泽柔软。如欲保持长久的光润，可用鲜牛奶涂擦一遍。

皮靴的保养 >>>

冬天过后，把长筒皮靴除去灰尘、擦上鞋油，待充分干燥后，用硬纸卷成筒状插入靴中，以保持原来的形状。

皮鞋淋雨后的处理 >>>

雨天穿过的皮鞋，往往会留下明显的湿痕，可以把蜡滴入鞋油，然后涂上鞋油，过几分钟后，不仅很光滑，更可以防龟裂。皮鞋踩过水后，趁它潮湿时在鞋底抹一层肥皂，放在阴凉处晾干，可以避免变硬变小。要使潮湿的鞋子快点儿干，可以把旧报纸卷起来，塞在鞋子里。

如何擦黄色皮鞋 >>>

擦黄皮鞋时，可先用刷子蘸一点儿柠檬汁刷去鞋上的尘垢，再用黄蜡和松节油加以擦拭即可。

白皮鞋的修补 >>>

用涂改液（进口的最好）涂擦磕破的地方，可稍多涂一些，然后抹平，晾干后基本恢复原样。

巧除球鞋污点 >>>

白球鞋受潮后易生黄斑点或灰斑点，影响美观。要去掉这种污点，可先准备高锰酸钾和草酸少许，用毛刷把高锰酸钾溶液（高锰酸钾1份，水20份，充分溶解即成）涂在鞋面污点上，约1小时，渐成淡黄色，再用另一把毛刷把草酸溶液（草酸1份，清水10份）涂在涂过高锰酸钾的地方，约3分钟，用清水将鞋面略微浸湿一下，把草酸冲去，防止局部留下水渍，用软布擦干，污点即可消除。

鞋油的保存 >>>

把包装好的鞋油放在冰箱中冷藏，能避免变干变硬。

▲鞋油的保存

巧除毛皮衣物蛀虫 >>>

毛皮服装有蛀虫时，不要用手捏，以免

弄脏衣物。只要滴一滴指甲油在虫子身上，虫子便会自动掉下来。

毛料衣物的收藏 >>>

❶收藏前，先去污除尘，然后放在阴凉通风处晾干，有条件的最好熨烫一下，以防止蛀虫滋生繁衍。

❷各类毛料服装应在衣柜内用衣架悬挂存放，无悬挂条件的，要用布包好放在衣箱的上层。存放时，尽量反面朝外。

❸纯毛织品易被虫蛀，可把樟脑丸或卫生球用布包好，放在衣柜四周或吊挂在箱柜中，这样一般不会发生虫蛀。

❹存放在通风处，并根据季节变化和存放时间长短，适时将衣服再晾晒几次。长期密封容易造成虫蛀。

皮鞋的收藏 >>>

❶皮鞋收藏前，不要擦鞋油，最好是涂抹鸡油，以保持皮面不干皱。

❷存放时，为防止皮鞋变形，可在鞋内塞好软布、报纸或鞋撑。

❸要避免与酸、碱和盐类接触，以防损伤革面或变色。

❹把鞋存放于阴凉、干燥、没有灰尘的地方，最好放在鞋盒内，或者装入不漏气的塑料袋，用绳子将袋口扎紧，上面不应重压。

棉衣的收藏 >>>

棉衣穿过一冬后会吸收大量潮气，沾上不少灰尘污物，特别是领口、袖口极容易脏。应该用水刷洗一次，晒干熨烫后再收藏。否则，霉菌会大量繁殖，霉坏衣服。在衣箱中放置樟脑丸，并要经常翻晒。

化纤衣物的收藏 >>>

❶化纤类服装收藏前，一般只能用洗衣粉洗，决不能用肥皂。因为肥皂中的不溶性皂垢会污染化纤布。

❷合成纤维类服装不怕虫蛀，但收藏前仍须洗净晾干，以免发生霉斑。尽可能不用樟脑丸。因樟脑的主要成分是萘，其挥化物具有溶解化纤的作用，会影响化纤织物的牢度。

麻类服装的收藏 >>>

一定要折叠平整存放，最好是按商品包装时原有的折痕折

▲皮鞋的收藏

叠。长期存放时衣柜一定要干燥，防止极能吸湿的麻类服装受潮霉变。

羽绒服的收藏 >>>

羽绒服在收藏时。不宜折叠或重压，只能挂藏，以免变形。带有塑料拉链的羽绒服，应将拉链拉合保存，避免拉链牙子走形。

真丝品的收藏 >>>

收藏真丝品时，衣柜内要放防虫剂，但不要直接接触衣服，不宜长期放在塑料袋中。存放时应衬上布。放在箱柜上层，以免压皱。不要用金属挂钩挂衣，防止铁锈污染。衣架挂于避光处，以免面料受灯光直接照射而泛黄。

巧除球鞋臭味 >>>

缝两个小布袋，里面装上干石粉，扎上口，脱鞋后立即将其放在鞋里，既可以吸湿，又可以去除臭味，再穿时干燥无味，比较舒适。或者将少量卫生球粉均匀地撒在鞋垫底下，可除去脚臭，一般1周左右换撒一次。

内衣的收藏 >>>

内衣收藏前，务必仔细地洗净，浅色内衣可用漂白剂予以漂白，完全晾干后再收藏，可防止内衣泛黄。

使用樟脑丸的讲究 >>>

衣柜中放置樟脑丸的最佳位置是上层。因为樟脑丸由固态变为气态时，其比重较空气重。樟脑丸放在柜子的上层，其气味就可自上而下，经过衣物，起到保护衣物的作用。

加金银线的衣服别放樟脑 >>>

金银线夹丝的衣服闪光漂亮，但樟脑丸会产生一种盐素瓦斯，使金银物质变色失光，因此，加金银线的衣服收藏时不要放樟脑。

衣物留香妙招 >>>

将用尽的香水瓶去盖，放入衣柜，让衣物充满香气；或在清洗内衣物时，滴上一两滴香水，贴身衣物也充满愉悦香气。

大领衣服挂不住，怎么办 >>>

很多人都会有几件大领衣服，大领衣服由于领口比较大，一般尺寸的晾衣架都无法将之挂牢，往往遇到一阵微风，就会从衣架上滑落下来，刚洗好的衣服就这样白洗了。面对这种情况，该怎么办呢？

窍门：巧用皮筋防止大领衣服滑落

材料：皮筋、衣架√

操作方法

❶选择一个大小比大领衣服领口大一些的衣架。

❷准备两个皮筋，将两个皮筋分别撑开套在衣架两侧的中间位置。

❸将大领衣服挂在衣架上。

❹拉起皮筋的一端将之压在大领衣服肩膀上的衣服压线处，使大领衣服被固定在衣架上。取衣服的时候将皮筋提起就可以把衣服取下来。

怎样叠 T 恤不会有褶皱 >>>

　　炎热的夏季，T 恤衫是每个人都要准备的避暑装备。简单的 T 恤衫，却有多种不同的款式和颜色，V 领、圆领、长款、短款，可谓各显风采。由于夏季人体比较容易出汗，为了保证能够经常更换，每个人的 T 恤衫数量也比较多，好不容易将这些 T 恤衫收纳到衣柜里或者抽屉里，可拿出来穿的时候又遇到了新的难题，这就是被集中叠放的 T 恤衫上布满了褶子，直接穿出去很不美观，用熨斗熨又要花费很多时间。这该怎么办呢？

窍门：卷起 T 恤防褶皱

材料：T 恤√

操作方法

❶将 T 恤铺在一个平面上，将 T 恤的两只袖子沿着衣服正面与袖子缝合的那条线向 T 恤的正面折叠。

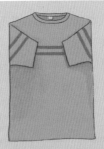

❷将折好袖子的 T 恤衫沿衣服中间纵向对折一下，将对折过的衣服整理平整。

❸将 T 恤衫从领口向下紧紧卷成一卷。

❹将卷成卷的 T 恤衫依次放入抽屉中整齐排列好。

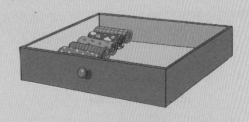

怎样挂裤子不会掉 >>>

　　很多人在生活中都会遇到这样的问题，当你把叠好的裤子用衣架整整齐齐地挂好，但过一段时间后再看，裤子已经掉落在地。

其实，裤子从衣架上滑落在地只是由于摩擦力太小的缘故，你只需要掌握下面这种挂裤子的方法，就能有效地解决这一问题。

窍门：妙招挂裤子增大摩擦力

材料：衣架√

操作方法

❶将要挂起的裤子铺在一个平面上，沿着裤子的中间对折，使裤子的两条裤腿重合。

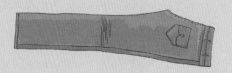

❷将上层的裤腿沿着膝盖处向上折起，露出下面的裤腿。

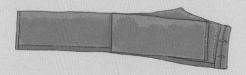

❸准备一个衣架，将衣架放在下面的裤腿上。

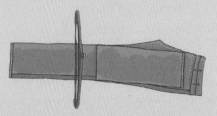

❹将下面的裤腿穿过衣架，再把上面的裤腿从衣架上穿过去，之后就可以将裤子挂起来了。

衣服太多，衣橱不够大怎么办 >>>

家里的衣服太多，衣柜里挂不下了该怎么办呢？遇到这样的情况，你不一定要购买新的衣柜，其实，只要一个简单的窍门就能帮你解决这一问题。

窍门：S钩让衣柜里的衣服挂得更多

材料：S钩√

操作方法

❶将衣柜里一个衣架上的衣服摘下来。

❷准备一些S钩，将一个S钩挂在衣架上，将另外一个衣架挂在S钩上。

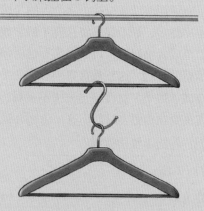

❸再在第二个衣架上挂上另外一个S钩，下面也挂上衣架，依此类推，让这些衣架形成一排。

将 S 钩上挂着的一排衣架上依次挂上衣服。

② 将折好的贴身衣物从一边开始紧紧地卷成一个卷。

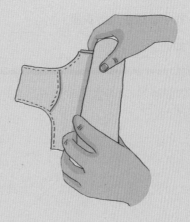

③ 将卷好的衣物卷塞进准备好的纸芯筒。

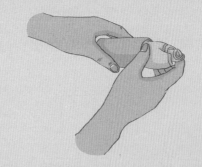

贴身衣物如何收存才能不散乱 >>>

　　有些人经常会遇到这样的情况：早晨起来想换袜子的时候，只看到其中一只，另一只却怎么也找不到了，只好随便拿起另外一双。要避免这样的情况出现，就需要好好收拾一下衣柜了。那么，如何才能把那些内衣、袜子之类的小物品好好地做个归纳呢？

窍门：纸芯筒收存贴身衣物

材料：纸芯筒√

操作方法

① 根据卫生纸筒的长度把内裤、吊带、袜子等折成合适的长度。折好的小衣物宽度不宜超过纸筒的长度。

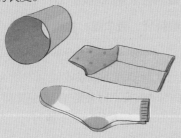

④ 将塞有衣物的纸芯筒整齐排列在收存内衣的抽屉中。这样下次要找的时候就会好找许多。

如何叠衣服省时又省力 >>>

　　你会叠衣服吗？也许有人会说这是一个毫无意义的问题，叠衣服只是一个简单的家务活，谁不会呢？普通的叠衣服方法自然没有人不会，但省时又省力的叠衣窍门却是需要学习的，要想了解这种轻松的叠衣方式，不妨看看下面吧。

窍门：找中心线快速折衣服

材料：无√

操作方法

❶先将衣服铺在一个平整的平面上。正面朝上将衣服弄平整了。

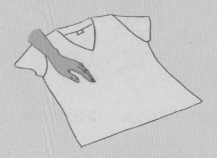

❷在衣服上用手比量，找到大致的衣长中心线。

❸在衣领旁大约2厘米处找到一个点和这一点与衣长中心线的垂直交点，右手抓住衣领旁的点，左手抓住前面找出的交点，稍稍提起。

❹将右手从左手上边绕出，抓住衣服下摆。

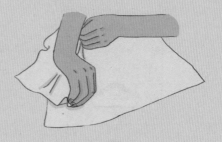

❺抓好衣服各点之后，将衣服抖一抖，再折回去放在平面上就可以了。

如何收纳厚棉衣最节省空间 >>>

夏天来临，我们就要将厚衣服、厚被子收进衣柜里去，可是厚厚的衣服、被子占的空间很大，只要几件衣服、两三床被子就会把衣柜塞得满满的，再也塞不进别的衣物去。有没有什么办法可以把这些厚衣服、被子压缩一下，节省更多的空间呢？这里就教你一个简单的方法，可以帮你的衣柜减轻负担，让其他衣服能够获得更大的存放空间。

窍门：真空法收纳厚棉衣

材料：塑料袋、吸尘器、线绳√

操作方法

❶准备一个能够装下需要收纳棉衣的大塑料袋，将要收纳的棉衣折叠整齐，放到塑料袋中。需要注意的是，塑料袋一定不能漏气，否则无法达到密封的效果。

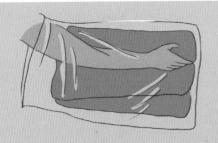

❷将装有厚棉衣的塑料袋袋口套在吸尘器的吸尘口上，用手握住被塑料袋包裹的吸尘口，注意不要漏气。

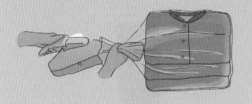

❸打开吸尘器的开关，抽出塑料袋里的空气，塑料袋的体积会随着空气的抽出慢慢变小。

❹当塑料袋中的空气被抽尽的时候，把吸尘器关掉。紧握袋口将吸尘器管拔出，将袋子的口用线绳紧紧系住。将用此方法压缩好的棉衣和棉被整齐摆放在柜子中。

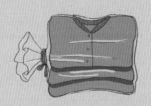

单层隔板鞋柜，如何扩大容积 >>>

对于一个家庭来说，每个成员都会有不止一双的鞋子，皮鞋、凉鞋、运动鞋，一个家庭中有几十双鞋子是常事，但家中的鞋柜往往只有一个。为了能够存放鞋帮比较高的鞋子，鞋柜的每一层通常都会很高，导致鞋柜虽然还有剩余空间却放不下所有的鞋子。针对这一比较常见的问题，有没有什么简单的解决方法可以让鞋柜的空间得到合理的利用呢？

窍门：巧用鞋盒扩充鞋柜

材料：鞋盒、剪刀√

操作方法

❶准备一些鞋盒，将这些鞋盒都剪去一个底面和面积较大的侧面。

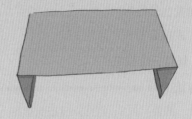

❷将剪去底面和侧面的鞋盒整齐地码放在鞋架上。

❸最后将鞋子依次摆放在鞋架上和鞋盒制成的隔板上就可以了。看，经过改造的鞋架是不是能够存放更多双鞋子了？

不穿的长筒靴该怎样存放 >>>

长筒靴是一种穿着时鞋帮达到大腿的靴子，作为一种时尚的潮流，很得现代女性的青睐。在穿裙子或者穿短裤时，搭配一双长筒靴是不错的选择。在寒冷的冬天穿着长筒靴，更是时尚又保暖。一双好的长筒靴由于设计和用料都比较考究，往往价格不菲。因此在天气比较炎热，不必穿长筒靴的时候，就应该注意长筒靴的收纳和保养。长筒靴的鞋帮比较长，没有支架就会东倒西歪，长久下去会造成长筒靴的损伤。那么，该怎么存放长筒靴比较好呢？

窍门：废报纸制作长筒靴支架

材料：丝袜、废报纸√

操作方法

❶准备一些废旧报纸，将几张废报纸摞在一起，卷成一个卷，纸卷的粗细根据长筒靴的大小而定，并且要保持一定的硬度。依照同样的方法制作两个报纸卷。

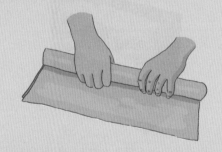

❷把卷好的报纸卷分别放入两条丝袜之中。

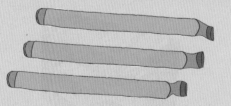

❸将两条丝袜的两头合在一起系好。

❹使用长筒靴支架的时候，只需要把丝袜包裹的两卷报纸分别放入长筒靴的两个靴筒即可。

如何收纳高跟鞋 >>>

对于喜好高跟鞋的女人来说，几双高跟鞋是远远不能满足要求的，能够搭配各式衣服和适合不同天气的高跟鞋会占去很大的房间空间，同时显得十分散乱。那么，如何收纳高跟鞋才能解决这一问题呢？

窍门：绳系法收存高跟鞋

材料：绳子√

操作方法

❶把绳子折叠一下，使绳子成为双股绳，折叠后的绳子长度应该比预计挂鞋的位置的高度到地面的距离稍长一些。

❷将绳子从上至下依次打结，结与结之间的距离根据高跟鞋鞋跟的粗细而定，如果是比较细的普通鞋跟，结之间的距离以 3 厘米为宜，如果所要收纳的高跟鞋鞋跟比较粗，结之间的距离可以增大到 6 厘米。

❸在墙面预计要挂鞋处贴一个粘钩，待粘钩挂坚固之后，将系好绳结的绳子的一端挂在挂钩上。将高跟鞋的一侧朝墙，另一侧朝前，鞋跟相对，依次挂在绳子上。

❹最后，可以在挂钩上挂上一块塑料布来遮挡灰尘。

怎样收存丝巾干净整齐 >>>

对于拥有多条丝巾的女性来说，丝巾的收纳可不是件容易的事。一则丝巾的材质特殊，稍有不慎就会受到损坏，另外多条丝巾叠放在一起，想要找到一条配合穿着服饰的丝巾十分困难，有时越是着急就越是找不到想要戴的那一条。面对这种情况，你可能需要变换一个丝巾收纳方式了。

窍门 1：饮料瓶收纳丝巾

材料：饮料瓶、胶带、剪刀√

操作方法 〰〰〰〰〰〰〰〰〰〰〰〰〰〰〰〰〰〰〰〰

❶准备与丝巾数量相同的空饮料瓶，将这些饮料瓶都剪至合适的高度。

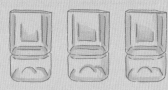

❷将饮料瓶剪过的边修剪一下，粘上胶带，以防划破丝巾。

❸将这些饮料瓶排成一排，用透明胶带粘在一起，用绳子将这些饮料瓶系在一起，在饮料瓶的一端系一个能挂挂钩的绳圈。

❹将丝巾叠好，依次放入收纳盒，把收纳盒挂在衣柜里或者放在抽屉里，取用十分方便。

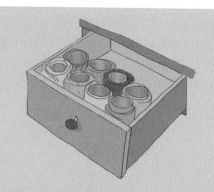

窍门2：卫生纸筒芯收纳丝巾

材料：卫生纸筒芯√

操作方法

❶依照卫生纸筒芯的长度，将丝巾折成合适的宽度。

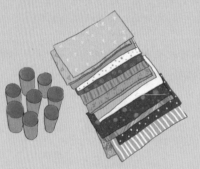

❷将折叠好的丝巾一层一层地缠绕在卫生纸筒芯上。

❸将缠了丝巾的卫生纸筒芯放在抽屉里码放整齐。

怎样收存领带最整齐 >>>

领带是男性日常生活中最常见的饰品。相对女性来说，男性的服装样式本来就比较单调，领带是少数的能体现一位男性穿着品位的服饰装饰之一。在正式的场合中，男性通常会穿着西服，系上领带。当然不同的套装也需要配合不同颜色、花纹的领带。那么，这么多的领带是如何收存的呢？怎样收存领带才能既整齐，不伤领带，又一目了然，可以随时选取适合的领带来搭配服饰？

窍门1：保鲜膜筒芯制作领带架

材料：保鲜膜筒芯、塑料绳√

操作方法

❶将准备好的塑料绳穿过一个保鲜膜的筒芯，让筒芯两边的绳子保持相同的长度。

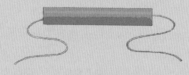

❷将一侧的绳子从左至右穿过另一个保鲜膜筒芯，将另一侧的绳子从右至左穿过同一个保鲜膜筒芯，最后把绳子拉紧。

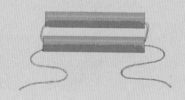

❸依照需要收纳领带的多少决定筒芯的多少，穿筒芯的方式与上一步相同。穿好所有筒芯之后将两端的绳头系上一个死结固定。

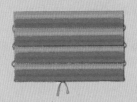

❹将做好的领带架挂在合适的地方，将领带挂在筒芯之间的缝隙中即可。

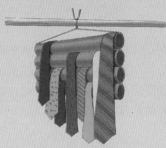

窍门2：卫生纸筒芯收存领带

材料：卫生纸筒芯√

操作方法

❶在卫生纸筒芯上竖直开一个小槽，槽的大小要以能插进领带的窄端为宜。

❷将领带较细的一端插进卫生纸筒芯上的小槽中，将领带一圈一圈紧紧缠在筒芯上。

❸在缠好的领带中缝处套上一个皮筋以固定领带，将这些缠着领带的筒芯放入抽屉。

怎样晾帽子不变形 >>>

帽子长时间戴着，不仅外表会沾染上一些脏东西，帽子的内侧靠近额头边缘的地方往往也会出现一些油渍、汗渍，难以用一般的方法清洁干净，这时候就不得不把帽子清洗一下了。然而，清洗帽子特别是晾晒帽子的时候常常会让帽子变形，影响使用。清洗后的帽子失去了原来的形状，变得很扁，虽然干净却也无法佩戴了。那么，如何晾帽子才能保持帽子原来的形状呢？

窍门：气球晾帽子，易干又定型

材料：气球、绳子√

操作方法

❶依据要晾晒的帽子的数量，准备几个气球，将这些气球的表面擦拭干净。

❷按照要晾晒的帽子的大小，把气球吹成合适的大小。

125

❸当气球吹好以后，用绳子在气球的开口处系紧并缠绕几圈。

❹将需要晾晒的帽子套在气球上，将帽子夹在夹子上晾晒即可。

怎样晾床单最节省空间 >>>

　　清洗后的床单和被罩直接搭在晾衣绳上会占据很大空间，影响其他衣服的晾晒。那么，如何做才能使床单和被罩容易晾干又节省空间呢？

窍门：巧用锅屉晾床单

材料：锅屉、长绳子、S形挂钩、夹子✓

操作方法 //////////////////

❶准备一个锅屉，将之冲洗干净。

❷将一根绳子对折剪开，然后将绳子剪成的两段交叉成十字形系在锅屉上，系的过程中，两段绳子的两头要分别穿过锅屉最外圈的孔并系好，使锅屉受力均匀。

❸用一个S形钩钩在绳子的交叉处挂起来。

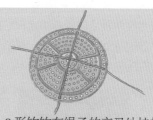

❹把洗好的床单对折，将折好的床单一侧绕锅屉围好，再用夹子将床单夹在锅屉上，就可以方便地晾晒床单了。需要注意的是，夹床单的夹子之间的距离应该均匀些。

连衣裙背后的拉链总是很难拉，怎么办 >>>

　　连衣裙是女性最常见的服装样式之一，而很多连衣裙的拉链都设计在连衣裙的后背部分。这给独自在家穿连衣裙的女性造成了一定的不便。倘若穿连衣裙时有人在侧，寻求他人帮忙拉拉链固然是最好，但没有旁人在侧的时候就没法穿脱连衣裙了吗？这显然需要有点儿创意的解决方式，下面的小窍门会告诉你该如何做。

窍门：巧用曲别针裙子拉链自己拉

材料：曲别针✓

操作方法 〰〰〰〰〰〰〰〰〰〰〰

❶准备一条废旧不用的布条，将布条折过来缝上，形成一个拉手圈。将布条缝制成的拉手圈穿进准备好的曲别针中。

❷当需要自己拉连衣裙的背后拉链时，先将曲别针外侧一头穿过连衣裙拉链上的小孔。

❸用手提着曲别针另一侧上的拉手圈向上拉，直到拉链拉到头为止。

❹拉好拉链之后，将曲别针从连衣裙拉链上退出来即可。

防止鞋底打滑有什么妙招吗 >>>

众所周知，我们所穿的拖鞋鞋底上的各种不同纹路是被设计用来增加摩擦力，防止拖鞋太滑的。但拖鞋穿着的时间过长鞋底的纹路就容易被磨平。当我们穿着不再防滑的拖鞋走在地板上或者瓷砖上时，常常会不小心摔倒，这种情况下，擦伤、碰伤也是常有的事。其实，遇到这种情况，拖鞋不一定要换一双新的，只要做一些简单的处理，拖鞋就又变得防滑了。

窍门1：贴胶布防止鞋底打滑

材料：电工胶布√

操作方法 〰〰〰〰〰〰〰〰〰〰〰〰〰〰〰

❶准备一卷电工胶布，按照拖鞋的宽度剪下长短合适的一段。

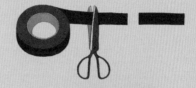

❷将拖鞋鞋底的前掌贴上一段电工胶布。

❸将拖鞋鞋底的后跟部位也贴上一段电工胶布。

❹将另一只鞋也如此处理。

窍门2：马铃薯摩擦鞋底给鞋底防滑

材料：马铃薯√

操作方法

❶准备一个生马铃薯，将马铃薯切成两半。

❷用生马铃薯的横切面来摩擦鞋底，鞋底就不会滑了。

怎样佩戴胸针不会留下皱纹 >>>

　　在衣服的胸口别上一个别致的胸针，是不少女性朋友们喜欢的装扮方式。但别胸针却常常会使衣服受到损害，有时取下胸针之后，衣服上的针眼痕迹会特别明显，同时，别过胸针的衣服胸口处还会出现难以抚平的褶皱。那么，有没有什么办法能够在别胸针的同时解决这两个问题呢？

窍门：贴胶布佩戴胸针无褶皱

材料：胶布、剪刀√

操作方法

❶比照胸针的大小剪一块胶布，胶布的大小应略大于胸针。

❷看准衣服上准备别胸针的位置，将衣服翻过来。

❸比好位置，将胶布贴在衣服要别胸针的位置。

❹将衣服翻到正面来，把胸针穿过衣服上所贴胶布佩戴上即可。

有什么方法能够轻松打领带 >>>

　　打领带是一个成功的男性和一个优秀妻子的必修课，这就是说，无论是男性还是女性，都应该学会打领带，那么掌握一个轻松简单的领带系法就是十分必要的了。下面就介绍一种简单易学的打领带方法。

窍门：轻松学会打领带

材料：领带√

操作方法

❶右手握住领带的大端，左手握住领带的小端，把领带两端交叉，大端在前，小端在后。

❷将领带大端绕到小端之后。

❸将领带大端从正面绕领带小端一圈，形成一个环。

❹把领带大端翻到领带结之下，并从领口位置翻出。

❺再将领带大端插入先前形成的环中。

❻最后把穿入领带环的大端下拉系紧，将领带结整理平整。

怎样打一个可以调整长度的饰品绳结 >>>

　　人们总是喜欢在颈项上挂上各种式样的吊坠，而这些吊坠一般都价值不菲，如果丢了可着实让人心疼。另外，佩戴这些吊坠还带来了一个问题，那就是如果系吊坠的绳子太松，则显得不太美观，如果系吊坠的绳子太紧，又难于佩戴。那么，如何系出一个不仅可以方便地调节长短，更可以牢固地挂住吊坠，使之不易丢失的绳结呢？

窍门：活动绳结调松紧

材料：绳子√

操作方法

❶在系绳结之前先根据自己的颈部选择一段长度合适的绳子，以绳子两端绳头对接后能套进头部为宜。将绳子一端穿过挂坠。

❷一根绳子固定不动，以此为轴，将另一根绳子的绳头在上面绕一圈，再从绕出的环里穿出来拉紧，如果觉得一个绳结不够牢固，可以再打一个。

❸再以刚刚在动的绳子为轴，将上一步中作为轴的绳子按照上一步中的方法打结。

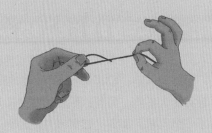

❹最后将两端多出的绳子剪短，一个美观又实用的活动绳结就系好了。想要调节绳圈的长度，你只要拉动两个绳结就可以办到了。

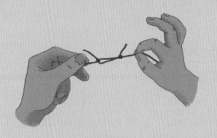

怎样快速缝制一条合身的棉裤 >>>

　　天气渐渐变冷，家中有年龄比较小的孩子的父母，意识到该给孩子买一条棉裤来抵御严寒了，去年穿过的棉裤还很新，但孩子长得太快，已经穿不上了。在商场里挑来挑去，花费很多时间买来一条棉裤，穿上还不

一定合身。不如利用秋裤和棉花，给孩子快速缝制一条合身的棉裤吧，不用量尺寸，方便又省事，还不用担心棉裤的质量问题。

窍门：秋裤变身棉裤

材料：秋裤两条、棉花√

操作方法 ～～～～～～～～～～～～～～

❶准备两条秋裤，一条尺寸正合适，另外一条比正常尺寸大上两号。

❷将较小号的那条秋裤翻过来，里子向外在桌面上铺平，在小秋裤里面均匀地铺上一层棉花。

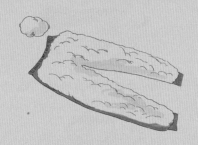

❸把尺寸稍大的秋裤的里子翻出来，平放在小秋裤铺好棉花的面上。将大秋裤和小秋裤贴在一起翻一个面，让小秋裤没贴棉花的一面朝上平放。再将小秋裤的这一面照上面的方法铺上棉花。

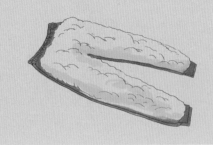

❹用一张硬一点儿的纸裁剪成裤子的形状铺在棉花上。

❺将裤子从裤腰处翻转过来,卷到裤裆的时候,用手抓住裤腿拉出来。让较大的一条秋裤作为棉裤的外层。

❻用针线将裤腰、裤腿以及两层秋裤仔细缝合在一起。

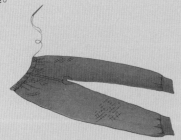

怎样让披肩变外套 >>>

你是否常常会觉得衣柜里的衣服不够多?出门时总要考虑是否和别人"撞衫"?只要你拥有几条花色不同的披肩,这样的烦恼马上可以得到解决!

窍门1:披肩变身斜肩外套

材料:披肩、腰带√

操作方法 ~~~~~~~~~~~

❶准备一条披肩,将披肩稍稍错开一些折叠成

三角形。

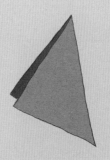

❷将折好的披肩披在身上,绕过一侧的腋下,将披肩的两角在另一侧的肩上系一个结固定。

❸根据自己的喜好,选择一条腰带或者丝巾系于腰间。

窍门2:披肩变身衬衫式外套

材料:披肩√

操作方 ~~~~~~~~~~~

❶挑选一块披肩,将披肩展开,在披肩的顶

端折出一道宽边，平铺在胸前。

❷将披肩的两角绕到颈后打一个结。

❸再将披肩下端的两个角绕到腰后打一个结固定。整理好形状即可。

第三章

居家生活
小窍门

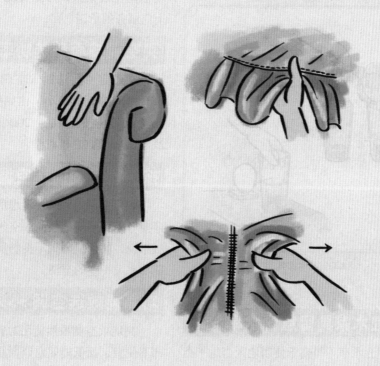

巧辨红木家具 >>>

红木与花梨木较难区分，可将木屑放入玻璃杯中，用水浸泡可见"荧光反应"者为花梨木类。另外，将浸泡液放在阳光或灯下观察，花梨木为棕色，红木则无此色，部分花梨木板面具有"蟹抓纹"。花梨木的重量、硬度、稳定性能均较红木次之。仿红木类的家具多采用深红颜色的硬杂木，或在普通硬杂木表面涂饰红木颜色制成，易开裂、结构粗、稳定性能差。

▲巧辨红木家具

选购红木家具留意含水率 >>>

木材含水率不得高于使用地区当地平衡含水率的1%，否则木材由于胀缩率大，易造成榫卯分离、家具散架，还会引起翘曲。因此，要选购干燥设备和干燥工艺好的名牌企业生产的红木家具。

重视红木类别及拉丁文名称 >>>

在购买红木家具时，一定看厂商合同上，按《红木》国家标准的规定注明红木的类别及拉丁文名称。同时，还要注明家具用料是整体红木，还是局部红木。

避开销售旺季买空调 >>>

通常每年的10月至次年的4月份为空调的销售淡季，此时价位较低，安装质量也有保证。到了旺季，供货优惠幅度减小，安装也往往很紧张，可能实现不了24小时内上门服务的承诺。

买空调按面积选功率 >>>

在确定所要选购的空调的匹数时，要结合房间的面积大小，比如房间在 $16m^2$ 以下就配 1P 挂机，$16 \sim 20m^2$ 选 1.5P 挂机，$21 \sim 37m^2$ 购 2P 柜机。

按照房间朝向选空调 >>>

购买空调是除了要考虑房间面积之外，还要考虑到房间的朝向和空气流通状况。一般来说，朝阳或通风不良的房间需要考虑安装功率大一些的空调。

巧算能效选空调 >>>

高能效空调虽然使用时省电，但购买时却不便宜，而低能效空调则是售价便宜，却是个"电耗子"，消费者也往往为此感到进退两难。专家比较一致的建议是"按时间来选能效"，也就是根据自己每年使用空调的时间，选择不同能效比的空调。比如，每年使用空调的时间长达 11 ～ 12 个月，那么买一级能效的空调最省钱；每年使用 8 ～ 10 个月，买二级能效的空调最合适；三级能效的空调对每年使用 3 ～ 4 个月空调的家庭来说也不会太费钱。

巧选电扇 >>>

❶初选。主要看外观并检验机件的可靠性。要式样新颖，油漆均匀，电镀光洁无锈蚀，开关灵活，仰俯角灵活，锁紧装置可靠，定时器稍上弦就能走动，走时不停，走完时有弹开声，各种装置附件完整齐全。

❷通电调试。①启动灵活，在最低挡位置也能顺利启动；②运转时，扇叶平稳，噪声小，整机无抖动现象；③网罩安全，如系有感性安全装置的，手触网罩，电机即停；④风量大，启动后各档自然速度有明显区别；⑤摇头灵活平稳，摆动角度应大于 80°，摇头往复次数每分钟不少于 4 次；⑥运转一段时间后，用手摸不应有烫手感，风扇外壳不应有带电现象。

彩电试机小窍门 >>>

❶看图像是否清晰，不能有镶边拖尾的现象。

❷我国电视信号采用的是 PAL 制式，存在场频低，图像闪烁的问题，应要求销售人员调到电视信号来演示，不要被使用大红、大绿等颜色为主调的演示所迷惑。

❸检验说明书中的各种功能是否正常。

❹检查音量是否能够关死，如果有两个喇叭，要听一听是否都响，音量是否一致。

❺机器运回家后，重点要看一看节目接收情况，开机试看要把能够收到的节目都调出来看一看，不能有严重的雪花噪点或扭曲，最好对照节目播出前的彩色测试图，再看一看色彩、清晰度和图像的保真度如何。

冰箱上星级符号的意义 >>>

电冰箱上的星级符号表示该电冰箱冷冻部分储藏温度的级别，是国际标准统一采用的电冰箱冷冻室内温度的一种标记。每个星表示电冰箱冷冻室内储藏温度应达到 -6℃以下，冷冻食物的储藏时间为 1 周。例如，三星级电冰箱表示电冰箱冷冻室内储藏温度应达到 -18℃以下，并具有对一定量食品的速冻能力。简单地讲，冷冻能力表示了 25℃的一定量的瘦牛肉经过 24 小时可冷冻至 -18℃以下的特征。

巧识无霜冰箱 >>>

无霜冰箱具有冷量分布均匀、冷冻效果好的优点，辨别无霜冰箱，最简单的方法是留意型号中有没有字母"W"。如"BCD—182W"，其中 W 的含意是无霜。

买电炒锅前先查电 >>>

电炒锅的功率大都在 1000 ～ 2000 瓦之间。选购之前，最好检查一下家中使用的电度表，不要使电度表超载运行。方法是将欲选电炒锅的功率除以市电 220 伏，得到的电流值的安培数应小于电度表的标称安培数，或将市电 220 伏乘以电流表的标称安培数，得到的功率数应大于所购电炒锅的标称功率数。这样购回电炒锅使用时，电炒锅的用电不会导致电度表过载。

巧试电炒锅的温控性能 >>>

插上电源插头，开关温控旋钮置"开"位置，指示灯应亮，将开关温控旋钮向"高温"处旋一些，当炉体内温度达到预设时，指示灯应熄灭，当锅冷却时将开关再向"高温"处旋一些时，炉体温度会继续升高，等再次达到温度时，指示灯又熄灭。最高温度可以达到 250 ~ 300℃。

巧验高压锅密封性 >>>

用手轻轻拉一下密封胶圈，观察是否能够自动还原。弹性较差的胶圈，通常其材质不符合国标要求，而且使用寿命很短。另外，密封圈上应有压力锅制造商的商标（或厂名）和规格。

买高压锅应注意的细节 >>>

可用手指试一下，能否碰到下手柄的紧固螺钉，若能碰到，在锅内有压力的情况下端锅，手有可能触及手柄紧固螺钉，造成烫伤以及引发更大的伤害事故。

购买高压锅应查看是否有泄压装置 >>>

泄压装置是压力锅的新增安全措施，合格的装置可以有效防止因压力锅超压而爆锅。

巧选消毒碗柜 >>>

消毒碗柜的功率不宜过大，600 瓦左右比较合适。普通的 3 口之家，可选择容积在 50 ~ 60 升的消毒碗柜，如果厨房面积受到限制，60 升以下的消毒碗柜也可以满足需要。

巧选微波炉 >>>

用手指按捏微波炉门体内每一处，打开炉门，好的微波炉门面硬度好，按捏不动。门体里面四周为防止微波泄漏的"扼流圈"的安放处，一般为黑色，质地坚韧，不松动，手指难以按动，按时无声，开关炉门"咔嚓"声清脆，不拖泥带水。低劣的微波炉材质差，门体多为有机塑料，单层密封，手指按捏松动的多，甚至听到"咯吱"声，使用日久微波易泄漏，对人体危害很大。

购买油烟机的小窍门 >>>

❶ 讲究实用性，最好不要什么液晶显示，费钱也容易坏。

❷ 选传统机械式开关，不要用触摸式，不易坏且便宜，可替代性也高，坏了可修。

❸ 排风量是很重要的参数，带有集烟罩的深吸型比较好，出风口直径大的比较好。

❹ 玻璃和不锈钢面板擦洗比较方便，但比较贵。不需要自动清洗功能，基本没有什么作用，也容易坏。

巧法识别电脑处理器 >>>

真品包装盒塑料薄膜上"Intel Corporation"印字牢固，用指甲刮不下来，假货印字可刮下或变淡。

巧选电脑显示器 >>>

首先是打开显示器（不开主机），把亮度调高看屏幕上是否有字迹，有字迹的说明屏幕已经老化得差不多了。然后连接主机进入 WINDOWS，首先看一看屏幕的色彩是否均匀，字体是否重叠，屏幕的边角是否平整，调节分辨率和刷新率，调节亮度、对比度是否正常，如果不能正常调节说明像管已老化了。检查调节旋钮是不是调节自如，再听一听、闻一闻，机内有没有异常的响声、味道传出。

巧法识别正版手机 >>>

❶ 正版手机输入"*#06#"后屏幕上会显示一串数字。这个是手机的 IMEI 码，每台手机的 IMEI 码都是唯一的，没有重复，并且和背贴、包装上面所印刷的 IMEI 码一致。

❷ 在验钞机下，进网许可标签右下角显示发红色荧光的 CMII 字样（此为信息产业部的英文缩写）。还有一个不很清晰的数

字。此外，还可在上面看到一条荧光竖线，用手摸有明显的凹凸感。

巧识正版数码相机 >>>

每一台数码相机都具有一个唯一的编码，鉴别数码相机最简单的方法就是电话确认机器的序列号。用户只需拨打厂家国内的技术支持部或分公司的电话，就能知道自己购买的数码相机到底是水货还是真货了。

巧选计算器 >>>

在购买电子计算器时，要想尽快地检验其计算功能是否正确，可将全部数码键均按成 11111111（八个 1），然后按一下乘号，接着再按一下等号，这时显示屏则会立即出现 1234567.8。此运算结果表明，该电子计算器的计算功能准确，且不缺数码笔画。

纽扣电池的失效判别 >>>

在商店里购买纽扣电池时，有时也会有失效的电池。如果用两个手指摸一下电池的两个平面，就可以判别电池是否有电。若有微鼓现象，说明放电后内部气体压力增加，使壳体外鼓，说明电池就没电了。

巧购皮沙发 >>>

选购皮沙发时，皮面要丰润光泽，无疤痕，肌理纹路细腻，用手指尖捏住一处往上拽一拽，应手感柔韧有力，坐后皱纹经修整能消失或不明显，这样的皮子是上等好皮。

巧购布艺沙发 >>>

买布艺沙发要选择面料经纬线细密平滑，无跳丝，无外露接头，手感有绷劲的。缝纫要看针脚是否均匀平直，两手用力扒接缝处看是否严密，牙子边是否滚圆丰满。

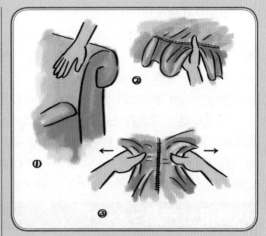

▲巧购布艺沙发

沙发的座、背套宜为活套结构，高档布艺沙发一般有棉布内衬，其他易污部位应可以换洗。

巧辨泡沫海绵选沙发 >>>

高档沙发坐垫应使用密度在 30 千克/立方米以上的高弹泡沫海绵，背垫应使用密度 25 千克/立方米以上的高弹泡沫海绵。为提高坐卧舒适度，有些泡沫还做了软处理。一般情况下，人体坐下后沙发坐垫以凹陷 10 厘米左右为最好。

巧选冬被套 >>>

冬天宜用斜纹布做被套。这是因为斜纹布做的被套比平纹布冷的感觉小得多。其道理是，平纹布交织点多，质地较紧，手感较硬，而斜纹布交织点少，布面不但柔软，而且起绒毛，所以比平纹布更能发挥棉纤维多孔隙保暖的特点，因此冷感自然就小了。

巧选毛巾被 >>>

❶看毛圈。质量好的毛巾被，正反面毛圈多而长，丰富柔软，具有易吸水储水等优点；而质量差的毛巾被，毛圈短而少。

❷看重量。质量好的毛巾被量重，选

购时用手掂几种比较一下即可。

❸看柔软度和坚牢度。主要区别毛巾被是熟纱产品还是生纱产品。熟纱柔软耐用，吸汗力强，生纱手感硬，吸水力弱。如手感不明显，可取少许清水，从 30 厘米高处向毛巾滴注，水滴立刻被毛巾被吸进的是熟纱，吸收缓慢的是生纱。

❹看织造质量。将毛巾被平铺或对阳光透视观察，看其有无断经、断纬、露底、拉毛、稀路、毛圈不齐、毛边、卷边、齿边和跳针等织造疵点。最后还要看其是否有渗色、污痕、印斜和模糊不清等外观缺陷。

巧选卫浴产品 >>>

❶在较强光线下，从侧面仔细观察卫浴产品表面的反光，表面没有或少有砂眼和麻点的为好。

❷用手在卫浴产品表面轻轻摩擦，感觉非常平整细腻的为好。还可以摸到背面，感觉有"沙沙"的细微摩擦感为好。

❸用手敲击陶瓷表面，一般好的陶瓷材质被敲击发出的声音是比较清脆的。

巧选婴儿床 >>>

❶婴儿床的栏杆间隙不可太大，以免宝宝的手脚头部夹在其中，发生意外。

❷宝宝专用床垫和枕头不可以太软、太松，应该紧紧地固定住，以免宝宝陷在床垫或枕头中，无法呼吸，造成窒息。

❸床不要太软，否则会影响宝宝身体发育。应该让宝宝睡硬板床，在床面铺上 1 ~ 2 层垫子，其厚度以卧床时身体不超过正常的变化程度为宜。

巧选婴儿车 >>>

❶要有安全认证标志。

❷可以向后调整到完全平躺的角度，这样不仅婴儿能用，孩子比较大以后，在推车上可以小睡。

❸大轮子具有较佳的操控性，有可靠的刹车功能和安全简易的安全带。

❹折叠容易，轻便(可以携带到车上)，有遮阳或遮雨的顶篷。

❺关节折转处不会夹住宝宝的小手指。

❻把手的高度对父母而言正合适。

❼有置物的设计。

▲巧选卫浴产品

巧选瓷器 >>>

❶看。好的瓷器，瓷釉应光洁润滑，瓷胎质地细密，画面鲜明、工整，对着阳光或灯光看，显示透明度好。劣质瓷器表面粗糙，不光滑，色彩不明亮。

❷听。用手指轻轻弹几下，声音清脆者为好瓷，声音沙哑者不是劣质瓷就是有破损。

巧选热水瓶胆 >>>

❶看。看瓶口是否圆、平和光滑；瓶身不能有水泡、砂疵、纹路；瓶底的小尾巴（即抽空的封口）不能破损。

❷听。用手指轻敲瓶胆外层玻璃，如声音清脆，就是无破损的好瓶胆。

巧选玻璃杯 >>>

如果选购热饮用的玻璃杯，从耐温度变化来讲，薄的比厚的好。因为薄的玻璃杯冲入沸水，热能迅速传开，使杯身均匀膨胀，不易爆裂。

巧辨节能灯 >>>

❶安全认证：为"CQC"标记，有该标记的产品说明该产品是经中国质量认证中心认可，符合中国质量认证中心规定的安全要求，是对节能灯安全指标的验证。

❷节能认证：为"节"字标记，有该标记的产品说明该产品经中标认证中心认可，符合中标认证中心规定的节能要求，是对节能灯性能指标和国家能效限定值的验证。

巧看灯泡功率 >>>

选购节能灯，要注意钨丝灯泡功率，大部分厂商会在包装上列出产品本身的功率及对照的光度相类似的钨丝灯泡功率。比如"15W→75W"的标志，一般指灯的实际功率为15瓦，可发出与一个75瓦钨丝灯泡相类似的光度。

按面积选灯泡 >>>

居室灯泡的光度过强或是过弱，都会影响人的视力和健康，居室的空间与照明的光度，大致参照如下的标准：

居室空间面积（平方米）	灯光照明瓦数（瓦）
15 ~ 18	60 ~ 80
30 ~ 40	100 ~ 150
45 ~ 50	220 ~ 280
60 ~ 70	300 ~ 350
75 ~ 80	400 ~ 450

巧选茶壶 >>>

❶壶"口"与出水之壶"嘴"要在同一水平上。

❷出水要流畅，水流如注，快速倒完、不打滚、不溅水花。

❸壶盖与壶身要能密合，如果壶盖的通气孔开在盖钮顶端，提壶倒水时，用手指将气孔堵住，壶水即无法流出，这把壶就禁水了。能禁水的壶在泡茶操作上比较能得心应手。

巧识有毒塑料袋 >>>

用作食品袋的薄膜是聚乙烯，无毒性，手摸有润滑感，表面似有蜡，易燃，火焰黄色，烧时有烛泪似的滴落，有石蜡味。用作包装袋的薄膜是聚氯乙烯，往往含毒性，不能用来装食品，手感发黏，不易燃，离火即熄，火焰呈绿色。

装修布置

巧选装修时间 >>>

选好装修时间，避开装修旺季，可以节省资金。通常刚买房的上班族喜欢赶着"五一""十一"、春节这样的长假期间装修，而这期间家装市场的价格会上浮较大。

巧选装修公司 >>>

选择装修公司，千万不要找"马路游击队"；但也不要找大的装修公司，费用会比较高；新开张的装修公司装修质量和管理容易出问题；可以找一些名气不大但同事朋友以前做过的口碑不错的装修公司。

巧除手上的油漆 >>>

刷油漆前，先在双手上抹层面霜，刷过油漆后把奶油涂于沾有油漆的皮肤上，用干布擦拭，再用香皂清洗，就能把附着于皮肤上的油漆除掉。

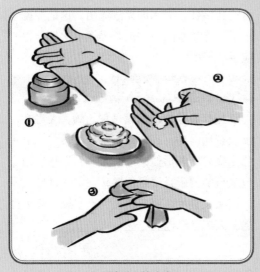

▲巧除手上的油漆

春季装修选材料要防水 >>>

选材时，选用含水率低的材料。运送材料时，要尽量选晴好天气。如下雨天确实需要，应用塑料膜保护好，千万不能淋湿，更不能放在厨、卫、阳台等易潮的地方。石膏板不能直接放在地上。木线应放置在钉在墙上的三脚架上。如材料已经受潮，不能再使用，切忌晒干后再用。胶粘材料白乳液也要用含水率低的。

冬季装修注意事项 >>>

木材要注意保湿，以免变形；木工制品要及时封油，以防收缩；施工过程要注意保暖；木地板要留出2毫米左右的伸缩缝儿。

雨季装修选材小窍门 >>>

在选购木龙骨一类的材料时，最好选择加工结束时间长一些的，而且没有放在露天存放的，这样的龙骨比刚刚加工完的，含水率相对会低一些；而对于人造板材一类的木材制品，最好选购生产日期尽可能接近购买日期的，因为这样的制品在厂里基本上都经过了干燥处理。而存放时间长的板材则会吸收一定数量的水分。

此外，在运输过程中，要防止雨淋或受潮；饰面板及清油门套线等进工地后要先封油；木制品、石膏线、油漆在留缝时应适当多留一些。

雨季装修应通风 >>>

在潮湿的季节，空气流通比较缓慢，很多有害物质会存留在室内或者装饰装修材料里面。所以，在这个季节为了把有害物质释放得多一些，需要增加室内外的通风，同时要保持室内尽可能的干燥。

雨季装修巧上泥子 >>>

墙壁、天花板上面的墙泥子雨季很难干燥，而泥子不干透会直接影响到以后涂料的涂饰，而最常见的问题就是墙壁会"起鼓"。所以，如果在雨季施工，刮泥子不要放在工程接近尾声的时候再进行，最好时间间隔长一些，或者是在晴朗的日子施工。

巧算刷墙涂料用量 >>>

一般涂料刷两遍即可。故粉刷前购买涂料可用以下简便公式计算：涂刷房间的总面积（平方米）除以4再加上被刷墙面涂刷高度（米）然后除以0.4，得数便是所需涂料的数量（千克）。如涂刷的厨房是8平方米，刷墙高度为1.6米，按上述公式算出，需购买6千克涂料，就足够涂刷两遍了。

增强涂料附着力的妙方 >>>

用石灰水涂饰墙面，为了增强附着力，可在拌匀的石灰水中加入0.3%～0.5%的食盐或明矾。应注意在涂刷过程中，不宜刷得过厚，以防止起壳脱落。

蓝墨水在粉墙中可增白 >>>

往粉墙的石灰水里掺点儿蓝墨水，干后墙壁异常洁白。

刷墙小窍门 >>>

❶被刷墙面要充分干燥。一般新建房屋要过一个夏天才能涂刷。

❷被刷墙面除清洁外，还要将墙面上所有的空隙和不平的地方用泥子嵌平，待干燥后用砂皮纸磨平。

❸涂刷时应轻刷、快刷，不得重叠刷，刷纹要上下垂直。

油漆防干法 >>>

要使桶里剩下的油漆不致干涸，可在漆面上盖一层厚纸，厚纸上倒薄薄的一层机油即可。

防止油漆进指甲缝的方法 >>>

做油漆活时，先往指甲上刮些肥皂，油漆就不会嵌进指甲缝里，指甲若粘上油漆也容易洗掉。

购买建材小窍门 >>>

在大建材城记住自己看中的品牌，再多去一些小的建材市场跑跑，在那里也能找到看中的东西，而且价格便宜。

防止墙面泛黄小窍门 >>>

要防止墙面泛黄，下面两法不妨一试：一是将墙面先刷一遍，然后刷地板，等地板干透后，再在原先的墙面上刷一层，确保墙壁雪白。二是先将地板漆完，完全干透后再刷墙面。要注意的是，刷完墙面和地板后，一定要通风透气，让各类化学成分尽可能地挥发，以免发生化学反应。

计算墙纸的方法 >>>

墙纸门幅各异，各家墙的窗、门亦不同，买墙纸要做到不多不少，可用（L/M+1）×（H+h）+C/M的公式计算。L是扣去窗、门后四壁的长度；M是墙纸的门幅；加1做拼接的余量；H是所贴墙纸的高度；h是墙纸上两个相邻图案的距离，做纵向拼接余量；C是窗、门上下所需墙纸面积。计算时应以米为单位，面积平方米。计算时整除不尽，小数点后的数只入不舍。

巧除墙纸气泡 >>>

墙纸干后有气泡，用刀在气泡中心画"十"字，再粘好，可消除气泡。

低矮空间天花板巧装饰 >>>

可采用石膏饰的造型与图案也应以精细巧小为好，同时注意以几组相同的图案来分割整个天花板，以消除整体图案过大而造成的压抑感。天花板上可喷涂淡蓝、淡红、淡绿等颜色，在交错变幻中给人一种蓝天、白云、彩霞、绿树的联想，而不是具体物像。天花板的灯饰以吸顶灯、射灯为首选，安装在非中央的位置，以 2 ~ 4 个对称的形式为好，这样可扩展空间，且灯光不宜太亮。暗一点儿，更有高度感。

切、钻瓷砖妙法 >>>

若要切割瓷砖或在瓷砖上打洞，可先将瓷砖浸泡在水中30 ~ 60 分钟，或更长时间，让其"吃"饱水。然后在瓷砖反面，按照所需要的形状，用笔画出，再用尖头钢丝钳，一小块、一小块地将不需要的部分扳下，直至成型，边缘用油石磨光即可。若是打洞，可用钻头或剪刀从反面钻。

瓷砖用量的计算方法 >>>

❶装修面积 ÷ 每块瓷砖面积 ×[1+3%（损耗量）]= 装修时所需瓷砖块数

❷装修时所需瓷砖平方数 +5% 下脚料 +5% 余数 = 装修时所需要瓷砖量

巧选瓷砖型号 >>>

一般 20 平方米以上的房间选用 600mm×600mm 的地砖，20 平方米以下、10 平方米以上的房间可用 500mm×500mm 的地砖，而 10 平方米以下的房间可选用传统的 200mm×200mm、300mm×300mm 的地砖。

巧粘地砖 >>>

将水泥地坪清扫干净，浇水湿润，去除灰尘。在地坪上按地砖大小弹出格子标志线，作为粘贴的依据。将地砖浸水后晾干。先在水泥地坪上涂一层"107"建筑胶水，然后将 400 号以上的水泥浆用铲刀或铁皮在晾干的地砖背面刮满。按地坪上的格子

▲切、钻瓷砖妙法

标志线用力将刮满水泥浆的地砖贴住,用铲刀柄敲击,使之贴紧。每当一排贴满,即用长尺按标志线校正,务使砖面平整,纵横缝线平直。同时用干布将砖面擦净。然后将干白水泥与颜料粉调成与地砖釉面颜色相似的粉,将所有缝隙全部嵌实,深浅一致。最后用干布或回丝纱将表面擦干净,阴干即可。

厨房装修五忌 >>>

❶忌材料不耐水。厨房是个潮湿易积水的场所,所以地面、操作台面的材料应不漏水、渗水,墙面、顶棚材料应耐水、可用水擦洗。

❷忌材料不耐火。火是厨房里必不可少的能源,所以厨房里使用的表面装饰必须注意防火要求,尤其是炉灶周围更要注意材料的阻燃性能。

❸忌餐具暴露在外。厨房里锅碗瓢盆、瓶瓶罐罐等物品既多又杂,如果袒露在外,易沾油污又难清洗。

❹忌夹缝多。厨房是个容易藏污纳垢的地方,应尽量使其不要有夹缝。例如,吊柜与天花板之间的夹缝就应尽力避免,因天花板容易凝聚水蒸气或油渍,柜顶又易积尘垢,它们之间的夹缝日后就会成为日常保洁的难点。水池下边管道缝隙也不易保洁,应用门封上,里边还可利用起来放垃圾桶或其他杂物。

❺忌使用马赛克铺地。马赛克耐水防滑,但是马赛克块面积较小,缝隙多,易藏污垢,且又不易清洁,使用久了还容易产生局部块面脱落,难以修补,因此厨房里最好不要使用。

扩大空间小窍门 >>>

❶镜子:在家中狭小的墙面上,贴上整面的镜子,可以制造延伸空间的假象;或者在小的空间里,贴上几片拼贴的小镜子。

❷镂空:对于楼中楼的房屋,采用镂空的楼梯,以制造空间的穿透感,让楼上楼下串联起来又不感到压抑。

❸采光:利用自然光或灯光,可以将家中的空间拓宽。如大片的落地窗,引进自然光线,让空间扩大不少。

❹屏风:利用屏风做活动间隔以替代墙面,是活化空间,减少视觉阻碍的良好方法。

客厅装饰小窍门 >>>

❶轻家具重装饰。客厅中的家具通常会占很大的预算,可以用些简简单单的家具,然后靠饰物美化客厅。

❷轻墙面重细节。让墙回归它本身演变的颜色,靠墙面的配饰完全可以蓬荜生辉。

卧室装饰小窍门 >>>

❶轻床屉重床垫。床屉只要牢固耐用就可以了,颜色款式不必张扬,但一定要力所能及地买一个好的床垫,它可使主人的身心得到充分的休息,每日精神百倍。

❷轻家具重布艺。更多的家具和装饰会使人烦躁,而卧室的布艺会使家变得温馨,卧室的窗帘、床单、抱枕,甚至脚踏、坐凳,如果色彩协调统一,会使人心旷神怡。

厨房装饰小窍门 >>>

❶轻餐桌重餐具。餐桌是用于支撑而不是直接使用的物品,不用花费太多心思,而餐具和桌布要仔细挑选精心搭配的,桌布和餐巾要搭配协调。

❷轻橱柜重电器。橱柜中实用的工具是电器和灶具,电器的合理配置,工具使用得心应手,繁重的烹饪劳动都会变得简单轻松而愉快。

厨房最好不做敞开式 >>>

中国饮食以烹调为主，油烟味比较大，厨房敞开后，很容易使油烟飘入客厅及室内，腐蚀家中的彩电、冰箱等电器，形成导致肺癌的污染源，即使用排风扇强制排风，也容易留下隐患。如将厨房装修成敞开式，不仅易使室内空气受污染，而且还需要拆除墙体，麻烦很多。

厨房家具的最佳高度 >>>

❶桌子。应以身体直立、两手掌平放于桌面不必弯腰或弯曲肘关节为佳，一般为75 ~ 80厘米高。

❷座椅。椅面距地面高度应低于小腿长度1厘米左右，一般为42 ~ 45厘米高。

❸水池。一般池口应略高于桌面5厘米左右。

❹水龙头。一般应距地面90厘米左右。

❺燃气灶。燃气灶面距地面80厘米左右。

❻照明。白炽灯的灯泡离桌面距离：60瓦为1米；40瓦为0.5米；15瓦为0.3米。日光灯距桌面：40瓦为1.5米；30瓦为1.4米；20瓦为1.1米。

卫浴间装饰小窍门 >>>

❶重收纳柜轻挂钩。为了整齐陈列卫浴用品，尽可能地选择收纳柜，会让空间更加清爽整洁，还能保证用品的洁净，而用各式挂钩会使空间显得凌乱。

❷重龙头轻面盆。洗面盆和龙头相比，功能简单也不具手感，不必下太多功夫，而使用优质的水龙头是一种享受，也能经得起时间的考验，不易损坏。同样，洁具的选择要多关注它的质量，而在款式和花色上省些力气，因为洁具在卫生间中所占的比例较小，

只要墙面、地面做得出色，洁具就会淹没在瓷砖的图案和颜色中。

装修卫生间门框的小窍门 >>>

卫生间的门经常处在有水或潮湿的环境中，其门框下方不知不觉会腐朽。因此可在门框下方嵌上不锈钢片，可防腐朽。如果门框已经损坏，可将下方损坏的部位取下，做一番妥善修理，然后在门框四周嵌上不锈钢片，则可减缓或防止门框腐朽。

卫生间安装镜子的小窍门 >>>

为了贮藏一些卫生用品，卫生间常常做壁柜。如果在柜橱门面上安装镜面，不仅使卫生间空间更宽敞、明亮，而且豪华美观，费用也不贵。更可以与梳妆台结合起来，作为梳妆镜使用。

巧装莲蓬头 >>>

人们习惯于晚上洗头洗澡，睡一觉后常把头发弄得很乱，于是在早晨洗头的人尤其是女士渐渐多起来。因为每次洗头而动用淋浴设备较麻烦，可在洗脸盆上装上莲蓬头。

合理利用洗脸盆周围空间 >>>

洗脸盆的周围钉上10厘米的搁板，则使用较方便。洗脸盆上放许多清洁卫生用品会显得杂乱无章，而且容易碰倒，因此，不妨在洗脸盆周围钉上10厘米的搁板，只要能放得下化妆瓶、刷子、洗漱杯等便可以了。搁板高度以不妨碍使用水龙头为宜，搁板材料可用木板、塑胶板等。

巧用浴缸周围的墙壁 >>>

在浴缸周围的墙壁上打一个7~8厘米深的凹洞，再铺上与墙壁相同的瓷砖，此洞可用来放洗浴用品。这样扩大了使用空间，使

用起来也方便自如。

利用冲水槽上方空间 >>>

抽水马桶的冲水槽上方是用厕时达不到的地方，可以利用此空间做一吊柜，柜内可放置卫生纸、手巾、洗洁剂、女性卫生用品等，也可在下部做成开放式，放些绿色植物装饰。

巧粘玻璃拉手 >>>

先将要粘拉手的玻璃用食醋擦洗干净，再将玻璃拉手用食醋洗净、晾干。然后用鸡蛋清分别涂在玻璃和拉手上，压紧晾干后，简便的玻璃拉手就很坚固耐用了。

自制毛玻璃 >>>

取半盆清水，将数张铁砂布（砂布号数可按毛玻璃粗细要求而定）放水中浸几分钟，然后揉搓洗下砂布上的砂粒，轻轻倒去清水。将砂糊置于待磨的玻璃上，取另一块待磨玻璃压在上面，再用手压住做环形研磨。数分钟后，便能得到两块磨好的毛玻璃。

陶瓷片、卵石片可划玻璃 >>>

划割玻璃时若无金刚钻玻璃刀，可找一块碎陶瓷片，或把鹅卵石敲碎，利用它的尖角，用尺子比着在玻璃上用力划出痕迹后，用力就能将玻璃割开。这是因为陶瓷和卵石的硬度都比玻璃大。

巧用胶带纸钉钉 >>>

在房间内的墙上钉钉子，墙壁表面有时会出现裂痕，如能利用胶带纸，先粘在要钉钉的墙壁上，再钉钉子，钉好后撕下胶带纸。这样，墙壁上就不会留下裂痕，这种方法也适用于已经使用很久的油漆墙壁上，可预防在钉钉子时，因震动而致使油漆脱落。

墙上钉子松后的处理 >>>

墙上的钉子松动后，可以用稠糨糊或胶水浸透棉花绕在钉子上，再将钉子插入原洞，压紧，钉子就牢固了。

旋螺丝钉省力法 >>>

钉旋螺丝钉之前，将螺丝钉头在肥皂上点一下，便很容易地旋进木头中。

家具钉钉防裂法 >>>

在木制家具上钉钉子，要避开木料端头是直线木纹的部位，以免木料劈裂。

巧法揭胶纸、胶带 >>>

贴在墙上的胶纸或胶带，如果硬是去揭，会受损坏，可用蒸汽熨斗熨一下，就能很容易揭去了。

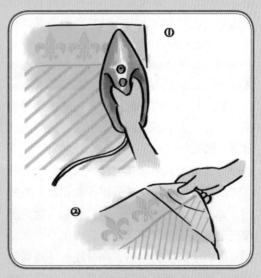

▲巧法揭胶纸、胶带

关门太紧的处理 >>>

地板不平，影响门的开关时，可在地板上粘砂纸，将门来回推动几次，门被打磨后，开关便会自如。

门自动开的处理 >>>

当人们搬进新居时，会遇到有的门关上之后又自动开启。这是因为门在上合页时安得太紧，而门和门框之间的间隙又大，所以会自动打开。对此，可用羊角锤头垫在门和合页之间，然后轻轻关门，这么一别，合页拴会略微弯一些、门和框就贴上了。但在"别"的时候，用力不要过猛，要轻轻地做，一次不行，两次。这样，就能解决其轻微的毛病。

装饰贴面鼓泡消除法 >>>

处理时，可先用锋利刀片在"泡"的中部顺木纹方向割一刀。然后用注射器将胶水注入缝中，用手指轻轻地按压"泡"的上部，将溢出的胶水用湿布揩净。再用一个底面平滑并大于鼓泡面积的重物压在上面。为防止加压后有少量胶水溢出而粘坏鼓泡周边表面，可在"泡"上覆盖塑料薄膜隔开。这样，装饰贴面就平整了。

低矮房间的布置 >>>

低矮房间内可置放一个曲格式的"博物架"，在其大小不同的格子中放些微型山水盆景、微型花草，以反衬出居室的"宏大"。同时，低矮居室中忌挂大画、大字，摆大型工艺品。反衬对比法最适用于面积较大的房间，如客厅，在沙发的一侧，竖起一架高度接近房顶的艺术"屏风"，隔离出小空间，相对便有了高度空间感，同时还有了谈话的"私密性"气氛，可谓一举两得，此外，屏风的"超高"，还有一种"喧宾夺主"的吸引视觉效果，让人忘了房间的"低"。

巧招补救背阴客厅 >>>

补充人工光源；厅内色调应统一，忌沉闷；选白桦、枫木饰面亚光漆家具并合理摆放；地面砖宜亮色，如浅米黄色光面地砖。

餐厅色彩布置小窍门 >>>

餐厅色彩宜以明朗轻快的色调为主，最适合用的是橙色以及相同色相的姐妹色。这两种色彩都有刺激食欲的功效。整体色彩搭配时，还应注意地面色调宜深，墙面可用中间色调，天花板色调则宜浅，以增加稳重感。在不同的时间、季节及心理状态下，人们对色彩的感受会有所变化，这时，可利用灯光来调节室内色彩气氛，以达到利于饮食的目的。家具颜色较深时，可通过明快清新的淡色或蓝白、绿白、红白相间的台布来衬托。桌面配以绒白餐具，可更具魅力。

巧搬衣柜 >>>

在搬家或布置室内家具时，衣柜、书柜等大件家具搬运挪动比较困难。如果用一根粗绳兜住柜或橱的底部，人不仅能站着搬运，而且能较方便地摆放在墙角处，搬起来也较安全。

巧用磁带装扮家具 >>>

由于磁带上涂有的磁粉材料不同，它的外表颜色也不同。利用磁带本身的颜色，给浅色的组合家具当套色或装饰组合家具表面，具有线条直、立体感强并有一定亮度等优点。

粘贴方法有两种：一是在油刷组合家具的最后一遍油漆快干时，将磁带拉直粘贴即可；二是待组合家具油漆干后，用白乳胶涂于磁带背面，然后拉直贴于组合家具上，多余的白乳胶用布蘸水擦干净即可。

以手为尺 >>>

布置家庭，外出采购，常会碰到因尺寸拿不准而犹豫不决。在平时，最好记住自己手掌张开，拇指和小指两顶端之间的最大长

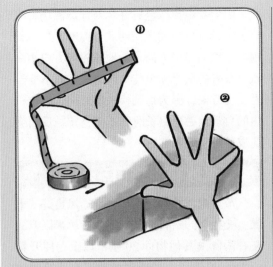

▲以手为尺

度，以便在必要时，权且以手当尺。

室内家具搬动妙法 >>>

居室搞卫生或调整室内布局需要搬抬家具时，先用淡洗衣粉水浸湿的墩布拖一遍地，水分稍多些，拖不到的地方泼洒一点儿水。这样，一般家具如床、沙发等只要稍加用力即可推动。

防止木地板发声的小窍门 >>>

为了不让木制地板在人走动时发出"咯吱"声，可在地板缝里嵌点儿肥皂。

巧用墙壁隔音 >>>

墙壁不宜过于光滑。如果墙壁过于光滑，声音就会在接触光滑的墙壁时产生回声，从而增加噪声的音量。因此，可选用壁纸等吸音效果较好的装饰材料，另外，还可利用文化石等装修材料，将墙壁表面弄得粗糙一些。

巧用木质家具隔音 >>>

木质家具有纤维多孔性的特征，能吸收噪声。同时，也应多购置家具，家具过少会使声音在室内共鸣回旋，增加噪声。

巧用装饰品隔音 >>>

布艺装饰品有不错的吸音效果，悬垂与平铺的织物，其吸音作用和效果是一样的，如窗帘、地毯等，其中以窗帘的隔音作用最为明显。既能吸音，又有很好的装饰效果，是不错的选择。

巧法美化壁角 >>>

❶在客厅的壁角，可自制一个落地衣架、顶部镶嵌一些动物或抽象艺术头像，既实用又美观，还颇具艺术性。

❷过道的转角或壁角，可以暗装一些鞋箱或储藏柜、将家中一些物品放在隐蔽处，使用十分方便。

巧法美化阳台 >>>

在阳台一侧设计成"立体式"花架，摆放几盆耐光照的花卉，在另一个侧墙上，沿墙安放一个"嵌入式"的书架，摆放一个小书桌，台面隐蔽在内，再配上一个转椅，在柔和的灯光下看书阅读，别有一番情趣。

家具陈列设计法 >>>

先丈量出居室面积，再按比例缩小，画在纸上。然后将家具按同比例缩小，画在硬纸片上，再一一剪下。最后将剪下的家具纸片在居室图上反复摆放，选择最佳位置，一次性摆妥，既省时又省力。

家具"对比"布置 >>>

如何摆放好必不可少的家具，又做到不以物满为患，这是小居室装饰布置的一个难点问题。解决这一矛盾的方法是将柜橱等靠在一面墙或者远离窗户的屋角适当集中，相对空出另一面的空间，如靠一面放置从地面至屋顶的整体衣柜、组合柜或书柜等，而另一面空间则放小巧的桌、椅、床等，从而对比出空间的宽阔来。

小居室巧配书架 >>>

❶多层滚轮式书架：如果常用的书刊数量不多，可制作一个方形带滚轮的多层小书架。可根据需要在房间内自由移动，不常用的书就用箱子或袋子装起来，放在不显眼的地方。

❷床头式书架：在靠墙的床头上改作书架，并装上带罩的灯，这样既可以放置常用书籍，又便于睡前阅读，比较适合厅房一体的家庭。

❸屏风式书架：对于厅房一体户，还可以利用书架代替屏风将居室一分为二，外为厅，里为房。书架上再巧妙地摆些小盆景、艺术品之类，便有较好的美感效果。

巧放婴儿床 >>>

❶婴儿床可以紧挨着墙放，但如果离开墙放置的话，距离要超过50厘米，这样可以防止孩子跌落时夹在床和墙壁之间发生窒息事故。

❷婴儿床下最好能铺上比床的面积更大的绒毯或地毡，这样孩子跌落时，就不会碰伤头部。

❸不要把婴儿床放置在阳光直晒的位置，孩子需要阳光，但过于暴露在阳光下会使孩子的眼睛和皮肤受伤。

❹不要把孩子的床放置在能接触到绳索的地方，比如百叶窗，或有穗子的窗帘下，这样是为了防止孩子玩耍绳子或窗帘时发生缠绕的危险。

电视机摆放的最佳位置 >>>

安放彩电应该把荧光屏的方向朝南或朝北。因为彩电显像色彩好坏与地球磁场影响有关，只有放在朝南或朝北方向时，显像管内电子束的扫描方向才与地球磁场方向相一致，收看的效果才最佳。同时应注意不要经常改变方向，因为每调换一次方向会影响机内的自动消磁电路长时间不能稳定，反而会造成色彩反复无常。

放置电冰箱小窍门 >>>

放置电冰箱的室内环境应通风良好、干燥、灰尘少、顶部离天花板在50厘米以上，左右两侧离其他物件20厘米以上，使开箱门能做90度以上的转动。放置电冰箱的地面要牢固，电冰箱要放平稳。

巧法避免沙发碰损墙壁 >>>

沙发一般都靠墙放置，容易使墙壁留下一条条伤痕。只要在沙发椅的后脚上加一条长方形的木棒，抵住墙脚，使椅背不能靠上墙壁。

防止沙发靠背压坏墙壁 >>>

将包装家用电器的泡沫塑料，用刀切成长10厘米、宽7厘米、厚2厘米的长方块。然后，用胶纸将它分别固定在沙发靠背后的两角上。这样，沙发靠背有泡沫塑料垫着，墙就不易被压坏了。

家居"治乱" >>>

❶家具、墙体、摆设颜色不宜杂，厅、房的家具颜色不宜反差过大，每一单间最好是式样归一，颜色一样。

❷窗帘最好与家具或沙发套及床罩是同一色系的，百叶窗的颜色最好与墙体颜色一致或是同色系的。

❸家居布置不宜过分奢侈、不实用，居家过日子应讲求实用、经济、美观，尽量避免那些中看不中用的东西。

修补与养护

巧用废塑料修补搪瓷器皿 >>>

对于有漏孔的搪瓷器皿，可先将漏孔处扩成绿豆或黄豆粒大小的孔洞，再从废塑料瓶上剪下长约2厘米，粗与漏孔等同的塑料棒（亦可用塑料布卷成棒），然后把它插入漏孔，两面各露出约1厘米，最后再用蜡烛或打火机烧化塑料棒的两端，使其收缩成"蘑菇顶"，稍等片刻，再用光滑木棍将两边的"蘑菇顶"向中心压一压即可。等塑料完全冷却后，就会把漏孔补得滴水不漏。同时，两边的"蘑菇顶"还有保护漏孔下沿不再受磨损的作用。

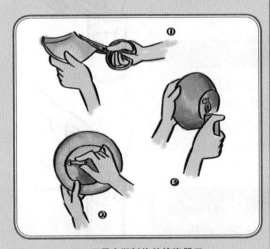

▲巧用废塑料修补搪瓷器皿

防玻璃杯破裂 >>>

冬季往玻璃杯里倒开水时，为防止杯子突然破裂，可先取一把金属勺放在杯中，然后再倒开水。这样杯子就不会破裂了。

治"长流水"小窍门 >>>

到五金商店买片合适的密封圈，用扳手拧下阀盖，取出阀杆下端活瓣上磨损的密封圈，换上新的，然后复位，旋紧阀盖即可。如果手头有青霉素之类的橡皮瓶盖，亦可代替密封圈，只是耐用性差些。

防止门锁自撞的方法 >>>

生活中常常会发生这样的事情：门被随手带上或被风吹撞上了，而钥匙却在里面。如果将门锁做些小小改动，就可解除后顾之忧。做法是：将锁舌倒角的斜面上用锉刀锉成一个"平台"。这样改制后，门就不能自动关上，外出必须用钥匙才能将门关上。

排除水龙头喘振 >>>

拧下水嘴整体的上半部，取出旋塞压板，将橡胶垫取下，按压板直径用自行车内胎剪一个比其略大出1.5毫米的阻振片，再将其装在压板与橡胶垫之间，按逆次序装好即可。

巧用铅块治水管漏水 >>>

用一点儿铅块或铅丝放在水管漏水的砂眼处，再用小锤把铅块或铅丝砸实在管缝或砂眼里，使其和水管表面持平。

刀把松动的处理 >>>

将烧化的松香滴入松动的刀柄把中，冷却后，松动的刀把就紧固了。

陶器修补小窍门 >>>

用100克牛奶，一面搅拌，一面慢慢地加些醋，使之变成乳腐状，然后用1只鸡蛋的1/2蛋清，加水调匀掺入，再加适量生石灰粉，一起搅拌成膏，用它黏合陶器碎片，用绳子扎紧，待稍干，再放在炉子上烘烤一会儿，冷却后就牢固了。若修补面不大，配料可酌情减少。

指甲油防金属拉手生锈 >>>

家具上的金属拉手，刚安时光洁照人，但时间长了就会锈迹斑斑，影响美观，如果定期在新拉手上除一层无色指甲油，可保持长期不锈。

巧法延长日光灯寿命 >>>

日光灯管使用数月后会两端发黑，照明度降低。这时把灯管取下，颠倒一下其两端接触极，日光灯管的寿命就可延长1倍，还可提高照明度。同时，应尽量减少日光灯管的开关次数，因为每开关一次，对灯管的影响相当于点亮 3 ~ 6 小时。

巧防钟表遭电池腐蚀 >>>

为防治钟表电池用久渗出腐蚀性液体、损坏电路，在更换新电池的时候，可用一点儿凡士林或润滑油脂涂在电池的两端，这样可抑制腐蚀液溢出。

电视机防尘小窍门 >>>

❶打开电视之后不要扫地或做其他让尘土飞扬的工作。

❷做一个既通气又防尘，也能防止阳光直接照射荧光屏的深色布罩，在节目收看完后关机断电半小时，再将电视机罩上。

❸定期对电视机进行除尘去灰的保养，可以用软布沾酒精由内而外打圈擦拭荧光屏去尘。

延长电视机寿命小窍门 >>>

❶亮度和对比度旋钮不要长期放在最亮和最暗两个极端点，否则会降低显像管使用年限。

❷音量不要开得过大，有条件最好外接扬声器。音量太大，不仅消功耗，而且机壳和机内组件受震强烈，时间长了可能发生故障。

❸不宜频繁开关，因为开机瞬间的冲击电流将加速显像管老化；但也不能不关电视机开关，而只关遥控器或者通过拔电源插头来关电视机，这样对电视机也有损害。

❹冬季注意骤冷骤热。比如，要把电视搬到室外，最好罩上布罩放进箱里。搬进室内时，不要马上开箱启罩，应等电视

▲陶器修补小窍门

机的温度与室内温度相近时，再取出，以防温度的骤变而使电视机内外蒙上一层水汽，损坏电子组件绝缘。

拉链修复法 >>>

拉链用久了，两侧的铁边易脱落，可将一枚钉书钉的一头向内折，使之与针杆平行，而把另一头折直。根据拉链铁边脱落的长度，把书钉多余部分从伸直的一头截掉。截好后的书钉，安放在原铁边的位置上，折回的那一头放在下面，与拉链的底边平齐，另一头至齿同一点。然后用缝衣针以锁扣眼的针法密密实实地来回缝两遍，将书钉严严实实地包在里面，但缝时要注意，宽度要与原来铁边相等；底边书钉用线缝严，缝平整，再用蜡抹一下。这样效果如同原来的铁边一样，开拉自如。

红木家具的养护 >>>

红木家具宜阴湿，忌干燥，不宜曝晒，切忌空调对着家具吹；每 3 个月用少许蜡擦一次；用轻度肥皂水清除表面的油垢，忌用汽油、煤油。

家具漆面擦伤的处理 >>>

擦伤但未伤及漆膜下的木质，可用软布蘸少许溶化的蜡液，覆盖伤痕。待蜡质变硬后，再涂一层，如此反复涂几次，即可将漆膜伤痕掩盖。

家具表面烧痕的处理 >>>

灼烧而未烧焦膜下的木质，只留下焦痕，可用一小块细纹硬布，包一根筷子头，轻轻擦抹灼烧的痕迹，然后，涂上一层薄蜡液即可。

巧除家具表面烫痕 >>>

家具放置盛有热水、热汤的茶杯、汤盘，有时会出现白色的圆疤。一般只要及时擦抹就会除去。但若烫痕过深，可用碘酒、酒精、花露水、煤油、茶水擦拭，或在烫痕上涂上凡士林，过两天后，用软布擦抹，可将烫痕除去。

巧除家具表面水印 >>>

家具漆膜泛起"水印"时，可将水渍印痕上盖上块干净湿布，然后小心地用熨斗压熨湿布。这样，聚集在水印里的水会被蒸发出来，水印也就消失了。

家具蜡痕消除法 >>>

蜡油滴在家具漆面上，千万不要用利刃或指甲刮剔，应等到白天光线良好时，可双手紧握一塑料薄片，向前倾斜，将蜡油从身体前方向后慢慢刮除，然后用细布擦净。

白色家具变黄的处理 >>>

漂亮而洁白的家具一旦泛黄，便显得难看。如果用牙膏来擦拭，便可改观。但是要注意，操作时不要用力太大，否则，会损伤漆膜而适得其反。

巧防新木器脱漆 >>>

在刚漆过油漆的家具上，用茶叶水或淘米水轻轻擦拭一遍，家具会变得更光亮，且不易脱漆。

巧为旧家具脱漆 >>>

一般油漆家具使用 5 年左右须重新油饰一次。在对旧家具的漆膜进行处理时，可买一袋洗照片的显影粉，按说明配成液体后，再适量多加一些水，涂在家具上，旧漆很快变软，用布擦净，清水冲洗即可。

桐木家具碰伤的处理 >>>

桐木家具质地较软，碰撞后易留下凹痕。处理办法，可先用湿毛巾放在凹陷部，再用熨斗加热熨压，即可恢复原状。如果凹陷较深，则须黏合充填物。

巧法修复地毯凹痕 >>>

地毯因家具等的重压，会形成凹痕，可将浸过热水的毛巾拧干，敷在凹痕处 7~8 分钟，移去毛巾，用吹风机和细毛刷边吹边刷，即可恢复原状。

地毯巧防潮 >>>

地毯最怕潮湿。塑胶及木质地面不易受潮，地毯可直接铺在上面，如果是水泥地板，铺设前可先糊上一层柔软的纸，再把地毯铺上，这样就能起到防潮作用，防止发霉，以延长使用寿命。

床垫保养小窍门 >>>

❶使用时去掉塑料包装袋，以保持环境通风干爽，避免床垫受潮。切勿让床垫曝晒过久，使面料褪色。

❷定期翻转。新床垫在购买使用的第一年，每 2～3 月正反、左右或头脚翻转一次，使床垫的弹簧受力平均，之后约每半年翻转一次即可。

❸用品质较佳的床单，不只吸汗，还能保持布面干净。

❹定期以吸尘器清理床垫，但不可用水或清洁剂直接洗涤。同时避免洗完澡后或流汗时立即躺卧其上，更不要在床上使用电器或吸烟。

❺不要经常坐在床的边缘，因为床垫的 4 个角最为脆弱，长期在床的边缘坐卧，易使护边弹簧损坏。不要在床上跳跃。

巧晒被子 >>>

❶晒被子时间不宜太长。一般来说，冬天棉被在阳光下晒 3~4 个小时，合成棉的被子晒 1~2 个小时就可以了。

❷不宜暴晒。以化纤维面料为被里、被面的棉被不宜暴晒，以防温度过高烤坏化学纤维；羽绒被的吸湿性能和排湿性能都十分好，也不需暴晒。在阳光充足时，可以盖上一块布，这样既可达到晒被子的目的，又可以保护被面不受损。另外，注意不宜频繁晾晒被子。

❸切忌拍打。棉花的纤维粗而短，易脱落，用棍子拍打棉被会使棉纤维断裂成灰尘状般的棉尘跑出来。合成棉被的合成纤维一般细而长，一经拍打较容易变形。一般只需在收被子时，用笤帚将表面尘土扫一下就可以了。

巧存底片 >>>

❶底片要夹在柔软光滑的白纸中间，以防止沾上灰尘或其他杂物。

❷整卷底片要剪开分张保藏，以免互摩擦，出现划伤。

❸切忌日晒、受潮。最好将底片装入底片册的小口袋中，用时再取出。

❹取看底片，手应拿底片的边缘空白处，切不可触摸画面中间，以免留下指印。

巧除底片指纹印 >>>

底片上有指纹印，轻微的可放在清水中泡洗，重的可用干净的软布，蘸上四氯化碳擦洗。

巧除底片尘土 >>>

底片若沾上尘土或粘上纸片，可把底片浸入在清水中，待药膜潮湿发软时，洗去底片上的杂物，取出晾干。

巧除底片擦伤 >>>

底片上有轻微擦伤，可将底片放入 10%

的醋酸溶液中浸透，取出晾干。

巧法防底片变色 >>>

底片发黄、变色，把底片放入25%的柠檬酸、硫脲的混合溶液中漂洗3~5分钟，取出即可复原。

巧用牙膏修护表蒙 >>>

手表蒙上如果划出了很多道纹，可在表蒙上滴几滴清水，再挤一点儿牙膏擦涂，就可将划纹擦净。

巧妙保养新手表 >>>

新买的镀金手表，在佩戴前，先将表壳用软布拭净，再均匀地涂上一层无色指甲油，晾干后再戴，不但能使手表光泽持久，不被磨损，还能增加其外表光度。

巧使手表消磁 >>>

手表受磁，会影响走时准确。消除方法很简单，只要找一个未受磁的铁环，将表放在环中，慢慢穿来穿去，几分钟后，手表就会退磁复原。

巧用硅胶消除手表积水 >>>

手表内不小心进水，可用一种叫硅胶的颗粒状物质与手表一起放入密闭的容器内，数小时后取出，表中的积水即可消失。硅胶可反复使用。

巧用电灯消除手表积水 >>>

手表被水浸湿后，可用几层卫生纸或易吸潮的绒布将表严密包紧，放在40瓦的电灯泡附近约15厘米处，烘烤约30分钟，表内水汽即可消除。

如何保养手机电池 >>>

❶为了延长电池的使用寿命，其充电时间不可超过必要的充电期（5~7小时）。

❷电池的触点不要与金属或带油污配件接触。

❸电池切勿浸在水中，注意防潮，切勿放在低温的冰箱里或高温的炉子旁。

❹对于有记忆效应的电池，每次应把电量使用完毕，再充电，否则，电池会出现记忆效应，大大减少电池寿命。

巧除书籍霉斑 >>>

可用棉球蘸明矾溶液擦洗，或者用棉花蘸上氨水轻轻擦拭，最后用吸水纸吸干水分。

巧除书籍苍蝇便迹 >>>

用棉花蘸上醋液或酒精擦拭，直至擦净为止。

水湿书的处理 >>>

一本好书不小心被水弄湿了，如果晒干，干后的书会又皱又黄。其实，只要把书抚平，放入冰箱冷冻室内，过两天取出，书既干了又平整。

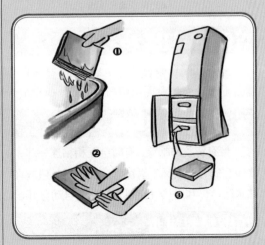

▲水湿书的处理

巧用口香糖"洗"图章 >>>

图章用久了会积很多油渍，影响盖印效

果，可将充分咀嚼后准备扔掉的口香糖放在图章上用手捏住，利用其黏性将图章字缝中的油渍粘掉，使图章完好如新。

巧除印章印泥渣 >>>

印章用久后，就会被印泥渣子糊住，使用时章迹就很难辨认清楚。可以取一根蜡烛点着，使熔化了的蜡水滴入印章表面，待蜡水凝固，取下蜡块，反复两次即可。

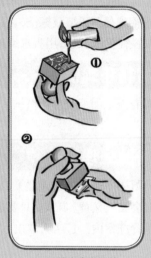

▲巧除印章印泥渣

巧用醋擦眼镜 >>>

滴点儿醋在眼镜片上，然后轻轻揩拭，镜面干净，而且上面不留斑纹。

巧法分离粘连邮票 >>>

带有背胶的邮票，有时会互相粘连一起，要使它们分开而又不损伤背胶，可把邮票放在热水瓶口，利用热气使邮票卷曲或自动分开。

巧铺塑料棋盘 >>>

现在的棋盘多为塑料薄膜制成，长期折叠后不易铺开。有的棋子很轻，很难站稳。其实，只要用湿布擦一下桌子，就可将塑料薄膜棋盘平展地贴在桌面上。

冬季巧防自行车慢撒气 >>>

冬季车胎常常跑气，其原因大多是气门芯受冻丧失弹性所致。用呢料头缝制一个气门套套在上面，可防止气门芯被冻。

新菜板防裂小窍门 >>>

按 1500 克水放 50 克食盐的比例配成盐水，将新菜板浸入其中，1 周左右取出。这样处理过的菜板则不易开裂。

延长高压锅圈寿命小窍门 >>>

高压锅胶圈用过一段时间后就失去了原有的弹性而起不到密封作用。可用一段与高压锅圈周长相等的做衣服用的圆松紧带，夹在高压锅圈的缝中，其效果不亚于新高压锅圈。

冰箱封条的修理 >>>

冰箱门上的磁性密封条与箱体之间会出现缝隙，致使冷气外漏，降低制冷效果，增加耗电量。可把一个开着的手电筒放入冰箱，关上箱门仔细观察箱门四周的密封圈有没有漏光处。如果有，可用洗衣粉水把磁性密封圈擦洗干净，把漏光处的磁性密封圈扒开，取一些干净棉花填入密封圈的漏光部位，棉花数量视漏光情况而定，以关严为宜。最后，再用手电筒检验一遍，若还有漏光处，可反复"对症下药"，直到没有漏光为止。

电池保存小窍门 >>>

❶在电池的负极上涂一层薄薄的蜡烛油，然后搁置在干燥通风处，则可有效地防止漏电。

❷把干电池放在电冰箱里保存，可延长其使用寿命。

❸手电筒不用时，可将后一节电池反转过来放入手电筒内，以减慢电池自然放电，延长电池使用时间，同时还可避免因遗忘致使电池放电完毕，电池变软，锈蚀手电筒内壁。

物品使用

牙膏巧做涂改液 >>>

写钢笔字时，如写了错别字，抹点儿牙膏，一擦就净。

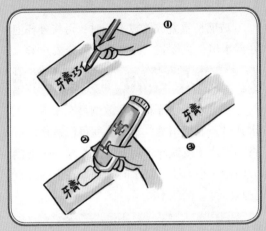

▲牙膏巧做涂改液

巧用肥皂 >>>

❶液化气减压阀口，有时皮管很难塞进去，如在阀口涂点儿肥皂，皮管就很容易塞进去了。

❷油漆厨房门窗时，可先在把手和开关插销上涂点儿肥皂，这样粘上油漆后就容易洗掉了。

肥皂头的妙用 >>>

❶将肥皂头化在热水里，待水冷却后可倒入洗衣机内代替洗衣粉，效果颇佳。

❷用细布或纱布缝制一个大小适当的小口袋，装进肥皂头，用橡皮筋系住，使用时，用手搓几下布袋就行了。

❸将肥皂头用水浸软，放在掌心、两手合上，用力挤压成团，稍晾即可使用。

使软化肥皂变硬的妙方 >>>

因受潮而软化的肥皂，放在冰箱中，就可恢复坚硬。

肥皂可润滑抽屉 >>>

在夏季，空气中水分多，家具的门、写字台的抽屉，往往紧得拉不动。可在家具的门边上、抽屉边上涂一些肥皂，推拉起来非常容易。

蜡烛头可润滑铁窗 >>>

如房间里安装的是铁窗，可将蜡烛头或肥皂头涂在铁窗轨道上，充当润滑剂，可使铁窗开关自如。

巧拧瓶子盖 >>>

❶瓶子上的塑料瓶盖有时因拧得太紧而打不开，此时可将整个瓶子放入冰箱中（冬季可放在室外）冷冻一会儿，然后再拧，很容易就能拧开。

❷一般装酱油、醋的瓶盖，如果是铁制的，容易生锈。盖子锈了或旋得太紧而打不开时，可在火上烘一下，再用布将瓶盖包紧，一旋就开。

轻启玻璃罐头 >>>

取宽3厘米、厚1厘米、长约16厘米的木板条1根，2厘米长的圆钉1颗。将钉钉在木条一端靠里0.5厘米处中央，钉头对准罐头铁盖周围凹缝处，木条顶住罐头瓶颈，往下轻压，如此多压几个地方，整个铁盖就会松动，打开就不难了。

巧开葡萄酒软木塞 >>>

将酒瓶握手中，用瓶底轻撞墙壁，木塞会慢慢向外顶，当顶出近一半时，停，待瓶中气泡消失后，木塞一拔即起。

巧用橡皮盖 >>>

❶将废弃无用的橡皮盖子用双面胶固定在房门的后面，可防止门在开关时与墙的碰撞，能起到保护房门的作用。

❷将废药瓶上的橡皮盖子收集起来，按纵横交错位置，一排排钉在一块长方形木板上（钉子须钉在盖子凹陷处），就成为一块很实用的搓衣板。

盐水可除毛巾异味 >>>

❶洗脸的毛巾用久了，常有怪味、发黏，如果用盐水来搓洗，再用清水冲净，可清除异味，而且还能延长毛巾的使用寿命。

❷有些人习惯用肥皂擦在毛巾上洗脸，毛巾表面非常粗糙，在上面打肥皂会使过多的皂液质沾在毛巾上，使毛巾产生一种难闻的气味，既造成浪费，又会减少毛巾的使用时间。

巧用碱水软化毛巾 >>>

毛巾用久了会发硬，可以把毛巾浸入2% ~ 3%的食用碱水溶液内，用搪瓷脸盆放在小火上煮15分钟，然后取出用清水洗净，毛巾就变得白而柔软了。

开锁断钥匙的处理 >>>

如果在开锁时因用力过猛而使钥匙折断在锁孔中，先不用慌张，可将折断的匙柄插入锁孔，使之与断在锁孔内的另一端断面完全吻合，然后用力往里推，再轻轻转动匙柄，锁便可打开。

巧用玻璃瓶制漏斗 >>>

可将弃之不用的玻璃瓶（如啤酒瓶），做一个实用的小斗。做法是拿一根棉纱带，放进汽油、煤油或酒精里浸透，把它紧围在瓶体粗处，然后点燃棉纱，待棉纱燃完，立即将瓶子投入凉水中，玻璃瓶就成了两段，破口平齐，用连通瓶口那段做漏斗。

叠紧的玻璃杯分离法 >>>

玻璃杯重叠放置拔不开时，可将外杯泡在温水里，里杯装上冷水，即可分拔开来。

烧开水水壶把不烫手 >>>

烧开水，水壶把往往放倒靠在水壶上，水开时，壶把很烫，不小心就可能烫伤。可将小铝片（或铁丝）用万能胶水粘在壶把侧方向做一小卡子，烧水时壶把靠在上面成直立状即可，把就不烫了。

巧除塑料容器怪味 >>>

塑料容器，尤其是未用过的塑料容器，有一种怪味。遇到这种情况，可用肥皂水加洗涤剂浸泡1 ~ 2小时后清洗，然后再用温开水冲洗几遍，怪味即可消失。

巧用透明胶带 >>>

透明胶带纸很薄，颜色浅。每次使用时常常很难找到胶带的起头处。在每次使用后，就在胶带纸的起头处粘上一块儿纸（1厘米即可），或将胶带纸对粘一小截儿，胶带的起头处就不会粘上。

巧磨指甲刀 >>>

将一废钢锯条掰出一新断口，把用钝的指甲刀两刃合拢，然后用锯条锋利的断口处在指甲刀两刃口上来回反复刮10下，指甲刀就会锋利如新了。

钝刀片变锋利法 >>>

在刮脸前，把钝刀片放进50℃以上的热水里烫一下，然后再用，就会和新的一样锋利。

钝剪刀快磨法 >>>

用钝了的剪刀来剪标号较高的细砂纸，随着剪砂纸次数的增多，钝剪刀会慢慢变得锋利。一般剪20多下就可以了。

拉链发涩的处理 >>>

❶拉链发涩，可涂点儿蜡，或者用铅笔擦一下滞涩的拉链，轻轻拉几下，即可。
❷带拉链的衣服每次洗过后，若在拉链上涂点儿凡士林，拉链不易卡住，并能延长其使用寿命。

调节剪刀松紧法 >>>

剪刀松了，找一铁块垫在剪刀铆钉处，用锤子轻轻砸一下铆钉，即可调紧，如果还嫌松，可多砸几下；如果剪刀紧了，可找一个内孔比剪刀上铆钉稍大一些的螺母，垫在剪刀铆钉处，用锤子敲一个铆钉，剪刀即可变松。

蛋清可黏合玻璃 >>>

玻璃制品跌断后，可用蛋清涂满两个断面，合缝后擦去四周溢出的蛋清，半小时后就可完全黏合，再放置一两天就可以用了，即使受到较大外力的作用，黏合处也不会断裂。此法也可用来黏合断裂的小瓷器。

洗浴时巧用镜子 >>>

洗浴时，浴室中的镜子时常被蒸气熏得模糊不清。可将肥皂涂抹镜面，再用干布擦拭，镜面上即形成一层皂液膜，可防止镜面模糊。如使用收敛性的化妆水或洗洁精，亦可收到相同的效果。

破旧袜子的妙用 >>>

将破旧纱袜套在手上，用来擦拭灯泡、凸凹花瓶、贝雕工艺品等物体，既方便，效果也好。

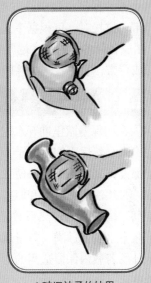

▲破旧袜子的妙用

防眼镜生"雾" >>>

冬季，眼镜片遇到热气时容易生"雾"，使人看不清东西，可用风干的肥皂涂擦镜片两面，然后抹匀擦亮即可。

不戴花镜怎样看清小字 >>>

老年人外出时若忘了带老花镜，而又特别需要看清小字，如药品说明书等，可以用曲别针在一张纸片上戳个小圆孔，然后把眼睛对准小孔，从小孔中看便可以看清。

保持折伞开关灵活法 >>>

可以不时地把伞打开淋上一点儿热水，在热水的作用下，伞布便顺着伞骨均匀地伸张。这样，就可以保持伞的开关灵活，干燥后也不会变形。

旧伞衣的利用 >>>

无修理价值的旧尼龙伞，其伞衣大都很牢固。因而可将伞衣拆下，改制成图案花色各异的大小号尼龙手提袋。先将旧伞衣顺缝合处拆成小块（共8片）洗净、晒干、烫平。然后用其中6片颠倒拼接成长方形，2片做提带或背带。拼接时，可根据个人爱好和伞衣图案，制成各种各样的提式尼龙袋。最后，装上提带或背带，装饰各式扣件即成。

巧用保温瓶 >>>

许多人在向保温瓶里冲开水时，往往会冲得水溢出来，然后再塞上塞子，以为这样更有利于保温，其实不然，要使保温瓶保温效果更好，必须注意在热水和瓶塞之间保持适当的空间。因为水的传热系数是空气的4倍，热水瓶中水装得过满，热量就以水为媒介传到瓶外。若瓶内保留适当的空气，热量散发就慢些。

手机上的照片备份妙方 >>>

将图像从手机邮箱发送到电脑邮箱，然后在电脑中接收该邮件并保存，此法基本上对所有的手机都适用。

巧用手机 # 键 >>>

在待机状态下输入一位置号，如12，再按下#键，存在电话簿12号的用户名就出现在屏幕上了，按下通话则拨叫该用户。

巧妙避开屏保密码 >>>

忘了屏保密码，电脑打不开时，只要在进入 Windows 系统时，按住 Shift 键不放，就会略过启动文件夹内容而不启动屏保。

巧用电脑窗口键 >>>

❶ "窗口键 +d" 显示桌面。

❷ "窗口键 +e" 打开资源管理器。

❸ "窗口键 +r" 运行命令。

❹ "窗口键 +f" 搜索命令。

输入网址的捷径 >>>

网址的形式是 www.xxx.com，只需输入 xxx，然后按 Ctrl+Enter 键就可以了。

电池没电应急法 >>>

电池没电时，将电池（2个）取出来，使正负极相反放在手掌上，用两手摩擦10 ~ 15秒，单个电池也一样能行。

电池使用可排顺序 >>>

笔式手电筒、照相机和半导体收音机上不能使用的5号电池，改用作电子石英钟或电子门铃的电源，至少可再用几周到几个月。

巧用电源插座 >>>

家用电源插座一般都标明电流和电压，由此可算出该电源插座的功率＝电流 × 电压。如电器使用的最大功率超过电源插座的功率，就会使插座因电流过大而发热烧坏。如同时使用有3对以上插孔的插座，应先算一下这些电器的功率总和是否超过插座的功率。

夏日巧用灯 >>>

盛夏用白炽灯不如用节能灯，节能灯可节电75%，8瓦节能灯亮度与40瓦白炽灯相当，而后者还会将80%电能转化为热能，耗电又生热。

盐水可使竹衣架耐用 >>>

竹衣架买回后，可用浓盐水擦在衣架上（一般以三匙盐冲小半碗水为宜），再放室内2 ~ 3天，然后用清水洗净竹上盐花即可。

这样处理过的竹晒衣架越用越红，不会开裂和虫蛀。

自制简易针线轴 >>>

将 2 ～ 3 个用过的 135 胶卷内轴，用胶粘剂粘接起来，便是一个美观实用的针线轴。

吸盘挂钩巧吸牢 >>>

日常生活中，吸盘式挂钩常常贴不紧，可将残留在蛋壳上的蛋液均匀涂在吸盘上再贴，要牢固得多。

防雨伞上翻的小窍门 >>>

把雨伞打开，在雨伞铁支条的圆托上，按支条数拴上较结实的小细绳，细绳的另一头分别系在铁支条的端部小眼里。这样，无论风怎样刮，雨伞也不会上翻了。并且丝毫不影响它的收放及外观。

凉席使用前的处理 >>>

新买凉席及每年首次使用凉席前，要用热开水反复擦洗凉席，再放到阳光下暴晒数小时，这样能将肉眼不易见到的螨虫、细菌及其虫卵杀死。秋季存放凉席时也以此法进行，再内放防蛀、防霉用品以抑制螨虫的生长。

自制水果盘 >>>

已废旧的塑料唱片，可在炉上烤软，用手轻轻地捏成荷叶状，这样就成了一个别致的水果盘。也可以随心所欲地捏成各种样式，或用来盛装物品，或作摆设装饰，都别具特色。

巧手做花瓶 >>>

用废旧挂历或稍硬的纸做室内壁花花瓶，颜色可多种多样，任意选择自己喜爱的花色，把它折成约 25 厘米长、15 厘米宽，再卷成圆筒，上大下小。然后用小夹子夹住折缝的地方，挂在室内墙上，最好是在墙角，再插上自己喜欢的花。如果怕花瓶晃动，底下可用图钉按住。

这种花瓶制作起来十分简单方便，也很美观大方，尤其是在卧室和客厅，显得十分别致，而且可以随时更换。

自织小地毯 >>>

把废旧毛线用粗棒针织成 20 针宽的长条，然后用缝毛衣用的针将织好的长条缝成像洗衣机出水管那样粗的线管，边缝合边把碎布头塞入线管，最后将这样的毛线管按所需要的形状盘起来，用针缝好定型，就成为小地毯了。

电热毯再使用小窍门 >>>

用过的电热毯，其毯内皮线可能老化、电热丝变脆，使用前不要急于把叠着的电热毯打开，避免折断皮线和电热丝。正确的使用方法：把电热毯通电热一下再打开铺在床上。

▲电热毯再使用小窍门

提高煤气利用率的妙方 >>>

在平底饭锅外面加一个与锅壁保持 5 毫米空隙的金属圈（金属圈的直径比锅壶最大

直径略大1厘米），金属圈的高度3～5厘米。煮饭时，饭锅放在金属圈内，这样就能迫使煤气燃烧时的高温气体除对锅底加热外，还能沿锅壁上升，热量得到充分利用。

巧烧水节省煤气 >>>

烧开水时，火焰要大一点儿，有些人以为把火焰调得较小省气，其实不然。因为这样烧水，向周围散失的热量就多，烧水时间长，反而要多用气。

巧为冰箱除霜 >>>

按冷冻室的尺寸剪一块塑料薄膜（稍厚一点儿的，以免撕破），贴在冷冻室内壁上，贴时不必涂黏合剂，冰箱内的水汽即可将塑料膜粘住。须除霜时，将食物取出，把塑料膜揭下来轻轻抖动，冰霜即可脱落。然后重新粘贴，继续使用。

冰箱停电的对策 >>>

电冰箱正常供电使用时，可在冷冻室里多制些冰块，装入塑料袋中储存。一旦停电，及时将袋装冰块移到冷藏室的上方，并尽量减少开门取物的次数。当来电时，再及时将冰块移回冷冻室，使压缩机尽快启动制冷。

冰箱快速化霜小窍门 >>>

电冰箱每次化霜需要较长时间。若打开电冰箱冷冻室的门，用电吹风向里面吹热风，则可缩短化霜时间。

电冰箱各间室的使用 >>>

❶冷冻室内温度约 -18℃，存放新鲜的或已冻结的肉类、鱼类、家禽类，也可存放已烹调好的食品，存放期3个月。

❷冷藏室温度约为5℃，可冷藏生熟食品，存放期限一星期，水果、蔬菜应存放在果菜盒内（温度8℃），并用保鲜纸包装好。

❸位于冷藏室上部的冰温保鲜室，温度约0℃，可存放鲜肉、鱼、贝类、乳制品等食品，既能保鲜又不会冻结，可随时取用，存放期为3天左右。

巧用冰温保鲜室 >>>

冰温保鲜室还可以作为冷冻食品的解冻室，上班前如将食品放在该室，下班后可即取即用。

食物化冻小窍门 >>>

鲜鱼、鸡、肉类等一般存放在冷冻室，如第二天准备食用，可在头天晚上将其转入冷藏室，一可慢慢化冻，二可减少冰箱起动次数。

冬季巧为冰箱节电 >>>

准备饭盒两只，晚上睡前装 3/4 的水，盖上盖放到屋外窗台上，第二天早上即结成冰。将其放入冰箱冷藏室，利用冰化成水时吸热原理保持冷藏低温，减少电动机起动次数。两只饭盒可每天轮流使用。

加长洗衣机排水管 >>>

若洗衣机的排水管太短，使用不便时，找一只废旧而不破漏的自行车内胎，在气门嘴处剪断，去掉气门嘴。这样，自行车内胎就变成了管子，把它套在洗衣机排水管上即可。

如何减小洗衣机噪声 >>>

用汽车的废内胎，剪 4 块 400×150 毫米大小的胶皮，擦干净表面，涂上万能胶，把洗衣机放平后，将胶皮贴在底部的四角，用沙袋或其他有平面的重物压住，过 24 小时，胶皮粘牢后即可使用。如用泡沫塑料代替胶皮，效果更好。

电饭锅省电法 >>>

❶做饭前先把米在水中浸泡一会儿，这样做出的米饭既好吃，又省电。

❷最好用热水做饭。这样不但可保持米饭的营养，也能达到节电目的。

❸电饭锅通电后用毛巾或特制的棉布套盖住锅盖，不让其热量散发掉，在米饭开锅将要溢出时，关闭电源，过5~10分钟后再接通电源，直到自动关闭，然后继续让饭在锅内焖10分钟左右再揭盖。这样做不仅省电，还可以避免米汤溢出，弄脏锅身。

▲电饭锅省电法

电话减噪小窍门 >>>

电话机的铃声叫起来很刺耳，如果能在电话机的下面垫上一块泡沫塑料，就可减少铃声的吵闹。

电视节能 >>>

收看电视，电视机亮度不宜开得很亮。如51厘米彩电最亮时功耗为90瓦左右，最暗时功耗只有50瓦左右。所以调整适合亮度不仅可节电，还可以延长显像管寿命，保护视力，可谓一举三得。开启电视时，音量不要过大，因为每增加1瓦音频功率，就要增加4~5瓦电功耗。

热水器使用诀窍 >>>

使用时，电源插头要尽可能插紧。如果是第一次使用电热水器，必须先注满水，然后再通电。节水阀芯片一般是铜制的，易磨损，拧动时不要用力过猛。水箱里的水应定期更换。冬天，积存在器具内的水结冰易使器具损坏，所以每次使用后要注意排水。在不用电热水器时，应注意通风，保持电热水器干燥。严格按照使用说明书的要求操作，对未成年人、外来亲朋使用热水器，应特别注意安全指导。每半年或一年要请专业人员对热水器做一次全面的维修保养。

用玻璃弹珠消除疲劳 >>>

把20~30个玻璃弹珠装入旧丝袜，每隔15厘米处打两个结，剪去多余处。以赤脚踩踏刺激脚底的穴道，如此能改善血液循环，轻松消除一天的疲劳。

巧用圆珠笔五法 >>>

❶圆珠笔芯出油不畅，可从笔芯尾部注射少量95%的酒精，书写起来就会流利。

❷圆珠笔头漏油，可找一支用完笔油的笔芯，调换使用，就可制止漏油。

❸圆珠笔书写不流利时，可将笔尖插在香烟的过滤嘴海绵中旋一旋，便流利好用。

❹圆珠笔的笔油中含有颗粒状的结晶体物质，堵塞了出油的孔道，把笔芯放在热水中浸泡一会儿，等结晶体熔化了，书写时油就会顺利流出。

❺笔芯内有肉眼看不见的小气泡，可用嘴从末端使劲向里吹气，便可写出字来。

巧除室内异味 >>>

室内通风不畅时，经常有碳酸怪味，可在灯泡上滴几滴香水或花露水，待遇热后慢慢散发出香味，室内就清香扑鼻了。

▲巧除室内异味

活性炭巧除室内甲醛味 >>>

购买 800 克颗粒状活性炭，将活性炭分成 8 份，放入盘中，每个房间放 2~3 盘，72 小时可基本除尽室内异味。

家养吊兰除甲醛 >>>

吊兰在众多吸收有毒物质的植物中，功效位居第一。一般而言，一盆吊兰能够吸收一立方米空气中 96% 的一氧化碳和 86% 的甲醛，还能分解由复印机等排放的苯，这是其他植物所不能替代的。特别是吊兰在微弱的光线下，也能进行光合作用，吸收有毒气体。吊兰喜阴，更适合室内放置。

巧用芦荟除甲醛 >>>

据测试，一盆芦荟大约能吸收一立方米空气中 90% 的甲醛。芦荟喜阳，更适合放置在明亮的地方，才能发挥其最大功效。

巧用红茶除室内甲醛味 >>>

用 300 克红茶在两只脸盆中泡热茶，放入室内，并开窗透气，48 小时内室内甲醛含量将剧降，刺激性气味基本消除。

食醋可除室内油漆味 >>>

在室内放一碗醋，2 ~ 3 天后，房内油漆味便可消失。

巧用盐水除室内油漆味 >>>

在室内放几桶冷水或盐水，室内油漆味也可除掉。

巧用干草除室内油漆味 >>>

在室内放一桶热水，并在热水中放一把干草，一夜之后，油漆味就可消除。

巧用洋葱除室内油漆味 >>>

将洋葱切成碎块，泡入一个大水盆内，放在室内几天，也可消除油漆味。

牛奶消除家具油漆味 >>>

把煮开的牛奶倒在盘子里，然后将盘子放在新油漆过的橱柜内，关紧家具的门，过 5 个小时左右，油漆味便可消除。

食醋可除室内烟味 >>>

用食醋将毛巾浸湿，稍稍一拧，在居室

中轻轻甩动，可去除室内烟味。如果用喷雾器来喷洒稀释后的醋溶液，效果会更好。

巧用柠檬除烟味 >>>

将含果肉的柠檬切成块放入锅里，加少许水煮成柠檬汁，然后装入喷雾器，喷洒在屋子里，就能达到除味效果。

咖啡渣除烟味 >>>

在烟灰缸底部铺上一层咖啡渣，就可以消除烟蒂所带来的烟味。

巧除厨房异味 >>>

❶在锅内适当放些食醋，加热蒸发，厨房异味即可消除。

❷在炉灶旁烤些湿橘皮，效果也很好。

巧用香水除厕所臭味 >>>

❶用香水或风油精滴在小块海绵上，用绳子拴住挂在厕所门上，不仅除臭效果好，而且每15天往海绵上滴几滴就可以，比较省事。

❷挂清凉油除臭效果虽然也不错，但需5天左右就要抹去上边一层才可继续起到除臭作用。

巧用食醋除厕所臭味 >>>

室内厕所即使冲洗得再干净，也常会留下一股臭味，只要在厕所内放置一小杯香醋，臭味便会消失。其有效期为6~7天，可每周换1次。

点蜡烛除厕所异味 >>>

在厕所里燃烧火柴或者点燃蜡烛，随着燃烧可改变室内空气。

燃废茶叶除厕所臭味 >>>

将晒干的残茶叶，在卫生间燃烧熏烟，能除去污秽处的恶臭。

巧用洁厕灵疏通马桶 >>>

隔三岔五地将适量洁厕灵倒入马桶，盖上马桶盖闷一会儿，再用水冲洗，能保持马桶通畅。

巧用可乐清洁马桶 >>>

喝剩的可乐倒掉十分可惜，可将之倒入马桶中，浸泡10分钟左右，污垢一般便能被清除，若清除不彻底，可进一步用刷子刷除。

塑料袋除下水道异味 >>>

一般楼房住户，厨房、卫生间都有下水道，每到夏季，会泛发出难闻的气味。为此，可找一个细长的塑料口袋，上口套在下水管上扎紧，下底用剪刀剪几个小口，然后把它放进下水管道里，上面再用一块塑料布蒙上，最后盖上铁栅栏即可。这样便能保证厨房或卫生间的空气清新。

巧用丝袜除下水道异味 >>>

把丝袜套在排水孔，减少毛发阻塞排水孔的机会，水管自然可以保持洁净，排水孔发出的臭味就可去除。

巧用橘皮解煤气异味 >>>

煤火中放几片风干的橘子皮，可解煤气异味。

巧除衣柜霉味 >>>

抽屉、壁橱、衣箱里有霉味时，在里面放块肥皂，即可去除；衣橱里可喷些普通香水，去除霉味。

巧用植物净化室内空气 >>>

❶仙人掌、文竹、常青藤、秋海棠的

芳香有杀菌抗菌成分，可以清除室内空气中的细菌和病毒，具有保健功能。

❷芦荟、菊花等可减少居室内苯的污染。

❸月季、蔷薇等可吸收硫化氢、苯、苯酚、乙醚等有害气体。

❹虎尾兰、龟背竹、一叶兰等叶片硕大的观叶花植物，能吸收80%以上的多种有害气体。

巧用洋葱擦玻璃 >>>

将洋葱一切两半，用切面来擦玻璃表面。趁葱汁还未干时，迅速用干布擦拭，玻璃就会非常亮。

巧除玻璃上的石灰 >>>

粉刷墙壁时玻璃窗会粘上石灰水，要清除这些石灰痕迹，用一般的清水擦洗是比较困难的。对此，要用湿布蘸细沙子擦洗玻璃窗，便可轻而易举地使石灰斑点脱落。

粉笔灰可使玻璃变亮 >>>

把粉笔灰蘸水涂在玻璃上，干后用布擦净，可使玻璃光洁明亮。

牙膏可使玻璃变亮 >>>

玻璃日久发黑，可用细布蘸牙膏擦拭，会光亮如新。

巧用蛋壳擦玻璃 >>>

鲜蛋壳用水洗刷后，可得一种蛋白与水的混合溶液，用它擦拭玻璃或家具，会增加光泽。

用啤酒擦玻璃 >>>

在抹布上蘸上些啤酒，然后把玻璃里外擦1遍，再用干净的抹布擦1遍，即可把玻璃擦得十分明亮。

巧除玻璃油迹 >>>

窗上玻璃有陈迹或沾有油迹时，把湿布滴上少许煤油或白酒，轻轻擦拭，玻璃很快就会光洁明亮。

巧除玻璃上的油漆 >>>

玻璃上沾了油漆，可用绒布蘸少许食醋将它拭净。

巧用软布擦镜子 >>>

小镜子或大橱镜、梳妆台镜等镜面有了污垢，可用软布（或纱布）蘸上煤油或蜡擦拭，切不可用湿布擦拭，否则镜面会模糊不清，玻璃易腐蚀。

巧用牛奶擦镜子 >>>

用蘸牛奶的抹布擦拭镜子、镜框，可使其清晰、光亮。

塑钢窗滑槽排水法 >>>

在滑槽和排水孔里穿上几根毛线或棉线绳，其外侧要探出阳台或窗台，滑槽里再平放几根长10厘米左右的毛线或棉线绳，与排水孔里侧的毛线或棉线绳连在一起，形成T字形。当滑槽出现积水时，积水便会顺着毛线或棉线绳顺畅地流出。

巧用牛奶擦地板 >>>

擦地板时，在水中加发酵的牛奶，既可以去污，又能使地板溜光发亮。

巧用橘皮擦地板 >>>

鲜橘皮和水按1∶20的比例，熬成橘皮汁，待冷却后擦拭家具或地板，可使其光洁；若将它涂在草席上，不但能使草席光滑，而且还能防霉。

巧去木地板污垢 >>>

地板上有了污垢，可用加了少量乙醇的弱碱性洗涤液混合拭除。因为加了乙醇，除污力会增强。胶木地板也可用此法去除污垢。由于乙醇可使木地板变色，应该先用抹布蘸少量混合液涂于污垢处，用湿抹布拭净。若木地板没有变色，便可放心使用。

巧用漂白水消毒地板 >>>

用漂白水消毒地板，能杀死多种细菌，消毒功效颇为显著。使用时，漂白水跟清水的比例应为1：49，因其味道较浓烈，而如果稀释分量控制不当的话，其中所含的毒性可能会对抵抗力较弱的小孩造成伤害，而且会损害地板，导致褪色。

巧除墙面蜡笔污渍 >>>

墙上被孩子涂上蜡笔渍后十分不雅，可用布（绒布最佳）遮住污渍处，用熨斗熨烫一下即可，蜡笔油遇热就会熔化，此时迅速用布将污垢擦净。

地砖的清洁与保养 >>>

日常清洁，可先用普通的墩布像擦水泥地面一样混擦，再用干布将水擦干。一般每隔3～6个月上一次上光剂。

巧除地砖斑痕 >>>

如因灼烧使表面产生斑痕时，可用细砂纸轻轻打磨，然后涂擦封底剂和上光剂，即可恢复原状。

巧除家具表面油污 >>>

家具漆膜被油类玷污，可用一壶浓茶，待茶水温凉时，用软布蘸些茶水擦洗漆面，反复擦洗几次即可。

冬季撒雪扫地好处多 >>>

冬季扫地时，若把洁白的雪撒在地板上，扫得既干净，又能避免扬起灰尘。

巧用旧毛巾擦地板 >>>

用墩布拖地很沉，且容易腰酸背痛，地面也要很长时间才干。用旧毛巾当抹布擦地，干净、干得快、省时间，用旧化纤料效果更好。

塑料地板去污法 >>>

塑料地板上若沾了墨水、汤汁、油腻等污迹，一般可用稀肥皂水擦拭，如不易擦净，也可用少量汽油轻轻擦拭，直至污迹消除。

巧除水泥地上的墨迹 >>>

将50毫升食醋倒在水泥地上的墨迹处，过20分钟后，用湿布擦洗，地就会光洁如新。

巧洗脏油刷 >>>

将脏油刷浸在装有苏打水的容器中（一杯水加25克苏打），不要让刷子碰着容器的底部，将容器放在火上加热到60～80℃，放置约15小时后油刷即可软化。软化后，先把刷子放在肥皂水里洗，然后再用清水洗净。

毛头刷除藤制家具灰尘 >>>

藤制家具用久了会积污聚尘，可用毛头柔和的刷子自网眼里由内向外拂去灰尘。若

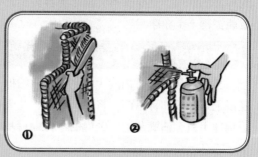

▲毛头刷除藤制家具灰尘

污迹严重，可用家用洗涤剂洗去，最后再干擦一遍即可。

绒面沙发除尘法 >>>

把沙发搬到室外，用一根木棍轻轻敲打，把落在沙发上的尘土打出，让风吹走。也可在室内进行。其方法是：把毛巾或沙发巾浸湿后拧干，铺在沙发上，再用木棍轻轻抽打，尘土就会吸附在湿毛巾或沙发巾上。一次不行，可洗净毛巾或沙发巾，重复抽打即可。

除床上浮灰法 >>>

床上常落有浮灰，用笤帚扫会使其四处飞扬，而后又落于室内，且对人有害。可将旧腈纶衣物洗净晾干，要除尘时拿它在床上依次向一个方向迅速抹擦，由于产生强烈静电，将浮尘吸附其上，用水洗净晾干复用。如用两三块布擦两三次，如同干洗一次，效果极佳。

巧除家电缝隙的灰尘 >>>

家用电器的缝隙里常常会积藏很多灰尘，且用布不宜擦净，可将废旧的毛笔用来清除缝隙里的灰尘，非常方便。或者用一只打气筒来吹尘，既方便安全，还可清除死角的灰尘。

巧给荧光屏除尘 >>>

给荧光屏去污千万不能用手拍，最好是用细软的绒布或药棉，蘸点儿酒精，擦时从屏幕的中心开始，轻轻地逐渐向外打圈，直到屏幕的四周。这样既不会损坏屏幕玻璃，也能擦得干干净净。

巧除钟内灰尘 >>>

清除座钟或挂钟内的尘埃，可用一团棉花浸上煤油放在钟里面，将钟门关紧，几天后棉球上就会沾满灰尘，钟内的零件即可基本干净。

冬季室内增湿法 >>>

春冬季室内过分干燥，对健康不利。可以用易拉罐装上水，放在暖气上（或炉上）。每间房用6~7个易拉罐即可，注意及时灌水。

自制加湿器 >>>

冬季暖气取暖使室内干燥，可在洗涤灵瓶子的中部用小铁钉烫个孔，装满水盖好，下垫旧口罩或软布放在暖气上，每个暖气放1~3个就可改善室内小气候。在瓶内放些醋还可预防感冒。

自制房屋吸湿剂 >>>

用锅把砂糖炒一炒，再装入纸袋，放在潮湿处即成。

地面返潮缓解法 >>>

没有地下室的一楼房间以及平房，夏季地面返潮厉害。可关闭门窗，拉上窗帘，地上铺满报纸，经两三个小时后，地下的潮气就会返上来。这时把报纸收走，打开门窗通气，干燥空气进来，潮气吹走，房间里就会舒服多了。

除干花和人造花灰尘

干花和人造花上的灰尘可以直接用吹风机吹除。注意：为避免积尘严重、无法吹净的情况，最好频率较高地使用该法对干花和人造花进行清洁。

如何彻底清洗饮水机 >>>

由于饮水机使用方便，现代拥有饮水机的家庭越来越多。很多人都觉得，桶装的饮用水纯净无杂质，比烧出来的水要干净很多，其实这是一个认识的误区。如果你不经常清洗饮水机的话，那么饮水机绝对是个藏污纳垢、滋生细菌的好地方。那么，到底如何彻底清洗饮水机呢？

窍门：分步骤彻底清洗饮水机

材料：清洗消毒液、开水√

操作方法

❶将饮水机的电源切断。

❷打开所有饮水开关放水，将饮水机中的水放空，拿下纯净水桶。

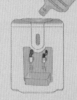

❸将可用于饮水机的清洗消毒液如次氯酸钠等倒入饮水机的贮水罐。

❹过一段时间之后，开启饮水机的水龙头将消毒液放掉。然后打开饮水机放水阀让消毒液排尽。

❺用开水反复冲洗饮水机。等饮水机中的水都

排净以后，关闭饮水机的放水阀。

如何清洗毛绒玩具 >>>

毛绒玩具不仅是小朋友的最爱，很多成年的女孩同样有浓厚的毛绒玩具情结。的确，毛绒玩具柔软的触感、可爱的造型总能令人爱不释手。那么，现在就来给你心爱的毛绒玩具洗个澡吧，这样你和它都会变得更健康哦。

窍门1：粗盐清洁毛绒玩具

材料：塑料袋、粗盐√

操作方法

❶将适量粗盐倒入一个塑料袋中。

❷将要清洁的毛绒玩具放入装有粗盐的塑料袋，将塑料袋口封闭。

❸来回晃动塑料袋，让粗盐与毛绒玩具充分接触，毛绒玩具就能变干净了。

窍门2：揉袋法清洁毛绒玩具

材料：塑料袋、清洁剂√

操作方法 ━━━━━━━━━━━━━━━━

❶将毛绒玩具装入大小合适的塑料袋中，将塑料袋装入适量清水。

❷在清水中加入适量的清洁剂，将塑料袋封闭。

❸反复揉捏塑料袋，使毛绒玩具得到清洁，最后用清水漂洗即可。

怎样快速消除烟味 >>>

　　香烟燃烧后产生的烟雾中含有许多种会对人体健康产生危害的成分，尼古丁就是其中之一。尽管所有香烟的包装上都印有吸烟有害的标识，但是烟民仍然不在少数。不管是你自己吸烟，还是家中有其他人吸烟，室内的烟味总会久久不散。这无疑会让许多不吸烟的人产生反感。那么，有没有方法能够快速消除烟味呢？

窍门：挥舞湿毛巾快速除烟味

材料：清水、醋、毛巾√

操作方法 ━━━━━━━━━━━━━━━━

❶准备一盆清水，在清水中按照清水和白醋20：1的比例加入白醋。

❷拿一条毛巾将之浸泡在水和白醋的混合溶液之中。

❸将浸泡在水和白醋的混合溶液中的毛巾拿出，拧干。

❹将浸过醋的毛巾在充满烟味的屋子里快速挥舞直到烟味被除去。

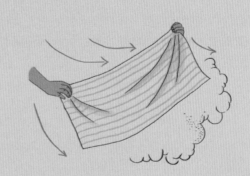

如何保持菜板清洁 >>>

在菜板上切菜、肉是我们每天烧菜做饭过程中不可或缺的一步，因此，保持菜板的洁净也就等于是保持我们身体健康的措施之一。研究显示，使用7天的菜板表面每平方厘米病菌多达20万个。因此，菜板消毒是非常必要的。那么，到底怎样才能保持菜板的清洁呢？

窍门1：撒盐法清洁菜板

材料：盐、刷子√

操作方法

❶撒一些盐在菜板上。

❷用刷子用力刷撒过盐的菜板。

❸当盐粒的颜色变深，将之从菜板上扫下即可。

窍门2：制作防护垫保持菜板清洁

材料：果汁盒√

操作方法

❶准备一个空的果汁纸质包装盒。用剪刀将果汁盒上的开口处剪掉。

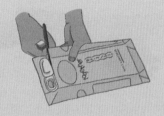

❷沿着果汁包装盒的边缘将果汁盒子纵向剪开。

❸将剪好的果汁盒平铺在菜板上，就可以在上面切菜了。这样就能够让菜板保持清洁了，果汁包装盒制成的菜板防护垫不仅容易清洁，更换起来也十分方便。

餐具油污难洗净，怎么办 >>>

装过油腻菜品的盘子，总是特别难以清洗，有时候即使用上很多洗洁精，也难以清洗干净，看上去油腻腻的，心里总是感到不太舒服。面对这种情况，该如何解决呢？

窍门1：胡萝卜清洁油腻餐具

材料：胡萝卜√

操作方法

❶将胡萝卜切下头，胡萝卜头的大小有2厘米

左右即可。

❷将切下的胡萝卜头串在筷子上，用火烤软。应该时不时把胡萝卜头在火上转一转，让胡萝卜头保持均匀受热。

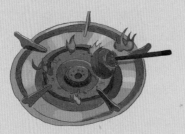

❸等到胡萝卜头烤至表层有一点儿变颜色了，就可以用烤软的胡萝卜擦拭油腻的餐具来去除餐具上的油污了。

窍门2：烟灰清洁餐具

材料：烟灰√

操作方法 〰〰〰〰〰〰〰〰〰〰〰〰〰〰〰〰〰〰

❶将烟灰倒在餐具中，用洗碗布蘸着烟灰将餐具擦拭一遍。

❷最后用清水将餐具冲洗干净即可。

器物清洗与除垢

巧用烟头洗纱窗 >>>

将洗衣粉、吸烟剩下的烟头一起放在水里，待溶解后，拿来擦玻璃窗、纱窗，效果均不错。原因是烟头中含有一定数量的尼古丁，对玻璃尤其是纱窗上粘的一些微生物起到去污作用。

巧除纱窗油渍 >>>

❶厨房的纱窗因油烟熏附，不易清洗。可将纱窗卸下，在炉子上（煤气或煤炉）均匀加热，然后将纱窗平放地上冷却后，用扫帚将两面的脏物扫掉，纱窗就洁净如初了。

❷将100克面粉加水打成稀面糊，趁热刷在纱窗的两面并抹匀，过10分钟后用刷子反复刷几次，再用水冲洗，油腻即除。

▲巧除纱窗油渍

巧用碱水洗纱窗 >>>

把纱窗放在碱水中，用不易起毛的毛布反复擦洗，然后把碱水倒掉，用干净的热水把纱窗冲洗一遍，这样纱窗就可干净如初。

巧用牛奶洗纱窗帘 >>>

在洗纱窗帘时，可在洗衣粉溶液中加入少许牛奶，能使纱窗帘焕然一新。

巧用手套清洗百叶窗 >>>

先戴上橡皮手套后外面再戴棉纱手套，接着将手浸入家庭用清洁剂的稀释溶液中，再把双手拧干。将手指插入全开的百叶窗叶片中，夹紧手指用力滑动，这样一来，便能轻易清除叶片上的污垢了。

去除床垫污渍小窍门 >>>

❶万一茶或咖啡等其他饮料打翻在床，应立刻用毛巾或卫生纸以重压方式用力吸干，再用吹风机吹干。

❷当床垫不小心沾染污垢时，可用肥皂及清水清洗，切勿使用强酸、强碱性的清洁剂，以免造成床垫的褪色及受损。

巧除双手异味 >>>

❶用咖啡渣洗手可去掉手上的大蒜味。
❷用香菜擦手可去掉洋葱味。
❸洗手前用盐擦手可去掉鱼腥味。
❹水中放点醋可洗去手上的漂白粉味。

巧洗椅垫 >>>

海绵椅垫用久了会吸收灰尘而变硬，清洗时将整个垫子放入水中挤压，把脏物挤出，洗净后不可晒太阳，要放在阴凉处风干，才能恢复柔软。

家庭洗涤地毯 >>>

用300克面粉，精盐和石膏粉各50克，用水调和成糊，再加少许白酒，在炉上加温调和，冷却成干状后，撒在地毯脏处，再用毛刷或绒布擦拭，直到干糊成粉状，地毯见净，然后用吸尘器除去粉渣，地毯就干净了。

酒精清洗毛绒沙发 >>>

毛绒布料的沙发可用毛刷蘸少许稀释的酒精扫刷一遍，再用电吹风吹干，如遇上果汁污渍，用1茶匙苏打粉与清水调匀，再用布沾上擦抹，污渍便会减退。

巧法清洁影碟机 >>>

在停机状态下，用电吹风冷吹或吸尘器吸，动作幅度要小，小心损坏机器，最好不要拆机除尘。

剩茶水可清洁家具 >>>

用一块软布沾残茶水擦洗家具，可使之光洁。

锡箔纸除茶迹 >>>

在贴防火板的茶具桌上泡茶后，日久会在茶具桌上留下片片污迹。对此，可在茶具桌上洒点儿水，用香烟盒里的锡箔纸来回擦拭，再用水洗刷，就能把茶迹洗掉。用此法洗擦茶具（茶杯、茶壶、茶盘）也有同效。

巧法清洁钢琴 >>>

❶钢琴的键盘、琴弦的表面有灰尘时，切忌用湿布擦或用嘴吹，可用吸尘器将尘土吸去，也可用干净的绒布轻擦。

❷用柠檬汁加盐调成清洁剂，也可把琴键擦得洁净如新。

❸琴键发了黄，可用软布蘸1∶1的水与酒精溶液轻拭琴键即可。

巧用茶袋清洗塑料制品 >>>

把喝剩下的茶袋晾干，在用过的油里浸泡后，在塑料制品的污垢上擦拭，不但可以去除表面平滑的塑料器皿上的污垢，也能清除表面凹凸容器上的污垢。然后用一块比较柔软的布，倒上少量的洗涤剂擦拭，就可以清洗干净，并且没有油的味道。这个方法对于清洗浴池和洗脸池也非常适用。

巧用面汤洗碗 >>>

如果手头没有洗涤剂，那么面汤或饺子汤便是很好的代用品洗涤剂，用它洗碗，洗完后再用清水冲一下，去污效果不亚于洗涤剂。

巧洗装牛奶的餐具 >>>

装过牛奶、面糊、鸡蛋的食具，应该先用冷水浸泡，再用热水洗涤。如先用热水，残留的食物就会黏附在食具上，难以洗净。

巧洗糖汁锅 >>>

刷洗熬制糖汁的锅，用肥皂水边煮边洗，很易洗净。

巧洗瓦罐砂锅 >>>

瓦罐、砂锅结了污垢，可用淘米水泡浸烧热，用刷子刷净，再用清水冲洗即可。

巧洗银制餐具 >>>

银制品如银筷子、银汤匙等，用久后易变黑或生锈。可用醋洗涤或用牙膏擦拭，均能使其恢复原貌，洁净光亮。

巧除电饭锅底焦 >>>

在锅中加一点儿清水，水刚浸过焦面少许即可，然后插上电源煮几分钟，水沸后待焦饭发泡，停电洗刷便很容易洗干净。

玻璃制品及陶器的清洗 >>>

用少许食盐和醋，对成醋盐溶液，用它洗刷这些器具，即可去除积垢。

塑料餐具的清洗 >>>

塑料餐具只能用布蘸碱、醋或肥皂擦洗，不宜用去污粉，以免磨去表面的光泽。

苹果皮可使铝锅光亮 >>>

铝锅用的时间长了，锅内会变黑。将新鲜的苹果皮放入锅中，加水适量，煮沸15分钟，然后用清水冲洗，"黑锅"会变得光亮如新。

巧去锅底外部煤烟污物 >>>

在使用之前，在锅底外部涂上一层肥皂，用后再加以清洗，则会收到良好效果。

巧洗煤气灶 >>>

面汤是清洗煤气罐、煤气灶污垢的"良药"，也可以用来擦拭厨房内的污垢。方法是：将面汤涂在污处，多涂两遍，浸5分钟左右，用刷子刷，然后用清水冲洗即可。

白萝卜擦料理台 >>>

切开的白萝卜搭配清洁剂擦洗厨房台面，将会产生意想不到的清洁效果，也可以用切片的小黄瓜和胡萝卜代替，不过，白萝卜的效果最佳。

巧用保鲜膜清洁墙面 >>>

在厨房临近灶上的墙面上张贴保鲜膜。由于保鲜膜容易附着的特点，加上呈透明状，肉眼不易察觉，数星期后待保鲜膜上沾满油污，只需轻轻将保鲜膜撕下，重新再铺上一层即可，丝毫不费力。

瓷砖去污妙招 >>>

❶白瓷砖有了黄渍，用布蘸盐，每天擦2次，连擦两三天，再用湿布擦几次，即可洁白如初。

❷厨房灶面瓷砖粘了污物后，抹布往往擦不掉，肥皂水也洗不干净。这时，可用一把鸡毛蘸温水擦拭，一擦就干净，效果颇佳。

巧用乱发擦拭脸盆 >>>

脸盆边上很容易积污垢。通常都用肥皂擦拭，但不太容易擦掉。对此，可用乱头发一小撮，蘸点儿水擦拭，很快就能除去。

巧去铝制品污渍 >>>

铝锅、铝壶用久后，外壳有一层黑烟灰，去污粉、洗涤剂都对它无能为力。如果用少许食醋或墨鱼骨头研成粉末，然后用布蘸着来回擦拭，烟灰很容易就被擦掉了。

巧除热水瓶水垢 >>>

热水瓶用久了，瓶胆里会产生一层水垢。可往瓶胆中倒点儿热醋，盖紧盖，轻轻摇晃后放置半个钟头，再用清水洗净，水垢即除。

▲巧除热水瓶水垢

巧用水垢除油污 >>>

将水壶里的水垢，取出研细，用湿布蘸上擦拭器皿，去污力很强，可以轻而易举地擦掉陶瓷、搪瓷器皿上的油污，还可以把铜、铝炊具制品擦得明光锃亮，效果特佳。

巧用废报纸除油污 >>>

容器上的油污，可先用废报纸擦拭，再用碱水刷洗，最后用清水冲净。

巧用黄酒除油污 >>>

器具被煤油污染后，可先用黄酒擦洗，再用清水冲净，即可除味去渍。

巧用菜叶除油污 >>>

漆器有了油污时，可用青菜叶擦洗掉。

巧用鲜梨皮除焦油污 >>>

炒菜锅用久了，会积聚烧焦了的油垢，用碱或洗涤剂亦难以洗刷干净。可用新鲜梨皮放在锅里用水煮，烧焦油垢很易脱落。

巧用白酒除餐桌油污 >>>

吃完饭后，餐桌上总免不了沾有油迹，用热抹布也难以拭净。如用少许白酒倒在桌上，用干净的抹布来回擦几遍，油污即可除尽。

食醋除厨房灯泡油污 >>>

厨房里的灯泡，很容易被油熏积垢，影响照明度。用抹布蘸温热醋进行擦拭，可使灯泡透亮如新。

食醋除排气扇油污 >>>

厨房里的排气扇被油烟熏脏后，既影响美观，又不易清洗。若用抹布蘸食醋擦拭，油污就容易被擦掉。

小苏打可洗塑料油壶 >>>

用水稀释小苏打粉，灌入油壶（罐）内摇晃，或用毛刷清洗，再用少量食用碱水灌入摇晃，倒掉，然后用热食盐水冲洗。这样洗涤塑料容器，既干净又不会有副作用。

巧用碎蛋壳除油垢 >>>

将蛋壳碾碎，装入空油瓶中，加水摇晃，可速去油瓶内油垢。

漂白粉除木器油污 >>>

厨房里的木器脏了，用漂白粉溶液浸湿几个钟头，再用清水一冲即可干净。

巧法避免热水器水垢 >>>

使用热水器时，最好把温度调节在50～60℃之间，这样能防止热水器水垢的生成；当水温超过85℃时，水垢的生成会加剧。

饮水机加柠檬巧去渣 >>>

饮水机用久了，里面有一层白色的渣，取一新鲜柠檬，切半，去子，放进饮水机内煮2~3小时，可去除白渣。

巧除淋浴喷头水垢 >>>

把喷头卸下来，取一个大一些的碗或杯子，倒入米醋，把喷头（喷水孔朝下）泡在醋里，数小时后取出，用清水冲净即可。

巧除水杯茶垢 >>>

茶杯泡茶次数多了，内壁上生成一层茶垢，可用牙膏或打碎的鸡蛋壳擦洗，再用清水冲净即可。

巧除碗碟积垢 >>>

先用食盐、残茶或食醋擦拭，再用清水

冲净即可。

巧除水壶水垢 >>>

❶用铝制水壶烧水时，放一小匙小苏打，烧沸几分钟，水垢即除。

❷可在水壶内煮上两次鸡蛋，会收到理想的除垢效果。

❸铝壶或铝锅用一段时间后，会结有薄层水垢。将土豆皮放在里面，加适量水，烧沸，煮10分钟左右，即可除去。

巧除电熨斗底部污垢 >>>

将熨斗加热后，在熨斗底部涂以少量白蜡或蜡烛，然后放在粗布或粗手纸上一擦，污垢即可清除。也可将电熨斗通电数分钟后拔下电源插头，用干布或棉花蘸少量松节油或肥皂水用力擦拭，反复几次，污垢即可除去。

巧除地毯污渍 >>>

家中的小块地毯如果脏了，可用热面包渣擦拭，然后将其挂在阴凉处，24小时后，污迹即可除净。

巧除地毯口香糖渣 >>>

地毯上一旦附着口香糖渣，切不可用湿抹布擦，更不能用热抹布擦。要用冰块冷却，然后再轻轻刮下来。

凉席除垢法 >>>

凉席最好每周清除皮屑一次。在地上铺设清洁报纸一张，卷起凉席用棒轻轻拍打，并轻轻往地上按几下，将凉席上的头发、皮屑拍下，随后再用水擦洗。

盐水洗藤竹器 >>>

藤器或竹制品用久了会积垢，可用食盐水擦洗，既去污，又能使其柔松有韧性。

塑料花的洗涤 >>>

在洗衣桶内加适量清水，花过脏时再加些洗涤剂。操作时采用双向水流，用手握紧塑料花柄，把花浸入洗衣桶内（不要松手），洗涤1~2分钟后取出，抖去花瓣上的水珠，塑料花又会恢复原来鲜艳夺目的色彩。

巧用葱头除锈 >>>

用切开的葱头擦拭生锈的刀，手到锈除。

巧用淘米水除锈 >>>

铁锅铲、菜刀、铁勺等炊具，在用过之后，浸入比较浓的淘米水中，既能防锈又可除去锈迹。

食醋可除锈 >>>

铜制品如有锈斑，用醋擦洗立即洁净。铝制品有锈，可浸泡在醋水里（醋和水的比例按锈的程度定，锈越重或部位越大，醋的用量要随之加大），然后取出清洗，就会光洁如新。

巧用蜡油防锈 >>>

搪瓷器皿的漆剥落了，容易生锈。在剥落处涂上一层蜡油，能起到一定的防锈作用。

橘子皮可除冰箱异味 >>>

吃完橘子后，把橘皮洗净揩干，分散放入冰箱内，3天后，打开冰箱，清香扑鼻，异味全无。

巧用柠檬除冰箱异味 >>>

将柠檬切成小片，放置在冰箱的各层，可除去异味。

暖瓶里厚厚的水碱该如何清除 >>>

　　家用的暖瓶中常常会沉积一层厚厚的水碱，这层水碱不仅会影响饮用水的水质和口感，更可能会给人体造成一定的危害，但暖瓶的形状和结构让我们难以将其刷洗干净，针对这一问题，该怎样解决才好呢?

窍门1：热醋去除暖瓶水碱

材料：醋√

操作方法

❶将食用醋加热一下，然后往暖瓶瓶胆中倒点儿热醋，盖紧暖瓶盖子，轻轻摇晃。

❷将暖瓶摇晃一段时间后放置半小时，将醋倒出，再用清水洗净。

窍门2：鸡蛋壳清洁暖壶水碱

材料：鸡蛋壳、洗涤剂√

操作方法

❶将鸡蛋壳打碎装在水瓶里，再倒几滴洗涤剂和适量的水。

❷盖紧盖子，上下晃动一段时间。最后用清水冲洗干净即可。

灭蟑除虫

巧用夹竹桃叶驱蟑螂 >>>

夹竹桃的叶、花、树皮里含有强心苷，蟑螂对含有这种有毒物质的东西极为敏感。所以，在厨房的食品橱、抽屉角落等处放一些新鲜的夹竹桃叶，蟑螂就不敢近前。

巧用黄瓜驱蟑螂 >>>

把黄瓜切成小片，放在蟑螂出没处，蟑螂也会避而远之。

巧用橘皮驱蟑螂 >>>

把吃剩的橘子皮放在蟑螂经常出没的地方，特别是暖气片、碗柜及厨房内的死角，可有效去除蟑螂，橘皮放干了也没关系。

巧捕蟑螂 >>>

蟑螂的尾须是个空气振动感受器，能辨别敌人的方向。所以，在捕杀蟑螂时，应在口中发出"嘘"声，以此做掩护，然后出其不意地向它扑打，这种声东击西的方法，能将蟑螂打死或捕获。

巧用洋葱驱蟑螂 >>>

在室内放一盘切好的洋葱片，蟑螂闻其味便会立即逃走，同时还可延缓室内其他食物变质。

巧用盖帘除蟑螂 >>>

用同样大小盖帘两个（盛饺子用的）合在一起，晚上放到厨房里，平放菜板上或用绳吊在墙壁上蟑螂经常出入的地方。次日早晨用双手捏紧盖帘，对准预先备好的热水盆，将盖帘打开把蟑螂倒入盆内烫死。每次可捕数十只，连续数天后，蟑螂就渐渐无踪迹了。如果盖帘夹层内涂些诱饵，效果会更好。

巧用抽油烟机废油灭蟑螂 >>>

抽油烟机内的废油黏度极大，可做诱饵，粘住蟑螂。方法是：找来一塑料盒，装满取下来的废油，放在蟑螂出没的地方，不久即可发现里面有不少死蟑螂。

桐油捕蟑螂 >>>

取 100 ～ 150 克桐油，加温熬成黏性胶体，涂在一块 15 厘米见方的木板或纸板周围，中间放上带油腻带香味的食物做诱饵，其他食物加盖，不使偷食。在蟑螂觅食时，只要爬到有桐油的地方，就可被粘住。

巧用胶带灭蟑螂 >>>

买一卷封纸箱用的黄色宽胶带，剪成一条一条的，长度自定，放在蟑螂经常出没的地方。第二天便会发现很多自投罗网的蟑螂。没有多久就可消灭干净。

巧用灭蝇纸除蟑螂 >>>

用市场上出售的灭蝇纸，将纸面部撕掉，将带有黏性的灭蝇纸挂放在蟑螂出没的地方即可。当粘上蟑螂后，不要管它，这时蟑螂是跑不了的，待纸上都是蟑螂后，将纸取下用火点燃，这种方法既安全又卫生。

自制灭蟑药 >>>

取一些面粉、硼酸、洋葱、牛奶作原料。把洋葱切碎，挤压取汁，把它一点儿一点儿加入同量的面粉和硼酸里，再添加一点儿牛奶，用手揉成直径约1厘米的小团子，放在蟑螂经常出没的菜橱、厨房角落等处，只要蟑螂咬一口就会被毒死。如放几天后，硼酸团子变硬，但效果不变。

硼酸灭蟑螂 >>>

把一茶匙硼酸放在一杯热水中溶化，再用一个煮熟的土豆与硼酸水捣成泥状，加点儿糖，置于蟑螂出没的地方。蟑螂吃后，硼酸的结晶体可使其内脏硬化，几小时后便死亡。

冬日巧灭蟑螂 >>>

蟑螂喜热怕冷，在冬天的夜晚，可将碗柜搬离暖气管，然后大开窗户，闭紧厨房门，让冷空气对整个厨房进行冷冻，连着冷冻2～3天，蟑螂几乎全被冻死。

旧居装修巧灭蟑螂 >>>

旧房子装修时，有必要进行一次灭蟑。取3立方米左右锯末与100克左右"敌敌畏"乳油拌和待用。另取干净锯末若干，以1厘米左右的厚度平铺在厨房、卫生间地面与管道相交处以及房角等蟑螂或小红蚁经常出没往来之处。然后将含药锯末同样平铺于干净锯末之上。最后再铺一层1～2厘米厚的干净锯末（此层一定要盖住拌和物）。这样，过几日后就不会再见到蟑螂等害虫。

果酱瓶灭蟑螂 >>>

买一瓶收口矮的什锦果酱，吃完果酱后，将瓶子稍微冲一下，瓶中放1/3的水后，把瓶盖轻轻放在瓶口上，不要拧紧，然后把它放在蟑螂经常出没的地方。晚上陆续会有蟑螂爬到瓶里偷吃果酱，结果统统被淹死在里面。

节省蚊香法 >>>

用一只铁夹子将不准备点燃的部位夹住，人入睡以后，让蚊香自然熄灭。这样，一盘蚊香可分3～4次使用。

▲节省蚊香法

蛋壳灭蚁 >>>

将蛋壳烧焦研成粉末，撒在墙角或蚁穴处，可杀死蚂蚁。

香烟丝驱蚁 >>>

买一盒最便宜的香烟，将烟丝泡的水（泡两天即可）或香烟丝洒在蚂蚁出没的地方（如蚁洞口或门口、窗台），连洒几天蚂蚁就不会再来了。但这种方法只是使蚂蚁不再来，并不能杀死蚂蚁。

巧用电吹风驱蚁 >>>

用电吹风机开到最高档，用热风对着红蚂蚁经常出没的地方吹上十几分钟，即可驱散红蚂蚁。

巧用醪糟灭蚁 >>>

将没吃完的醪糟连瓶放在厨房、卫生间、卧室等地，第二天便会发现瓶内满是死蚂蚁，连续几次，可根除蚂蚁。

巧用玉米面灭蚁 >>>

将玉米面撒在蚂蚁经常出没的地方，蚂蚁便会大量死亡，直至根除。

糖罐防蚁小窍门 >>>

家中糖罐常有红蚂蚁光顾时，可在糖罐内放一粒大料，盖好盖，不但可驱蚁，且糖中还有股清香味。

恶治蚂蚁 >>>

每当发现蚂蚁时，迅速将其碾死，但不把蚁尸扫去，这样蚁尸就会被再来寻食的蚂蚁发现带走，从而给群蚁造成死亡的恐怖。如此坚持一段时间就不会看到蚂蚁了。

鲜茴香诱杀蚂蚁 >>>

将鲜茴香放在蚂蚁经常出入的地方，第二天便会发现茴香诱来很多蚂蚁，当即用沸水烫死即可。

甜食诱杀蚂蚁 >>>

将带甜味的面包、饼干、湿白糖等，放在蚂蚁经常出没的地方。几小时后，蚂蚁会排着队密密麻麻地爬到这些食品上，此时可用开水烫死。然后重新放置，蚂蚁又会爬来，几次后室内不再见蚂蚁了。

蜡封蚁洞除蚂蚁 >>>

用蜡烛油一滴一滴浇在蚂蚁洞口，冷却后的蜡将蚂蚁洞口封死。如果有个别洞穴被蚂蚁咬开，再浇一次蜡烛油，即可彻底根除。

巧用肥肉除蚁 >>>

红蚂蚁多在厨房有油物食品处，可利用这一特点将其消灭。晚上睡觉前先将所有食物移至蚂蚁去不到的地方，再将一片肥猪肉膘放在地上，并准备好一暖瓶开水。第二天

▲巧用肥肉除蚁

早上，蚂蚁聚集在肥肉膘上吃得正香，不要惊散蚂蚁，立即用开水烫死。这样几次即可消灭干净。

巧用橡皮条驱红蚂蚁 >>>

可用报废的自行车内胎和胶皮手套，环形剪成约1厘米宽的长橡皮条，用鞋钉和大头针把它们钉在门框上和玻璃窗与纱窗之间的窗框上。或者干脆用橡皮筋堵住蚂蚁洞口，同样有效。

蛋壳驱除鼻涕虫 >>>

把蛋壳晾干研碎，撒在厨房墙根四周或菜窖及下水道周围，鼻涕虫就不敢再到这些地方来了。

辣椒防虫蛀 >>>

辣椒可代替樟脑，置于箱柜中，防止虫蛀。

中药丸蜡壳放樟脑防虫 >>>

吃完中药后将蜡丸壳外面的蜡剥掉，把小孔捅开，放入樟脑片，两壳合上后放入衣箱、大衣柜、书柜中。这样既不脏衣物，又可挥发出樟脑芳香，使虫不蛀。

怎样利用冰箱空间减少耗能 >>>

随着现代社会的发展，越来越多的家庭里都有了冰箱。拥有一个大冰箱通常是"爱吃的人"的终极梦想，但超大容量的冰箱是否适合你的家庭呢？也许你家的冰箱里没有那么多食物，冰箱却依旧会为那么大的空间制冷，平白消耗掉很多电量，十分地不环保，这时你该怎么办呢？

窍门： 填充泡沫减少冰箱耗电

材料：塑料泡沫√

操作方法

❶将冰箱里的食品整理一下，使其尽量集中。

❷找到家里不用的塑料泡沫，将这些塑料泡沫裁剪成合适冰箱空间的大小和形状。

❸将裁剪好的塑料泡沫填充到冰箱的空余空间里。

怎样烧水更节能 >>>

虽然有一些现代家庭选择使用饮水机来解决喝水的问题，但还是有很多的家庭选择更为传统的方式来获得饮用水，那就是烧水。当烧水成为每日都要做的事情的时候，若在烧水方式上总结出一些节省资源的窍门，日积月累之下，就能成为一件可观的收益。那么，怎样烧水才更加节能呢？

窍门1： 清除水垢提高电水壶使用效率

材料：醋√

操作方法

❶将电水壶装上水，在水中加入适量的醋。

❷打开电源，烧水 1~2 小时，就可以将电水壶中的水垢除去。用除过水垢的电水壶烧水，就可以提高电水壶的使用效率了。

窍门2：分两次烧水加快烧水速度

材料：水壶√

操作方法

❶将水壶中倒入大约 1/5 的冷水，放在火上烧。

❷当壶中的水快要烧开时，再将水壶中加满冷水，再放到火上烧开。这样就能减短烧水的时间，从而节约能源。

煮饭省电有什么窍门 >>>

　　电饭锅是我们经常要用的电器，有了它，我们可以以最简单的方式煮饭、煮粥甚至煲汤、炖菜，在我们享受着这些便利

的同时，也应该思考一下怎样使用电饭锅煮饭更加省电。

窍门：牢记四点帮助煮饭节电

材料：热水、毛巾√

操作方法

❶用电饭锅煮饭前，米最好浸泡30分钟左右，这样做出的米饭既好吃，又省电。

❷应使用热水做饭。这样煮饭可节电30%以上，还可以保持米饭的营养。

❸用电饭锅煮饭煮一段时间后，使其从加热键跳到保温键，利用余热将水吸干，再按下加热键，这样既可省电，还可以防止米饭结块。

④在电饭锅通电后用毛巾或特制的棉布套盖住锅盖，以减少热量散失。

怎样做绿豆汤方便又节能 >>>

绿豆汤作为祛湿解暑的佳品，最适宜在夏天饮用。炎热的夏日不仅气温比较高，还时常阴雨连绵，在这种时候，来一碗加了冰糖的绿豆汤，真是太享受了。可是做绿豆汤的时候往往要用小火熬制很久，既花费时间又消耗能源，那么，有没有什么方法制作绿豆汤能够方便又节能呢？

窍门：先炒再煮做绿豆汤方便节能

材料：锅、锅铲√

操作方法

❶将要用的绿豆用水洗干净。

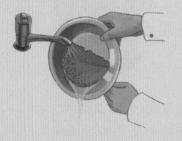

❷绿豆洗好后，将其倒入锅中，用小火翻炒几分钟。

❸当绿豆被炒至变色时，开始用锅铲碾压绿豆。

④将经过上述步骤处理过的绿豆倒入熬绿豆的锅内煮熟即可。

怎样煮腊八粥更省电 >>>

腊八粥是一种传统的中华美食，它不仅是一种食物，更是一种文化。腊八粥又叫作七宝五味粥，在每年的农历腊月初八，很多中国人都要喝这种粥。关于腊八粥的传说有很多，在不同的地区，制作腊八粥的食材也不尽相同，黄米、白米、江米、小米、菱角米、栗子、红豇豆、杏仁、瓜子、花生、榛穰、松子等都可以作为熬制腊八粥的材料。熬制腊八粥要用到很多种豆子，因此要耗费大量时间和电力，那么，怎样煮腊八粥更省电呢？

窍门：巧用暖水瓶煮粥更省电

材料：暖水瓶√

操作方法 〰〰〰〰〰〰〰〰〰〰〰〰〰〰〰

❶将煮制腊八粥需要用到的食材洗干净，倒进装有热水的暖水瓶中，其中豆子与热水的比例大约是 1 : 3，将盖子盖严，闷一晚上。

❷第二天，将暖水壶中的食材和水一同倒入电饭锅中。

❸接通电饭锅的电源再煮一段时间就可以吃了。用这个窍门煮制的腊八粥不仅更加绵软可口，还能够节省时间和能源。

怎样做蛋炒饭更省煤气 >>>

　　蛋炒饭以其营养、美味、制作方便的优点而成为很多人钟爱的食品。制作蛋炒饭的食材和方法千变万化，几乎你手边的任何食材都可以加入其中。你可以根据个人爱好的不同在蛋炒饭中加入不同的食材，但必不可少的，是米饭和鸡蛋。在这里，要介绍一个更省煤气的蛋炒饭做法，试着做一做，味道还不错呢。

窍门：鸡蛋、米饭一起炒省时省煤气

材料：米饭、鸡蛋、其他食材√

操作方法 〰〰〰〰〰〰〰〰〰〰〰〰〰〰〰

❶准备几个鸡蛋，将蛋液打在碗中，搅拌均匀备用，鸡蛋的多少可以按照个人的喜好决定。

❷将要炒的米饭放在一个大小合适的容器之中，用勺子将米饭铲开，防止米饭结块。

❸将搅拌好的蛋液倒入米饭中，充分搅拌。

❹在烧好的油锅中加入葱花爆锅，再倒入搅拌好的蛋液米饭，进行翻炒，最后加入其他食材和调料即可出锅。

灯光太暗，如何提亮 >>>

　　人类的生活离不开光亮。白天我们可以依靠阳光来获得光亮，晚上就需要依靠电灯了。但有些时候，我们会觉得灯光不够亮，把灯泡换掉，又觉得现在的灯泡虽然不够亮，但毕竟没有坏掉，十分可惜，况且换一个度数更大的灯泡也会耗费更多的电量。那么，有什么办法能在不换灯泡的情况下让灯光更亮呢？

窍门：妙用锡箔纸提高灯光亮度

材料：锡箔纸、剪刀、双面胶√

操作方法 ////////////

❶比照台灯灯罩的大小选择一块大小合适的锡箔纸，将之对折。

❷将折好的锡箔纸剪成一个半圆，在中间再剪一个小一些的半圆，展开。锡箔纸中间剪出的

圆洞大小以灯泡能通过圆洞为宜。

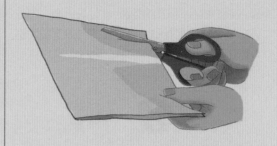

❸将灯罩内侧贴上双面胶，再把剪好的锡箔纸粘上，使之牢固平整即可。

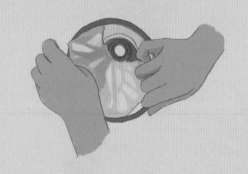

怎样煮元宵能省电 >>>

　　在中国，每到正月十五元宵节，一家人就要聚在一起吃元宵，据说元宵寓意着合家团圆，吃了元宵，新的一年里全家人就会合家幸福、万事如意。在南方，元宵又被叫作汤圆或圆子，它是一种由糯米等原料制成的圆形食品，糯米粉制成的元宵里，可以包上白糖、芝麻、豆沙、枣泥等不同的馅。在现代，不仅仅是过节的时候，在平常的日子里，也有很多人会食用元宵。要让煮出来的元宵不粘连和更省电，可是需要窍门的，这里就来介绍一个这样的窍门。

窍门：电饭锅煮元宵更省电

材料：电饭锅√

操作方法 ////////////

❶将电饭锅中加入适量的水，接通电源，按下

开关，将水烧沸。

❷把元宵放入烧沸的水中，盖上盖子继续煮。

❸当听到电饭锅里的水再次沸腾时，把电源关掉，不要打开电饭锅的盖子，让元宵在热水中再闷几分钟。

❹估计元宵差不多闷好了，打开盖子，就可以将元宵盛出来食用了。

空调冷凝水都有什么妙用 >>>

　　空调是很多人夏天的福星，在炎热的夏日里，它将一丝清凉带给被暑热困扰的人们。但是众所周知，空调是一种耗电量很大的电器，所以关于空调节电的窍门更容易受到人们的关注，可是你知道吗，空调节水也是有窍门的，那就是合理利用空调的冷凝水。

窍门：空调冷凝水妙用多

材料：空调冷凝水√

操作方法

❶冷凝水是空气中的气态水遇到冷凝器时转化成的液态水，虽然不宜饮用，但用来冲马桶再合适不过了。

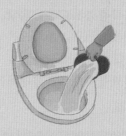

❷空调冷凝水一般是中性软水，十分适合用来养鱼。

❸空调冷凝水的 pH 值为中性，用它来浇花养盆景不易出碱。

❹空调冷凝水是无毒性的，可以用来做生活洗涤用水，用它来洗拖布当然也没有问题。

怎样节约马桶槽冲水的耗水量 >>>

　　水资源的缺乏如今成了很多大城市面临的难题之一，日益提高的环保意识使节水成了人们感兴趣的话题，而节约冲马桶的水正是人们日常节水重要方面。在平时生活中，我们可能不需要很多水就可以将马桶冲净，但我们往往没有办法控制冲水量，这就造成了水资源的极大浪费。面对这种情况，我们该用什么办法来解决呢？

窍门：水槽放可乐瓶节省冲马桶耗水量

材料：可乐瓶√

操作方法

❶找一个废弃不用的大饮料瓶，将其装满水。

❷把马桶水槽的盖子打开，放到一边。

❸将装满水的大饮料瓶放入水槽中，注意不要堵住水槽的进出水位置。

水龙头的水四处喷溅浪费水怎么办 >>>

　　家里的水龙头和淋浴喷头往往会出现这样的情况，打开水龙头之后，水花四溅，将不需要淋湿的地方溅满了水不说，想要沾湿的地方却无法沾湿，最后常常是浪费了水，又弄湿了衣服。面对这样的情况，该如何是好？

窍门：水龙头缠棉袜防止水花四溅

材料：棉袜、皮筋√

操作方法

❶废旧不用或者丢了另一只的棉袜一只，将其套在水龙头上。

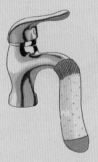

❷用皮筋或者绳子在水龙头的管嘴处缠两圈，让其固定。

❸这时再打开水龙头试试水流，就不会水花乱溅了。

水管漏水了怎么办 >>>

　　水管漏水可算是家居生活中的大难题了，工作了一天回到家中，听着滴滴答答的水声，心情就不由得焦躁起来，找修管道的师傅来修理，还要预约，十分麻烦。如果对水管问题视而不见，又不免浪费了水，住得也不是那么舒坦。这样看来，不妨学几招修理水管的简单方法吧，只要几个小窍门，就能让你自己轻松解决问题。

窍门1：妙用自行车胎修补下水管

材料：自行车内胎、绳子、铁丝√

操作方法

❶将旧的自行车内胎剪成大小适合的长条，剪下的长度要根据水管的粗细而定。

❷将剪好的长条紧紧缠绕在水管漏水处，用绳子和铁线包扎捆紧即可。

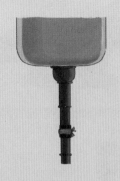

窍门2：堵木塞修补下水管

材料：木塞、锤子√

操作方法

❶准备一个大小合适的木塞，将之堵在水管漏了的洞眼上。

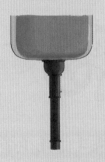

❷将木塞用锤子打实，直到洞眼不再漏水。

窍门3：自制混合物修补下水管

材料：水泥、石膏√

操作方法

❶用水泥与石膏按 100 ：5 的比例调和，再加入适量水搅拌均匀。

❷将搅拌好的混合物涂抹在水管漏水处。

❸等待3小时左右涂抹在水管漏水处的混合物即可凝固。这期间水管要停用，避免沾水。

如何延长毛刷使用寿命 >>>

尼龙毛刷是很多家庭的必备工具，刷鞋、刷地毯、清理砖缝等很多家务活都要用到尼龙毛刷。而使用尼龙毛刷用力过大，或者使用时间过长，就会造成尼龙毛刷的刷毛东倒西歪，致使尼龙毛刷难以再使用。对于已经老化的尼龙毛刷来说，是不是只能扔掉了呢，有什么办法可以延长尼龙毛刷的使用寿命？

窍门：妙用铁丝延长毛刷寿命

材料：金属包装线√

操作方法

❶剪下一根金属包装线，将之缠绕在尼龙刷毛根部的周围，将剪下的金属包装线两端拧成一股。

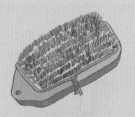

❷将缠好金属包装线的毛刷放入热水中浸泡一段时间。

❸将毛刷从热水中取出，再放入冷水中浸泡。最后取下金属线，尼龙刷的刷毛就恢复整齐了。

破洞的毛绒坐垫如何修补 >>>

天气转冷的时候，准备一个毛绒坐垫无疑是一个保暖的好办法。原本冰凉的座椅放上了软软的毛绒坐垫，也舒服多了。但毛绒坐垫磨来磨去容易损坏，如果漏了洞，就不那么好看了。那么破洞的毛绒坐垫应该如何修补呢？

窍门：强力胶修补毛绒坐垫

材料：强力胶、剃须刀、棉签、牙签或小牙刷√

操作方法

❶用剃须刀在要修补的垫子上轻轻地将毛刮顺，再根据要修补的洞的大小，从垫子上刮下少许毛，备用。

❷用棉签蘸一些强力胶，轻轻地在破洞上均匀地抹上一层。

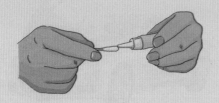

❸用刮下来的毛铺在破洞上，再将绒毛根部粘在强力胶水上。

❹最后用牙签或小牙刷把这些毛整理好。看，坐垫就跟原来一样了，一点儿也看不出修补的痕迹。

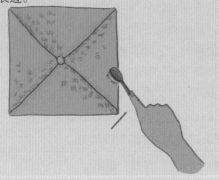

如何对付难穿的旧鞋带 >>>

鞋带旧了，鞋带头上的两层硬膜脱落下来，让穿鞋带变成了一件无比困难的事情，尽管买一副新鞋带并不贵，可旧鞋带扔了也十分可惜，并且找一副与鞋子颜色搭调的鞋带并不容易。不如学学下面的小窍门，来解决这个难题吧。

窍门：锡箔纸翻新旧鞋带

材料：剪刀、锡箔纸√

操作方法

❶准备一张锡箔纸，按照鞋带头的长短在上面做好标记。

❷根据标记剪两条锡箔纸，每条宽约1厘米到1.5厘米。

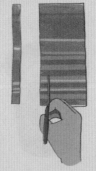

❸将旧鞋带的头捻紧，将锡箔纸条在鞋带头上紧紧缠绕几圈。

❹将缠好的锡箔纸捏紧固定住，再缠另一条鞋带。

擦车节水的小窍门有什么 >>>

　　随着生活水平的提高，越来越多的人喜欢以车代步，越来越多的家庭拥有了汽车。汽车对于他们来说，就像家中的一分子，擦车、洗车也成为有车族生活中不可缺少的一部分，但在车的清洁过程中，却浪费了大量的水。那么，擦车时有什么节水的好办法呢？

窍门：用桶接水刷车更节水

材料：水桶、水盆、抹布√

操作方法

❶提一大桶水，先把干净的抹布泡在水里，抹布一定要是干净的，无沙砾的。

❷用擦车的干布掸子把车上面的灰土轻轻掸掉。

❸用一个小盆往车上淋水，以把车各部位弄湿为宜。

❹从玻璃开始，用泡好的抹布将车擦干净。

❺最后，用一块干棉布擦掉车身上的水。最后计算一下，这样洗车可比用水管冲洗节水200升左右。

卷笔刀该如何翻新 >>>

　　有很多人认为卷笔刀钝了就没办法再用了，只能再买一个。其实卷笔刀钝了也是能够翻新的，它和普通的削铅笔刀一样，是可以打磨得更加锋利的，只不过和一般的刀磨法不同而已，掌握了下面的小窍门，你就可以让自己的卷笔刀变得锋利如新了。

窍门：砂纸打磨翻新铅笔刀

材料：砂纸、剪刀、铅笔√

操作方法

❶从一张砂纸上剪下大小合适的一块。

❷准备一根铅笔,将剪下的砂纸紧紧包裹在铅笔之上。

❸将包裹着砂纸的铅笔放入卷笔刀中像平时削铅笔那样旋转,只要一会儿的工夫,卷笔刀就能够锋利如新了。

节约洗手液有什么方法 >>>

现在人们购买的洗手液大都会被装在一个装有压力嘴的瓶子里,以方便人们取用,但很多人取用洗手液时,都会将压力嘴按压到底,挤出很多洗手液来,导致要用很多水才能将手冲洗干净,如此一来,既浪费了水,又浪费了洗手液,十分不环保。那么,有什么小窍门可以解决这一问题呢?

窍门:妙用吸管节约洗手液

材料:吸管、剪刀√

操作方法

❶准备一根粗一些的吸管和剪刀。将吸管和洗手液出口处的管子比照一下,在出口处管子的一半处做一个标记。

❷按量好的尺寸剪下一截吸管。

❸再用小刀将吸管纵向剖开。

❹将做好的吸管套在洗手液的出口管子上。往下一按,可以发现吸管有效控制了压力嘴按压的幅度,这样就可以节省使用洗手液了。

下水道总是堵怎么办 >>>

家里的下水道堵塞了,这可是件烦心事。污水聚积在地漏附近,让人难以忍受。尽管有了地漏铁盖的阻挡,流进下水道的杂物尤其是洗发、洗澡时脱落的长发还是会造成下水道的堵塞。对此感到烦恼的读者也不用发愁,你可以试一试下面的窍门1来防止下水道堵塞。如果你家的下水道已经堵了,也不用发愁,只要掌握了下面的窍门2,你就可以自己轻松疏通下水道,不必找专业疏通下水道的师傅了。

窍门1:自制地漏防止下水道堵塞

材料:铁丝、丝袜、圆筒、胶带√

操作方法

❶找一个底面直径和家里地漏大小差不多的圆筒,将事先准备好的铁丝在圆筒上绕几圈,将剩下的那段铁丝用力拧成麻花状作为自制地漏的把手。

❷将废旧不穿的旧丝袜套在做好的铁丝支架上,将丝袜多余的部分缠绕在铁丝把手上,用胶带固定住。将自制的地漏放在下水道口,就不用怕下水道被杂物堵塞了。

窍门2:自制下水道疏通器

材料:吸管、剪刀√

操作方法

❶准备一根吸管,吸管的材质最好不要过软。用剪刀将吸管纵向剪成两半。

❷用剪刀在剪成一半的吸管的两侧面剪出一些锯齿来,注意不要剪得过深,以防吸管断成两段。这样,一个自制的下水道疏通器就制成了。

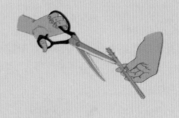

❸将做好的下水道疏通器伸入堵塞的下水口掏一掏,堵在下水道边缘的头发等杂物就会被带出。下水道也就畅通多了。

创意生活

有什么妙法可以轻松揭胶带 >>>

修补书页，粘贴装饰画，密封纸箱，透明胶带是我们日常生活中少不得的物件。但是，使用透明胶带时，也会遇到一些不方便，比如总是找不到胶头，尤其是使用宽胶带时，连普通人找胶带头都要费半天劲，更别提那些眼睛不好的老年人了。怎样能很快找到胶带头并揭开胶带呢？其实方法很简单。

窍门：妙用曲别针轻松揭胶带

材料：曲别针、小钳子√

操作方法

❶拿出一个曲别针，用手将曲别针的一头拉开，将其卡在胶带上。

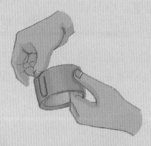

❷按照胶带的宽度，用钳子把曲别针的另一头用力拉直。

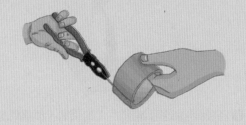

❸把曲别针长出来的部分弯进去，使曲别针成为一个小卡子。

❹整理一下曲别针的形状，使曲别针做成的卡子紧紧卡在胶带上。

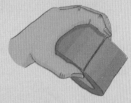

❺最后找到胶带的接头，将胶带头粘在卡子上。下次使用的时候只要推一下卡子，胶带就可以被揭开了。

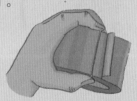

怎样打结牢固又易解 >>>

在日常生活当中，我们经常会遇到要捆绑东西的时候，捆好东西之后，往往要系一个结。如果这个绳结系得松了，就可能会导致东西捆得不结实，绳结总是散开，如果将绳结系得过于紧了，又容易在解绳结的时候费半天劲儿也解不开，真是松也不是，紧也不是，麻烦极了。如果你也被这个问题困扰过的话，不妨来学学下面窍门中的打绳结方法，以后再遇到类似问题就不用愁了。

窍门：妙招打结牢固又易解

材料：绳子√

操作方法

❶将一条绳子拿在手中，为了方便演示，左手一端的绳子用红色标示，右手一端的绳子用蓝色标示。将绳子的两头交叉，左手一端置于右手一端之上。

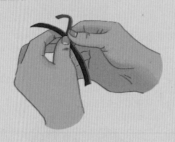

❷将右手中的蓝色绳端绕一圈，从上端两绳端的交叉处拉过来。

❸把左手中的红色绳端从蓝色绳端绕成的圈子中穿出，压在大拇指下方。

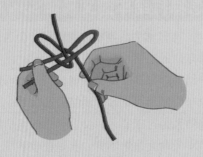

❹将下方的蓝色绳端拉紧，这个牢固又易解的绳结就打好了。想要把这个绳结解开，只需要分别拉住红蓝绳交叉的位置轻轻一拉就可以了。

锁头锈住了打不开，怎么办 >>>

　　家里的锈锁打不开了，你会怎么办？找把斧头砸开似乎不太现实，找个锁匠来开似乎又过于小题大做，况且也很麻烦，但是锁头锁住的东西却是你迫切需要的，这时候你该如何是好呢？别着急，看看下面的小窍门这个问题就能够解决了。

窍门：铅笔末巧开锈锁

材料：铅笔、小刀√

操作方法

❶找一张结实的纸片，平铺在桌子上，用小刀刮一些铅笔末，使铅笔末落在置于桌面的纸片上。

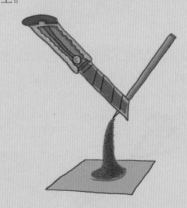

❷轻轻折起纸片，使纸片上的铅笔末都落到纸片的折痕处。将纸片中的铅笔末小心地倒入生锈锁头的锁孔之中。

❸将钥匙插进锁孔中，反复转动几次，使生锈的锁孔得到充分的润滑，再向开锁的方向转动钥匙，锈锁就被轻松打开了。

拧紧的螺丝总是松，怎么办 >>>

无论是眼镜上的小螺丝还是固定家具等大物件的大个头螺丝，明明拧得很紧，过一阵子却还是会变松，用螺丝固定的东西就又变得摇摇晃晃，不再结实。如果你厌倦了每隔一段时间就要对家里的螺丝检查、拧紧一下的生活，就来看看下面的小窍门吧，无论是小螺丝还是大螺丝总是松，在这里都能找到妥善解决这一问题的方案。

窍门1：指甲油固定眼镜螺丝

材料：小螺丝刀、指甲油√

操作方法 ~~~~~~~~~~~~~~~~~~~~~~~~~~~~

❶将眼镜摘下，用尺寸适合的小螺丝刀将眼镜上松动的小螺丝钉拧紧。

❷在拧紧的螺丝上面涂抹上适量的透明指甲油，待透明指甲油干透就可以戴上眼镜了。这个方法可以让螺丝钉在较长一段时间内不松动。

窍门2：缠线法固定螺丝钉

材料：棉线√

操作方法 ~~~~~~~~~~~~~~~~~~~~~~~~~~~~

❶先按照正常的方法用螺丝刀将螺丝使劲拧紧。

❷从线轴上扯出棉线，将棉线在螺丝钉上贴近螺丝母的部分紧紧缠绕数圈并将之固定住。这样就可以使螺丝钉拧得异常牢固，不易松动。

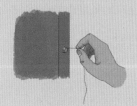

如何解决挂钩粘不牢固的难题 >>>

在墙上或者家具的表面粘上一个挂钩，是让家看起来更整洁，放置东西更方便的好办法。但挂钩的承重能力都是有限的，有时候即使是挂上很轻的东西，也会使挂钩掉落。不管是吸盘挂钩还是双面胶挂钩，通过下面的小窍门，你都会找到让它们粘得更牢的办法。

窍门1：电吹风帮助双面胶挂钩粘得更牢

材料：电吹风√

操作方法 〰〰〰〰〰〰〰〰〰〰

❶粘双面胶挂钩时，先用电吹风对着墙壁吹一会儿。

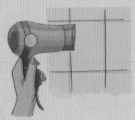

❷摸一下墙壁，等吹到感觉烫手的程度，迅速将双面胶挂钩粘到墙壁上，紧紧压实，待放置一段时间之后就可以挂东西了。

窍门2：鸡蛋清让吸盘挂钩粘得更牢

材料：鸡蛋清√

操作方法 〰〰〰〰〰〰〰〰〰〰

❶将吸盘挂钩的吸盘上均匀涂抹上适量的鸡蛋清。

❷将涂抹过鸡蛋清的吸盘挂钩紧紧贴在墙上，尽量排出吸盘中的空气。挂钩放置一段时间之后，待挂钩上的鸡蛋清干透，就可以用来挂东西了。

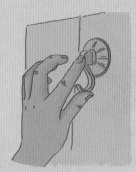

怎样把叠在一起的玻璃杯快速分离 >>>

家里来了客人，可能要把刚刚洗好、擦好的玻璃杯拿出来倒水、倒茶，但这些叠在一起的玻璃杯往往套得很紧，难以分开。想要把一个玻璃杯从另一个玻璃杯中拔出来，很可能用尽了力气也办不到，而那边客人还等着喝茶呢，如果是这样，不妨试一试下面省力又好用的分离玻璃杯小妙招吧。

窍门：冷热法分离玻璃杯

材料：热水、冷水√

操作方法 〰〰〰〰〰〰〰〰〰〰

❶向处于内侧难以拔出的玻璃杯中倒入适量的冷水。

❷将外侧的玻璃杯浸在倒有热水的容器之中，需要注意的是，所用的热水温度不能太高，否则容易受热炸裂，造成危险。

❸利用热胀冷缩的原理，将套在一起的杯子迅速拔开。

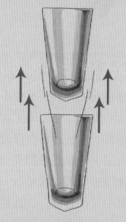

遥控器反应迟钝，有什么办法能恢复灵敏 >>>

你是否有过这样的经历，明明是舒舒服服地躺在床上看电视，想要换个电视台，结果按了半天遥控器电视也没有反应，于是你不得不无奈地爬起床来，按下电视机上的换台按钮。遇到这样的情况，一定是你家里的遥控器不好用了。这时候，你应该先看一下是不是遥控器电池的问题，如果不是，那可能就是由于使用时间长，内部接触不良造成的。怎样让遥控器像以前那样灵敏呢？试试下面的办法吧。

窍门1：贴锡箔纸让遥控器恢复灵敏

材料：锡箔纸√

操作方法 ///////////////////

❶将遥控器的外壳打开，用软毛刷或者其他器具将遥控器内部清洁干净。

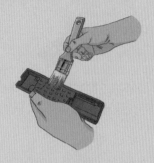

❷准备一张锡箔纸，将锡箔纸裁剪至和遥控器相符的大小，锡箔纸最好是两面都有锡箔的。

❸把剪裁过的锡箔纸铺放在遥控器的按键和电路板之间，如果锡箔纸是单面的，就将有锡箔的一面朝向电路板，铺好锡箔纸后，将遥控器外盖扣好，就可以再次使用了。

窍门2：涂铅笔法恢复遥控器灵敏

材料：铅笔√

操作方法 ///////////////////

❶将遥控器的外壳打开。

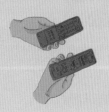

❷用软毛刷将遥控器内部清洁干净，用棉签将遥控器按键上的导电橡胶擦拭干净。

❸用 B 型铅笔将遥控器按键上的导电橡胶均匀涂满，再将遥控器的盖子盖上，就能使用了。

防止自行车胎漏气有什么诀窍 >>>

对于很多早晚都是骑着自行车上班下班，上学放学的人来说，自行车胎缓慢漏气也许并不是什么陌生的问题，但到了冬天，这一问题就会变得更加严重。很多人选择用增加自行车胎的打气频率来解决问题，但这么做会浪费很多不必要的时间和精力。下面这个小窍门有助于改善自行车胎缓慢漏气的问题。

窍门：涂胶水防止自行车漏气

材料：胶水√

操作方法 〰〰〰〰〰〰

❶先将自行车胎的气针拔出，把胶水均匀涂抹在自行车气门芯上，但不要让胶水堵住气孔。

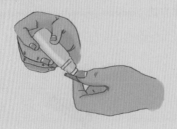

❷用打气筒给自行车胎打足气。

❸打好气后立即把气门芯安装到自行车上，这样就可以防止自行车胎缓慢漏气了。

出远门没人浇花怎么办 >>>

将一些绿色的植物养在家中不仅可以让家变得更加赏心悦目，也有助于家庭成员的身体健康。在家的时候，你也许会记得每过一段时间就给家中的绿色植物浇一次水，但假如你要出远门旅行或者探亲，一时半会儿无法回来，家中又没有别人，这些绿色植物该怎么办呢？下面这个富有创意的小窍门，将会帮你解决出远门没人帮忙浇花的难题。

窍门：塑料袋做定时浇花器

材料：塑料袋√

操作方法 〰〰〰〰〰〰

❶准备一个密封的塑料袋，将之装满水。

②将密封塑料袋的口扎紧。

③将扎紧了袋口的塑料袋下端扎一个大小适当的眼,注意眼不能扎得太大,否则密封袋里的水流失得太快,达不到多天浇花的效果。

④把处理好的塑料袋放到花盆里,你就可以放心大胆地出远门,不用担心没人浇花了。

如何提重物不觉得勒手 >>>

外出买菜或者购物,当买的东西又多又沉的时候,往往会让人累得气喘吁吁,拎着重物的手,更是常常被购物袋的提手勒得又麻又红,事后要过很久才能恢复过来。东西太沉是没有办法变轻的,但拎重物勒手这一问题却是可以通过小窍门来解决的。

窍门1:巧用奶箱提手拎重物不勒手

材料:奶箱提手√

操作方法

①从平时装牛奶的奶箱上将奶箱拎手拆下来。

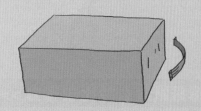

②拎重物的时候将奶箱提手从塑料袋的提手中穿过去,并将另一头固定住。再用奶箱提手拎着重物,就不感觉勒手了。

窍门2:卫生纸纸芯让重物不再勒手

材料:卫生纸纸芯、橡皮筋√

操作方法

①准备一个废弃不用的卫生纸纸芯,将卫生纸纸芯的两端分别缠绕上一个橡皮筋。

②拎重物的时候将塑料袋的拎手挂在纸芯上,

人只要抓住卫生纸纸芯就可以达到拎重物不勒手的效果了。

大摞报纸怎么拎比较省力 >>>

有些订了报纸的家庭家里会由于长年累月订报纸而积存下大量的报纸。这些旧报纸有很多的用途，扔掉了往往会觉得很可惜，但留下太多又占地方，这时候将这些旧报纸卖给废品收购站似乎也是一个不错的选择。可是这么一大摞的旧报纸，该怎么拎才比较省力呢？

窍门：塑料袋巧拎大摞报纸

材料：塑料袋√

操作方法 ～～～～～～～～～～

❶准备一个塑料袋，将其放在平面上铺平，纵向对折，让塑料袋的两个提手重合在一起。

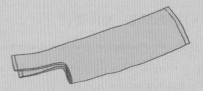

❷从塑料袋的提手开始向下裁剪到底，使其变成两个大塑料圈。

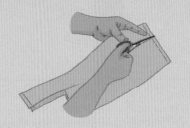

❸让两个塑料圈交叉一部分叠放起来，将上面那个塑料圈被压住的部分从放在下面的塑料圈底部拉出来，让两个圈形成一个"8"字形。

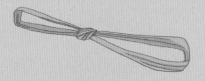

❹将大摞报纸放在塑料圈的中间位置，让报纸的中心部分和塑料圈打结处重合，报纸的两个角则放在两个圆圈中间，这时只需用手提起塑料圈，就能方便地拎起大摞的报纸。

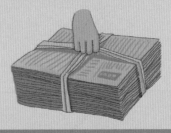

外出洗手成难题，如何解决 >>>

当我们出行在外，很多时候都需要清洁手部。然而有些公共场所或者山林野外常常只有水而没有用来清洁的洗手液或者香皂等物品。只用水冲一下手，清洁效果往往不是很好。面对这样的问题，我们不如照着下面的小窍门，试着自己动手，制造一些肥皂纸来解决外出洗手这一难题吧。

窍门：自制肥皂纸解决外出洗手问题

材料：纸片、香皂√

操作方法 ～～～～～～～～～～

❶准备一张质地比较厚的纸张，将之剪裁成适当大小的小纸片，纸片的大小以火柴盒大小为宜。

❷准备一个能够盛水的容器,将平日里用剩下的香皂小块放入容器中,再向容器中注入热水。放入香皂和热水的量大约是1:3。

❸不断搅拌容器里的香皂水,使香皂完全溶化在热水中。

❹将剪裁好的小纸片一一放入香皂水之中,使之彻底浸透。

❺将浸好香皂水的小纸片从容器中取出,将之晒干,就能够随时使用了。

眼镜总是从鼻梁上滑落该怎样解决 >>>

眼镜总是从鼻梁上滑落,这是戴眼镜的人都会遇到的问题。当脸上出了点儿汗或者是脸部油脂分泌得比较多,而你又没有空闲的手来扶眼镜的时候,麻烦的事情就来了,你的眼前将会变得模糊一片。其实,只要在眼镜上动点儿"小手脚",眼镜滑落的这一问题就能迎刃而解了。

窍门1:缠保鲜膜防止眼镜滑落

材料:保鲜膜√

操作方法

❶将眼镜摘下,撕一块大小合适的保鲜膜,将之缠绕在眼镜腿的弯折处。

❷缠好之后再把保鲜膜捏紧一些。

❸将另外一只眼镜腿也做同样处理。两边的保鲜膜都缠好之后就可以重新戴上眼镜了。戴上经过小窍门处理的眼镜,眼镜就不会那么容易滑落了。

窍门2:巧用牙签防止眼镜滑落

材料:小刀、牙签、胶水√

操作方法

❶将眼镜摘下，在镜腿与镜架交接处的两截面用小刀轻轻刮几下。

❷取扁形牙签2根，将牙签单面抹上胶水。将扁牙签有胶水一面贴靠在镜架端一面。

❸打开镜腿将牙签压紧并用刀片切去牙签多余的长度。两端都这样做，眼镜的镜腿就能够夹得更紧从而不再从鼻梁上滑落了。

自己贴膏药有何妙招 >>>

　　肌肉扭伤、风湿关节疼痛等很多种疾病，都可以用贴膏药的方式来减缓病痛。自己贴膏药听起来并不是什么难事，如果伤患处在你的四肢或者身体前面的部分自然是没问题，但如果伤患处在你的后背、后脖颈等自身难以触及的位置，就比较难办了。当身旁没有别人的时候，不妨试试下面的小窍门，来将膏药贴到平时自己难以触及的身体部位。

窍门：妙用洗碗绵自己贴膏药

材料：膏药、洗碗绵、竹签√

操作方法

❶将一根长度适当的竹签叉在洗碗绵中，按照自己想要贴膏药的位置选择竹签的长度。

❷将要贴的膏药轻轻揭开，等揭到只剩下一条边的时候，顺着洗碗绵把膏药铺在洗碗绵上。使膏药胶面朝上，布面紧贴洗碗绵。

❸用制作好的器具将膏药贴在需要的部位。

裹浴巾总是滑落怎么办 >>>

　　很多人洗完澡之后不喜欢直接穿上衣服，而是习惯裹上浴巾。但裹好的浴巾却很容易滑落。往往裹浴巾的人还没有反应过来，浴巾已经滑落到脚边了，为了避免这种尴尬情况的出现，就应该掌握好正确的裹浴巾方法。了解了这一方法，你就可以大胆地裹着浴巾走出浴室了。

窍门：翻边防止浴巾滑落

材料：浴巾√

操作方法

❶将浴巾展开，从背后往前裹，两只手分别提

住浴巾的两端，要保证浴巾两端的长度相等。

❷将浴巾的左端先向右裹，再将浴巾的右端向左裹，尽量裹紧一些。

❸把胸前裹紧的两层浴巾的边向外翻出几厘米。

❹最后把剩下的浴巾角和里层的边一同翻出就可以了。

年画总是挂歪怎么办 >>>

每年过年的时候，很多人习惯于在门上或者窗户上贴上一些好看的年画。这些年画的图案很多，有画着门神的，有表现历史故事的，也有关于民俗的。但很多年画望上去有些怪怪的，原来是没有完全贴正。按照一般的办法，要想不把年画挂歪，要费很大的力气，多次调整才有可能做到。而用小窍门来挂年画，则能够省时又省力地将年画挂正。

窍门：钥匙、尼龙绳让年画挂得更正

材料：钥匙、尼龙绳、透明胶√

操作方法

❶将尼龙绳的一头系上钥匙。

❷将尼龙绳没有系钥匙的另外一头用透明胶粘在墙上，粘绳子的位置应该在需要贴年画的位置附近。将年画的四个角贴上双面胶，将年画临着绳子的一边上面的那个角粘在墙面上。

❸调整年画的位置，使年画的一条边和钥匙与尼龙绳形成的直线平行。

④最后将年画的其他三个角也粘在墙面上即可。

保鲜膜总是被拽出来怎么办 >>>

　　家里的保鲜膜拆包装了，放在盒子里，每次要用的时候只要扯出长度合适的保鲜膜来就可以了。但是在扯保鲜膜的时候总会不经意地扯出一大段，有时还会把保鲜膜卷筒直接从盒子里拽出来。其实要解决这个问题，只要照着下面的窍门做就可以了。

窍门：保鲜膜盒插竹签取用更方便

材料：竹签√

操作方法

❶准备一根竹签，将竹签削成比保鲜膜盒子略长的长度。

❷在保鲜膜盒子两侧的中心处分别用牙签扎出小孔。

❸将保鲜膜放到保鲜膜盒子中，把竹签从保鲜膜盒子的一端穿过去，从另一端的小孔中穿出来，注意竹签一定要穿过保鲜膜的桶芯。

④用皮筋将竹签的两端缠紧，使之固定。

❺做好了这些，再从保鲜膜盒子中抽取保鲜膜就不会发生把保鲜膜整卷拽出的情况了。

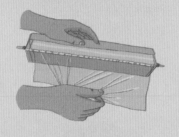

防止拉链下滑有什么妙招吗 >>>

　　穿着带有拉链的裤子的时候，如果裤子的拉链不知不觉滑到了底部，不免让人感到十分尴尬。怎样能够避免这一尴尬情景的出现呢？下面就介绍几个给你的裤子拉链"上锁"的小窍门。

窍门1：橡皮筋防止拉链下滑

材料：橡皮筋√

操作方法

❶准备一根皮筋，将皮筋穿入牛仔裤拉链的孔，打一个结。

❷将拉链拉上后，把双股皮筋套在裤扣上，再将裤扣扣上就可以了。

窍门2：拉链顶端套金属环防止拉链下滑

材料：金属环√

操作方法

❶准备一个不用的钥匙扣，将钥匙扣上的金属环拆下，将这个金属环穿入牛仔裤拉链的小孔中。需要注意的是，你选择的金属环大小应该是可以套进牛仔裤的裤扣。

❷将牛仔裤拉链拉上，把金属环挂在裤扣上。

❸最后将裤扣扣上即可。这样牛仔裤拉链就不会不小心下滑了。

运动后如何能保持衣服干爽 >>>

很多人运动完之后，都会出一身的大汗。这些汗水把衣服打湿，贴在身上，十分难受，手边又没有干爽的衣服可供替换，只好暂且忍受着。其实要解决这个问题，一点儿也不难，只要稍稍动动脑子，动动手就能解决问题。

窍门：妙用旧T恤保持衣服干爽

材料：T恤、剪刀√

操作方法

❶准备一件不穿的旧T恤，将T恤的两个袖子剪掉。

❷将旧T恤的两侧分别剪开。

❸剧烈运动之前，将改造过的旧T恤穿在衣服的里面。

❹运动过后出了一身大汗，这时只要将贴身穿在里面的旧T恤从领口处拉出来，身上就又能恢复干爽了。

怎样轻松拉断塑料绳 >>>

日常生活中，我们很多时候都要用到塑料绳，塑料绳结实又耐拉，能够承受住很重的重量。然而，塑料绳的不方便之处也在于此，在没有剪刀的情况下，一捆塑料绳要获得长度合适的一段是很困难的，因为塑料绳很难被拽断。但看了下面的窍门，你就能学会如何轻松在没有剪刀的情况下徒手拉断塑料绳。

窍门：徒手拉断塑料绳

材料：塑料绳√

操作方法

❶将手掌平伸，将塑料绳从手掌的虎口处穿过，让塑料绳较短的一端停留在虎口处。

❷将塑料绳的长端绕过手掌，与短端在手心处交叉。

❸将塑料绳的短端绕回虎口，大拇指紧紧捏住塑料绳短端，用手将塑料绳攥紧。

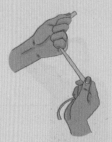

❹用另外一只手抓住塑料绳的长端，使劲一拉，

就可以将塑料绳拉断了。

塑料瓶有什么妙用 >>>

家里积攒了很多的空瓶子，你是将它们一股脑儿卖给收废品的呢，还是好好地利用它们，为生活增添几丝情趣？下面就告诉你答案。

窍门1：废饮料瓶做厨具收纳桶

材料：饮料瓶、剪刀、砂纸√

操作方法

❶用剪刀在饮料瓶上端大约1/3处剪开，留下一侧不要剪开，用来连接饮料瓶的上下两部分。用砂纸将瓶子剪开的部分打磨一下，使其变得平整光滑。

❷用剪刀在饮料瓶的底部扎几个小洞，以便保持收纳桶的干燥。

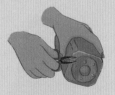

❸在饮料瓶下面部分的瓶身上剪出一个小洞，以便可以将之挂在粘钩上。

窍门2：废饮料瓶巧存水杯

材料：饮料瓶、剪刀、透明胶√

操作方法

❶将废塑料瓶的瓶口部分剪掉。

❷将塑料瓶的侧面剪出一条宽度合适的口，口的宽度比水杯的把手略宽即可。

❸将剪出的塑料开口两边贴上透明胶带，以防饮料瓶将手划伤。

❹将杯子一个一个倒扣在塑料瓶中。

窍门3：废饮料瓶制作捡球器

材料：饮料瓶、锥子、橡皮筋、保鲜膜芯筒√

操作方法

❶剪去饮料瓶的底部，用锥子在饮料瓶靠下面的位置扎一圈小孔，小孔间间隔的距离应该均匀一些。

❷将橡皮筋连接起来，穿过小孔，在饮料瓶的底部形成网状。

❸在饮料瓶的瓶口附近剪一个洞，洞的大小要能够让要捡的球穿过。

❹剪开保鲜膜芯筒，将之用502胶水粘在饮料瓶的瓶盖上作为捡球器的把手。用做好的捡球器来捡网球或者乒乓球你就不用再弯腰了。

如何制作应急漏斗 >>>

　　要把袋装的酱油、醋、料酒等灌到瓶子里面，没有漏斗可是不行。但家里一时找不到能用的漏斗，已经开口的袋装液体调料又不好放置，该如何是好呢？其实，只要自己动手制作一个简易的漏斗就能解决问题。

窍门：鸡蛋壳制作应急漏斗

材料：鸡蛋壳、牙签√

操作方法 ▬▬▬▬▬▬▬▬▬▬

❶取一个鸡蛋，将鸡蛋的外壳冲洗干净。

❷将鸡蛋磕破，让蛋液流入碗中。

❸选取鸡蛋壳的一半，将鸡蛋壳内侧的蛋液清洗干净。

❹在鸡蛋壳的尖端用牙签打一个小孔，把孔逐步扩大，注意不要弄碎鸡蛋壳。

❺将经过处理的鸡蛋壳放在瓶子顶端，就可以向里面倒入调料了。

如何用旧领带做伞套 >>>

　　雨伞套不小心弄丢了，雨伞没有了"衣服"，很容易变脏，使用和存放起来也不是那么的方便了，市面上很少有单卖伞套的，即使能够找到，大小尺寸也不一定合适。既然如此，不如自己动手做个雨伞套吧，简单地裁裁缝缝就能解决问题了。

窍门： 旧领带制作雨伞套

材料： 旧领带、剪刀、针线√

操作方法 ▬▬▬▬▬▬▬▬▬▬

❶拆开领带中缝，把伞放在拆开的领带上量一下尺寸并做一个记号。

❷按照所做记号，将领带剪裁成合适的长短并按照雨伞的宽度由窄而宽缝合起来。

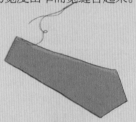

❸把做好的伞套内里翻出来，套入伞。

打碎的鸡蛋怎样快速清理 >>>

　　鸡蛋是我们日常生活中常常使用的食材，一不小心将一颗鸡蛋打碎在地，这实在是再正常不过的事情了，打碎在地的鸡蛋十分不容易清理，常常是擦得满头大汗也不能将地上的鸡蛋痕迹彻底清理干净，这不免让人感到沮丧。有没有什么窍门能够应对这一棘手问题呢？

窍门：撒盐清理碎鸡蛋

材料：盐、卫生纸√

操作方法

❶在碎鸡蛋上撒一点儿盐。

❷过一段时间后检查一下撒过盐的鸡蛋是否变硬。

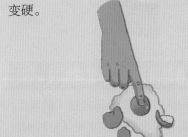

❸将已经变硬的鸡蛋用抹布或卫生纸拾起丢掉。

❹将地上剩下的残迹用抹布或卫生纸擦干净。

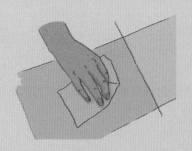

怎样刷马桶省时又省力 >>>

　　对使用马桶的家庭来说，刷马桶是日常家务中不可忽视的一项，马桶经过长时间的使用就会发黄、产生异味，更会滋生细菌，如果不加清洁，后果将会不可想象。那么，刷马桶有没有什么简便的方法呢？

窍门：铺卫生纸刷马桶省时省力

材料：卫生纸、洁厕灵√

操作方法

❶先用水冲一下马桶。

❷将卫生纸一层层铺在马桶壁上。

❸在卫生纸上均匀淋洒上洁厕灵，使卫生纸与马桶壁充分接触。

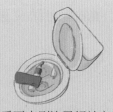

❹过一段时间后再来刷洗马桶就容易将马桶刷洗干净了。

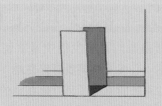

❸慢慢向前推酸奶盒撕成的纸条。

清理难以擦拭的门窗凹槽有什么好办法 >>>

推拉门窗是很多现代家庭的选择,这些门窗开关方便,节省空间,给人们带来了不少便利,但带来便利的同时,也产生了一些不便,其中推拉门窗的凹槽清理问题尤为突出。传统的清理方式难以将凹槽里的灰尘、杂物清理干净,有什么办法能够解决这一问题呢?

窍门:妙用酸奶盒清洁门窗凹槽

材料:酸奶盒、剪刀√

操作方法

❶准备一个喝空的酸奶盒,剪掉酸奶盒的盒盖,其他部分根据门窗凹槽的大小撕成长条。

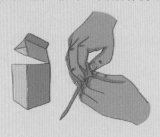

❷将撕好的长条按照酸奶盒原有的折印提好,放在要清理的门窗凹槽中。

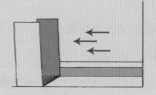

❹将酸奶盒撕成的纸条推到凹槽尽头,再把装满灰尘的纸条提出来即可。

扫地时总是卷起漫天灰尘,怎样解决 >>>

用扫把扫地时,常常会扬起漫天的灰尘,如果所住的地方灰尘比较多又或是长时间没有打扫,这种情况就会尤为严重。漫天的灰尘不仅呛得人喷嚏连连,更会落在家中的其他器具上,使房间难以被打扫干净,但地又不能不扫,这该如何是好呢?

窍门:自制防尘袋防止灰尘飞散

材料:废旧软布、松紧带√

操作方法

❶比照扫把的大小,裁剪一块大小合适的软布,材料可以用废秋衣、绒裤、背心等。

❷将软布缝成一个防尘袋。

❸将做好的防尘袋在水中浸湿后拧干。

❹将防尘袋套在扫把上，扎上松紧带固定。

❺用套上防尘袋的扫把来清理地面，这回就既干净又不会扬灰了。

地毯上的液体污渍该如何清理 >>>

有许多人喜欢在家里铺上一块地毯，踩在柔软、温暖的地毯上面，常常让人产生一种回到了家的感觉。但与地板相比，地毯无疑是难于清洁的，无论是意外洒上的汤汁还是地毯上附着的毛絮或人和宠物的毛发，都极难处理。毛发、灰尘还可以用刷子清理，液体污迹该怎么办呢？除了用水洗刷就没有别的好办法了吗？

窍门1：干毛巾除地毯液体污渍

材料：干毛巾、吸尘器、清水√

操作方法 ◂◂◂◂◂◂◂◂◂◂◂◂◂◂◂◂◂◂◂◂

❶将适量清水倒在地毯沾染液体污渍的地方。

❷将一条干毛巾折成厚度约为1厘米，放在撒过清水的地毯污渍处。

❸用吸尘器在铺上毛巾的地毯污渍处反复吸，过一段时间之后揭去毛巾就能将地毯上的液体污渍轻松去除。

窍门2：撒粉末去除地毯污渍

材料：面粉、精盐、滑石粉、白酒、干毛刷、绒布√

操作方法

❶用600克面粉、100克精盐、100克滑石粉加水调和后，再倒入30毫升的白酒。

❷将混合物加热，调成糊状。

❸待混合物冷却后切成碎块均匀地撒在地毯上，然后用干毛刷和绒布刷拭，地毯上的污渍即可去除。

有什么办法能让旧书看起来像新的一样 >>>

阅读是人生的一大乐事，即使你并不是一个喜欢买书、藏书的人，从小到大上学时用过的教材也是一定有的。总而言之，你的家里一定有那么几本书。在阅读书籍的过程

中，书本不小心被洒上水或者溅上其他液体的情况是很可能发生的，那么，有什么小窍门能让"饱受蹂躏"的旧书获得新生呢？

窍门1：冷冻法复原湿皱书本

材料：冰箱√

操作方法

❶将洒上水的湿皱书本放进冰箱的冷冻室里进行冷冻。

❷将冷冻过一段时间的书本从冰箱中取出，湿皱的旧书就可以平整如新了。

窍门2：吸水纸清除书本油渍

材料：吸水纸、熨斗√

操作方法

❶先在书本沾上油渍的地方上放1张吸水纸。

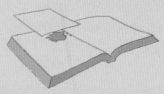

❷再用熨斗在放有吸水纸的地方轻轻熨烫几遍，书页就可恢复平整干净。

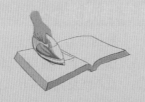

如何保持遥控器的清洁 >>>

遥控器几乎满足了一个"懒人"的所有梦想，使人们能够在床上或者沙发上实现对电器的遥控。电视机、空调、音响、汽车，人们似乎可以遥控一切，但如此的便利也带来了一个新的问题，即布满按钮的遥控器是非常不容易清洁的。遥控器的按钮之间常常布满灰尘和皮屑，看起来很脏，但偏偏按钮之间狭窄的间距又无法用布擦干净，这一问题又该如何解决呢？

窍门1：橡皮筋清洁遥控器

材料：橡皮筋√

操作方法

❶准备几根橡皮筋，在橡皮筋上打一两个结。

❷将打好结的橡皮筋放在遥控器平时擦不到的空隙里。用手指来回揉搓滚动橡皮筋，遥控器上的灰尘和污渍就被粘下来了，一个橡皮筋用脏了，可以换上另一个。如此反复清理，遥控器就光洁如新了。

窍门2：保鲜膜保持遥控器清洁

材料：保鲜膜、透明胶、剪刀√

操作方法

❶根据要保洁的遥控器尺寸剪下一块大小合适的保鲜膜。

❷将剪好的保鲜膜包裹在遥控器上，使其服帖平整，在遥控器背面用透明胶进行固定。

怎样让电视机看上去更加干净 >>>

电视机的屏幕特别容易落灰，电视机的其他部分也经常会脏，那么究竟怎么做才能起到轻松除尘、让电视机看上去更加干净的效果呢？

窍门1：捂毛巾法清洁电视机灰尘

材料：毛巾、柔顺剂、吹风机√

操作方法

❶准备一盆清水，倒入适量柔顺剂，将清洁用的毛巾浸入其中，待毛巾浸泡过一段时间后从水中拿出拧干。

❷切断电视机电源，把拧干的毛巾置于电视机的散热口处。

❸用吹风机在靠近湿毛巾的位置往电视机里吹风，将灰尘吹起，使之被吸附在湿毛巾上，在一侧吹一会儿之后，再吹另外一侧。

窍门2：酒精清洁电视屏幕

材料：酒精、棉球√

操作方法 ~~~~~~~~~~~~~~~~~~~~

❶将电视机关机断电。

❷用蘸有酒精的棉球沿同一方向轻轻擦拭电视屏幕。

照片该怎样清洗 >>>

　　不同于一般的物品，照片是擦不得的，一般的清洁方法似乎都不适用于照片。想要让脏了的照片重新恢复光彩有什么好办法？

窍门：照片也能用水洗

材料：清水、吹风机√

操作方法 ~~~~~~~~~~~~~~~~~~~~~~~~

❶准备一盆清水，把沾有污渍的照片放到清水中浸一下，浸泡的时间不可过长。

❷将照片从水中取出，用棉签或者纸巾轻轻擦拭照片上的污渍，用手指肚轻轻擦拭亦可。

❸将清洁好的照片粘贴在镜子上，这样可以防止照片卷曲变形，然后利用吹风机的热风将照片吹干。

❹等到照片表面干了以后，将照片从镜子上取下，放在平面上，接着再用吹风机吹干照片的另一面，等到两面照片都吹干了就可以了。

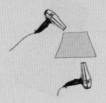

第四章

美容护肤
小窍门

美白护肤

软米饭洁肤 >>>

米饭做好后，挑些比较软、温热的揉成团，放在面部轻揉，直到米饭团变得油腻污黑，然后用清水洗掉，这样可使皮肤呼吸通畅，减少皱纹。

巧用米醋护肤 >>>

每次在洗手之后先敷一层醋，保留20分钟后再洗掉，可以使手部的皮肤柔白细嫩。在洗脸水中加一汤匙醋洗脸，也有美容功效。

黄酒巧护肤 >>>

取黄酒1瓶倒入洗脸水中，连洗2周，肌肤会变得细腻。

干性皮肤巧去皱 >>>

用1只鸡蛋黄的1/3或全部、维生素E油5滴混合调匀，敷面部或颈部，15～20分钟后用清水冲洗干净，此法适用于干性皮肤，可抗衰老，去除皱纹。

干性皮肤保湿急救法 >>>

先用5分钟高水分补湿面膜，或用蜜糖、杏仁油加适量面粉敷面，再涂上滋润性强的润肤乳或凡士林，可以令干燥皮肤迅速补充水分。

蒸汽去油法 >>>

用蒸汽蒸面10分钟，可起到疏通毛孔、抑制皮脂分泌之作用。每天或隔天或三五天蒸一次，要视皮肤油腻程度定，皮肤越油蒸面次数可越勤，皮肤油减少则可减少蒸面次数，时间也可减少到每次8分钟。蒸面后用暗疮针清洁皮肤。

自制蜂蜜保湿水 >>>

做法：将1茶勺蜂蜜、10毫升甘油、100毫升水混合，搅拌均匀即可。每天早晚洁面后，将蜂蜜保湿水倒在化妆棉上，轻轻拍打脸部，直到保湿水被肌肤完全吸收。因为蜂蜜可以维持肌肤水分和油分平衡，而保

▲软米饭洁肤

湿效果超强的甘油可以将水分和营养成分牢牢锁在肌肤里，使水分不易流失。这款保湿水适用于中性或中性偏干肤质，可以使肌肤柔软有弹性，给肌肤 24 小时的全面呵护。

巧法使皮肤细嫩 >>>

皮肤粗糙者可将醋与甘油以 5：1 比例调和涂抹面部，每日坚持，会使皮肤变细嫩。

淘米水美容 >>>

将淘米水沉淀澄清取澄清液，经常坚持用澄清液洗脸后再用清水洗一次，不仅可使面部皮肤变白变细腻，还可除去面部油脂。

草茉莉子可护肤 >>>

将草茉莉子去外皮留下白色粉心，晾干磨碎，泡在冰糖水内，过两三天即可用来搽脸、搽手，能增白、护肤，并有一种清淡宜人的香味，没有任何副作用。

白萝卜汁洗脸美容 >>>

将白萝卜切碎捣烂取汁，加入适量清水，用来洗脸，长期坚持，可以使皮肤变得清爽润滑。

西瓜皮美容 >>>

将西瓜皮切成条束状（以有残存红瓤为佳），直接在脸部反复揉搓 5 分钟，然后用清水洗脸，每周 2 次，可保持皮肤细嫩洁白。

快速去死皮妙招 >>>

为除去面部死皮，打一只鸡蛋加一小匙细盐，用毛巾蘸之在皮肤上来回轻轻擦磨，犹如使用磨砂膏一般。找回美丽，简单而快捷。

豆浆美容 >>>

每晚睡前用温水洗净手脸，用当天不超过 5 小时的生鲜豆浆洗手脸约 5 分钟（时间长更好），自然晾干，然后用清水洗净即可，皮肤光亮白嫩。

黄瓜片美容 >>>

要睡觉的时候，拿小黄瓜切薄放置脸上过几分钟拿下来，由于皮肤吸收了天然瓜果中的营养成分，一个月后您的脸就会变得白嫩。

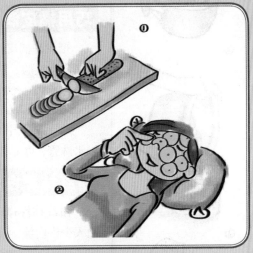

▲黄瓜片美容

豆腐美容 >>>

每天早晨起床后，用豆腐 1 块，放在掌心，用以摩擦面部几分钟，坚持 1 个月，面部肌肤就会变得白嫩滋润。

猪蹄除皱法 >>>

取猪蹄数只，洗净，熬成膏。每晚临睡前用来擦脸，次晨洗去，坚持两周，去皱有神效。

南瓜巧护肤 >>>

南瓜性温平，能消除皱纹、滋润皮肤。将南瓜切成小块，捣烂取汁，加入少许蜂蜜和清水，调匀搽脸，约 30 分钟后洗净，每周 3 ～ 5 次。

丝瓜藤汁美容 >>>

秋季，丝瓜藤叶枯黄之前，离地面约 60 厘米处，将藤蔓切断，此时切口便有液汁滴出。把切口插入干净的玻璃瓶（为防止雨水或小虫进入瓶内，应把瓶口封好），这样经过一段时间就可收集到一定数量的丝瓜液，用此液搽脸（如能滴入几滴甘油、硼酸和酒精，更能增加润滑感，并有杀菌作用），对皮肤的养护效果十分显著。

巧用橘皮润肤 >>>

把少许橘皮放入脸盆或浴盆中，热水浸泡，可发出阵阵清香，用橘皮水洗脸、浴身，能润肤，缓解皮肤粗糙。

盐水美白法 >>>

每天早上用浓度为 30% 的盐水擦脸部，然后用大米汤或淘米水洗脸，再配合护肤品擦面，半个月后，皮肤可由粗糙变白嫩。

西红柿美白法 >>>

西红柿性微寒，含有大量维生素 C。将西红柿捣烂取汁，加入少许白糖，涂于面部等外露部位皮肤，能使皮肤洁白、细腻。

牛奶护肤 >>>

用牛奶数滴搽脸、搽手，可使皮肤光滑柔松，其效果不亚于化妆品。

简易美颜操 >>>

❶闭嘴，面对镜子微笑，直到两腮的肌肉疲劳为止。这个动作能增强肌肉的弹性，保持脸形。早上起床后也应做几次。

❷把眼睛睁大，睁得越大越好，绷紧脸部所有的肌肉，然后慢慢放松。重复 4 次。这个动作有利于保持脸部肌肉的弹性。

❸皱起并抽动鼻子，不少于 12 次。这个动作能使血液畅流鼻部，保持鼻肌的韧性。

❹将注意力集中于腮部，双唇略突，使两腮塌陷。重复几次，这个动作能防止嘴角产生深皱纹。

❺鼓起两腮，默数到 6。重复 1 次，这个动作能保持腮部不变形。

❶
❷
❸
❹
❺

▲西红柿美白法

上网女性巧护肤 >>>

电脑辐射最强的部位是显示器的背面，其次是左右两侧。屏幕辐射产生静电，最易吸附灰尘，长时间面对面，容易导致斑点与皱纹。因此上网前不妨涂上护肤乳液，再加一层淡粉，使之与脸部皮肤之间形成一层"隔离膜"。上网结束后，第一项任务就是洁肤，用温水加上洁面液彻底清洗面庞，将静电吸附的尘垢通通洗掉，然后涂上温和的护肤品。久之可减少伤害，润肤养颜。

巧用吹风机洁肤 >>>

洗脸时，拿起吹风机，远远地对脸部稍微吹拂，可使毛细孔张开，清洁更加彻底。

冰敷改善毛孔粗大 >>>

把冰过的化妆水用化妆棉沾湿，敷在脸上或毛孔粗大的地方，可以起到不错的收敛效果。

水果敷脸改善毛孔粗大 >>>

西瓜皮、柠檬皮等都可以用来敷脸，它们有很好的收敛柔软毛细孔、抑制油脂分泌及美白等多重功效。

柠檬汁洗脸可解决毛孔粗大 >>>

在洗脸的清水中滴入几滴柠檬汁，这样做不仅可以收敛毛孔，也能减少粉刺和面疱的产生。这种方法适合油性肌肤的人，要注意柠檬汁的浓度不可太浓，而且更不可将柠檬汁直接涂抹在脸上。

吹口哨可美容 >>>

吹口哨可"动员"脸部肌肉充分运动，因而可以减少面部皮肤皱纹，收到美容之效。吹口哨还能使脉搏减缓、血压降低。

去除抬头纹的小窍门 >>>

❶多做脸部放松运动，例如闭上眼睛静坐冥想，将注意力放在下巴上。

❷每周使用 1 ~ 2 次保温面膜，让肌肤提高含水度，以减轻皱纹的纹路。

夏季皮肤巧补水 >>>

外出时携带喷雾式的矿泉水，在离脸部15 厘米处均匀喷洒于面部，可随时补充肌肤水分。

花粉能有效抗衰老 >>>

花粉含有 200 多种营养保健成分，具有抗衰老、增强体力和耐力、调节机体免疫作用等保健功能。尤其对于中年女性来说，是副作用小、安全性高、效果显著的美容滋补品。

鸡蛋巧去皱 >>>

做菜时，将蛋壳内的软薄膜粘贴在面部皱纹处以及脸颊、下巴部位，任其风干后再揭下来，用软海绵擦去油性皮肤的死皮；如果是干性皮肤，应涂些植物油再擦去死皮，最后洗净。

鸡蛋橄榄油紧肤法 >>>

将鸡蛋打散，加入半个柠檬汁及一点儿粗盐，充分搅拌均匀后，将橄榄油加入鸡蛋汁里，使二者混合均匀，1 周做 1 ~ 2 次就可以让肌肤紧实。

巧法去黑头 >>>

小苏打加适量的水，一般混合后的水有点儿白色就可以了。拿一片化妆棉浸湿，挤干一些，敷在鼻子上。15 分钟后，拿去。用纸巾轻揉（擦或挤的动作）鼻翼两侧，慢慢黑头就出来了。清洗一下，拍上适量的收敛水。

栗子皮紧肤法 >>>

用栗子的内果皮，将其捣成粉末状，再添加一定的蜂蜜均匀搅拌，涂于面部，可以使脸部光洁、富有弹性。

香橙美肤法 >>>

将两个橙子的汁挤到温暖的浴水里，躺在浴缸内浸 10 分钟，能使人体皮肤吸收维生素 C，促进健美。

蜜水洗浴可嫩肤 >>>

在洗温水浴时，加进 1 匙蜜糖，浴后会使人精神一振，皮肤光滑非常。

海盐洗浴滋养皮肤 >>>

将 2 茶匙海盐、1 匙半香油及半匙鲜柠檬汁混合，倒进温水搅匀洗浴，能营养皮肤。

酒浴美肤法 >>>

洗澡时，在浴水中加入一些葡萄酒，可使皮肤光滑滋润，柔松而富有弹性。此法还对皮肤病、关节炎有一定疗效。

促进皮肤紧致法 >>>

沐浴时，用喷水头靠近皮肤，使水有力地喷射在身上，可使皮肤光洁，紧绷有弹性。从不同的角度喷射，能够增加刺激，促进血液循环和新陈代谢。

颈部保湿小窍门 >>>

首先把热毛巾敷在颈部的皮肤上，使毛孔完全张开。然后把橄榄油涂抹在脖子上，10 分钟后再把冰块或者是冷毛巾敷于颈部，使毛孔完全闭合。坚持用这种方法护理脖颈，可以达到润肤、锁水、抗皱的功效。

颈部美白小窍门 >>>

先制作一些土豆泥，在刚刚做好的热土豆泥中加入 1 勺植物油，再放入 1 只鸡蛋清，搅拌均匀。把搅拌好的混合物趁热敷于颈部，一定要趁热敷，以不烫皮肤为准。经常用这种方法保养颈部，可使颈部的皮肤变得白嫩。

洁尔阴缓解紫外线过敏 >>>

紫外线过敏后，脖子、胳膊和手上会起许多小疹子，奇痒无比。每晚临睡前将患处洗净后，用一小团纱布蘸洁尔阴在患处反复

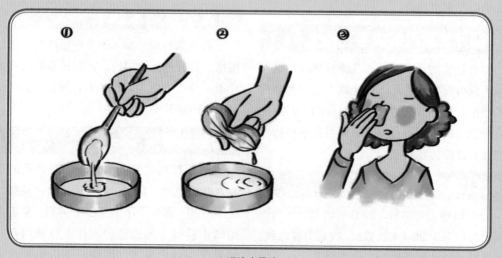

▲巧法去黑头

擦洗，开始会有痛痒的感觉，待第二天早晨再清洗干净（不掉色）即可。

凉水冷敷缓解日晒 >>>

日晒出汗后要彻底洗净身上盐分，再用蘸有凉水的棉花，在肩部、面部或背部等发烫的部位，轻拍并冷敷约半小时，帮助收缩和保养皮肤，缓解日晒后的肌肤。

鸡蛋祛斑妙招 >>>

取新鲜鸡蛋 1 只，洗净揩干，加入 500 毫升优质醋浸泡 1 个月。当蛋壳溶解于醋液中之后，取 1 小汤匙溶液掺入 1 杯开水，搅拌后服用，每天 1 杯。长期服用醋蛋液，能使皮肤光滑细腻，扫除面部所有黑斑。

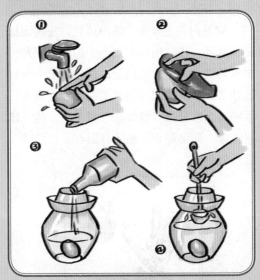

▲鸡蛋祛斑妙招

巧除暗疮 >>>

西红柿汁加柠檬汁和酸乳酪，搅匀，用来敷脸，可缓解过度分泌油脂，保持皮肤干爽，消除暗疮。

巧用芦荟去青春痘 >>>

若有又红又大的带脓青春痘，可用芦荟的果冻状部分敷贴于患部，可以消肿化脓。一般较小的青春痘则可用芦荟轻轻按摩或敷面。

夏季除毛小窍门 >>>

❶由于毛发过长会不容易将其剃除干净，先将欲除毛部位的过长的毛发修剪至 0.5 厘米左右。

❷淋浴 2 ~ 3 分钟让毛发软化，切忌淋浴太久，因为水分会让皮肤产生褶皱及膨胀感，在除毛时会因为不够敷贴而很容易伤到肌肤。

❸顺着毛发生长的方向除毛，并将较难除毛的部位先剃除，再除较好剃的部位。

❹清洁保养。除毛后难免会有断掉的毛发沾在身上，可使用温水清洗除毛后的部位，再用毛巾擦拭干。最后再使用润肤乳液涂抹及保护除完毛的皮肤，让除毛后的肌肤更加滑顺柔亮。

柠檬汁可祛斑 >>>

柠檬中含有大量维生素 C、钙、磷、铁等，常饮柠檬汁不仅可美白肌肤，还能达到祛斑的作用。方法很简单，只要将柠檬汁加糖水适量饮用即可。

食醋洗脸可祛斑 >>>

洗脸时，在水中加 1 ~ 2 汤匙食醋，可起到减轻色素沉着的作用。

巧用茄子皮祛斑 >>>

对于一些小斑点，可用干净的茄子皮敷脸，一段时间后，小斑点就不那么明显了。

维生素 E 祛斑 >>>

每晚睡前，洗完脸后将 1 粒维生素 E 胶丸刺破，涂抹于患部稍加按摩，轻者 1 ~ 2

个月，重者 3 ~ 6 个月可见效。或者将维生素 E 药片碾成粉状，再用温水调成糊状，每日抹在脸上，2 周后斑可消失。

产后祛斑方 >>>

桃花（干品）1 克，净猪蹄 1 只，粳米 100 克，细盐、酱油、生姜末、葱、香油、味精各适量。将桃花焙干，研成细末，备用；洗净粳米，把猪蹄皮肉与骨头分开，置铁锅中加适量清水，旺火煮沸，改文火炖至猪蹄烂熟时将骨头取出，加米及桃花末，文火煨粥，粥成时加盐、香油等调料，拌匀。隔日 1 剂，分数次温服。

牛肝粥缓解蝴蝶斑 >>>

牛肝 500 克，白菊花、白僵蚕、白芍各 9 克，白茯苓、茵陈各 12 克，生甘草 3 克，丝瓜 30 克（后 6 味放入纱布包内），大米 100 克，加水 2 升煮成稠粥，煎后捞出药包，500 毫升汤分 2 日服用。吃肝喝粥，每日早晚各服 1 次，每个疗程 10 天。中间隔 1 周，连服 3 个疗程，不产生任何副作用。

醋加面粉祛斑 >>>

用白醋调面粉，成干糊状，涂在斑上，多用几次，斑就不明显了。

芦荟叶缓解雀斑 >>>

新鲜芦荟叶 30 ~ 50 克。将鲜芦荟叶捣烂，加水适量煮沸，取沉淀后的澄清液涂抹患处。缓解雀斑。

酸奶面膜减淡雀斑 >>>

酸奶 100 克，珍珠粉 10 克。将以上 2 料放在同一容器中搅匀，当作面膜，敷在脸上 15 分钟，用清水洗净面部。经常使用可减淡雀斑。

胡萝卜牛奶除雀斑 >>>

每晚用胡萝卜汁拌牛奶涂于面部，第二天清晨洗去。轻者半年，重者 1 年即见效。

搓揉法消除老年斑 >>>

老年斑刚出现时，经常用手反复搓揉，大部分斑痕可消失，有的颜色变淡。

色拉酱缓解老年斑 >>>

早起、晚饭后洗完脸，用食指蘸少量色拉酱往脸上擦，有老年斑处可多擦点儿。1 瓶色拉酱可用 1 年。

鲜茭白缓解酒糟鼻 >>>

鲜茭白剥去外皮，洗净捣烂，每晚涂抹鼻上薄薄一层，用纱布盖上，加胶布固定，次日晨洗去。白天则用茭白挤汁涂上，每日涂抹 2 ~ 3 次。同时用鲜茭白 100 克煎水，早晚各 1 次分服。按此法连续 1 周，鼻子恢复正常，即可停止。如还有微红，可继续，直至缓解。

▲鲜茭白缓解酒糟鼻

缓解红鼻子 >>>

红粉 5 克，梅片 4.3 克，薄荷冰 3.7 克，香脂 100 克。将 3 味药研成细末，与香脂调和，抹患处少许，1 日 2～3 次。1 服药用不完即可好。

麻黄酒缓解酒糟鼻 >>>

生黄节、生麻黄根各 80 克，白酒 1.5 升。前 2 味药切碎，用水冲洗干净，放入干净铝壶，加入白酒，加盖，用武火煎 30 分钟后，置于阴凉处 3 小时，用纱布过滤，滤液装瓶备用。早晚各服 25 毫升，10 天为 1 疗程。一般服药 5～8 天后，患部出现黄白色分泌物，随后结痂、脱落，局部变成红色，20～30 天后，皮肤逐渐变为正常，其他症状随之消失。

食盐缓解酒糟鼻 >>>

酒糟鼻患者，可常用精盐涂搽鼻赤部位，1 日多次，日久好转。

肤质粗糙，如何自制面膜 >>>

脸上的肌肤是每个爱美女性都很重视的地方。如果肤质粗糙，是很让人痛苦的。每次对着镜子梳妆打扮的时候，看见自己粗糙并且没有光泽的皮肤，一股烦闷之情就油然而生，一整天的心情都不会好。面对这一棘手情况，与其高价买回许多名牌护肤品，不如自制护肤面膜，毕竟天然的才是最好的，而且自制面膜又方便、实惠。下面就介绍一种可以改善肤质的自制面膜。

窍门：蛋黄丝瓜面膜

材料：丝瓜、鸡蛋√

操作方法 //////////////////////////////

❶丝瓜洗净后去皮去子，捣成泥状备用。

❷鸡蛋打开，取蛋黄备用。

❸在碗中倒入丝瓜泥，加入蛋黄，搅拌均匀即可。

❹用化装刷将面膜均匀涂抹在脸上，避开眼、唇部。

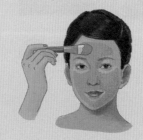

❺15 分钟后用温水洗净即可。

祛斑美白有什么小窍门 >>>

皮肤上有了难看的色斑,肤色不够白皙,怎么办? 各种各样的化妆品不知效果如何,还隐藏着健康隐患,还是用自制的天然祛斑美白护肤品吧。

窍门: 西红柿汁、蜂蜜涂抹皮肤祛斑美白

材料:西红柿、蜂蜜√

操作方法 〰〰〰〰〰〰〰〰〰〰〰〰

❶取新鲜的西红柿,将其榨出西红柿汁。

❷取适量榨好的西红柿汁和蜂蜜,将两者按照5 : 1的比例混合。

❸用混合好的液体均匀涂抹面部。

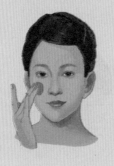

❹涂抹好15分钟之后,用清水洗净。此妙法连用10 ~ 15日,能祛除面部色素斑,使皮肤白皙红润。

滋润皮肤有什么小妙招 >>>

每年随着季节的交替,皮肤干燥,常常觉得紧绷绷的,这时如何滋润皮肤就成了一个重要的问题。下面就来介绍一种滋润皮肤的小窍门。

窍门: 正确涂抹润肤剂让皮肤柔润

材料:润肤剂√

操作方法 〰〰〰〰〰〰〰〰〰〰〰〰

❶先将一些润肤剂点在额头、鼻子、双颊、下巴上。

❷用手轻揉,使润肤剂布满脸和脖子,轻轻按摩,使润肤剂被皮肤吸收。在眼部要格外留意,不可用力太大。

❸等皮肤充分吸收润肤剂后,在脸上最干、最嫩的部位涂上润肤剂再滋润一遍。

消除青春痘有什么妙招 >>>

女孩子最怕的,就是脸上的那几颗小痘痘了。想到脸上的青春痘,总是让人睡不着,吃不香,青春痘一时不消,心情就难以阳光起来。那么,有什么消除青春痘的好办法吗?

窍门:冷热交替洗脸法消除青春痘

材料:洁面皂√

操作方法

❶先将中性洁面皂在手中搓出丰富的泡沫,然后轻轻揉搓双颊、鼻翼、额头、唇周等皮肤出油比较多的部位。

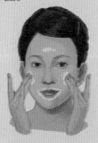

❷搓完面部以后,先用热水清洗,冲掉油垢。

❸然后改用冷水清洗一遍。

❹之后再用热水清洗,这样冷热交替反复洗2~3遍,毛孔就会放大和收缩,利于排出油脂,并刺激血液循环,达到祛痘的目的。

身上有瘀青如何去除 >>>

生活中常常发生不小心跌伤、撞伤的情况,这些小伤也许不会给我们带来太多的痛苦,却会在身上留下一块块瘀青,难以消除。身上的瘀青显得很不美观,我们该怎样去除它呢?

窍门:滚鸡蛋去瘀青

材料:鸡蛋√

操作方法

❶准备几个鸡蛋,将鸡蛋在锅里煮熟。

❷将煮熟的鸡蛋剥壳。

❸将剥壳后的鸡蛋在身上的瘀青处来回滚动一会儿，瘀青就会很快消失。

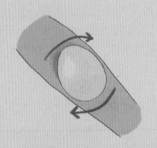

有什么办法能够缩小毛孔 >>>

毛孔粗大是很多女性朋友心中的最痛，用冷水洗脸虽然能解决一定的问题，但坚持很长时间才能见成效。除了冷水洗脸之外，缩小毛孔还有什么妙招呢？

窍门：擦拭特制蛋液缩小毛孔

材料：食盐、柠檬、鸡蛋√

操作方法

❶把鸡蛋打在碗里。

❷用微波炉加热柠檬。

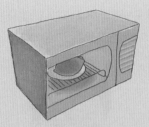

❸加热好后挤一点儿柠檬汁在蛋液里。

❹在蛋液中加入适量色拉油和少许食盐，搅拌均匀。

❺用这种特制的蛋液来涂抹皮肤。

怎样解决颈部皮肤松弛的问题 >>>

对于很多人来说，颈部皮肤松弛的出现甚至会早于面部皱纹的产生，但由于位置的不明显，常常难以引起人们的注意。那么出现这样的问题该如何解决呢？

窍门：按摩缓解颈部皮肤松弛

材料：颈霜√

操作方法 ////////////////////////

❶取一点儿颈霜放在手上，将颈霜由下至上推开。

❷头抬高，用手指由锁骨向上推，如此反复多次。

❸用拇指和食指，在颈纹重点地方向上推，注意力道不宜过重。

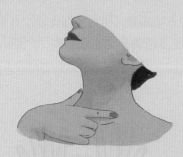

❹将左右双手的食指和中指，放在腮骨下的淋巴位置按压 1 分钟，以达到畅通淋巴核的排毒作用。

薏仁粉美白皮肤 >>>

加 1 小匙薏仁粉在大约 1000 毫升的水中，当饮用水喝，不仅对皮肤好，还会起到减肥的神奇效果。因为薏仁利尿，可减少水肿，所以有瘦身及瘦脸并兼具美白肌肤的效果。

维生素 C 美白皮肤 >>>

维生素 C 含有美白的作用，但是最好吃维生素 C 胶囊或是发泡维生素 C 锭，至于维生素 C 口含锭或是维生素 C 软糖，效果就很有限了。不管选择哪一种维生素 C，都要坚持早晚都吃，因为维生素 C 就算摄取过多，也会随着尿液排出，不会囤积在体内，需要时晚上再补充一些也无妨。

按摩脚掌增白 >>>

人的脚部集中了与身体所有器官相关的经络、穴位，所以适当刺激脚掌能够大大刺激肾上腺组织，促进激素分泌，肾上腺淋巴器官的色素沉着，是导致肌肤变黑的原因之一，因此，增强肾上腺组织机能，促使其分泌激素，可以消除这种色素沉着。

具体做法是：每天用 20~30 分钟揉搓脚掌，揉搓前可用热水泡脚，然后涂些按摩膏，这样坚持几个月会有令人惊喜的美白效果。

苹果汁美白皮肤 >>>

苹果汁中含有丰富的维生素 C，经常食用苹果，可以消除皮肤中的雀斑、黑斑，能维持皮肤的白皙红润。苹果汁可以很好地调节肠胃，从基础上增强了人体对毒素的排除能力，减少了因毒素而形成的痤疮和色素。此外，苹果还能做成面膜，也能起到很好的作用，如果两者一同使用的话，效果会更好。

在苹果汁中加入适量的白菜汁可以更好地调节皮肤的新陈代谢，因为白菜汁富含维生素 E，具有抗皮肤氧化，缓解黄褐斑的美容作用。

手足养护 🌊

自制护手霜 >>>

要想有一双秀丽的手，可常涂调入醋汁的甘油。其方法是：1份甘油，2份水，再加 5 ~ 6 滴醋，搅匀，涂双手，可使双手洁白细腻。

自制护手油 >>>

取植物油（香油、色拉油均可）100克，加 50 克蜂蜜，2 只鸡蛋清，1 朵玫瑰花或几滴玫瑰油，放在砂锅中，文火加热至皮肤可接受的温度，将手浸于其中约 10 分钟，有很好的滋润效果。

巧用橄榄油护手 >>>

把橄榄油加热后涂满双手，然后戴上薄的棉手套，10 分钟后洗净即可，双手会变得幼嫩光滑。如果有时间还可以戴上一副手套，效果会更好。

巧做滋润手膜 >>>

将 5 勺奶粉倒入容器，把适量的热水倒入容器，用勺搅匀。将双手在奶粉溶液中浸泡 5 分钟。把半根香蕉切碎，放入容器中用勺子捣成泥状。再把 1 勺橄榄油倒入容器，用勺子搅匀制成护手膜。将护手膜均匀地涂在指甲和手部的皮肤上。香蕉和橄榄油混合而成的护手膜具有滋润和营养手部皮肤作用，尤其是对于指甲崩裂、指甲旁边长出倒刺有预防和缓解作用。10 分钟后将护手膜洗掉，会感到手部皮肤变得光润细滑，指甲周围的倒刺也消失了。

手部护理小窍门 >>>

将 1 勺食用白醋放入半盆温水调和，在洗净手之后，把手浸入盆中，并加以按摩，按摩的方法随意，毕竟手部皮肤没有脸上的脆弱，注意指关节也适当按摩一下就可以了。

▲手部护理小窍门

泡到水凉，此时手变得更白更细，马上涂上手霜加以按摩，有条件的话戴上棉质手套睡一觉。每周 1 次即可。

柠檬水巧护手 >>>

接触洗洁精、皂液等碱性物质后，用几滴柠檬水或食醋水涂抹在手部，去除残留在肌肤表面的碱性物质，然后再抹上润手霜。

巧用维生素 E 护手 >>>

用含维生素 E 的营养油按摩指甲四周及指关节，可去除倒刺及软化粗皮。

敲击可促进手部血液循环 >>>

打字、弹或是用手指在桌面上轻轻敲打有助于促进双手的血液循环，同样的方法，也适用于冻疮。

秋冬用多脂香皂洗手 >>>

尽量使用多脂性香皂或是含有油性的洗手液洗手，洗后立即用毛巾擦干，涂上护手霜，可有效防止手部皮肤干裂。

巧除手上圆珠笔污渍 >>>

圆珠笔油弄到手上很难洗掉，可用酒精棉球（也可用白酒）放在手上被污染处，圆珠笔油很快就被吸附，再用清水冲洗即能洗净。

修剪指甲的小窍门 >>>

修剪指甲前要先用温水把指甲泡软，就不会使指甲裂开。

巧去指甲四周的老化角质 >>>

把适量的角质去光液涂在软皮、指甲的表面与内侧。再用棉花棒画圆似的压软皮，一边清洁指甲，一边修整指甲生长边缘的形状。此时可将手平放在桌上，比较好处理。

巧用化妆油护甲 >>>

在指甲上和指甲周围的皮肤上薄薄地涂上一层化妆油，细心地按摩，最好在洗澡时或洗澡后。平时可将化妆油滴入温水，手指在其中浸 1 分钟。

使软皮变软的小窍门 >>>

软皮为覆盖指甲基部，保护指甲基部未成熟部分的重要部位。软皮易干燥，会密合于指甲上，造成裂伤。所以有必要常保软皮的柔软度，使它与指甲分开。可把用指甲霜按摩的指尖，放入装有温水的碗中浸泡 10 分钟即可。特别是指甲四周硬的人，用洗面皂泡温水清洗，效果更佳。

巧用醋美甲 >>>

在涂指甲油前，先用棉球蘸点儿醋，把指甲擦洗干净。等醋完全干了以后，再涂指甲油，就不容易脱落了，可保持光亮生辉。

▲巧用醋美甲

加钙亮油护甲 >>>

在涂指甲油之前，涂抹加钙亮油，保护指甲，以免指甲变黄变脆。

▲双足放松小窍门

去除足部硬茧的小窍门 >>>

将足部去角质乳霜涂在双足硬茧部位用手搓揉，不久就可将硬皮磨掉。

改善脚部粗糙的小窍门 >>>

❶每天浴后先以足部磨砂膏敷在局部，再以浮石磨去脚底硬皮，双足就可恢复纤柔细嫩了。

❷先用足部护理液浸泡双足10分钟以软化脚皮，再涂上足部磨砂膏，用打圈方式按摩脚部，最后用足部浮石或锉刀去除粗糙的表皮，擦干双足后涂上润足液。

柠檬水巧去角质 >>>

将双脚浸在洒了点儿柠檬汁的温水中，同样可以软化顽固的老废角质，并且具有美白效果。

双足放松小窍门 >>>

❶脱掉鞋子，卷曲脚趾夹住书本的边缘，当脚部柔韧性提高后，就能将书本翻页。这样做，可以解除疲劳，强壮脚部肌肉。

❷地板上放1只空瓶子，光脚踩在上面滚动，可以刺激血液循环并且起到按摩的作用。

❸用脚趾夹起木棍、铅笔，以此来拉抻韧带，松弛紧张的肌肉。

❹站久了，抬起脚趾，脚跟着地。重复几次，这项活动可以重新分布脚上所承受的压力。

脚部的健美运动 >>>

❶脚背：两手抓住脚，以大拇指沿着脚背的骨头顺摸，从大脚趾直到脚踝，对每一个脚趾重复同样动作。

❷脚趾：以拇指和食指一个个按摩，由趾尖到尾端。换脚。

❸脚趾之间：将食指伸进脚趾缝中，轻轻按摩1分钟。换脚。

❹脚心：从脚趾尾端到脚跟，以指压法按摩，持续1分钟。换脚。

巧用莲蓬头按摩脚部 >>>

洗澡时，用莲蓬头冲脚内侧大脚趾跖趾关节下方，这个部位就是所谓的大都穴，来一个穴位按摩，能起到放松肌肤的作用。

去脚肿小窍门 >>>

每天固定花 10 分钟，用甘菊精油由下往上、从脚尖往小腿肚按摩双脚，不舒服的肿胀感很快就会消失。

泡脚小窍门 >>>

用热水泡脚，可成功杜绝双脚和双腿老化。将热水注入深及膝盖的小水桶中，水温以脚可忍受的热度为极限，每天至少泡 10 分钟，让额头微微出汗，然后去角质、擦乳液，以避免脚后跟过早老化，有效消除脱皮现象。如果龟裂情况严重，擦完乳液后穿上袜子睡觉，效果更好。

脚趾摩擦可护足 >>>

这是最简单而又有效的行功法，只要将脚的拇趾与第二脚趾互相摩擦即可。每天早晚各 1 次，每次两趾摩擦 200 次。最初也许只能做到 10 ~ 20 次，如感疲乏，先休息一下，然后再继续做。坚持下去，到第五天或第七天，就能轻松自如地完成了。

巧除手指烟迹 >>>

抽烟的人手指上常染有烟迹。可在一杯温水中滴上几滴浓氨水，把手指插入浸一会儿，烟迹便可除去。

氯霉素滴眼液去灰指甲 >>>

每天晚上睡觉前把手（或脚）洗干净，在灰指甲上（包括缝里）滴上几滴氯霉素滴眼液。滴数日后，从指甲根部开始逐渐正常，眼药液必须滴到完全长出新指甲，最好多坚持数天巩固一下更好。

凤仙花缓解灰指甲 >>>

取凤仙花（俗称指甲草）数朵，加少许白醋，捣烂成泥状，敷在指甲上，1 小时后洗净，经两三次即可见效。

韭菜汁缓解手掌脱皮 >>>

缓解手脱皮，可取鲜韭菜 1 把，洗净捣烂成泥，用纱布包好，拧出其汁，加入适量的红白糖，每日服 1 次，一般连服 4 次。

柏树枝叶缓解指掌脱皮 >>>

患指掌脱皮的人，往往冬季尤重，直至皲裂流血，这时可用鲜柏树枝叶加水煮沸，浸泡患掌，坚持使用月余即可见效。

黑芸豆缓解手裂脱皮 >>>

缓解手裂脱皮，可将 70 克纯黑芸豆煮烂，连汤带豆食用，每日 2 次，食用 1500 克为 1 个疗程。1 个疗程后停食此方半个月，共 3 个疗程后即可见效。

染发剂沾到皮肤上了，怎么办 >>>

现代社会，染发成了一种时尚潮流，不少人为了漂亮，会把头发染成各种颜色，也有的人为了掩盖自己的白发而把头发染黑。无论是去理发店染发还是买了染发剂自己在家染发，都免不了不小心将染发剂沾在皮肤上。染发剂沾到了皮肤上，要擦掉可不容易，白皙的皮肤上染上了一片色块，十分不美观。那么沾在皮肤上的染发剂该如何处理呢？

窍门 1：维生素 C 擦除皮肤上的染发剂

材料：维生素 C 片、软布✓

操作方法 //////////////////

❶准备几片维生素 C 片，将这些维生素 C 片倒入适量温水中调匀。

❷找一块软布蘸着调好的维生素C溶液反复擦拭皮肤上的染发剂痕迹即可。

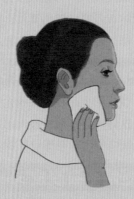

窍门2：预先涂护手霜清洗皮肤上的染发剂更容易

材料：护手霜√

操作方法

❶染发之前，将护手霜预先涂抹在染发时可能沾染到的部位。

❷染发后立即冲洗被染发剂沾染的皮肤。

指甲油易脱落，怎样保护更持久 >>>

　　很多女孩都对涂指甲油这件事情有独钟，选好自己喜欢的指甲油颜色，涂好一个一个指甲，对着自己刚创造的艺术品欣赏一番，总是越看越爱。但指甲油可是脆弱的艺术品，很容易就会脱落，怎样保护才能更持久呢？要是不小心蹭花了又该怎么办呢？

窍门1：护手霜恢复被蹭指甲油

材料：护手霜√

操作方法

❶将护手霜挤一点儿在指甲上的蹭花、脱落处。

❷顺着一个方向轻轻揉搓护手霜，等到护手霜都被吸收，指甲就恢复到之前的样子了。

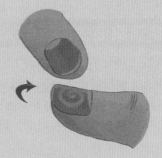

窍门2：巧用胶水护指甲

材料：胶水√

操作方法

❶先在指甲上薄薄地涂上一层胶水。

❷等胶水干透之后，再涂上自己喜欢的指甲油即可。这样涂上的指甲油不仅不易脱落，想去除的时候轻轻一揭即可。

如何快速去除手上的死皮 >>>

经常操持家务，不免会对手部肌肤造成一些损伤。手部肌肤有了死皮，该如何去除呢？

窍门：妙用酸奶去死皮

材料：酸奶√

操作方法 ⫸⫸⫸⫸⫸

❶准备一些酸奶，将酸奶均匀涂抹在手上。

❷轻轻拍打手部皮肤，让皮肤将酸奶充分吸收。

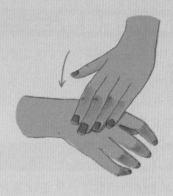

❸当感到酸奶不再粘手的时候，就可以将死皮搓下来了。

美目护齿

常梳眉毛粗又黑 >>>

无论男女,眉毛如同头发一样需要护理。平日早晚梳头时,各梳眉毛20次,这样可促进眉部血液循环,又按摩了眼部,对视力起到了保护作用。

巧用茶叶祛黑眼圈 >>>

把2个泡过茶的茶包泡在冰水中,稍微拧干后轻敷在双眼上。茶叶的成分能够安抚肌肤、促进循环,所以此方法对消除黑眼圈、水肿和眼袋有不错的疗效。

苹果祛黑眼圈 >>>

将苹果洗净切成片,敷于眼部15分钟后洗净。

巧用酸奶祛黑眼圈 >>>

用纱布蘸些酸奶,敷在眼睛周围,每次10分钟。

巧用蜂蜜祛黑眼圈 >>>

洗脸后让水分自然干,然后在眼部周围涂上蜂蜜,先按摩几分钟,再等10分钟后用清水洗净,水不要擦去,使其自然干,涂上面霜即可。

妙法消除下眼袋 >>>

先在眼睑下方均匀涂上具有改善水肿功效的眼霜;将双手的中指按压在双眼两侧,用力朝太阳穴方向拉,直至眼睛感到绷紧止;双眼闭张6次,然后松手,重复做4遍。另外,临睡前轻压眼睛正下方的部位也可以防止眼袋出现。

巧用黄瓜消除下眼袋 >>>

在眼袋部位敷上小黄瓜片,用来镇静肌肤以减轻下眼袋现象。

奶醋消除眼肿 >>>

早晨起来时,眼皮肿是常见现象。可用适量牛奶加醋和开水调匀,然后用棉球蘸着在眼皮上反复擦洗3～5分钟,最后用热毛巾捂一下,很快就会消肿。

▲苹果祛黑眼圈

冷热敷交替消"肿眼" >>>

红肿的双眼、鼓鼓的眼袋，使人看上去无精打采，这时可把冷毛巾和热毛巾交替敷在双眼上10多分钟，再用冰毛巾敷一会儿，疲倦不堪的双眼就会回复神采。

按摩法消除眼袋 >>>

以站姿或坐姿皆可，两眼直视前方。先以左手或右手的拇指与食指捏揉左右睛明穴；然后用左右手的食指沿下眼眶骨上沿眼球后下方抠摁即可，力量大小以自己觉舒适为宜。注：睛明穴在内眼角与鼻梁骨交接的凹陷处；承泣穴在下眼眶骨上沿中间与瞳孔直对的凹陷处。

按摩法改善鱼尾纹 >>>

把适量的按摩膏放在指尖，然后在眼周做顺时针绕圈按摩，5分钟后用温水清洗，再涂上眼部收紧啫喱；用中指点一些眼霜，从眉心开始，向外沿着上下眼睑轻压，连续4～6次。手法一定要轻柔。

两分钟除皱按摩 >>>

消除眼下皱纹（1分钟）：先在眼周涂上眼霜，然后将双手的食指按压在双眼两侧，用力朝太阳穴方向拉，直至眼睛感到绷紧为止。双眼闭张6次，然后松手，重复做4遍。

消除眼角皱纹（1分钟）：食指和中指按在双眼两侧，慢慢推揉眼侧皮肤，同时闭眼。当眼皮垂下时，手指缓缓地朝耳朵方向拉，从1数到5，然后松手。重复做6遍。

使用眼膜的小窍门 >>>

❶彻底清洁后再使用眼膜，保养成分更容易被吸收。

❷把眼膜放进冰箱，加倍的冰凉感受敷起来会更舒爽。

❸用后的眼膜还有剩余的精华液不要浪费，涂在抬头纹或同样需要特别照顾的部位。

❹敷眼膜时，感到七八分干就最好清除掉，以免带走眼周肌肤水分。

❺大部分眼膜因含有高倍养分精华，建议不要每天敷用。

敷眼膜的最佳时间 >>>

睡觉前敷用，可更好吸收；运动后，新陈代谢旺盛时吸收加速；生理期后1周，是体内雌激素分泌旺盛的时期，此时敷眼膜效果也不错。

按摩法消除眼袋 >>>

上床后，用无名指轻按双眼下眼睑的中间部位10～12次，这样有助于眼周的淋巴循环，减少眼部积水。

熬夜巧护目 >>>

熬夜时最好喝枸杞泡热水的茶，既可以解压，还可以明目。

巧用茶水增长睫毛 >>>

将喝剩的茶水放凉，在睡前或隔天清晨，利用棉花棒沾湿眼睫毛，可达到增长睫毛的功效。

巧用橄榄油美唇 >>>

睡前将橄榄油涂在嘴唇上吸收20分钟以上，然后擦净，坚持一段时间后，唇部就会湿润饱满。

巧用维生素润唇 >>>

出门前、涂口红前和睡觉前，使用含有

维生素 C、维生素 D 和维生素 E 等具有良好保湿修复功能的润唇膏；再用柔和的面巾纸轻压唇部，达到双倍功效。

自制奶粉唇膜 >>>

奶粉也有润唇的功效，可将 2 匙奶粉调成糊状，厚厚地涂在嘴唇，充当唇膜。

▲自制奶粉唇膜

巧用保鲜膜润唇 >>>

在双唇上涂大量的护唇膏，再用保鲜膜将唇部密封好，接着再用温热毛巾敷在唇上，敷 5 分钟，也可增加润唇效果。

热敷去嘴唇角质翘皮 >>>

在嘴唇上敷蒸汽毛巾，利用热的蒸汽对付嘴唇上的角质翘皮。

巧用白糖清除嘴唇脱皮 >>>

冬天气候干燥，嘴唇就容易发干，甚至脱皮。如果马上需要上妆，但是脱皮现象又不能靠润唇膏在短时间内挽救，那就要靠白糖。用湿手蘸白砂糖少许，轻轻按摩嘴唇。特别是在脱皮的地方轻轻打圈，但是要轻柔。

时间长短视脱皮情况而定。按摩完毕后清洗干净，涂上润唇膏。用吸油面纸擦去表面油层，再涂口红、唇彩，又会明艳动人了。白砂糖不仅能有效去除脱皮，还能使嘴唇红润。

巧去嘴唇死皮 >>>

嘴唇上的死皮千万不能用手撕，这样有可能将唇部撕伤；可先用热毛巾敷 3 ~ 5 分钟，然后用柔软的刷子刷掉唇上的死皮，再涂护唇霜；唇部总发干最好不要涂口红。

防唇裂小窍门 >>>

❶如果发现嘴唇太干，可在嘴唇上涂些甘油，使用时必须加 50% 的蒸馏水或冷开水。

❷在睡前往嘴唇上抹些蜂蜜，再涂上护唇膏，也可很快恢复嘴唇的柔嫩光滑。

维生素 B₂ 缓解唇裂 >>>

冬天嘴唇干裂，可用维生素 B_2 片涂抹患处，2 ~ 3 次后便可见效。

蜂蜜缓解唇裂 >>>

将蜂蜜抹在嘴唇上，每天早、中（午饭后）、晚（睡觉前）连续抹 3 次，2 ~ 3 天后裂痕便会闭合了。

蒸汽缓解烂嘴角 >>>

做饭、做菜开锅后，刚揭锅的锅盖上或笼屉上附着的蒸汽水，趁热蘸了擦于患处（不会烫伤），每日擦数次，几日后即可脱痂。

按摩法去唇纹 >>>

清洁双手和唇部后，先在嘴唇上涂一层薄薄的油脂，如橄榄油，然后用大拇指和食指捏住上唇。食指不动，大拇指从嘴角向中心轻轻画圈揉按，然后逐渐返回嘴边，每做 5 个来回为 1 组，每次做 5 组。接下来，用食指和拇指捏住下唇，大拇指不动，轻动食指按摩下唇，反复做5组，可以减少嘴唇上的横向皱纹。

如果嘴角有了纵向皱纹，可以用两手中指从嘴唇中心部位向两侧嘴角轻推，让嘴唇有被拉长的感觉。先上唇，后下唇，同样以5次为1组，每次做5组。

按摩完用纸巾轻擦掉多余油脂，然后再搽一层无色润唇膏。

自制美白牙膏 >>>

取等量的食盐和小苏打，加水调成糊状，每日刷牙1次，3～4天可除牙齿表层所有色斑，使牙齿洁白。

▲自制美白牙膏

牙齿洁白法 >>>

用乌贼骨研细末拌牙膏，刷几次牙，可使黑黄牙变白。

选择牙刷的小窍门 >>>

❶牙刷头大小要适当，一般覆盖2～3个牙面，这样便于刷牙时面面俱到。

❷牙刷毛要由优质的尼龙丝制作，优质尼龙丝弹性好，吸水性差，可以防止细菌积存。

❸牙刷头要经过磨毛处理，用经过磨毛处理的牙刷刷牙时，可以避免参差不齐的刷毛对牙龈组织的创伤。

❹牙刷柄的长短要适当，便于握持。

芹菜可美白牙齿 >>>

芹菜中的粗纤维的食物就像扫把，可以扫掉一部分牙齿上的食物残渣，美白牙齿，促进牙齿健康。

奶酪可固齿 >>>

奶酪是钙的"富矿"，可使牙齿坚固。营养学家通过研究表明，一个成年人每天吃150克奶酪，再加1个柠檬，可有效固齿。

叩齿、按摩可坚固牙齿 >>>

传统医学提倡早晚叩齿和按摩牙龈是最有效的固齿方法，每天晨起或睡下后上下牙齿轻轻对叩数十下，能促进牙体和牙周组织血液循环，同时在洗脸时，用食指上下旋转按摩牙龈，排出龈沟及牙周袋分泌物，可改善牙龈内血液循环，提高牙周组织抵抗力，从而防止牙周病。

巧用苹果汁刷牙 >>>

用苹果汁刷牙，可消除口臭，还可保持牙齿洁白，但切记刷完后要再用牙膏刷一遍牙。

巧用花生除牙垢 >>>

经常喝茶或咖啡的人，牙齿上容易遗留黄色污垢，难以清除。可把几粒生花生米放在嘴里嚼碎成糊状，不要咽下去，用此花生糊充当牙膏，像平时刷牙一样清洁牙齿，只需几次即可使牙齿洁白发亮。

巧除牙齿烟垢 >>>

刷牙时将食醋滴在牙膏上刷牙，可消除牙齿上的烟垢。

睫毛短小，如何增长 >>>

长长的睫毛是打造"电眼"效果的必备之物，但并不是每个人都能拥有长长的睫毛。有些人为了让睫毛看起来长一些，每天早起化妆粘上假睫毛，不仅费时费力，这粘上的假睫毛还常常粘不牢掉落下来，让人无比尴尬。那么，有什么办法能获得真正的长睫毛呢？

窍门：维生素 E、橄榄油帮助睫毛生长

材料：维生素 E 胶丸、橄榄油、唇刷√

操作方法

❶睡前，用针把维生素 E 胶丸扎一个眼，把里面的液体挤一点儿在唇刷上。

❷用沾有维生素 E 的唇刷开始涂眼睫毛，眼角睫毛稀疏的地方、睫毛根部都要涂好。

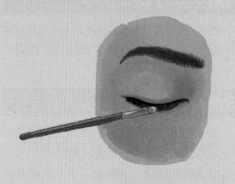

❸将橄榄油用同样的方法涂一遍在睫毛上就可以了。这样坚持一段时间，你的睫长就会变长。

有什么妙招可以去除眼袋 >>>

对于许多爱美的女性来说，眼袋可是一个不得不面对的讨厌问题。眼袋的出现是面部衰老的明显标志，让很多人在不经意间暴露了自己的真实年龄。那么，有什么办法可以去除或者缓解眼袋呢？

窍门：敷茶包除眼袋

材料：茶包√

操作方法

❶取两个茶包，将茶包放入开水中浸泡一段时间，然后取出。

❷挤出泡过水的茶包中多余的水分。

❸将其平摊敷在两眼之上。

❹用手轻压茶包，使之紧贴眼皮，持续半小时即可。如此做有助于缓解眼袋症状。

怎样消除黑眼圈 >>>

休息不够，导致血液循环不足就会形成我们常说的"熊猫眼"，它让人看起来无精打采，因此，很多人试图用各种办法来去除黑眼圈，但效果都不甚明显。下面的小窍门，让你轻轻松松和黑眼圈说再见。

窍门：敷牛奶消除黑眼圈

材料：牛奶√

操作方法

❶将冰水及冷的全脂牛奶按1：1比例混合。

❷将棉花球浸在混合溶液中。

❸将浸湿的棉花球敷在眼睛上约15分钟即可。

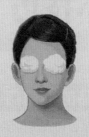

缓解鱼尾纹有何妙招 >>>

作为最常见的一种面部皱纹之一，眼角上的鱼尾纹是很影响美观的，虽然规律的生活才是解决鱼尾纹问题的根本，但也不妨试一试下面的小窍门，来缓解鱼尾纹。

窍门：妙用米饭团缓解鱼尾纹

材料：米饭√

操作方法

❶米饭做好之后，挑些软的、不太烫的米饭揉成团。

❷放在面部轻揉，以吸出皮肤毛孔内的油脂、污物。

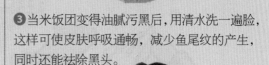

❸当米饭团变得油腻污黑后，用清水洗一遍脸，这样可使皮肤呼吸通畅，减少鱼尾纹的产生，同时还能祛除黑头。

化妆小技巧

选购洁肤品的小窍门 >>>

无论化妆品公司宣传得多么出神入化，洁肤品最终是会洗掉的，所谓包含了什么"神奇"成分，肯定没有想象的那么重要，但是质地和洗完后的触感却很重要。洗后面颊软扑扑的、不紧绷的洁肤品最好。含细微磨砂颗粒的也可以，但最好不要每天用。

选购化妆水的小窍门 >>>

化妆水里含酒精是很常见的，但是如果酒精含量过高，用后肌肤会缺水。如果希望借助弱酸性的化妆水来平衡肌肤，那么至少用 pH 值测试纸确认，pH 值应该为 5 ~ 6。理想的化妆水，应该包含水、水溶性滋润剂、抗氧化成分、抗敏感成分，及微量的香料。

选购精华素的小窍门 >>>

滋润型精华素的养分浓度最高，但要不黏不稠，迅速滋润肌肤，容易吸收。购买前可以在指尖指甲周围最干的部位试，看能否迅速软化滋润肌肤。

选购乳液（面霜）的小窍门 >>>

乳液和面霜最重要的是具有滋润效果，质地要薄，很容易抹匀，不管搽多少都不能感到"黏"。

选购化妆品小窍门 >>>

在选购化妆品时，不应只是看商标、生产厂家、使用说明书或宣传文字，而是要对化妆品的品质加以鉴定。

检验化妆品质地的方法是：用手指蘸上少许，轻轻地涂抹在手腕关节活动处（不是手背），涂抹要薄，然后将手腕活动几下。几秒钟后，如果化妆品会均匀而且紧密地附着在皮肤上，且手腕上有皱纹的部分没有淡色条纹的痕迹时，便是质地细腻的化妆品。

检验化妆品色泽的方法是：将其涂在手腕上，在光线充足的地方看颜色是否鲜明，同时还要看是否与自己的肤色相配。符合者

▲选购化妆品小窍门

则为较好的化妆品。

化妆品的气味要正，即指没有刺鼻的怪味。通常化妆品闻起来应有芬芳清凉的感觉，如果有刺鼻或使人发呕的感觉，或香得过分，就是味不正。

化妆品保存小窍门 >>>

❶夏天气温高，化妆品更要注意防晒、防高温。

❷很多爽肤水和香水都略含酒精成分，很容易挥发，每天用完要拧紧瓶盖，放在阴凉处。

❸保养品中油脂类的乳霜在太冷的环境里密封不好，油脂会析出。侧重保温的眼霜，如果不拧紧瓶盖，容易变稀，降低浓度，所以保养品和粉类放入冰箱时，一定要用塑料袋封，这样才能延长其使用寿命。

❹有很多冬春季节使用的化妆品都暂时用不上了，别将它们随意堆在窗台上，冰箱的冷藏室是它们最好的藏身之处。

粉扑的选购与保养 >>>

制作粉扑的材质有很多种，目前市场上以化纤或混纺材质为多。皮肤差的人最好还是使用100%棉质粉扑，以减少对皮肤的刺激。当然，无论是哪种质地的粉扑，一旦用脏了都不利于皮肤健康，所以要常清洗。棉质粉扑在清洗后，由于附着香粉而易变硬，所以要用手揉搓使之柔软后再使用。

妆容持久的小窍门 >>>

化妆前先用一片柠檬擦脸，或者化妆完毕后从离开面部一手臂的距离往脸上喷上保湿水，妆容可以更持久，看上去更清爽。

软化干面膜的小窍门 >>>

未用完的面膜结块可以叫它软化再用。

方法是：往装有干面膜的塑料容器内加入适量的白开水，用蒸馏水或纯净水更好，水量要适当，可根据留有的面膜量而定。然后盖紧容器的盖子，放入凉水锅，加热到水50℃时，塑料容器的干面膜变软，便可继续使用了。

巧用化妆水 >>>

睡前用最便宜的化妆棉加上化妆水完全浸湿后，敷在脸上20分钟，每周3次，皮肤会变得水亮清透。

巧用化妆棉 >>>

化妆时，先把微湿的化妆棉放到冰箱里，几分钟后把冰凉的海绵拍在抹好粉底的肌肤上，你会觉得肌肤格外清爽，彩妆也显得特别清新。

选购口红的小窍门 >>>

浅色有银光的口红有使嘴巴显大的效果。皮肤较黑的人，应避免用黄、粉红、银色、淡绿或浅灰色口红，会与肤色形成鲜明的对比度，使之显得更为暗淡，可涂暖色系较偏

▲选购口红的小窍门

暗红或咖啡系的口红，将皮肤衬托得较白且协调。而肤色较白的人则任何颜色皆可用。

巧选粉底 >>>

以下颌与颈部连接的部位肤色来试粉底的颜色，最好与肤色完全一致或比肤色浅一度的颜色，切勿选太白或太暗，或与自己肤色差异较大的颜色。

巧选腮红 >>>

对于肤色较白的人，可以选粉红色系列；而肤色较深的人，应选用咖啡色系列，看起来更健康。有银光的腮红可用来显示额头。

巧选香水 >>>

将香水搽一点儿在手上，等酒精挥发后再闻，只能闻到酒精和合成香料的味儿，而闻不到正宗的香味的为劣质香水。切忌一"嗅"钟情，因为香水接触肌肤后散发的气味只会维持10分钟左右，随后的中调和基调才是持续伴随你的香气，所以不要在10分钟内下决定。

依季节搭配香水 >>>

晴日里香水会比温度低的日子浓烈；雨天或湿气重的日子香水较收敛持久；春天宜用幽雅的香型，夏天最好用清淡兼提神的香型，冬日则可选用温馨、浓厚的香型。

香水持久留香的秘诀 >>>

❶先涂手腕再移向全身。把香水先沾在手腕上，然后移向另一只手腕，等手腕温热后，再从手腕移至耳后，然后搽在所有的部位上。两只手腕千万不要互相摩擦，会破坏香水分子。

❷在搽香水之前，先搽上一点儿凡士林，留香时间会长一些。

❸在丝袜上擦香水的人很少，但在穿上之前，先用喷头喷一喷，就会有出乎意料的隐约气息，而且香味可以持久。

使用粉扑的窍门 >>>

拍香粉时同时用两个粉扑更合理些。先用一个粉扑沾上香粉，再与另一个对合按压一下，其中一个用来拍大面积的部分如前额和面颊，另一个用于拍细小不平的部位如鼻翼、眼周围以及发际周围。这种方法既可涂得均匀又节省时间。

粉底液过于稠密的处理方法 >>>

夏天里若嫌粉底液太稠密，则可于其中掺些化妆水，以造成水性化妆的清爽效果。这方法也适用于油性皮肤的人。粉底的涂法虽然见仁见智，但在达到素净肌肤的要求下，这是极好的方式。

令皮肤闪亮的小窍门 >>>

化妆品往往遮盖住皮肤上的自然光泽，使脸看上去呆滞得不自然，用一点儿收敛水即可妙手回春。在扑完妆粉之后，将一个棉球在收敛水里浸湿，取出棉球轻轻挤一挤，然后把它在脸上均匀地轻拍一遍，脸庞会立刻光彩照人。注意不要用这棉球拍鼻子，那样会使鼻子过于闪亮。

巧用粉底遮雀斑 >>>

❶用指尖把粉底霜反复扑打在生雀斑的部位上。如用此法无效，可以在定妆粉里加些香粉型粉底霜试一试。

❷使用颜色介于雀斑和肤色之间的粉底霜。用这种方法（不必反复扑打），雀斑的颜色和皮肤的颜色趋向一致，就不那么明显了。

❸用有光泽的粉底霜掩盖。皮肤有了

光泽，多少有点儿雀斑也就不必那么担心了。这是一种用光泽压过雀斑的办法。

❹用突出个性的化妆法，分散注意力。例如眼角上有雀斑，要抹颜色显眼的口红；满脸都有褐斑，则要使眼睛化妆和口红轮廓清晰充实。

巧用粉底遮青春痘 >>>

❶在布满粉刺疤痕的部位上涂敷香粉型粉底霜，不用液体型的或雪花膏型的粉底霜。只是使它们变得不明显，而不是把它们用涂料封死。

❷用收敛性粉底霜仔细修整，使毛孔收紧，然后再薄薄地涂上液体型或稍亮的粉底霜。这样，即使凹陷部位上积存着粉底霜，也不会因此而变得颜色发暗。为使整体颜色一致，可再涂些稍稍发暗的粉底霜。如果一开始就用深色的粉底霜，凹进去的地方被填死，颜色积起来，看上去发暗，反而会更显眼。

❸打消掩盖的念头，厚厚地涂上一层有光泽的粉底霜，用光泽转移人们的视线。此法适合症状轻的人使用。

❹干脆用覆盖力强的粉底霜浓妆艳抹。

掩饰黑痣的化妆技巧 >>>

通常有两种方法：一种是使用油性的质浓的粉底，一种是用比皮肤暗一级的粉底，通过这两种粉底的施用巧妙地将之掩盖。

使用油的浓粉底，其关键在于抹普通粉底时先留下欲掩饰的地方不抹，然后在有黑痣的位置抹浓油粉底，并以黑痣等为中心向周围延伸，慢慢轻压，使颜色由浓转淡，但应注意一定要让先抹的普通粉底和这后来涂抹的浓油粉底相融合而不留痕迹，然后在其上扑粉，这样一来就达到了掩饰及美饰的双重效果。

使用深色粉底时，可用多抹的方法，即涂抹两次粉底。这种方法可能会使有些人担心，是否会造成比原来肌肤更黑的印象，其实基本上是不会的，这些粉底单独看起来似乎深一些，但涂抹在脸上却是近于肤色的，又给人以减少了雀斑的印象。

另外，现在还有专门掩盖瑕疵的遮瑕粉底，使用起来就更方便。但在选用时要注意选择尽可能接近肌肤色的粉底，不要过白或过深，涂抹时先用手指或海绵蘸上底粉，然后轻轻扣压在脸上，这样施粉底比较自然，遮瑕效果也比较理想。

掩饰皱纹的技巧 >>>

一旦产生皱纹，在化妆时就应当特别注意避免将人的注意力吸引在皱纹上，应突出局部化妆，以此来分散人的注意力。化妆开始前应特别滋润肌肤，先用护肤霜来保护皮肤，再施粉。粉底最好是乳液状的，施用粉底时应在皱纹处轻轻按压，减缓皮肤的凹陷感。腮红最好用油质的，不要用粉质的，以避免粉过多地吸收皮肤中的油脂和水分。另外，在化妆时脸上有皱纹的地方应轻妆，以免将缺点反映出来。特别是不要扑粉，因为粉很容易吸收皮肤中的油脂和水分，使皮肤看起来干巴巴，毫无光泽感，同时还会加深皱纹。

长时间保持腮红的小窍门 >>>

将液体腮红拍在化妆粉底上，然后再用相近颜色的粉质腮红来定色。

化妆除眼袋 >>>

化妆时用暖色粉底调整脸面的肤色，使眼袋部位的肤色与脸面协调，切忌在眼袋处涂亮色，否则会使之更明显。另外，可以适当加强眼睛、眉毛和嘴唇的表现力，转移别人对眼袋的注意。

巧化妆恢复双眼生气 >>>

眼睛看上去疲劳、没有生气时，可在双眼内侧刷上一些银色的粉，会让双眼立刻充满活力。

巧化妆消除眼睛水肿 >>>

闭上眼睛用浸泡过收敛性化妆水的面纸盖住双眼，休息 10 分钟后取下。如果只用冷水拍洗脸部，然后就涂上粉底或灰褐色而有掩饰效果的化妆品，那只会更显眼部的水肿。

化妆时可在上眼皮的中央涂以稍浓的眼影，周围的眼影则描淡些。眼影颜色以棕色为最佳。描眼线就沿上眉毛轮廓细细地画，并要画成自然的曲线。

▲巧化妆消除眼睛水肿

肿眼泡的修饰 >>>

肿眼泡是指上眼皮的脂肪层较厚或眼皮内含水分较多，使眼球露出体表的弧度不明显，人显得水肿松懈没有精神。可以采用水平晕染，用深色眼影从睫毛根部向上晕染，

逐渐淡化，眉骨部位涂亮色，肿眼泡的人尽量不使用红色系眼影。上眼线的内外眼角略宽，眼尾高于眼睛轮廓，眼睛中部的眼线要细而直，尽量减少弧度。下眼线的眼尾略粗，内眼角略细。

巧化妆消除眼角皱纹 >>>

将乳液状粉底薄涂面部，然后在小皱纹处以指尖轻敲，使粉底有附着力地填进去，减缓其凹陷程度，并可突出重点化妆。

画眼线时，上眼睑不画，下眼睑画以清晰线条但不要画全长，只在眼尾处画全长的 1/3 即可。眼线笔应为 0.2 ～ 0.5 毫米，颜色开始用棕色，以后可用黑色。

巧用眼药水除"红眼" >>>

喝酒或缺乏睡眠会使你的双眼看起来非常疲倦，布满血丝，你可以滴上一两滴具有缓和疲劳效果的眼药水，使眼部毛细血管充血、破裂的病状得到舒缓。但眼药水不是越多越好，过多反而可能出现不良的效果。

拔眉小窍门 >>>

❶要有一支好用的拔眉镊，最好有扁平的镊头。

❷刚沐浴完由于毛孔敞开，此时拔眉不会太痛。

❸晚上拔眉毛较好，即使拔眉时出现红肿现象，睡过一晚上也基本消除了。

眉钳变钝的处理 >>>

如果眉钳变钝了，可以用砂纸小心地将眉钳内侧磨锋利，让它继续发挥作用。

巧夹睫毛 >>>

夹睫毛的时候从睫毛根部向尾部移动夹子，一边移动一边夹，可以夹得过一些，在涂睫毛膏的时候就可以把它弥补成最自然的状态了。

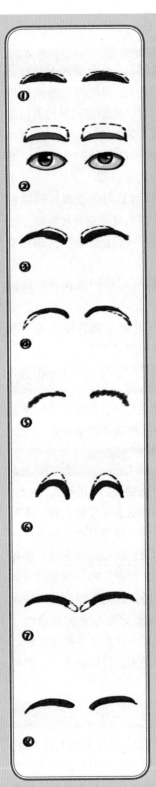

▲眉毛的化妆方法

巧用眉笔 >>>

如果总觉得拿着眉笔的手不听使唤，画不出令人满意的眉毛，不妨做个新尝试：用眉笔在手臂上涂上颜色，用眉刷蘸上颜色，均匀地扫在眉毛上，会得到更为自然柔和的化妆效果。

眼睛变大化妆法 >>>

可以尝试用白色的眼线笔来描画下眼线，使一双眼睛显得更大、更具神采。

巧画眼线 >>>

❶要画好一双细致的眼线，可以先把手肘固定在桌上，然后平放一块小镜子，让双眼朝下望向镜子，就可以放心描画眼线了。

❷先用眼线笔在睫毛的眼线处点好点，然后再用很尖的刷子将这些点连接在一起。这种办法是最易于实施的将眼线画直的办法了。

巧画眼妆 >>>

许多上班族都有眼妆容易脱落的困扰，如果在上眼影粉前先上一层同色眼影霜，眼妆就能很持久，不易脱落。

误涂眼线的补救措施 >>>

可用棉花球蘸水或爽肤水，放在眼线上，待数秒钟后拿开棉花球，误涂的眼线就会消失。

眉毛的化妆方法 >>>

❶眉毛过于平直：可将眉毛上缘剃去，使眉毛形成柔和的弧度。

❷眉毛高而粗：可剃去上缘，使眉毛与眼睛之间的距离拉近些。

❸眉毛太短：可将眉尾修得尖细而柔和，再用眉笔将眉毛画长些。

❹眉毛太长：可剃去过长的部分，眉尾不宜粗钝，最好剃去眉尾的下线，使之逐渐尖细。

❺眉毛稀疏：可利用眉笔描出短羽状的眉毛，再用眉刷轻

刷，使其柔和自然，不宜将眉毛画得过于平板。

❻眉毛太弯：可剃去上缘，以减轻眉拱的弯度。

❼眉头太接近：可剃去鼻梁附近的眉毛，使眉头与眼角对齐。

❽眉头太远：可利用眉笔将眉头描长，以缩小两眉之间的距离。

如何防止睫毛膏和睫毛粘到一起 >>>

在使用睫毛膏之前，先用纸巾擦拭睫毛膏棒，擦掉引起打结的多余睫毛膏。

自我检查眼线效果 >>>

镜子放在胸口处，镜面朝上，眼睛往下看，脸不要动，就能看见自己的眼睑，观察眼线粗细是否得当，以确保眼线的效果。

打造百变眼妆 >>>

如果将眼梢处的眼线延伸就能造成眼睛狭长的感觉，而在眼线的中心部位画得粗一些，就能造成眼睛长度缩短，眼睛变大的感觉。

带角度的眉峰显脸长 >>>

圆脸适合略带角度的眉峰，这会使圆脸显得修长。

瓜子脸适合自然眉型 >>>

略带弯度的自然眉型，最适合柔和亲切的瓜子脸。

拱形眉柔和方脸线条 >>>

拱形的眉毛可以令脸型拉长，缓和方型过于刚硬的线条，感觉柔和一些，会使方脸型的女性更显妩媚高挑柔和。

平眉让长脸变优雅 >>>

应画成水平眉，这会使长脸的女性变得更加优雅。

眼妆的卸妆方法 >>>

眼妆的卸妆方向必须依眼皮的肌理进行，采取右眼顺时针、左眼逆时针的方向清洁，避免过度拉扯导致皱纹。

❶以化妆棉蘸取适量的卸妆用品，并在睫毛下垫一张面纸。

❷将蘸了卸妆用品的化妆棉轻轻贴在睫毛处数秒钟，让睫毛膏能充分被溶离。

❸充分溶解后，将化妆棉轻轻地由上往下擦拭。

❹利用蘸了卸妆用品的棉花棒清理睫毛间的小细缝。

❺再次拿取一片蘸了卸妆用品的干净化妆棉，仔细将细屑擦拭干净。

如何延长睫毛膏的使用期限 >>>

在每次用完睫毛膏后，用纸巾将刷子上多余的睫毛液抹掉，再插回管中拧紧。

如何保养假睫毛 >>>

假睫毛虽然纤细精美，却很脆弱，因此，使用时要特别小心。从盒子里取出时，不可用力捏着它的边硬拉，要顺着睫毛的方向，用手指轻轻地取出来；从眼睑揭下时，要捏住假睫毛的正当中，"唰"的一下子拉下，动作干脆利索，切忌拉着两三根毛往下揪。用过的假睫毛要彻底清除上面的黏合胶，整整齐齐地收进盒里。注意不要把眼影粉、睫毛油等粘到假睫毛上，否则会弄脏、毁坏假睫毛。

大鼻子的化妆技巧 >>>

使用接近白色的粉底，从鼻梁上往下敷，并涂抹均匀，使之看上去呈现些许朦胧，然后在鼻孔的外侧使用颜色较深的粉膏涂敷均

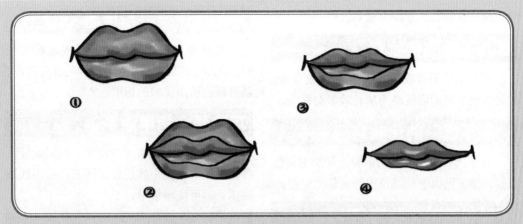

▲厚唇变薄化妆法

匀，这样鼻子看上去会小很多。

塌鼻子的化妆技巧 >>>

使用较白的粉底，在鼻梁上成直线往下敷，鼻尖使用较白色的粉底涂成白色，涂的时候必须均匀，这样可使鼻子看起来高一些。

耳朵同样需装扮 >>>

在搽粉的时候，耳朵表面也应搽一点儿。这样能使面孔和耳朵浑然一色。不过耳朵上搽粉不宜太多，需适度，否则会弄巧成拙。

耳朵上不单要搽粉，还可抹一点儿红，但不可"红透耳根"，这样会给人新鲜活泼的感觉。

巧用唇线笔 >>>

在上唇线前，先将唇线笔在手背上画一下，就会好用很多。

误涂口红的补救措施 >>>

口红配得不满意时，可以把纸巾对折一两次，放在两唇间，略施压力，重复数次，再涂上新的唇膏或口红即可。

厚唇变薄化妆法 >>>

这种画法主要是在唇形外部，用脸底色或掩盖色把多余的部分盖去，涂上粉，然后用唇笔再画出小于原来嘴形的轮廓线，在轮廓线内涂满唇红，而且唇红不要深，在唇的中部还要涂些亮光唇红。如果原来的唇边不明显，还可以用底色一样的掩盖色再涂。

让嘴唇更丰满的化妆法 >>>

用唇彩笔以稍微浓重的感觉画出轮廓线，即在上下唇描绘出约超出原唇轮廓线1毫米之外的色彩。须注意若画得太大，反而会显得不自然。用刷子将唇彩涂到整个嘴唇上，其优雅的光泽能令嘴唇看上去更丰厚，使嘴角浮现出更丰盈的立体感。

不对称唇形的化妆窍门 >>>

有些人上唇左右唇峰大小不一致，这种唇形的修饰可以根据脸部其他五官的比例较大的话，可画大唇线的比例，以保持唇部平衡；若五官比例较小，可画内唇线来平衡唇部的比例。

有皱纹唇部的化妆窍门 >>>

上了年龄的女性，有些人嘴角四周容易出现皱纹，涂口红时颜色容易集中在纹沟中，使纹沟更加明显，因此最好用唇线笔勾画唇线，涂口红前在唇上抹少量粉。

唇角下垂的化妆窍门 >>>

用唇笔画出微翘的唇角，但不要太夸张。如果将整个唇的唇线略为加长效果会好些。

"双下巴"的化妆窍门 >>>

在下巴处涂上暗色阴影粉，并使用亮色口红，使下巴以上的部位成为视觉的焦点。

下颚松弛的化妆窍门 >>>

线条柔和美丽而富有弹性的下颚是掩饰年龄的秘密办法之一，对修正颈部的缺点也很有帮助。沿着下巴到耳根的曲线刷上阴影粉，注意要刷在面颊以下的部位。

巧选指甲油 >>>

❶好的指甲油涂了很快就干。

❷选购时将指甲油毛刷拿出来看看，顺着毛刷而下的指甲油是否流畅地呈水滴状往下滴，如果流动很慢代表这瓶指甲油太浓稠会不容易擦匀。

❸刷子拿出来时，左右压一下瓶口，试试刷毛的弹性。

❹尽量选择刷毛较细长的指甲油，会比较容易上匀（比较一下不同品牌指甲油的刷毛就会知道）。

❺刷子沾满指甲油拿出来时，毛刷最好仍维持细长状，有些会因此变得很粗大。

❻查看生产日期。

巧画指甲油 >>>

❶指甲油使用前先摇晃几下瓶子，可防止气泡形成，涂抹时更均匀。

❷手指抹完指甲油后，如果立刻放入凉水浸泡，可使指甲油迅速变干。

如何快速涂好指甲油 >>>

在指甲的边上用白色的眼线笔画上一圈，再涂干的透明指甲油。这样的几分钟内，就可以创造出美丽的指甲。

巧除残余指甲油 >>>

指甲油本身就有类似洗甲水的消融性，将指甲油涂在指甲残迹处，两三秒后用软纸擦拭，即可洗净指甲。

戴眼镜者的化妆窍门 >>>

❶"近"浓，"远"淡。近视镜具有缩小眼睛的效果，因此眼部化妆要比正常人浓艳一些，这样才能达到强调和突出的化妆效果。相反，如果戴的是远视镜，镜片将放大眼睛，此时化妆以柔和淡雅、朦胧模糊为宜，并将睫毛、眼线画得更细致。

❷戴镜化妆，巧加修饰。眼镜本身也是一种装饰品，如果戴平光眼镜，不受度数等客观条件限制，戴上眼镜后，镜边不应遮住眉毛。对镜子观察自我形象，若肤色较白，镜框和镜片颜色较浅，化妆时应以清淡为主；若二者皆较深，化妆时可浓深一些。涂抹唇膏时，宜视镜框和镜片颜色的深浅而定。如果双眼较小或间距较近，在两侧太阳穴处涂抹适量胭脂与眼镜相配，可以给人美好的视觉印象。假若脸型瘦长，在两颧处涂抹稍浓的胭脂，既显出青春活泼之美，又可从视觉上缩短脸庞。眼睛是心灵的窗口，眼镜是心灵的窗架，镜片是窗上的玻璃，请镶好玻璃，并擦亮它。

卸妆小窍门 >>>

卸妆后，要在脸上抹一层营养油脂，并用热毛巾敷脸，以使皮肤更好地吸收营养物质。

护发美发

糯米泔水护发 >>>

糯米泔水是云南西双版纳傣族妇女传统的、效用卓著的润发品，而且工序简单，成本低廉。只要把做饭淘洗糯米的泔水经过沉淀，取其下面较稠的部分，放入茶杯贮存几天，待有酸味即可。使用时，先用泔水将头发揉搓一番，再用冷水冲洗即可。这种上佳的"洗发液"还是白发的天然克星。

茶水巧护发 >>>

洗过头发后，再用茶水冲洗，可去垢涤腻，使头发乌黑柔软，光泽美丽。

巧用酸奶护发 >>>

洗发后，用酸奶充当润发乳使用，但一定要记得用温水将酸奶冲洗干净，否则过段时间，酸奶的味道会悄悄飘散。用酸奶护发，秀发不但不会有洗发液残留的问题，摸起来还非常柔顺。

自制西红柿柠檬汁洗发水 >>>

西红柿2个，柠檬1个。将西红柿榨汁，混和数滴柠檬汁，当洗发水使用即可。西红柿能去除头发的油味，柠檬则有助于减少头皮油脂分泌，增强头发吸收营养的能力。用这两种果汁来护发，可去油味，让秀发清爽飘香。

陈醋可保持发型持久 >>>

在理发吹风前，往头发上喷一点儿陈醋，可使发型耐久，还能使头发颜色变得黑亮，柔软润泽，增添美感。

巧用丝巾保护发型 >>>

在美容院做好发型，一觉醒来就变形了！不必烦恼，睡前在枕头上铺一条质地光滑的丝巾，就不会弄乱头发，美丽发型便可得以保持。

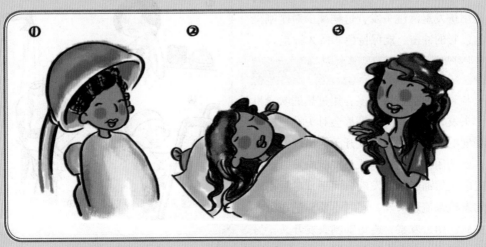

▲巧用丝巾保护发型

防染发剂污染小窍门 >>>

染发时,在头发的边缘处涂抹一圈食油,可防止染发剂沾染皮肤或衣领。如果皮肤染上了染发剂,可用烟灰涂在上面,然后再清洗,即可除去。

冰箱可保染发剂不变质 >>>

各种染发剂在室温或炎热的天气中,均会失去部分效能或改变色泽。若放在冰箱中保存,可长期保持其原有的功能,不致变质。

巧梳烫发 >>>

❶推:是用双手按住发梢部向内推,使盘卷的线条复原。

❷拉:是用手指代替梳子,根据原定发型顺势拉出线条。

❸压:是用手掌轻压局部过高处,使它与周围头发高低相称,轮廓饱满。

染发当日不要洗发 >>>

这样做是为了让头皮自主分泌油脂,这有助于减低头皮因染发剂而产生的刺激感,同时让色彩更牢固地附着在秀发上。

在最初的两天内,洗发时不用任何香波,而是用护发素清洗头发,这样减少对刚刚染过的色彩的冲击,能保持色彩持久鲜艳。

开叉发丝的护理 >>>

梳理头发的次数过多,用过热的吹风机吹干头发,染发、烫发等都会对头发造成一定程度的损害,引起头发开叉。出现开叉现象,要选用柔软的发刷从头皮梳向发端,将头皮的天然油脂带到发端,而平日尽量用阔齿的发梳来梳理头发,同时不要忘记在每次洗发后使用护发素,避免加剧头发开叉。另外,不要用毛巾大力绞擦头发。

秀发不带电的八个妙招 >>>

❶头发不能洗太勤,1周2～3次足够。

❷尽量避免用吹风机做发型。

❸烫发后,隔周再染发,给头发喘息的时间。

❹烫发前不剪发,否则发丝会变脆、分叉。

❺受损头发每月修剪,以便恢复营养。

❻使用柔发液梳头。

❼梳子齿要疏,最好是抗静电的木质产品。

❽洗发后,用干毛巾慢慢拭干,不要揉搓,以免发丝缠绕,不易梳理。

睡眠时的头发护理 >>>

长头发的人睡着时头发容易被身体压着,这样会令原本脆弱的头发折断,若带上浴帽睡又会加速皮脂分泌令头发油腻,所以最好是摊开头发睡,不但可助血液循环,亦有助头发生长。

游泳时的头发护理 >>>

❶游泳前先抹上抗紫外线的发胶、发

▲游泳时的头发护理

乳，能减轻紫外线和漂白粉对头发的伤害。

❷下水前戴好泳帽，最好是橡胶质地的，它弹性大，能将头发紧紧贴住，不易进水。

❸游泳后将头发仔细冲洗一遍，因为头发上有盐和氯的残余物，在阳光的作用下，对头发的伤害更大。

巧用芦荟保湿 >>>

芦荟具有补湿效用，能促进头皮新陈代谢，令头发柔顺靓丽，替过分干燥的头发补充大量水分和油分。将1条新鲜芦荟搅拌成浆液，在洗头前将其涂在湿发上，以热毛巾包裹3分钟左右，然后再用清水洗干净。也可以将2～3滴芦荟液加入惯用的洗发水及护发素中使用，也能起防止起头皮屑的作用。

防头发干涩小窍门 >>>

在一盆清水中加入2～3匙的食用醋，把已经清洗干净的头发放在稀释后的醋中进行漂洗，随后再用清水彻底清洗干净。这样洗过一段时间后，头发会变得柔顺而富有光泽。这是因为醋可以平衡发丝的正负离子含量，达到去角质般的清洁效果，1周1次就足够了。如果你感到醋的味道不好的话，可使用橘子皮、柠檬皮泡的水来代替，它们中的果酸一样有去角质的功效，同时果皮富含的油脂可让头发不出现干涩的感觉，香味也会更好。

巧用婴儿油黑发 >>>

如果想要让头发看起来更乌黑亮丽，可以在洗完头发吹干之前抹些婴儿油。

蜜蛋油可使稀发变浓 >>>

如头发变得稀疏，可用1茶匙蜂蜜、1只生鸡蛋黄、1茶匙植物油（或蓖麻油）、2茶匙洗发水和适量葱头汁兑在一起，充分

搅匀，涂抹在头皮上，戴上塑料薄膜帽子，在帽子上部不断用湿毛巾热敷一两个小时，再用洗发水洗头。每天1次，过一段时间，头发稀疏的情况就会有所好转。

掩盖头发稀少的窍门 >>>

采用中短发型，在发根用中型发卷进行烫发，烫发时间不宜过长，使头发形成较大的弯曲，使发根微微站立。做造型时，着重对发根进行加热，使发尾有轻柔动荡之感，能够产生头发浓密、自然飘逸的视觉效果。如果采用长直发型，缺陷将暴露无遗。

处理浓密头发的窍门 >>>

粗硬浓密的头发，如果剪得过短，就会竖起，所以头发粗硬的人不宜梳短发，留中长度头发比较适宜。从正面到侧面做多层次修剪，使发尾飘动，能给人以轻松感。

卷发平滑服帖的窍门 >>>

要减少发量，选择短发型，利用头发的天然曲度，采用适当的修剪角度，使头发服帖而平滑地衔接。

如何处理朝上生的头发 >>>

有些人颈背的头发朝上生，发型不易打理。可以把向上生的头发剪短，而把外面的头发留长。如果选择短发，应把靠近发际部分向上生的头发用削剪的方法处理，会收到好的效果。

身材矮小者的美发窍门 >>>

身材矮小者美发应突出小巧秀丽的特点。头发不宜烫大波浪，也不宜留得过长，尤其不适合烫披肩长发，会使头部加大，造成身体各部分的比例失调，特别是发质粗硬的人。如果是绵软性头发且头发又较少者，

将头发留得稍长过肩也可以，但一定要保持直发，若烫得蓬起来，效果肯定不好。一般以梳短发或中长发为宜。顶部头发可略高耸，头后部发梢平伏，后发际宜修剪成斜方形衬托出秀丽的后鬓，可显得身材高一些。也可采取盘发的形式，亮出脖子，身材就会显得高一些。

身材高大者的美发窍门 >>>

身材高大者美发应将发型设计得大方、奔放、洒脱。烫发时，不应烫小卷花或繁杂的花样，以免产生与高大身材不协调的矫揉造作、小家子气的感觉。一般梳中长发或长发较适宜；发型轮廓应蓬松，后发保持椭圆形；也可留直长发、束发、盘发或简单的短发，突出简洁、明快、线条流畅的特点。

身材矮胖者的美发窍门 >>>

身材矮胖者美发不宜留大波浪、长直发，避免蓬松的发型和横曲的圆线条。一般采用短发式，顶部头发高贴，两侧头发服帖，后鬓修成斜方形；也可侧发向前蓬松或扣边向前，掩盖胖而圆阔的面庞。不管梳哪种发型，都要使整体发式向上，亮出脖子，以给人增加身高的感觉。

身材瘦高者的美发窍门 >>>

身材瘦高者美发不宜将头发削剪得太短，而且没有层次；不宜盘高发髻；不宜留平直、服帖的短发。应加强发型的修饰性，发型轮廓保持圆形，头发烫出有波浪的卷曲状，并层次分明为佳；也可将头发向后梳，露出面庞，以显得丰满。

巧用洗发水和护发素 >>>

在洗发时，去屑功效的护发素要紧贴头皮使用，而滋润功效的护发素要涂在头发上。

核桃缓解头皮屑 >>>

每天早上吃两个核桃，坚持不懈，3个月后头皮屑可明显减少。

葱泥打头去头屑 >>>

先将圆葱捣成泥状，用纱布包好，用它轻轻拍打头皮，直到圆葱汁均匀地敷在头皮和头发上为止。过几小时后，再将葱泥洗掉，去头皮屑的效果良好。

生姜缓解头皮屑 >>>

先用生姜轻轻擦头发，然后再用热姜水清洗，可有效地缓解头皮屑。

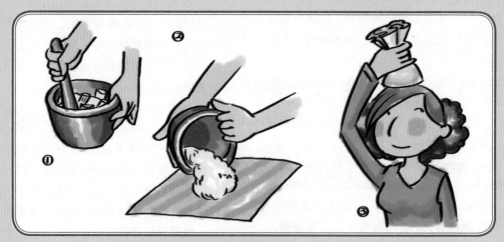

▲葱泥打头去头屑

▲核桃拌韭菜缓解白发

啤酒去头皮屑 >>>

先将头发用啤酒弄湿，15分钟后用清水冲洗，每天早晚各1次，坚持5～7天就除根。啤酒大概1瓶就够。

米汤缓解头皮屑 >>>

在使用洗发水前，将头发在温和的米汤中浸泡约15分钟，并不断揉搓头顶及发根，洗净后，头发清爽，头皮屑也少多了。

西芹西红柿汁预防头发起屑 >>>

西芹100克，西红柿1个，柠檬1/6个，菠萝140克。将西红柿、菠萝去皮，和西芹一起放入搅拌器加柠檬汁搅拌即成。这种果汁富含维生素 B_1、维生素 B_2、维生素 B_6，对皮肤干燥、头发起屑的人特别有益。

梳头缓解头屑 >>>

每日早晚梳头各1次，每次3分钟，不仅能够去屑止痒，还可缓解头痛症状。

红枣缓解掉发 >>>

每天把50克红枣（10颗左右）洗净泡水，泡胀了再煮熟，每晚睡前吃下即可。

冷热水交替可防脱发 >>>

用适宜的温水洗头以后，可以用稍凉的水冲一下头发，这样可以使头皮组织收紧，防止头皮松弛和脱发。

核桃拌韭菜缓解白发 >>>

核桃仁400克，韭菜茎100克，大油200克，白糖20克，食醋20克，精盐2克，麻油10克。先将核桃仁用水泡胀，剥去皮，清水洗净，沥干水分。韭菜用清水洗净，切成3厘米长的段。炒锅上火，放入大油烧至七成热，放入核桃仁炸至浅黄色时捞出，放在盘子中间。另取一碗，放入韭菜、精盐、白糖、食醋，拌匀稍腌，围在核桃仁周围，即成。日常食用可美发护发，并可用于须发早白、皮肤粗糙、阳痿遗精、小便频数、腰膝酸痛等症的辅助食疗。

头皮按摩防脱发 >>>

头皮按摩能促进血液循环，促使头发的生长，并且能延长头发的寿命。每天坚持 5 分钟左右的头皮按摩，有效预防脱发。头皮按摩的步骤为：轻柔地上下按摩颈动脉附近（耳朵下面颈部的动脉搏动处）；轻轻地按揉头部两侧（耳朵上面的部位）；均匀地按摩后脑的枕部。

侧柏泡水缓解脱发 >>>

侧柏叶洗净，每泡 1 次抓 1 把喝两三天，隔几天再泡，要喝 1 个多月，侧柏叶不能泡黄，如果长出的头发发黄，可用开水冲何首乌喝。

透骨草汤缓解脱发 >>>

透骨草 45 克水煎，先熏后洗头，熏、洗各 20 分钟，洗后勿用水冲洗头发。每天 1 剂，连用 4 ~ 12 天。此方缓解脂溢性脱发，见效甚快。

柚子核缓解落发 >>>

发黄、发落(包括斑秃)，可用柚子核 25 克，开水浸泡，1 日 2 ~ 3 次涂拭患部，也可配合生姜涂搽。既可固发，又可加快毛发生长。

何首乌加水果就酒使白发变黑 >>>

好饮酒的人，每天饮酒时切三四片何首乌和水果就酒吃，坚持 1 年可使白发变黑。

中老年花白头发的保养与护理 >>>

面汤加醋或面和醋拌匀（不要太稠）洗发，然后用清水冲洗。醋能渗透到发根，滋养头发。待头发干后用头油（白油）涂在头发上，有滋润和乌发的功效。使花白的头发颜色柔和，不失为自然美。

何首乌煮鸡蛋缓解白发 >>>

何首乌 100 克，鲜鸡蛋 2 只，加水适量，同煮。蛋熟后去壳再煮半个小时，加红糖少许再煮片刻。吃蛋喝汤，每 3 天 1 次，白发

者服 2 ~ 3 个月可见效。

银针刺激头皮缓解斑秃 >>>

以 0.5 寸银针 2 ~ 3 根，每日轻轻刺激患处头皮 2 ~ 3 次（以不出血为宜），直至长出新发而止。

酸奶缓解微秃 >>>

每天用酸奶擦患处数次，特别是晚上临睡前要坚持用酸奶仔细擦头皮。切忌用酸败变质的酸奶，这样会得到相反的效果。

花椒泡酒缓解秃顶 >>>

适量的花椒浸泡在酒精度数较高的白酒中，1 周后使用时，用干净的软布蘸此浸液搽抹头皮，每天数次，若再配以姜汁洗头，效果更好。

何首乌缓解秃发 >>>

取何首乌 15 克、生黄芪 15 克、乌豆 30 克、当归身 9 克煎服，每周 2 次，可见效。患感冒时停服。

缓解斑秃一法 >>>

冰片 50 克，碾成细末；猪板油 100 克，用刀切成细碎块；老草纸 3 ~ 5 张。备齐后，用草纸把各味药（混合）卷成卷，然后以火柴点燃。此前要备好 1 个瓷盘，以便接住溶化后的混合药油，待其冷却后，每日涂搽病灶 1 次。抹药之前要先以温水洗搽患部，一般 1 服药未用完即见效。

如何去除头发异味 >>>

夏天天气炎热，头发容易出汗，加上油脂分泌旺盛，头发非常容易出现异味。头发产生异味最好的处理方法当然是将头发清洗一遍，可是太过频繁地洗头又会对头发造成

损害。况且，很多时候如时间比较紧迫或者没有方便的洗漱条件都会导致我们清洗头发的不便。那么有没有什么办法能够简便地去除头发异味呢？

窍门：护手霜、电吹风去头发异味

材料：护手霜、毛巾、吹风机√

操作方法

❶准备一瓶带有香味的护手霜，将一些护手霜挤在毛巾上并抹匀。

❷把抹过了护手霜的毛巾包在吹风机的进风口上。

❸将吹风机调至冷风挡来吹头发。吹一会儿之后，头发就会变得香香的了。

怎样处理分叉的头发 >>>

秋冬季节气候干燥，留着长发的女性朋友们面临着一个难题，这就是分叉的头发。头发干枯无光，发端还分叉，这给头发的打理造成了一定的困难。面对分叉的头发，我们该怎么办呢？

窍门：牢记五点注意事项缓解头发分叉

材料：剪刀、阔齿梳、洗发精、护发素√

操作方法

❶将头发分叉的部分剪去，下剪刀的位置以分叉点向上 2.5 厘米为宜。

❷梳头时使用阔齿梳从头皮梳向发端，使头皮中的天然油脂被带到发端，滋润发梢。

❸洗发时选用适合自己发质的洗发精，洗发后记得用护发素。

❹减少烫发、染发、漂发等伤害头发的化学处理方法。

❺因工作需要不得不长时间让头发在水里浸泡或受阳光暴晒时应及时清洗头发。

头发发黄怎么办 >>>

　　谁不想拥有一头乌黑亮丽的头发？可偏偏有些人，头发不仅不乌黑发亮，反而干枯发黄，这样的头发该用什么窍门来护理呢？

窍门：发膜、保鲜膜给头发"进补"

材料：发膜、保鲜膜√

操作方法

❶首先将头发清洗干净。

❷把发膜均匀涂满头发，但不要涂在头皮上。

❸用保鲜膜将头发包裹好，保持此状态15分钟。

❹最后用清水将头发洗净。

如何缓解脱发 >>>

　　早晨起床后，看到枕巾上掉落的头发，你会不会有触目惊心的感觉？看着别人浓密的头发，再看看自己头顶稀疏的毛发，你会不会由衷地叹一口气？当脱发已经成了你的大麻烦，你不妨学学下面这一招。

窍门：自制防脱水防脱发

材料：土豆、芦荟、蜂蜜√

操作方法

❶准备一个洗净的土豆，用榨汁机榨出土豆汁。

❷在土豆汁中加入 2 勺芦荟汁和 20 克蜂蜜。

❸把这种混合物均匀涂在头部皮肤上。

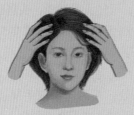

❹用毛巾将头发包住 2 个小时左右。

❺到时间之后仔细洗净。每周 2 次，坚持一段时间就有效果。

避免头发洗后发黏 >>>

❶在洗发时，用温水将头发中间部位彻底冲洗干净，可使头发不发黏。

❷洗完头发后，再用护发素等护发品来护理头发，也可以使头发发黏现象减少。

用水美发 >>>

由于头发中含有 15% 的水分，要是头发水分不足，会干燥、断裂。因此，在洗完头发后，应将发梢浸入水中 10 分钟左右。

用醋美发 >>>

用 200 毫升陈醋加 300 毫升温水洗头，不仅能缓解头皮痒、头屑多、头发分叉，还能使头发乌黑、光洁、柔软。

用啤酒美发 >>>

首先用一块干布把头发擦干，然后将 1/8 瓶啤酒均匀地涂抹在头发上，并用手轻轻按摩，使啤酒渗透至头发的根部。待 15 分钟后，再用温水把头发冲洗干净，然后再用同样的方法重涂 1 次，并用梳子把头发梳理好，这样不仅能使头发乌黑光亮，而且还能有效防止脱发。

用醋水、豆浆水美发 >>>

洗头时，除用适量洗发液外，可在水中加一汤勺豆浆；在清洗头发时在水里再加适量米醋，坚持每 2 天洗一次。用醋水和豆浆水清洗一段时间后会使头发变得浓密黑亮。

用蛋黄茶水美发 >>>

❶用洗发液将头发完全清洗干净后，冲一杯浓茶，待晾温后，在茶中兑入一个新鲜鸡蛋的蛋黄，均匀搅拌，然后慢慢地把茶淋在头发上，或倒入洗脸盆，将头发全部浸在盆内，轻轻搓揉，待浸泡 7 分钟左右时，将头发擦干，包上毛巾，用吹风机吹 3 分钟左右。

❷解开毛巾后，再用温水将其洗净。每月 1 ~ 2 次，只要长期坚持，头发会乌黑、柔软。

日常护发 >>>

多吃含钙、铁、锌、镁和蛋白质的食物，鱼类、坚果类（如核桃、栗子）、橄榄油等也能增强头发的光泽和弹性，改善头发组织的效能。

发质脆弱的人，应选用性质比较温和的洗发水；要经常修剪开叉的头发；头发不宜多染、多烫；保持心情舒畅也能保持头发乌黑发亮。

食疗护发 >>>

❶若头发尖梢分叉的头发多，可适量地多吃些蛋黄、精瘦肉、海味食品等。

❷头发变黄者，可适量地多吃些海带、紫菜、鲜奶、花生等富含钙、蛋白质的食品。

❸头发干燥无光者，可适量地多吃些动物肝脏、核桃、芝麻等食品。

❹头发大量脱落者，可适量地多吃些豆制品、玉米、新鲜蔬菜瓜果、高粱米等富含植物蛋白及人体不容易合成的食品。

清晨综合洗漱护发 >>>

早晨起床后，对着镜子梳妆时，除了睡眼蒙眬外，头发常常也是蓬松散乱，尤其是那些临睡洗发或发质坚硬的人，头发经一夜的压迫，使后脑靠近头旋处出现了一撮跟正常头发逆行、挺立的头发。建议：

❶先洗好脸。

❷洗好脸后把毛巾对折几下，叠起来搭在头顶上。

❸刷牙，收拾房间，做、吃早餐等。

❹当忙完一些琐事后，将毛巾取下，将翘起的头发用梳子梳好即可。

防头皮瘙痒和头屑 >>>

头皮瘙痒和头屑是头皮上细菌的繁殖造成的，需要用专门的去头屑洗发水。洗发后，在头皮表面涂上具有杀菌效果的洗发剂，用手指按摩 1 分钟左右。如果洗发后不用水彻底冲掉，头发干后也会引起瘙痒和头屑。因此，平时就应保持头皮的清洁，如在做家务

的时候，在头发上盖上一块毛巾，可有效避免灰尘沾在头发上。

去头屑五方法 >>>

❶用温姜水搓：用清水将生姜洗净后，切成片，煮成姜水，待凉至温度合适的时候，将洗好的头发浸入姜水搓洗，有刺激头发生长、促进血液循环、消炎止痒的功效。长期使用此法，可使头发亮泽，头屑减少。

❷用鸡蛋清液揉搓：将生鸡蛋磕入碗中，用筷子将其搅拌均匀（加点儿猪胆汁会更好），在洗完头后，立即将搅拌好的鸡蛋浇到发根处，并迅速用双手揉搓，大约 10 分钟后再用清水洗干净。每周 1 次，短期内便可见效。

❸中药黄檗、苦参有较好的解毒、清热、止痒的作用，也有去脂的功效。把它们煎成汁用来洗头，能去头屑。

❹洗完头发以后洒上些奎宁水，既可除头屑又能止痒（洒奎宁水的时候，瓶口应靠近头皮。奎宁水不宜洒得过多，只用于头部皮肤）。将奎宁水洒好后，应用双手交叉在头发内摩擦，使之均匀散开。

❺头屑较多且其他症状也比较严重的人，可以在晚上把甜菜根的汁涂抹在头上，第二天早上将其洗净，效果很好。

处理头发分叉的方法 >>>

当头发发质不佳或过长时，头发尾梢极易出现分叉现象，这样会影响美观，头发的进一步生长也会受到影响。因此，可以在头发的尾梢部位上抹些定型摩丝或头油，并将尾梢的几缕头发轻轻地拧动，分叉的头发便会集中地显示在眼前，这时，只需用剪刀把分叉的头发剪下来，即可保持发质、不再分叉。

食疗防头发变黄 >>>

食糖和脂肪过多及精神过度疲劳的人头发容易变黄。可多吃含钙、碘、蛋白质的食品（如海带、紫菜、鸡蛋、鱼、鲜奶、豆类等）。尽量少吃牛肝、猪肝、洋葱等食物，以免血液酸性增高而产生导致头发变黄的酸梅素。同时保持心情舒畅也能防止头发变黄。

用何首乌加生地缓解黄发 >>>

每次取何首乌 20 克、生地 40 克，先用白酒涮一下，将两种药放入茶杯，用开水冲泡，每天当茶饮，连续服用，直至水没色再更新。坚持服用半年，头发即可开始变黑，脸色也红润了。常年服用待达到预想的效果时再停服。

食疗缓解白发 >>>

对于那些"少白头"的患者可以采用补肾壮阳的疗法，平时多吃些含大量微量元素和氨基酸的食物（如：黄豆、蚕豆、黑豆、豌豆、玉米、花生、海带、黑芝麻、核桃肉、奶粉、土豆、蛋类、葵花子、龙眼肉等），对促进白发变黑和头发生长都有良好的效果。

使头发乌黑的食物 >>>

经常食用含有丰富维生素的水果、蔬菜、红枣、花生、核桃、瓜子、黑芝麻及含有钙、镁、铜、铁、磷等的食物，可使黑色颗粒加快合成，从而促进并保持黑发的生长。

食用黑芝麻使头发乌黑 >>>

将黑芝麻碾碎，加入等量的白糖，将其混匀，每天早晚各食 2 ~ 3 汤匙。或者空腹生食数颗核桃，久服可见效。

食用何首乌煮鸡蛋使白发变黑发 >>>

具体做法是：将何首乌 100 克、鲜鸡蛋 2 个、水适量加热，待蛋熟后去皮放入锅内再煮 30 分钟，最好加红糖少许再煮片刻。吃蛋喝汤，坚持每 3 天一次，一般服 3 个月可见奇效。能使白发变黑发。

用何首乌泡酒能使白发变黑 >>>

为了使白发变黑，中老年人可以用以下方法：将适量何首乌切片放在高度酒中，浸泡 2 周之后，在用餐时适量饮用，时常饮用何首乌药酒可使白发变黑。

黑芝麻、何首乌缓解少年白头 >>>

取黑芝麻、何首乌各 200 克，将其碾细，并放入水中煮沸，用红糖送服，每天 3 次，4 天就能将上述药服完，在第 5 天上午的时候，再将头上的白头发剃掉、刮净，使它重生。数日后，即可长出黑发。

补铁防脱发 >>>

脱发与缺铁是密不可分的，加强铁的摄入可防止脱发。经常吃菠菜、胡萝卜、洋葱、大蒜等能加强铁的摄入。

用盐水缓解脱发 >>>

将 100 ~ 150 克的食盐放在大半盆温水中溶解，先把头发全部浸入，揉搓一会儿，然后加入适量的洗发液继续揉搓，待油污被洗净后，再用清水将头发冲洗两遍。每星期洗一次，使用两三次后，便可防止头发脱落。

用露蜂房再生头发 >>>

将适量的露蜂房晒干后，研成末，用生菜油将其调匀，外敷于患处。每天一次，连用 1 个月后，便可生出新发。此法还有祛风止痒的作用。

防头屑多吃含锌食物 >>>

可食用一些含锌量较多的食物。如：糙米、蚝、羊、牛、猪、红米、鸡、意大利粉、奶、蛋。

防头屑避免吃刺激性食品 >>>

辛辣和刺激性食物会刺激头皮油脂增多，要少吃或不吃辣椒、芥末、葱、蒜等辛辣食物，尽量少喝酒及含酒精的饮料。对于油性发质的人来说，要控制高脂肪食物的摄入。

防头屑避免吃得过甜 >>>

因为头发属碱性，甜品属酸性，会影响体内的酸碱平衡，加速头皮的产生。

硼砂苏打除头皮油腻 >>>

头皮油腻过多者，可将 10 克硼砂、30 克苏打粉加入水中洗头，每周 2 次，除油效果好。

巧用沐浴减肥 >>>

水温在 42 ~ 43℃，从胸口以下都要泡在水里，直到发汗后走出浴缸；等身体干了之后，再入浴泡到发汗，再出来。一直重复做 5 次。依个人体质的不同，一个月可瘦 4 千克左右。

爬楼梯可减肥 >>>

每星期上楼梯 3 ~ 4 次，每次运动约 30 分钟，便可消耗 1700 ~ 2000 焦耳热量，还有助强健小腿、大腿及腹部肌肉。

办公室内巧减肥 >>>

坐在椅子上，收紧腹肌，锻炼一下自己的肌肉；或者坐在椅子上，用手扶住椅子边沿，屈膝，抬起两腿，保持平衡，数 4 个数。

常吃生萝卜减肥效果佳 >>>

常吃生萝卜不但可达到减肥目的，还可以防止心绞痛等疾病，而且这种方法不必减食挨饿，每餐只要少吃一成饱即可。

盐疗减肥法 >>>

用温水冲湿全身，再用粗盐涂满全身，然后加以按摩，使皮肤发热，至出现红色为止。一般需按摩 5 ~ 8 分钟，再浸入 38℃ 温水中 20 分钟。

花椒粉减肥法 >>>

花椒放入锅内炒煳，研成面状，每天 0 ~ 1 点之间（此时空腹），舀 1 小勺放入杯内，加少许白糖，用开水一冲，喝下即可。

腹部健美与减肥的捏揉法 >>>

每晚睡前及早晨起床前，取仰卧屈腿或左、右侧卧位，用自己的双手或单手，尽力抓起肚皮，从左到右或从右到左捏揉 15 分钟后，从上至下或由下至上捏揉。此过程，腹部感觉为酸、胀、微痛，力度以自己耐受为宜，15 分钟后，再用手平行在腹部按摩。数日后，腹部酸、胀、微痛感觉减轻甚至消失，逐渐有舒服感。这种捏揉方法也可请家人帮

▲花椒粉减肥法

助进行。半月后，腹部即可出现良好的健美减肥效果。此外，便秘患者也可有明显改善，腹部捏揉的时间依自己体态可适当增减，如果每次捏揉后再做数个仰卧起坐和俯卧撑，效果会更好。

大蒜减脂茶饮方 >>>

大蒜头 15 克、山楂 30 克、决明子 10 克。将大蒜头去皮洗净，同山楂、决明子同放砂锅中煎煮，取汁饮服，每日 1 剂，连煎 2 次，分早晚 2 次服用。

减肥增肥简易疗法 >>>

胖者欲瘦：日服山椒子 5 ~ 10 粒，久而久之可瘦。

瘦者欲胖：可剥取上好桂圆肉，每日 6 克分 3 次食用，1 个多月后体重可增加。

荷叶汤减肥法 >>>

每日用干荷叶 9 克（鲜的 50 克左右），煎汤代茶，或把荷叶同大米一起煮成荷叶粥吃。如能坚持天天饮服，两三个月后体重可显著降低，如一时找不到荷叶，荷梗亦可天天煎汤或煮粥。若不易坚持，也可煎浓汤浸泡茶叶，再把茶叶晒干当茶冲服，既减肥又有解暑、提神、开目等作用，应用这个办法见效的时间要比煎汤饮用长一些。

调理肠胃的减肥法 >>>

桑叶、桑葚、百合、天冬、决明子各 10 克、番泻叶 1 克，泡开水当茶喝，1 剂喝上 2 ~ 3 天最好。既可调理肠胃，又可减肥。

老年人减肥一法 >>>

晨练时空腹打肚子，具体方法是：两手交叉，用小手指部位打肚子，绕肚脐周围转圈用力打，开始 1 次 100 下，慢慢增加到每天用力打 500 下。

玫瑰蜜枣茶可瘦身 >>>

蜜枣 5 颗，玫瑰少量。做法：准备 500 ~ 600 毫升的水，将蜜枣和玫瑰都放进去，放在炉火上加热到滚，熄火即可。

限定吃饭的场所可减肥 >>>

限定吃饭的场所，如"只在客厅吃东西"，如此一来，平时在无意间所吃的零食便会减少许多。

餐桌巧减肥 >>>

❶把餐具的型号"变小"，使用体积较小的碗、匙及碟等。

❷吃完饭后立即离开餐桌，不要在一旁陪着别人，否则很容易多吃。

❸控制盐的摄入量。成人每日的食盐量应控制在 3 ~ 6 克，吃太多的盐可引起口渴并刺激食欲，导致体内水滞留，从而增加体重。

臀部"行走"可局部减肥 >>>

坐在地毯上，膝盖伸直，手向前伸展，抬头，伸右手，并以臀部移动带动右腿，向前移动。然后用左手和左腿做同样的动作，这样向前移动两三次，逐渐加大距离。可使臀部和腹部减肥。

办公室"美腹"小窍门 >>>

身体坐直，背与臀部呈一直线，紧靠着椅背而坐，若是椅背过于倾斜，可以利用护腰的背垫使背部紧靠，然后进行腹式呼吸（吸气的时候腹部膨出，吐气时腹部凹陷）。这方法最适合经常坐办公室的人，必须在饭后 1 小时以后进行效果最好，对于小腹突出者最有效。

床上"平腹"法 >>>

在睡觉前和起床后进行。先做屈腿运动，平躺在床上，右腿弯曲，使其尽量贴近腹部，然后伸直；再换左腿，轮换伸屈。交替做20次。稍休息后，再做仰卧起坐，身体仰卧，双脚不动，将上半身坐起来。如果脚部太轻，可以在脚部压被子、枕头之类，运动量以自己能承受为度。

简易收腹运动 >>>

平躺在地上，双脚分开并且屈膝，脚底着地；双手交叉放在胸前，放松全身。保持下半身姿势，慢慢地把上半身向上弯起，同时呼气，然后数3下，回到原位即可。

健美腰部的运动 >>>

仰卧在地，双臂左右伸直，双腿并拢，膝部弯曲，双腿向左倾，至左腿全部着地，上身保持平卧不动，然后慢慢向右转，反复运动。每天做10～15分钟，选择优美、恬淡的音乐来伴奏，效果会更好。

防止臀部赘肉的小窍门 >>>

背脊挺直，坐满椅子2/3处，将力量分摊到后臀部及大腿处。如果累时想靠背一下，要选择能完全支撑背部力量的椅背。另外，坐时踮起脚尖来，对臀部线条紧实不无小补。

美臀运动 >>>

❶面向下俯卧，头部轻松地放在交叉的双臂上。

❷缓缓吸气，同时抬起右腿，在最高处暂停数秒，然后边吐气边缓缓放下。

❸在抬腿时须注意足尖下压，并且臀部不能离地。尽量将腿伸直、抬高，此时会感到臀部正在收紧。

❹重复上述动作20次，然后换腿。每

日进行1次。

乳房清洁小窍门 >>>

❶不要使用香皂类的清洁物品，香皂会通过机械与化学作用洗去皮肤表面的角化层细胞，损坏皮肤表面的保护层；重复使用，则易碱化乳房局部皮肤，促进皮肤上碱性菌群增生；另外，香皂还会洗去保护乳房局部皮肤润滑的物质——油脂。

❷洗澡时，应该用专门的浴刷清洗乳头乳晕，这样做对先天性乳头凹陷的女性尤为重要。清洁时，要以乳头为中心，用体刷对乳房做旋转式按摩。这样可轻微脱掉上层的死皮，还能够刺激血液的流通。

冷热水交替帮助塑胸 >>>

用冷热水交替冲洗乳房，可增强乳房的血液循环，对保持乳房的弹性和挺拔很有帮助。

按摩丰胸小窍门 >>>

进行乳房按摩时，先在乳房皮肤表面涂以少许润滑油，以拇指从乳房周围向乳头方向进行按摩，每次可做50～100次，按摩后可用手轻轻揪乳头数次。按摩时不可用力太猛，以免损伤乳腺组织。按摩前如果先进行局部热敷，效果会更好。

举哑铃可防止乳房下垂 >>>

❶双手持哑铃站立，一手前平举与肩同高，另一手沿体侧下垂。然后两臂于体前上下交替平举哑铃，每分钟20～30次。

❷仰卧，双手握哑铃置于体侧。然后两臂轮流举哑铃于头上方，每分钟次数同上。

❸双腿自然开立，双手持哑铃在体侧交叉回环。练习时不可弯腰，两臂尽量伸直。每分钟次数同上。

精油按摩保持胸部健美 >>>

❶倒少量调好的按摩油在手上（或者直接滴在胸部上），然后均匀地涂抹在胸部。

❷以大拇指一边，另外四指合拢为一边，虎口张开，从两边胸部的外侧往中央推，以防胸部外扩，每边30下。

❸手保持同样的形状，从左胸开始。左手从外侧将左乳向中央推，推到中央后同时用右手从左乳下方将左乳往上推，要一直推到锁骨处。就是说两只手交错着推左乳。重复30次以后，右乳重复此动作。

❹手做成罩子状，五指稍分开，能罩住乳房的样子。要稍稍弯腰，双手罩住乳房后从底部（不是下部）往乳头方向做提拉动作。重复20次。

❺双手绕着乳房做圆周形按摩，按摩到胸部上剩下的所有的精油都吸收完为止。

丰胸按摩小窍门 >>>

❶倒少量调好的按摩油在手上（或者直接滴在胸部上），然后均匀地涂抹在胸部。

❷以双手手指，圈住整个乳房周围组织，每次停留3秒钟。

❸双手张开，分别由乳沟处往下平行按压，一直到乳房外围。

❹在双乳间做8字形按摩。

成效：刺激胸部组织，让乳房长大。

文胸的正确穿法 >>>

❶上半身向前倾斜45°，手臂穿过肩带，挂上双肩，手托住罩杯下方。

❷上身保持前倾姿势，扣上背钩，使胸部圆满进入罩杯。

❸扣好后，左右两肩带轻轻往上拉，调整至最舒适的位置为准，以一手指头能伸进去为宜，使之不会太紧或太松。

❹后背钩位置应平行固定于肩胛骨下方，将外露之胸部调整至罩杯内，使整个胸部呈现自然状态。

健美背部的运动 >>>

双手扶在椅子上，站在距椅子1/3米处，双腿直立，先慢慢将右腿抬起，低头，以鼻尖触膝，然后右腿慢慢落地归回原处。

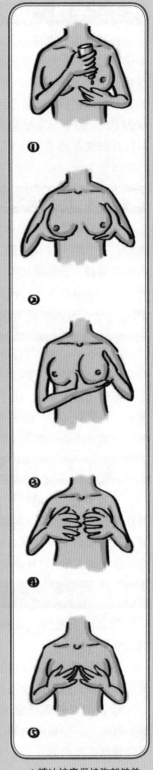

▲精油按摩保持胸部健美

换左腿，按原动作重复一遍，两腿交替进行，可使背部挺直而圆滑。

走路可美腿 >>>

走路是纤腿的一大有效方法，每天尽量抽出 30 分钟的时间走路，走路时背部挺直，放松，膝盖伸直，将重心由腿移向脚尖，增加小腿的活动量，令腿部更结实修长。千万不要长时间久站、久坐、久蹲，会让腿部看起来肿肿的。

蹬腿瘦腿法 >>>

❶每天睡前蹬腿 100 下，有固定的节奏，不要一下快一下慢，速度适中就可以了。

❷蹬完后不要马上放下，保持预备姿势，把两腿并拢，向上直直地伸向空中，膝盖不要弯曲，脚尖绷直。坚持 3 分钟再慢慢放下。

大腿的保鲜膜减肥法 >>>

先在大腿部位涂抹脂肪分解凝胶，别忘了大腿和臀部相连处。涂好后缠上有弹力的绷带。缠好后再涂上冷冻液，大约 45 分钟后去掉弹力绷带。最好用保鲜膜将腿全部裹住。出过汗后用冷水毛巾擦去，能使腿部肌肤更加光滑，富有弹性。把腿张开，比肩稍宽，用手去摸脚后跟。把腰压低，与腿和臀部成直角。

小腿塑形运动 >>>

❶坐在椅子上，将两腿或一腿伸直，和地面平行。

❷脚板原本和地面呈 90°，慢慢用力将它往下压，压到和地面平行后，维持 5 秒钟静止。

❸再慢慢将脚板立回原本和地面呈 90°的位置。连续重复动作 10 下后可稍作休息，

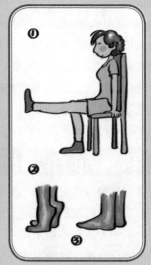

▲小腿塑形运动

再进行下一轮。建议每天做 3～4 轮，小腿线条在半个月后就可以看出进步的效果。

圆白菜美腿法 >>>

圆白菜 2 片、芹菜 3 根、米醋半勺、砂糖少许、盐少许。做法：去除圆白菜的硬芯，切成细丝，芹菜切成小段。将切好的圆白菜和芹菜放入容器，淋上搅拌过的调料即可。圆白菜含有丰富的胡萝卜素、维生素 C、钾、钙。胡萝卜素及维生素 C 都是抗氧化剂，是美肤的重要法宝；钙是强健骨骼的"最佳搭档"；芹菜健胃顺肠，有助于消化，对下半身水肿、修饰腿部曲线有很好的作用。

睡前美腿法 >>>

在每晚睡觉前，躺在床上，将腿靠在墙壁上 30 分钟，与身体成 90°角，长期下来可拥有一双美丽的小腿。

巧用咖啡美腿 >>>

使用研磨咖啡的剩余物咖啡渣按摩大腿小腿，可以促进血液循环，效果媲美美腿霜。

产后美腿小窍门 >>>

产后使用弹力绷带或医用弹力套袜是最简便实用的美腿方法。它可以压迫下肢静脉，迫使血液向心脏回流，从而消除或减轻下肢肿胀、胀痛等症状。在怀孕后期，采用此法护理双腿亦可减轻水肿程度。

帮助乳房丰满的小窍门是什么 >>>

女性体型的曼妙之处就在于其突出的曲线，丰满的乳房和挺翘的臀部是女性魅力的标志之一。不少人甚至不惜采用皮下植入硅胶的方式来进行丰胸，这种方式不仅花费巨大，还具有很大的风险。那么，有没有安全方便的丰胸方法呢？

窍门：胸部按摩帮助乳房丰满

材料：无√

操作方法

❶用右手从左乳房正中至乳房根部向下匀力柔和地直推乳房，再按原方向推回，推几回之后换推右乳。

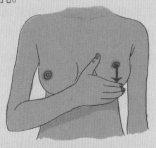

❷用右手自胸部正中横推左乳到腋下后返回，推几回之后换推右乳。

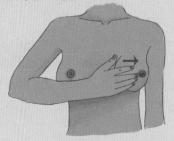

❸用左手托住左乳底部，右手外侧与左手相对用力向乳头方向推数次。

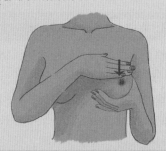

少食多餐减肥 >>>

少食多餐，不仅可节省时间，而且由于空腹的时间缩短了，可以防止脂肪积聚，有助于减肥、增进人体健康及防病保健。

控制脂肪量减肥 >>>

很多过胖的人对控制食物的热量都比较重视，若只控制脂肪量，不用少吃就可减肥，即在减少脂肪的同时，摄入足够的碳水化合物和蛋白质，以使身体的需要得到满足。

流食减肥 >>>

在 2 ~ 3 个月及更长的时间内完全不吃固体食物，每天只喝 418 ~ 3350 千焦的调味蛋白质液，一星期便可减掉 2 ~ 4 千克的体重，此后的每周最少可减 2.5 千克左右。

提前进餐时间减肥安排 >>>

每天，人体内的新陈代谢在各个时间段都会不一样，一般来说，从早晨 6 点起，人体的新陈代谢便开始旺盛，8 点到 12 点是最高峰。因此，想减肥都应把午饭的时间提前（如早饭 5 点左右吃，午饭就安排在 9 点到 10 点吃），就可以达到减肥的目的。据有关专家通过试验证实发现，此法可以在不降低和减少食物质和量的情况下减肥，最明显的是一个星期就能减少 0.5 千克左右的体重。

饮水减肥 >>>

水能促进人体脂肪的代谢，是人体减肥中最重要的催化剂，健康的人每天一般饮水 2000 毫升，而为了减肥要多喝 500 毫升。早晨起床后，空腹喝 500 毫升水可清肠排毒；用餐前喝水能减少饮食的摄入量；用餐过后 2 小时左右喝水有利于促进人体脂肪的代谢。

多吃蔬菜减肥 >>>

蔬菜含热量少，含矿物质、维生素和纤维素比较多。矿物质和维生素能促进人体脂肪的代谢，而维生素能减缓糖类的吸收和主食、脂肪的摄入量。

细嚼慢咽减肥 >>>

吃饭时放慢吃饭的速度，可以有效地避免多吃，吃饭后 20 分钟左右，血糖才会升高，能有效地减少饥饿感。多嚼还能刺激中枢神经，减少进食量。

食绿豆芽减肥 >>>

绿豆芽含有很多水分，当被身体吸收后所产生的热量会很少，不容易使脂肪堆积在皮下。

用茶叶减肥 >>>

茶中的芳香类物质、叶酸和咖啡因、肌醇等能有效增强胃液的分泌，调节脂肪的代谢，降低胆固醇、血脂，有减肥健美的微妙功效。

用荷叶减肥 >>>

将 15 克干荷叶（30 克新鲜荷叶），加入清水内，煮开，每天以饮荷叶水来代替饮茶，2 个月为 1 个疗程。一般每个疗程可以减 1 ~ 2.5 千克的体重。用荷叶煮粥喝也有助于减肥。

吃大蒜减肥 >>>

大蒜能使脂肪在生物体内的积聚得到有效的排出，能有效地将身体内的脂肪去除，因此，长期吃蒜能够有效地使人体的脂肪减少，有助于保持体形苗条。

用食醋减肥 >>>

食醋中含有挥发性的氨基酸物质及有机酸等。每天服用 1 ~ 2 汤匙食醋，能把人体内过多的脂肪转变为热量并消耗掉，能有效地促进蛋白质和糖类的代谢，从而起到减肥的作用。醋的食用方法有很多，可以拌凉菜吃，蘸食品吃，也可加在汤中以调节胃口等。还可以用醋泡制醋蛋、醋花生、醋豆、醋枣等，既可增加营养，软化血管，又可变换口味。

糖水冲服煳花椒粉减肥 >>>

将适量的花椒放入炒锅内翻炒，直至炒煳为止，然后将其倒出碾成面状。在每天晚上睡前，用适量的白糖水冲服一汤匙花椒粉。经常使用此法，能有效减肥。

用辣椒减肥 >>>

一个新鲜辣椒的维生素 C 含量远远超过一个柠檬或柑橘，它还含有维生素 A 等。要用辣椒来减肥，应用辣椒配合柏树芽、蜂胶等各种植物提炼出来的减肥系列用品。涂抹辣椒素，扩大毛细血管，使药液由外面向里面渗透，结合电脑仪有效治疗，能促进多余脂肪细胞软化、稀释和排出体外，无须节食。

以豆代肉减肥 >>>

豆中含有人体所需的大量蛋白质，豆制品、鲜嫩的豌豆、大豆都可以多吃。半杯豌豆中大约含有 7 克蛋白质，相当于一个鸡蛋所含的蛋白质量。

食冻豆腐减肥 >>>

将新鲜的豆腐放入冰箱冷冻后，便能制成孔隙多、蜂窝状、营养丰富、弹性大、产热量少的冻豆腐，由于其内部结构和组织发生了变化，产生了酸性物质。常吃冻豆腐可以有效地消除人体肠胃道及其他组织器官的多余脂肪，从而有利于减肥。

做香酥豆腐渣丸子减肥 >>>

由于豆腐的热量比较低，若再加些萝卜等做成丸子，不但味道鲜，有营养，还能减肥、降血糖。其做法为：将 500 克豆腐渣、一小碗面粉、一个小萝卜及适量已切成末的葱姜全部放在盆里，加点儿鸡精、盐、胡椒粉，再打 3 个鸡蛋，均匀搅拌；在锅中加入适量的色拉油烧热，然后再用匙滚成丸子放入锅内油炸，等丸子浮起来并呈黄色时捞出，即可食用了。

用香菇豆腐减肥瘦身 >>>

把豆腐切成小方块，将香菇放入清水中泡软，然后剁碎；取适量榨菜剁碎，加入作料拌匀，将它们一起放在碟中蒸熟，淋上酱油、香油即可食用。这种吃法有助于减肥瘦身。

食木耳豆腐汤能瘦身 >>>

将 30 克黑木耳放入清水中泡，待泡发后洗净。把 150 克豆腐切成小片，将黑木耳和豆腐一起倒入锅内，再加入适量的清水和一小碗鸡汤至锅中炖 15 分钟左右，适当加入些作料即可食用。

食鳝鱼肉瘦身 >>>

将 150 克鳝鱼用清水洗净，并将水分滤干；将大蒜的皮去掉，用刀将蒜拍碎并斩成泥，待用。在炒锅中加入适量的清水，并将其烧沸，放入姜片、料酒、葱，随后将鳝鱼丝放进沸水中烫透，捞出滤干，整齐地把它们排入汤盆。在炒锅中加入适量的香油并烧热，将蒜泥放入锅内煸香，加入酱油、醋、盐。将原汤调成卤汁，浇在鳝丝上，撒上些胡椒粉，食时将其拌匀即可。此食方味香，高营养，低能量。

每秒一步减肥 >>>

据有关运动生理学家研究认为：散步虽然可以减肥，但主要还是需要掌握频率和时间，在吃完饭后 40 ~ 50 分钟，若以每秒钟一步的平均速度连续步行 15 分钟是最好的减肥方法。除此之外，如果饭后两个半小时左右，以稍快的速度再追加散步 7 分钟左右，则体内的热量极易消耗，对减肥非常有利。

发汗减肥 >>>

经常洗温度比较高的热水澡，待出汗后从浴池里走出来，休息 2 分钟左右，再进浴池，这样反复地洗浴、发汗。每周坚持 3 次，习惯后可再增加。若能坚持做下去，每周可减肥 3 千克左右。注意：高血压、糖尿病、心脏病患者禁用此法。

产妇防肥胖技巧 >>>

❶早做活动：若会阴处无伤，产后一天便可下床活动。2 周左右可做轻便的家务。及早地活动能增强神经内分泌的功能，促进身体代谢，从而使过多的脂肪被消耗掉。

❷饮食营养的合理安排：首先应适量地进食，对鸡、蛋、鱼、肉及其他高脂肪、高蛋白食物要节制食用，多吃蔬菜、豆制品、水果等，不要过多地吃甜食。

❸要用母乳喂养：哺乳能促进身体营

养循环和代谢,可将体内过多的营养排出来,减少皮下脂肪的蓄积,从而有效地防止发胖。

④做产后体操:产后1星期后便可以在床上做俯卧位和仰卧位的运动(如双腿伸直向上举),产后2星期左右便可做仰卧起坐等运动。这样可以有效减少腰、腹、臀部的脂肪。

产妇做转体运动 >>>

产妇仰卧在床上,将双腿伸直、双臂侧平,当把双腿举起时吸气,并向右侧转动,连续动作10次,便可以使臂力矫健,腰、胸、腿、髋、足等部位得到全面锻炼。

产妇做抬腿运动 >>>

产妇俯卧在床上,将双手微撑,用腕、肘的力量将双腿高举抬起来。每天坚持做10次左右,可有效地防止臀部肌肉下坠,臀部的赘肉也将被消除。

产妇做仿蹬单车运动 >>>

产妇站立或仰卧在床上,将双手叉腰,两腿交替地抬起来(快慢可根据自己的情况而定),模仿蹬自行车的动作运动,连续蹬1分钟左右,每天锻炼2~3次,既能修长健美腿部,又能防止静脉曲张和下肢水肿。

中年女性减肥 >>>

❶腹部减肥:每天睡觉前双脚并拢,仰卧于床,脚尖朝上,将双脚同时举起,接近头部或直至头部,然后再将双腿缓缓放至离床10厘米处,反复做10次左右。

❷臀部减肥:用双手扶住椅背,一只脚向后抬至离地面20厘米处,然后再用力向后踢,左右两腿各做10次。

❸大腿减肥:将双手紧靠后背,做下蹲动作,每天反复做50次左右。

❹小腿减肥:用单腿站立,用力将脚跟踮起,停留10秒钟左右后落下,每只脚做50~60次。

❺腰部减肥:仰卧于床,将双膝屈成直角,用力将身躯上挺,然后放下,反复做10次左右。

老年人减肥一法 >>>

在早晨起床和晚上睡前,用左手在腹下、右手在腹上,双手正反各揉100次左右,再用两手的无名指和中指在肚脐眼下揉100次左右,然后将双手放在胃的上方或下方反复揉腹100次左右,可使腰部的赘肉减少。

男性胸部健美法一 >>>

拉哑铃法可使男性健美,做法如下:将两足开立,胸挺背直,上体前屈,使上身跟地面平行;两臂垂直,双手各握一只哑铃,拳眼向前,屈臂用力将哑铃拉起,当拉到两肘不能再往高处时,背阔肌和肱三头肌会极力紧缩,稍停,还原,反复做12~15次。

男性胸部健美法二 >>>

撑双杠法可使男性胸部健美,具体做法如下:身体挺直,将两手支撑在双杠上。当两臂弯曲,身体压到最低点的时候,用力撑起,同时吸气。在撑起的时候,头部要向上挺,身体要保持挺直。反复做8~12次。

女性胸部健美四法 >>>

❶挺胸法:自然仰卧在地板上,臀部和头不要离开地板,做向上挺胸的动作并保持片刻,反复做6~8次。

❷荷尔蒙法:随着年龄的增长,有些女性胸部开始下垂、干瘪。为了使胸部能保持健美,可经常在乳房上涂上些荷尔蒙油脂,并进行按摩。

❸双手对推法：双膝跪在地板上，双手合掌置于胸前，上体直立。两手用力做对推动作（注意：不要使肘关节下垂，两前臂应成一字形），并要挺胸抬头，同时进行深呼吸。反复做 8 ~ 10 次。

❹屈臂法：将手臂伸直撑地，双膝跪在地板上，向下做屈臂动作，一直向下弯曲直到胸和下颌着地为止。屈臂的时候一定要注意不要使臀部向后，而应将重心移至手腕上，用手腕和手臂支撑身体的重量，并维持片刻，使乳房能充分下垂。每天做 8 ~ 10 次。

女性丰乳 >>>

每天晚上睡前或早晨起床，脱去内衣或摘掉乳罩，仰卧在床上，用双手的手掌反复揉摩乳头和乳房。其顺序是：由周围到乳头，由上而下，用力均匀柔和，边按摩边揉捏，最后把乳头提拉 5 次。每天早、晚各按摩 1 次，每次 8 分钟左右。这样可有效刺激整个乳房，包括乳腺脂肪、腺管、结缔组织、乳晕和乳头等。大概 10 天左右后即会得到丰乳效果。

玉米须冬葵子赤豆汤瘦身 >>>

准备 15 克冬葵子、60 克玉米须、100 克赤小豆、适量白糖。然后用清水把冬葵子、玉米须洗净后，放入锅中加适量的水煎煮，水开后，再煎 5 分钟左右后取汁，把赤小豆放入汁中煮成汤，加入适量的白糖调味，即可食用。此食方能有效减轻高血糖、高血压及肥胖症。

山楂泡茶减肥 >>>

将山楂用干净的清水洗净，切成薄片，晾干。每天泡茶时用热水冲泡 15~20 片，当天晚上不再饮茶的时候，可吃山楂，若能坚持即可达到减肥的效果。

当归芦荟茶减肥 >>>

取 30 克芦荟、15 克当归、30 克决明子、少许茶叶。用清水将它们洗净后，泡上 10 分钟，放入锅中加适量水一起煎，开后再煎半个小时左右便可食用（每天喝两次）。能增强体质、改善营养过剩。

山楂薏米粥减肥 >>>

取 25 克山楂、50 克薏米。然后将山楂和薏米用清水洗净，加入适量水，放入锅中熬成粥。山楂不仅能开胃，而且还有利于消化，能除去体内过多的脂肪。每天坚持服用，1~2 个月后，便可使体内多余的脂肪消除。

第五章

家庭保健小窍门

盐水浴可提神 >>>

夏日精神不足时，可在温水中加些盐洗澡，精神就会振作起来。

抗瞌睡穴位按揉法 >>>

❶ 欲睡时，反复按揉中冲穴（中指尖正中），双手交替按揉，当穴位出现痛感时，便可逐渐清醒。

❷ 昏昏欲睡时，用中指或铅笔末端叩打左右眉毛中间处，连叩 2～3 分钟，既可缓解瞌睡，又可消除眼部疲劳。

巧用薄荷缓解午困 >>>

午间休息时如果不能打盹，可抹点儿薄荷膏或嚼嚼口香糖。薄荷膏的味道能使人恢复精神气爽，精神顿时为之一振。嚼口香糖也有同样的作用。

食醋可帮助睡眠 >>>

睡前，将 1 汤匙食醋倒入 1 杯冷开水，搅匀喝下，即可迅速入眠，且睡得很香。

巧用牛奶安眠 >>>

在睡前饮 1 杯牛奶或糖水，有较好的催眠作用。

水果香味可帮助睡眠 >>>

把橙子、橘子或苹果等水果切开，放在枕头边，闻其芳香气味，便可安然入睡。

小米粥可助睡眠 >>>

用小米加水煮成粥，临睡前食用，使人迅速发困，酣然入睡。

茶叶枕的妙用 >>>

将泡用过的茶叶晒干，装在枕头里，睡起来柔软清香，可去头火。

左手握拳可催眠 >>>

躺在床上，左手置身旁，左手四指微屈，慢慢抓拳，慢慢松开，一抓一放，连续进行，

▲茶叶枕的妙用

幅度为2厘米，10～20秒钟1次。思想要完全集中在左手的动作上，一般15分钟内就可入睡。

上软下硬两个枕头睡眠好 >>>

枕头用2个为好，每对高度不超过8厘米，以上软下硬为宜。上边的软枕便于调整位置，以达睡眠舒适。下边硬枕主要用于支撑高度。使用这样的枕头，睡眠舒适，解除疲劳快。

防止侧卧垫枕滑落法 >>>

病人侧卧时，背后须垫枕头，但此枕头常易滑落，患者无法保持舒适的位置。如果将枕头裹在横置的床单里，再将床单两头对齐双层垫于病人身下，拉紧折在褥下，就比较稳妥了。

酒后喝点儿蜂蜜水 >>>

一旦喝酒过量，可在酒后饮几杯优质蜂蜜水，不仅会使头痛头晕感觉逐渐消失，而且能使人很快入睡，第二天早晨起床后也不会头痛。

豆制品可解酒 >>>

吃些豆腐或其他豆制品，不仅对身体有很大好处，而且是解酒佳品。

巧用橘皮解酒 >>>

鲜橘皮煮水，再加少许细盐，可起醒酒作用。

吃水果可解酒 >>>

西瓜、西红柿、苹果、梨等水果，可以冲淡血液中的酒精浓度，加速排泄，醉酒后食用不但可解酒，还可解口渴。

热姜水代茶喝可醒酒 >>>

用热姜水代茶饮用，可加速血液流通，消化体内酒精。还可在热姜水里加适量蜜糖，让身体直接吸收，以缓解或消除酒醉。

简易解酒菜 >>>

将白菜心和萝卜切成细丝，加醋、糖拌匀，清凉解酒。

巧服中药不苦口 >>>

❶药煎好后，应注意把汤药凉至低于体温时再服用。因人的舌头味感同汤药的温度有一定的关系。当汤药在37℃时，味道最苦。高于或低于这一温度，苦味就会减弱。因此，服药时应等药的温度降至37℃以下。

❷如果发现病人因厌恶药味而不愿坚持服药，可让患者在服药前几分钟口中含些冰块，这样可使味蕾麻痹，服药较易。

巧法防口臭 >>>

用舌头在口腔里、牙齿外、左右、上下来回转动，待唾液增多时漱口10余下，分一口或几口咽下。这种方法可以使口腔内多生津液，以帮助消化并清洁口腔，防止口臭。

巧用茶叶去口臭 >>>

吃了大蒜后，嘴里总有一股异味，这时只要嚼一点儿茶叶（或吃几颗大枣），嘴里的大蒜气味即可消除。喝上1杯浓茶亦有同样效果。

巧用牛奶除口臭 >>>

吃大蒜后喝1杯牛奶，臭味即可消除。

巧用盐水除口臭 >>>

用盐水漱口，或在口中含盐水片刻，能把引起口臭的细菌杀灭。

薄荷甘草茶缓解口臭 >>>

为消除口臭，可先备薄荷15克、甘草3克、绿茶1克。锅中加水1升煮沸，投入配方诸药，5分钟即可，少量多次温饮，饮完后，加开水1升，蜂蜜25克，再如前法饮，每日1剂。

巧洗脸改善眼部循环 >>>

洗脸时，顺便用手掌将温水捧起，轻轻地泼在紧闭的双眼上，做20次；然后用冷水重复以上做法20次，可改善眼部循环。

冬天盖被子如何防肩膀漏风 >>>

可在被头上缝一条30厘米来宽的棉布，问题便得到很好的解决，因为不管你怎样翻身，棉布自然下垂总使您盖得很好。可选比被子长的被罩用，也会收到很好的效果。

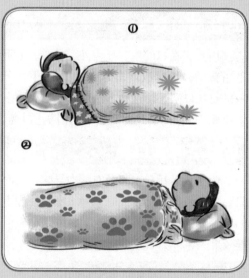

▲冬天盖被子如何防肩膀漏风

常看电视应补充维生素A >>>

看电视过久会消耗很多视网膜中的圆柱细胞中的视紫质，如不适当补充，久之会造成维生素A供给不足，人的视力、视野就会逐渐减退缩小。因此，经常看电视应多吃些含维生素A的食物。

减少电脑伤害策略 >>>

❶连续工作1小时后应休息10分钟左右。

❷室内光线要适宜，且保持通风干爽。

❸注意正确的操作姿势。

❹保持皮肤清洁。

看电视要注意脸部卫生 >>>

❶保持室内的清洁卫生，打开电视机以后，不要扫地或干其他使尘土飞扬的事情。

❷看电视时，不要离电视屏幕太近，最好在2米以外。

❸每次看电视的时间不要过长，一般不要超过3小时。

❹看完电视后，要用温水把脸洗干净，并涂上一些护肤霜保护皮肤。

看完电视不宜立即睡觉 >>>

看电视时，人们静坐在一个位置不动，特别是老年人由于血液循环较差，长时间看电视会使下肢静脉受到压迫，血液循环不畅，严重时可出现类似坐骨神经痛的症状，如下肢麻木、酸胀、疼痛、水肿，甚至出现小腿肌肉强直性痉挛等。因此，看完电视后，应走一走再上床，这样有利于血液循环，防止下肢静脉受压。

另外，有些人看完电视，特别是观看完一些容易使人心情激动的电视时，如果倒头便睡，电视中各种情节还留在脑海中继续活动，兴奋没有平息下来，长此以往，会引起神经衰弱。

巧抱婴儿 >>>

对于两三个月左右的婴儿，应该尽可能怀抱在母亲身体的左边。因为把宝宝抱在母体的左边可以让孩子感觉到母亲心脏跳动的声音。这种微微的跳动，就如同婴儿在胎内感受妈妈的心跳声音一样。因此，这样的氛围容易使得婴儿安静，不哭闹，不烦躁，表现出温和、宁静和愉悦的心情。

婴儿巧睡三法 >>>

❶睡在用羊毛织成的睡垫上，要比睡在普通纯棉物制成的垫子上成长得快些。

❷刚刚生下来的婴儿，头骨还是软的，要注意婴儿的睡姿。否则，头形偏了，以后就不能矫正了。婴儿躺着时，喜朝着有门窗的方向。所以每间隔一段时间，就应调换一下睡觉时头脚的方位，即让婴儿头部时常进行左右换向。

❸如果婴儿喜欢平躺着睡觉，可以做一个凹型枕头，头枕部就不会睡扁了。

婴儿止哭法 >>>

如果婴儿半夜醒来哭叫不停，可给孩子洗洗脸，孩子清醒了，便会停止啼哭，然后再喂点儿水，或是抱起来边亲吻边摇动，即可慢慢入睡。

防吐奶三法 >>>

❶在给宝宝喂完奶后，妈妈轻轻将她抱起；让宝宝的身体尽量竖直些，小头伏在妈妈的肩膀上，妈妈一手托好宝宝的小屁股，另一只手轻轻拍打或抚摩宝宝的背部，等到听到有气体从宝宝嘴里排出的声音即可。

❷宝宝坐在妈妈的腿上，妈妈用一只手撑住宝宝的胸脯，但一定要给宝宝的头稍稍向前倾，注意不要往后仰。

❸妈妈坐下，让宝宝的头和肚子贴在妈妈的腿上，然后用一只手扶好宝宝，另一只手轻轻地拍她的背。

婴儿不宜多食炼乳 >>>

家长把炼乳作为有营养价值的代乳品来喂养婴儿的做法很不科学。由于炼乳太甜，必须加 5 ~ 8 倍的水来稀释，以使糖的浓度下降；炼乳中蛋白质和脂肪含量高，作为婴儿主食会造成婴儿营养不良，还会使婴儿患多种脂溶性维生素缺乏症。

哺母乳的婴儿不必喂水 >>>

6 个月以内的婴儿，在母乳量足够的情况下，热量和水分

▲ 防吐奶三法

已能充分满足婴儿的需求，故不必另喂水。否则，会增加婴儿心脏和消化道的负担，影响食欲和消化功能。但腹泻、服用磺胺药或盛夏出汗多时，必须另外喂水。

如何提高小儿饮流质的兴趣 >>>

小儿因恐惧心理，常常拒服某些流质。如遇上这种情况，最好准备一支装饰有各种动物或花草、五颜六色的吸管，以此来提高孩子的兴趣，流质也就不知不觉地饮完了。

婴儿巧吃鲜橘汁 >>>

出生 1 个月后的婴儿即需要每天加一次果汁或菜汁，以增加维生素的摄取量。为使婴儿在无菌的条件下能吃上鲜橘汁，简便方法是：选新鲜稍大的无核橘子，剥开后取其一瓣，用手指捏住一头，将另一头用经开水消毒的针挑开一个小口，让婴儿去吮吸，吮一会儿，还可用手指在橘瓣上轻轻地捏一捏，以使橘汁充分溢出。

怎样使儿童乐意服药 >>>

给小孩喂药是家长头疼的事。如果撕一小块果丹皮把药片包住，捏紧，再放在孩子嘴里，用水冲服，孩子就乐意服用。此法适用于 3 岁以上的儿童。

晒晒孩子骨头硬 >>>

晒太阳是预防和缓解佝偻病最经济、最简便、最有效的方法。一般来说，孩子满月后，每天就应安排一定的时间抱孩子到室外晒太阳。晒太阳要尽量让阳光晒到孩子的头部、面部、手足、臀部等部位的皮肤上。夏天阳光强，宜在清晨或傍晚或树荫下接受阳光的照射。冬季晒太阳要避免受凉，选择风和日丽的天气，最好在上午 10 点钟以后进行，并要穿好衣服，露出小脸和小手就可以了。

冬季也可打开门窗在室内晒太阳，但隔着玻璃晒太阳是无效的，因为玻璃将紫外线挡住使其不能通过。晒太阳的时间从每天 5 ~ 10 分钟开始，逐渐延长，到每天 1 小时左右。若孩子生病中断了晒太阳，可待愈后再晒。

▲晒晒孩子骨头硬

两岁内幼儿莫驱虫 >>>

由于大多数驱虫药用后，须经肝脏分解代谢或经肾脏排泄，而 2 岁以内宝宝的肝、肾等器官发育尚不完善，有的药物会伤害娇嫩的肝、肾脏，因此驱虫药多标明婴儿禁用或慎服字样。

缓解孩子厌食 >>>

孩子越不愿吃，桌上的饭菜就越丰盛，这是普遍规律。家长的目的是诱发孩子的食欲，但适得其反，饭菜越丰盛，孩子越不肯吃，形成恶性循环。如果把饭菜减少到不抢着吃就要挨饿的程度，看看孩子还吃不吃？

红葡萄酒可降低女性中风率 >>>

一项新的研究表明，年轻女性每天喝半杯酒，特别是红葡萄酒，可使患中风的危险率明显降低。

使用卫生巾前要洗手 >>>

如果使用卫生巾前不洗手，那么在进行卫生巾拆封、打开、抚平、粘贴的过程，会把大量的病菌带到了卫生巾上。

卫生巾要勤换 >>>

普通卫生巾连续使用 2 小时后，表层细菌总数可达 107 个 /cm²，卫生巾在此期间的二次污染会严重侵害女性健康。所以，不要一味追求大吸收量，懒于更换的做法是非常错误的。

预产期计算法 >>>

末次月经的月数加 9 个月（或减 3 个月），日期加 7 天。比如，末次月经是 1 月 5 日，则应在 10（1+9）月 12 日左右分娩；如果末次月经是 6 月 20 日，就该在来年 3（6-3）月 27 日左右分娩。

妊娠呕吐时间 >>>

停经 1 ~ 3 个月间会出现呕吐，3 个月后就会自然消失。

蜂王浆可调节内分泌 >>>

蜂王浆中不仅含有丰富的营养素，还有多种活性酶类、有机酸和激素样成分等，具有延缓衰老、调节内分泌的作用，可提高食欲、增强组织再生能力和机体抵抗力。蜂王浆中所含的激素样物质对于调节中年女性的内分泌及抵抗衰老具有重要作用。

孕妇看电视要注意 >>>

电视会产生少量的 X 射线，为了使小宝宝们在母亲腹中长得更好，怀孕妇女在看电视时应注意以下几点：

❶ 与电视机保持一定的距离，最好在 2 米以上。

❷ 时间不宜过长，以防止因视力疲劳而引起其他方面不适，如恶心、呕吐、头晕等症。

❸ 经常改变体位和姿势，否则，坐的时间长了，引起下腹部血液循环障碍，会影响胎儿发育。

❹ 可多吃一些富含维生素 A、类胡萝卜素和维生素 B_2 的食物，如动物内脏、牛奶、蛋类及各种绿叶蔬菜。

脚心测男性健康 >>>

脚心有一个涌泉穴，点燃香烟，接近距涌泉穴半厘米处，如是健康的正常人，10 ~ 30 秒之间就会感到热。若感觉到热的

▲孕妇看电视要注意

时间过长，或左右感觉不同的人，可能是交感神经已失去平衡、内脏疲劳或有某种疾病，应该彻底做健康检查。每月至少要用此法做一次健康检查，一有异样，即应前往医院做全身检查。

从嘴唇看男性健康 >>>

嘴唇是内脏的信号灯，从嘴唇的颜色，即可知此人的健康状态、体质、疾病。嘴唇苍白的男人必是贫血；呈紫色者是肺病，黑色的人肝脏患疾；发热的人是红色。例如，从镜子看到嘴唇微红而粗糙，且身体酸麻，就要多喝一些蜂蜜，并吃萝卜泥，不久之后热会退去，粗糙情形也会好转。如因贫血而嘴唇发白，应吃一段时间的猪肝，之后必会红润起来。总之，嘴唇是健康的标志。

男子小便精力检查法 >>>

喝完啤酒就想上厕所的人，是肾脏健康的证明。喝完啤酒，20岁的人在15分钟后、30岁的人在20分钟后、40岁的人在30分钟以内上厕所，就是身体健康。总之，肾脏越强，上厕所时间也越早。

老年人夜间口渴怎么办 >>>

老年人容易夜间口渴，喝凉茶或其他饮料，容易引起失眠和腹痛。可以适量喝些温开水，并用凉茶漱口，效果最好。漱后很快觉得口腔清爽，即可安眠。

老年人穿丝袜睡眠可保暖 >>>

常有人冬天睡觉脚冷，老年人尤其是这样。可以穿一双干净、稍觉宽松的短筒丝袜睡觉，一会儿脚就温热起来。注意不要穿长筒袜和线袜，可常备一双专用睡袜。睡时双脚不要收缩，要自然伸出，待脚感到太热时，双脚交互一挀便脱下了。

萝卜加白糖可戒烟 >>>

把白萝卜洗净切成丝，挤掉汁液后，加入适量的白糖。每天早晨吃一小盘这种糖萝卜丝，就会感到抽烟一点儿味道都没有。时间一长便可戒烟。

口含话梅可戒烟 >>>

每当想抽烟时就口含一颗杏话梅。话梅很顶劲儿，一颗能含老半天，且效力持久，而抽烟时嘴里觉得不对味儿，就不大想抽烟了。

老年人晨练前要进食 >>>

对于老年人来说，空腹晨练实在是一种潜在的危险。在经过一夜的睡眠之后，不进食就进行1～2小时的锻炼，腹中已空，热量不足，再加上体力的消耗，会使大脑供血不足，让人产生不舒服的感觉。最常见的症状就是头晕，严重的会感到心慌、腿软、站立不稳，心脏原本有毛病的老年人会发生突然摔倒甚至猝死的意外事故。

每日搓八个部位可防衰老 >>>

❶搓手：双手先对搓手背50下，然后再对搓手掌50下，可以延缓双手的衰老。

❷搓额：左右轮流上下搓额头50下，可以清醒大脑，延缓皱纹的产生。

❸搓鼻：用双手食指搓鼻梁的两侧，可使鼻腔畅通，起到缓解感冒和鼻炎的作用。

❹搓耳：用手掌来回搓耳朵50下，通过刺激耳朵上的穴位来促进全身的健康，并可以增强听力。

❺搓胁：先左手后右手在两胁中间"胸腺"穴位轮流各搓50下，能起到安抚心脏的作用。

❻搓腹：先左手后右手地轮流搓腹部

各50下，可促进消化、防止积食和便秘。

❼搓腰：左右手掌在腰部搓50下，可补肾壮腰和加固元气，还可以缓解腰酸。

❽搓足：先用左手搓右足底50下，再用右手搓左足底50下，可以促进血液的循环，激化和增强内分泌系统功能，加强人体的免疫和抗病的能力，并可增加足部的抗寒性。

晒太阳可降血压 >>>

自"雨水"节气后，气温逐渐回升，春日暖阳普照大地，适度晒太阳，有助于降低血压。因为太阳光的紫外线照射可使机体产生一种营养素——维生素 D_3，而维生素 D_3 与钙相互影响可控制动脉血压，所以适当晒太阳能使血压下降。

做个圈圈来健身 >>>

买两个压力锅密封圈，把旧绒裤剪成布条，将两圈捏紧包严，再用花色鲜艳的结实布条将圈包严密缝。此圈适合老年人互相扔接，可近可远，活动眼、手、肩、腰等。

搓衣板可代"健身踏板" >>>

足部按摩对人体有益，可找来搓衣板平放在地上，穿着袜子将双脚踏上去即可。中老年人一边看电视，一边踩踏、搓动双脚，便可以进行自我保健。

手"弹弦子"可保健 >>>

双手每天坚持做"弹弦子"颤动锻炼，要快速进行，可促进上肢血液循环，增强手、臂的活动功能，对局部麻木、手臂痛和肩周炎等不适之症，都可起到良好的辅助治疗作用。

明目保健法 >>>

❶起床后，双手互相摩擦，待手搓热后用一手掌敷双眼，反复3次。然后用食指和中指轻轻按压眼球或按压眼球四周。

❷身体直立，两脚分开与肩宽，头稍稍向后仰。头保持不动，瞪大双眼，尽量使眼球不停转动。先从右向左转10次，再从反方向转10次，稍事休息，再重复3遍。

❸身体下蹲，双手抓住双脚五趾，稍微用力地往上扳，同时尽量朝下低头。

❹坐在椅子上，腰背挺直，用鼻子深吸气，然后用手捏

▲明目保健法

住鼻孔，紧闭双眼，用口慢慢吐气。

⑤小指先向内弯曲，再向后扳，反复进行 30 ~ 50 次，并在小指外侧的基部用拇指和食指揉捏 50 ~ 100 次。每天早晚各做一次。这种方法不但能够明目养脑，对白内障和其他眼病者也有一定疗效。

上述方法可以单独做，也可任选几种合做，长时间坚持能够起到明目的作用。

主妇简易解乏四法 >>>

❶梳理一下头发，洗个脸，重新化一下妆，用不了 20 分钟，就可收到调节紧张情绪的效果。

❷做 10 分钟轻松的散步，舒展一下身体。

❸躺下来，全身放松，什么事也不要想，休息静养 10 分钟，可使精神得到恢复。

❹打开窗子，做 1 分钟的深呼吸，疲乏感会立即减轻。

以脚代手巧健身 >>>

沐浴时不妨翘起一只脚，以足代手开关水龙头，这可使许多关节得到活动，脚趾灵活。

牙线护牙效果好 >>>

每天晚上睡觉前，坚持用牙线清理一下牙齿，可使患牙龈病的概率大大降低。

叩齿运动保护牙齿 >>>

叩齿是一种古老的保健方法，能促使血脉畅通，又可以保护牙齿。叩齿的方法是：口唇微闭，先叩白齿 50 下，再叩门齿 50 下，然后再错牙叩齿 50 下。

巧防口腔疾病 >>>

食指放在牙龈上，做局部小圆旋转的移动按摩动作，使每个牙齿所属的牙龈区都得到按摩。每日 3 次，最好在饭后进行，每次上下按摩牙龈 10 ~ 15 次，按摩后漱口。

巧用电话健身 >>>

接电话时，电话机离身不远，可能够得着时，不动脚而尽量伸展手臂，这也是一种全身运动。

▲巧用电话健身

拾东西健身法 >>>

❶向院里丢出 1 枚硬币或其他什么小玩意儿，再尽力把它找回来。

❷准备十几粒黄豆，将其撒在地板上，弯腰（不是下蹲）一粒一粒地捡起来。

公交车健身法 >>>

坐公共汽车时，女性可将收缩的动作专注在阴道、尿道上，持续重复着一缩一放的频率。骨盆越好说明阴道越紧，每天坚持做 5 分钟这样的运动，阴道肌肉会呈现较为紧绷的状态，做爱时会有"握紧"的感觉，同时还能防止老年性尿失禁。

放松双肩法 >>>

工作一阵后，记得用力耸双肩，尽量贴近双耳，夹紧两臂，然后放松，重复 10 次。这一动作通过使颈、背发力，刺激血液循环从而达到放松颈背的效果，以免落下腰酸背痛的毛病。

全身摇摆可缓解腰痛 >>>

身体直立，轻闭双目，双臂自然下垂或向上举起，双肩放松，使全身瘫软般地左右摇摆，每次 3 ~ 5 分钟。这种方法可以消除周身疲劳并减轻腰背疼痛，也可以坐着做。

骑自行车恢复体力法 >>>

下班骑车时，全身肌肉放松，思想放松，什么也不想，抬头平视前方，在惯性的基础上小腿稍稍给力，使自行车匀速前行，保持 20 分钟左右即可。到家后会感到体力恢复，精神饱满。

剩茶水洗脚可消除疲劳 >>>

茶水洗脚不仅可除臭，还可消除疲劳。用茶水洗脚，洗时就像脚上用了肥皂一样光滑，洗后顿感轻松舒服，能有效缓解疲劳。

两人互背消除疲劳 >>>

二人背靠背，相互挽住胳膊，一人慢慢弯腰，将对方背起再放下，对方也重复上述动作，反复多次。通过两人互背可使全身血液循环加快，消除腰部疲劳。

巧用石子健身 >>>

在一个比较大的塑料盆里，底部垫上硬纸片，上面放上半盆洗净的比较圆滑的小石子。这样，在家里就可以随时踩踩石子进行足部按摩保健了。

梳头可益智 >>>

每天早晨起来，什么事也不干先梳头，由左至右向后梳，梳时用一点儿力，使头皮有微痛感，反复来回梳，要快些梳头皮就会有热感，大约 2 分钟满头皮都有热感后，就停梳，再用双手拍头，拍 1 ~ 2 分钟，要用一点儿力拍，头顶多拍几下，过 20 分钟再吃早饭。梳 2 ~ 3 个月后要停一段时间再梳。血压高的和血压低的人不要用此法，晚上不要梳。

手指运动防老年痴呆 >>>

手和大脑关系密切，老年人经常活动手指关节刺激手掌有助于预防老年痴呆症的发生。

❶将小指向内弯曲，再向后拔，反复做屈伸运动 10 次。

❷用拇指及食指抓住小指基部正中，揉捏刺激 10 次。

❸将小指按压在桌面上，用手或其他物反复刺激。

❹双手十指交叉，用力相握，然后突然猛力拉开。

❺刺激手掌中央（手心），每次捏掐 20 次。

❻经常揉擦中指尖端，每次 3 分钟。

每天可在上述方法中选择 2 ~ 3 种交替使用，要尽量利用各种机会活动手指。

视疲劳消除法 >>>

❶用双手中指按住上眼睑向上轻提，连做 3 次，再用中指按住下眼窝向下按 3 次。

❷用双手中指从左右外眼角向太阳穴按去，经太阳穴再向耳边按去，反复 3 ~ 4 次。

❸轻闭双目，用中指轻轻揉按 10 秒钟即可。

搓脚心可防衰老 >>>

每晚温水（30～40℃）洗脚，水没过足踝，水凉了续上热水，多洗一会儿。洗完后用双手各搓左右脚心 300 下。此法可以改善机体循环和神经泌尿等系统功能，提高免疫力，抗老防衰。对头晕、头痛、失眠多梦及血管神经性头痛、关节炎、坐骨神经痛、陈旧性损伤等也有良好的疗效。

▲搓脚心可防衰老

运用脚趾可强健肠胃 >>>

胃经止于脚的第二趾和第三趾之间。胃肠功能较弱的人，若每天练习用脚二趾、三趾夹东西，或用手指按摩足趾 36 下，并持之以恒，胃肠功能会逐渐好转。

搓双足可清肝明目 >>>

摩擦两足，可使浊气下降，并能清肝明目，对缓解神经衰弱、失眠、耳鸣、高血压等均有疗效，具有祛病健身、延年益寿之功效。

敲手掌可调节脏腑 >>>

手掌正中有劳宫穴，若每天早晚握拳相互敲打左右手劳宫穴各 36 下，再按摩整个手掌，能疏通气血津液、调节脏腑功能，达到强身保健的目的。

拍手背缓解寿斑 >>>

手背为手之阴阳两经汇聚交接之处，若每天早晚各拍打手背 36 下，可调和阴阳，疏通经络，加速血液循环，预防寿斑出现，促使寿斑消失。

捶腰背可强肾壮腰 >>>

通过对背部穴位的刺激，达到疏通经脉、调和脏腑之目的，可缓解腰背酸痛、腰膝无力、阳痿等症。方法是，双手握拳，用拳的虎口部敲击腰部脊柱两侧。

睡前锻炼胜于晨练 >>>

睡前锻炼比早晨锻炼效果好。睡前锻炼胜于晨练的主要优势，在于睡前给身体带来的热不仅能调节全身的代谢，而且运动后良性疲劳，会通过一夜睡眠得到恢复，特别是锻炼后洗个澡，能使人非常舒服地进入梦乡。

春练注意避风保暖 >>>

春天锻炼时，应选择避风向阳、温暖安静、空气新鲜的旷野或草坪进行锻炼。不要顶风跑，更不宜脱衣露体锻炼。出汗时，运动强度可小些，千万不可马上脱衣服。

看电视时怎样保护眼睛 >>>

看电视时应当坐到屏幕的正前方，与屏幕的距离最好保持电视机屏幕对角线的 5 倍多，坐得太近或者斜视时，眼睛的晶状体和肌肉就必须用力进行调节，时间过长，眼睛就会感到疲劳。电视机摆放的高度应与人处于同一视平线上，或者稍微低于观众的视平线，这样，头部和颈部的肌肉就会感到比较放松。看电视的时间不宜过长，最好每隔 1 小时休息一会儿，休息时可以闭会儿眼睛，或者揉揉眼睛，或者远眺。少年儿童神经系统的发育不够健全，所以最好不要长时间地看电视。在黑暗的地方看电视，电视屏幕与周围黑暗背景的对比较强烈，容易使眼睛疲劳。最好是在电视机的旁边放一个小灯，或是利用室外的散射光。

空调室内须防病 >>>

空调室内，空气不流通，人最容易染上肺炎、结核病等。如果空调室内没有空气交换设备，由于空气不对流，室内一氧化碳、二氧化碳等有害气体会不断累积，负离子减少，浓度增高，让人产生记忆力下降、精神不振、头晕等症。空调室内湿度较低，很干燥，如果长时间待在里面，还会使咽喉干燥甚至使人有疼痛的感觉。同时，这种环境易使皮脂和汗腺的功能失调，使皮肤感到疲劳，易产生皱纹、过敏等症状。

为了预防以上疾病，在安装空调时，应同时安装一台换气扇；另外，打一盆清水放在室内；每天早晚坚持开窗开门两三次；老年人的居室温度应调在 26℃左右为宜，室内室外温差一般保持在 6 ~ 8℃之间。

使用电脑保健 >>>

为保护人体健康，必须对电脑操作人员工作的电磁场强度或功率密度进行定期或不定期测量。我国暂定为 40 微瓦／立方厘米，每天辐射时间不超过 6 小时。电脑操作人员平时要注意锻炼，增强对微波辐射损害的抵抗能力，饮食上多补充蛋白质、高维生素和磷脂类食品。有条件的可在操作室内安装一台空气负离子发生器。

仙人掌可防辐射 >>>

仙人掌吸收辐射的能力特别强，可以利用仙人掌减少室内辐射。例如，如果经常在屏幕前工作，可在计算机或电视机前放置一盆仙人掌，这样即可减少电磁波对人体的危害。

用水熨法保健 >>>

用热水袋或玻璃瓶装上适度的热水，塞好瓶（袋）口即可熨于患处。可用于腹痛、腰背酸痛、四肢发凉等症。

用醋熨法保健 >>>

先把 250 克左右的生盐放入铁锅内爆炒，再把半碗左右的陈醋洒入盐内。要边炒边洒，力求均匀。醋洒完后再略炒几下，便可用布包好，趁热熨于患处。可用于痛经、小腿抽筋等症。

用姜熨法保健 >>>

将 250 克左右的鲜生姜（带皮）捣碎，挤出些姜汁盛于碗中。然后把姜炒热，用布包好，即可熨于患处。待姜凉后，可在姜渣内再加些姜汁，再炒再熨。可用于小便不通、腹部胀气等症。

用葱熨法保健 >>>

用 500 克左右的鲜大葱白捣碎放入锅中炒热（也可加入少许生盐同炒），然后用布包好扎紧，趁热熨于患处。可用于小便不通、腹部胀气等症。

用盐熨法保健 >>>

用 250 克左右的粗生盐，放入锅内用急火爆炒。炒热后用纸包好，外加一层布扎紧，趁热熨于患处。可用于腹痛腹泻、流虚汗、头晕眼花等症，也可用于缓解鸡眼。

橄榄油可保健 >>>

橄榄油有保健的作用，如皮肤烫伤者可用橄榄油外敷，可减轻疼痛，愈后不留疤痕；服用橄榄油，每日一次，每次 10 ~ 15 滴，连服 2 ~ 3 天，可缓解风火牙痛和咽喉肿痛；服用橄榄油，每日 3 次，每次 15 ~ 20 毫升，连服 2 ~ 3 天，可缓解大便干结、痔疮红肿出血；因血压升高而发生头痛头晕，可服橄榄油 2 汤匙，有助于降压和缓解症状。

自制茶叶枕有益健康 >>>

如何自己制作一个茶叶枕呢？可将泡饮后的茶叶晒干，再加入少量茉莉花茶，拌匀装入枕头即可制成茶叶枕。因茶叶含有芳香油、咖啡因、茶碱、可可碱、茶丹宁等，有降压、清热、安神、明目等功效，所以茶叶枕可缓解头晕目眩、神经衰弱等症，且有利于睡眠。

勤洗鼻孔好处多 >>>

每日经常用水清洗鼻孔处，可以清除鼻孔处、鼻孔内的一些脏物，保持鼻孔内清洁，增加每次吸入的新鲜空气量。同时，冷水刺激鼻孔，有缓解感冒、增强体质的作用。洗鼻孔的方法是：将杯靠在鼻孔处，呈鼻孔"喝水状"而呼吸，或用手掬水，吸到鼻孔满即可。然后用力喷出，连做几次，一直到喷出的都是水而没有脏物时为止。

怎样在纳凉时避蚊子 >>>

在炎热的夏天，大家都愿意在外面乘凉，但是蚊子却使人无法安宁。只要用 2 个八角茴香泡半盆温水洗澡，蚊子就不敢靠近了。

秋天吃藕好处多 >>>

藕性温，含有丰富的单宁酸，可以起到收敛和收缩血管的功能。生食鲜藕或挤汁饮用，对咯血、尿血等患者能起辅助治疗作用。莲藕还含有丰富的食物纤维，有助于缓解便秘，促使有害物质排出。

冬天锻炼可补阳气 >>>

经常进行体育锻炼是保存阳气的最好方法。比如进行清晨散步、跑步和游泳等活动，都能达到良好的效果。用凉水洗脸或是擦身也能锻炼自己耐寒的能力。锻炼御寒能力可先从凉水洗脸开始，但绝不是一下子就用凉水洗，而是循序渐进，今天使用热水，明天稍凉一点儿，直到完全适应凉水，才能达到锻炼的效果。

冬天不要盖厚被 >>>

如果盖太厚的棉被，当人仰卧时，胸部会被厚重的棉被所压迫，进而影响呼吸运动，减少肺的呼吸量，致使人吸入氧气较少而产生多梦。棉被太厚，人们睡觉时被窝热度必然升高，而被窝里太热，会使人的机体代谢旺盛，热量消耗大大增加，汗液排泄增多，从而使人烦躁不安，醒后会感到疲劳、困倦、头昏脑涨。夜里盖太厚的棉被，不但使人体散热增加，毛孔大开，而且由于冬季的早晨外界气温较低，起床后很容易因遭受风寒患感冒。

心理保健

清晨减压法 >>>

在洗漱室抬眼就能看见的地方挂上一幅赏心悦目的风景画，每天刷牙前先想象一下自己就在那画里面。让自己冥想几分钟，体内压力荷尔蒙的水平顿时会下降很多。

巧用名言激发工作热情 >>>

在头脑中酝酿一句能对自己产生积极和强烈共鸣的名言警句，每天出发上班前，在头脑中将这句话回放 5 分钟，会使心绪更积极向上，以更好的热情投入到工作中。

利用塞车时间放松身心 >>>

塞车时，别光顾着抱怨交通的糟糕状况，不妨进行呼吸放松。集中丹田（小腹）位置，做"4－7－8"呼吸法——先呼气，再以鼻吸气，默数 4 下，闭气 7 下，再用口呼气，带出"咻"声，默数 8 下。这样做不但可以使浮躁的心灵平静，还可以缓解失眠症状。

指压劳宫穴去心烦 >>>

每天指压劳宫穴约 30 分钟，可解除烦躁不安。劳宫穴认穴方法：握拳，中指的指尖所对应的部位就为劳宫穴。

多闻花香心情好 >>>

植物和花卉可舒缓神经紧张，给人带来轻松愉悦的好心情。

办公室头脑清醒法 >>>

每天上班，到了办公室以后，深呼吸一下，用手指尖顺着头发的方向用力在头部循环梳理一下头发，可清除头部的紧张感，让头脑有清醒感，更好地投入工作。

抱抱婴儿可缓解低落心情 >>>

心情低落时，多抱婴儿（别人的也行），会激发潜藏在心底的爱，让人变得包容、关怀、勇敢而积极。触摸老人家的手也有相同效果。

▲抱抱婴儿可缓解低落心情

长吁短叹有益健康 >>>

长吁短叹是人们在遇到悲伤、忧虑、哀思、痛苦或者不顺心的事时，人体产生的一种生理现象。当人们在悲哀惆怅的时候，长吁短叹几次，有安神解郁的坦然感，在工作、学习紧张疲劳的时候，长吁短叹一番，会有胸宽神定的豁达感；就是心满意足，愉快兴奋之时，长吁短叹一次，也会顿觉轻松愉快。

深呼吸可缓解压力 >>>

当感觉到情绪开始紧张或者焦虑时，做几个深呼吸，对于缓解压力、消除焦虑和紧张有很大帮助。因为当人的情绪开始焦虑或紧张时，心脏跳动会加速，通过深呼吸可以调节呼吸的频率，从心理上认为焦虑情绪已经过去。

唱歌可培养自信 >>>

如果情绪低落，人缘欠佳，做事多阻碍，最好去唱歌。唱歌能练气，抒发情绪，培养自信心。

呼吸平稳可减轻精神压力 >>>

当感情冲动或精神紧张时，人会不由自主地屏住呼吸，或者呼吸短促，这只会加重精神压力。此时应调整呼吸，尽量让自己恢复正常呼吸。

回忆过去可缓解压力 >>>

常回忆童年趣事，拜访青少年时的朋友，这样故地重游，旧事重提，仿佛又回到童年时代，可以暂时释放压力。

多与人交往，摆脱孤独 >>>

每个人都有一种归属的需要，会习惯地把自己视为社会的一员，并希望从团体中得到爱。研究发现人际交往有助于身心健康，心情低落时，千万不要因为怕别人不高兴而把自己同他人隔绝开来，孤独只会使抑郁状态更加严重。

散步有利身心健康 >>>

散步是一种廉价、便捷、低风险的运动形式，它是压力的克星，能使人变得更加积极，而且给身患抑郁症等心理疾病的人提供了一种非药物治疗方法。

香精油的妙用 >>>

香精油能够缓解精神疲劳，帮助睡眠。心情低落时可以将香精油放置于一碗蒸馏水中（2～3滴）、浴缸中（5～6滴）或在枕边（1～2滴）。

多糖饮食缓解抑郁 >>>

糖类可透过血清素的提升来舒缓压力和改善情绪，当焦躁不安和精神沮丧时，适当进食一些甜品和果汁，能让心情放轻松，使紧绷的神经得到舒缓。

心情低落应避免喝咖啡 >>>

研究证明，大量饮用咖啡的精神障碍

▲香精油的妙用

患者更可能患抑郁症，而且咖啡成瘾者都有抑郁症状。如果是焦虑症患者，长期饮用咖啡进行提神，就会加重焦虑症的症状。可乐等现代饮料中也含有咖啡因，均能引起神经亢奋。所以心情低落时，尽量避免喝这类饮品。

跑步可缓解压力 >>>

研究表明，跑步时大脑会分泌一种功能类似吗啡的化学物质，它不但能止痛，还能给人以愉快感，对减轻心理压力具有独特的作用。选择跑步时间在傍晚为宜，每周至少3次，每次坚持30分钟以上，可以快跑、慢跑和快走相结合。

指压法缓解抑郁 >>>

情绪抑郁时，屈曲右膝关节，将拇指置于膝内侧皱折处，正好在膝关节下方，按压1分钟左右，然后重复左腿。每条腿按压2～3次，可有助于改善抑郁症状。

"斗鸡眼"缓解心情烦躁 >>>

在白纸上画两个点，两点相隔2.5厘米左右。盯住两点之间的距离，但要使其处于眼睛的焦距之外，盯着看，直到两点重叠。放松，然后重复3次。很快浮躁的心情就会平静下来。

巧用光亮消除抑郁 >>>

日光及明亮的光线能够预防忧郁，在天气阴暗的日子里，最好待在灯火通明的室内，另外，每人接受2小时的晨光对消除忧郁很有帮助。

倾诉流泪减压法 >>>

心情极为难过时，向好朋友倾诉内心的感受和心事，不要把所有事情都闷在心里。当愈说愈难过时，不妨尽情地哭一场。流眼泪是一种绝佳的发泄方式，尤其在知道自己为何而哭时。

适当发泄有助减压 >>>

愤慨难当时，可以找个安静的角落大骂几句，但是要保证发泄简短、私密并有一定控制。也可以将洋葱剁成碎片，将牛排砸成肉酱，或者将花生磨成粉末，这种对他人无害的破坏是提升情绪的根本方法。

信笔涂鸦可减压 >>>

心情烦闷时，不妨立刻坐下来画画，颜色能洞悉情绪。例如，选用红色可能代表愤怒，黑色代表悲伤，灰色代表焦虑。通过选择不同颜色，可以安全地释放内心的焦虑和烦躁。

情绪不佳时避免做重大决定 >>>

当人情绪不佳时，判断力也会受到影响，这个时候做出的决定往往是错误的、偏激的。清醒之后，反而会为自己的行为感到更加烦恼。生活里的重要决定都要留待情绪稳定时才做。

白袜子可提升情绪 >>>

白袜子会让人顿时感觉到有一股运动气息，更自由、更轻快、更开朗。

按摩法消除紧张 >>>

❶用大拇指指腹轻轻按住太阳穴，顺时针揉按15下左右，可以松弛颈部和其他部位的肌肉。

❷用手按揉印堂、百会、气海、涌泉等穴位1～2分钟，对于这些穴位的按摩，能起到很好的安神作用，对焦虑症患者的失眠症状有非常好的缓解效果。

热水泡澡可缓解焦虑 >>>

当人处于紧张和焦虑的状态下，身体的血液循环较慢，而且流到四肢的血液量随之减少。而热水可以起到促进血液循环的作用，帮助消除焦虑的一些不良反应，使身体得到放松。如果在睡前30分钟洗浴，对于睡眠也有很大的帮助。

转移注意力可减压 >>>

当焦虑紧张的情绪来袭时，不妨将手头的事情放一放，眺望一下远方，或者闭上眼睛小憩一会儿，去走廊里走一会儿等。这些方法都能够起到缓解焦虑的作用。

心理疲劳识别 >>>

人们在经过繁重体力劳动或大运动量的锻炼之后，会感到浑身乏困，这称为"肉体性疲劳"。生了病或感到四肢无力叫作"疾病性疲劳"。还有一种疲劳，精神上表现为疲惫不堪，却又查不出病因，这叫作"心理性疲劳"。如果出现头部昏晕、心悸、耳鸣、气短、全身无力而又查不出病因时，这就是心理性疲劳。这是由于长时间感情上的纠葛、不安、忧郁和焦虑造成的。心理性疲劳在人体的各种疲劳中最为严重，如不及时消除，久而久之会诱发疾病。

心理异常识别 >>>

不同类别的人存在着不同种类的心理问题，其表现方式也呈现多样化。

老年期心理问题：包括老年人的自卑、孤独、恐惧、忧郁、失落、多疑等心理问题。

更年期心理问题：常称"更年期综合征"，表现为月经紊乱、情绪不稳定、自主神经紊乱、恐惧、紧张、敏感、焦虑、多疑等。

性心理异常：包括阳痿、早泄、异装癖、性冷淡、窥阴癖、恋物癖等。

疑病心理：指对自身的健康过分紧张，常常怀疑身体某个部位不适，并伴有焦虑等症状。

厌食心理：指一种以厌食、闭经、消瘦、虚弱为特点的女性心理疾病，这与通过盲目节食来达到减肥效果的错误做法有关。

成瘾行为识别 >>>

成瘾行为是异乎寻常的额外的一种嗜好和习惯。某些嗜好却能危害人体健康甚至威胁社会安全，这类嗜好属于病态的成瘾，如吸毒、酗酒、赌博、吸烟、网络毒瘾等。成瘾的步骤分为瘾、癖、迷。三者追求致瘾源欲望的程度中：瘾最重，癖居中，迷较轻，不过这只是相对的划分。在现实生活中，瘾、癖、迷之间并没有严格的界限。如赌博既可以称赌博迷，又称赌博癖，也有人称为赌博瘾。人们在现实生活中无需对瘾担惊受怕，因为并非所有的人都会成瘾。成瘾的基础是性格，那些具备缺乏独立性、意志薄弱、外强中干、抑郁内向等人格特征的人，极易对致瘾源产生成瘾行为。

非心理疾病的异常心理辨别 >>>

有的心理异常是在特定条件之下产生的，且维持的时间不长，这类心理异常就不属于心理疾病。

错觉：在恐惧紧张，光线暗淡及期待等心理状态下，正常人可能出现错觉，但在反复验证后可以得到迅速的纠正。成语"杯弓蛇影""草木皆兵"等反映出来的事例都是典型的例子。

幻觉：在迫切期待的情况下，正常人有时会觉得自己听到了"叩门声""呼唤声"，经过确认后，自己意识到是幻觉现象，医学人士称之为心因性幻觉。正常人在睡前和醒前偶尔有幻觉现象，不能视其为病态。

疑病现象：很多人都有将身体某个部位轻微的不适现象看作严重的疾病，并且反复地多次检查的经历，这种现象在亲友、邻居、同事因某病英年早逝或意外死亡后较易出现。但在检查后排除相关疾病的可能性，并接受医生的劝告的，属正常现象。

精神抑郁症识别 >>>

抑郁症，表现为持久性的（2周以上）情绪低落，并伴有相应的思维和行为障碍。抑郁症的病因目前还不确切，研究认为可能与遗传因素和体内神经介质如血清素的含量不足以及神经受体的功能降低有关。季节的变化、秋末冬初和精神刺激可视为诱发条件，梅雨天气更能促使抑郁病症加重。抑郁症常见于自尊心强、做事认真、固执刻板、追求完美、心理承受能力差、人生中多顺少挫、精神和生活负担重的人及体型瘦弱的人，30～45岁的女性易患。

抑郁症是可以治疗的，首选的治疗抑郁症的是抗抑郁药物。治疗抑郁症关键是早期识别，加强监护，严防自伤自杀。

用美消除精神压力 >>>

听音乐：欣赏自己喜欢的乐曲，以达到忘我的境界，从而将烦恼忘掉。

打扮美容：一旦发现了美，就会使心情感到舒畅，情绪也随之会好起来。

使家中芳香：休息的时候，在房中插一束鲜花或点一支香。

用行为消除精神压力 >>>

❶在做事的时候，不要顾虑太多，只要尽力就好。

❷可将忧虑、烦恼的心情反复地写在纸上。

❸多参加一些集体的义务活动，可从中寻到乐趣。

❹当不想接受某个邀请或工作时，不要勉强答应。

❺可每天花点儿时间来做些家务，这样，不但不会觉得累，反而还会慢慢消除疲劳。

适度宣泄消除精神压力 >>>

❶把心中的牢骚、郁闷对朋友谈出来，以获得安慰。

❷呼喊和欢笑：当想发泄的时候，可在高山或人少的公园里大叫、大笑。

❸当遇到困难的时候，要敢于谈出来，不要憋在心里。

精神压力自然消除法 >>>

要学会自我放松。如在眼上敷上一块湿润的眼罩休息15分钟左右。要有充足睡眠，睡眠好了，可使精神振奋。可用月光战胜精神压力，晚上到外面呼吸一下新鲜空气可以缓解紧张的情绪。慢慢地吸气或呼气，可以缓解精神压力。

调节不良激情 >>>

❶自我提醒：可借助内心语言来进行自我提醒，如"冲动会出问题""要冷静"等来帮助自己克服激情。

❷拖延激情：将激情爆发的时间推迟，使之平息或减弱。如先转10圈舌头，激情就会平息很多。

❸转移意识：有意识地将注意力转移到其他事物上，丢掉或减弱激情。

❹调节心境：调节惆怅、忧郁和苦闷等消极的心境。

❺倾听劝慰：要注意理解或倾听别人的劝慰。

"情疗"改善心理失衡六法 >>>

"情疗"，即以情抵情，具体来说为通过一种情感来抵消另一种情感反应的过激之"量"，以重新恢复"阴平阳秘""五行相生"到和谐状态，从而使病情获得缓解。"情疗"有如下几种基本方法：

喜疗：主要克服抑郁、忧伤以及过度愤怒等病症，方法为让患者心中喜悦，笑逐颜开。

怒疗：主要为控制一些病态情绪，如过度的喜、思等，方法为让患者大怒。

恐疗：主要为制止患者的病态情绪，如过喜等，方法为人为地采用一些惊恐手段。

悲疗：主要为消除患者内部的郁气和过度愤怒的情绪，方法为让患者产生悲痛感。

乐疗：主要为调节、抑制甚至消除与之对立的悲哀情绪，方法为创设快乐环境，使患者高兴起来。

爱疗：引导患者对某物特别关爱，主要为抵制与其相对立的厌恶感。

失恋精神萎靡消除法 >>>

人们失恋以后，情绪通常就会一落千丈，甚至出现四肢乏力、不思饮食、精神萎靡、夜不能寐等症状。研究人员认为这是一种病态，并将之称为"失恋综合征"。"恋爱病"的产生是由于人体内一种物质——苯乙胺产生波动所引起的，在正常情况下，人体内的苯乙胺浓度处于相对的稳定状态。在热恋时，大脑的活动促使体内苯乙胺的含量骤增，从而使人处于兴奋状态。而在失恋时，人体内的苯乙胺含量又骤减，便使人处于精神抑郁状态。许多患"恋爱病"的人在失恋时非常爱吃巧克力，因为巧克力内含有大量的苯乙胺——正好可弥补了人体苯乙胺含量的不足。当然，巧克力只能治标不能治本，心病还需心药医，青年人在失恋后要及时转移注意力，可以通过参加一些有益身心的文体活动，从中寻找一些兴趣爱好，多结交一些谈得来的朋友，及时发泄胸中的抑郁之气，这才是预防和改善"恋爱病"的根本方法。

第六章

缓解病痛小窍门

感冒、头痛

冷水擦背防感冒 >>>

当身体内部有发冷的感觉时，这就是感冒的前兆。所以，在感到身体不舒服时，就要采取预防措施。早上起床后，用干布蘸冷水，摩擦背部上方20～30次，直到背部发热为止。最好临睡前再做一次，必可收到效果。

洗脸防感冒 >>>

每天早晨洗脸时，将冷水轻轻吸入鼻腔进行清洗，既刺激鼻腔又打扫了卫生。鼻腔经过这样的每日一练，渐渐习惯了低温，再有冷空气入侵，也就见怪不怪，不会动不动就感冒了。

冰糖蛋汤防感冒 >>>

下面的方法预防感冒很管用：冰糖放在杯底，加进1只新鲜鸡蛋，然后注入滚烫的开水，用盖子盖好，半分钟后，掀起盖子，以汤匙搅拌，趁热喝下即可。此方还有增强体力、缓解咳嗽的作用。

葱姜蒜缓解感冒初发 >>>

感冒初发的时候，身体尚未发汗。而在中医的诊断上，发汗与否非常关键。若已发汗，表明已是里证，而不发汗则表明仍是表证，病毒尚未侵入内脏，此时可用葱姜蒜来缓解：

❶温一点儿大蒜液汁来喝，或是将切碎的大蒜和切碎的姜泡热开水或拌面吃，冒出汗后即见效。

❷葱白6根切片，放入研钵捣碎，老姜30克切片，和豆豉12克一起入锅，加一杯水熬至只剩半杯的浓度，沥出残渣，趁热喝下，多穿衣服或闷在棉被中，使身体出汗即缓解。

酒煮鸡蛋缓解感冒 >>>

得了感冒，可将100毫升的黄酒放入锅中煮，使酒精蒸发掉一部分后，打入鸡蛋1只，搅拌，再加入蜂蜜或砂糖适量，也可加入少许开水冲淡酒味。喝过蛋酒，好好睡一

▲冰糖蛋汤防感冒

觉，隔天就没事了。医学证明，鸡蛋可增强免疫力，而酒精则具有轻微麻痹作用及解热作用。

药水擦身缓解感冒 >>>

柴胡、荆芥、紫苏、薄荷各 30 克（4 岁以下幼儿各 20 克）。上药用热开水 1000 ~ 1500 毫升冲开后浸泡 20 分钟（或煎煮 5 分钟），去渣取药液。关闭门窗，用毛巾蘸药液（保持一定温度，以患者能耐受为宜）反复擦洗全身，每次 10 ~ 15 分钟。洗毕揩干身子，穿上衣裤，保温休息。每隔 4 ~ 5 小时擦洗一次。

一贴灵缓解风寒感冒 >>>

得了风寒感冒，一般会有畏寒发热，全身酸痛，头晕乏力等症状。这时可去中药店买麻黄、香薷各 15 克，板蓝根、蒲公英各 10 克，桔梗 12 克。将上药共研为细粉，成人一般用量约 3.5 克，儿童用量约 1 克。将药粉倒入肚脐中心，然后用一般胶布贴敷固定，勿令药粉撒漏。贴上 1 小时后，患者一般会感到全身舒适，诸症减轻，体温下降，全身无不适感，可再用 1 剂以巩固疗效。

葱蒜粥缓解感冒头痛 >>>

得了感冒的人，用大蒜 3 个、葱白 10 根切碎，加入煮熟的粥中，再熬一次，趁热吃完，多穿衣服或盖上棉被，保持身体的温暖。这种方法用来缓解初期的感冒，尤其是有头痛症状的感冒，特别有效。

缓解风寒感冒家用便方 >>>

葱白 15 克切碎、老姜 15 克切片，加茶叶 10 克，放一杯半的水同入锅，煮好，沥去残渣，将汤汁倒入杯中，趁热服用，并注

▲缓解风寒感冒家用便方

意不要受风寒。材料中的茶叶，对缓解头痛很有效用，近来的感冒药中，大多含有茶叶的成分。

用葱缓解感冒鼻塞 >>>

感冒时，如因鼻塞而感到呼吸困难，可用葱来缓解。

❶把生葱的葱白部分切断，将切口处放在鼻孔前用力呼吸，数分钟后，鼻塞的现象自会缓解。如果鼻塞的症状太严重时，可将生葱的葱白部分，垂直方向切开，取出葱白内带有刺激性黏液的薄膜，贴在鼻孔下，5 ~ 10 分钟后，呼吸就会畅通，这时再取下即可。

❷取葱白适量、捣碎过滤取汁，加生理盐水配成 40% 溶液，装瓶备用。用时每日滴鼻 3 ~ 5 次，每次 2 ~ 3 滴，对感冒鼻塞不通也有良好效果。

吃辣面缓解感冒鼻塞 >>>

感冒初起，可吃汤面作为发散剂，面要煮得烂熟，汤要多，再加大葱一根煮熟，放入红辣油一匙，这样能发散风寒，吃完面后能使鼻塞畅通。

喝陈皮汤缓解感冒、关节痛 >>>

中年以上的人，得了感冒后，往往会引起关节疼痛，即使感冒已愈，关节痛的症状却不一定会随之消失，有时反而会恶化，甚至连下床走路都会感到十分吃力。用陈皮（干燥的橘子皮）20克，以200毫升的水煎至剩2/3的量时，趁热服下，该法对关节痛很有效果。因为关节之所以会痛，是由于身体长期过度疲劳所致，而陈皮恰好具有消除体内疲劳的功效。

紫苏黑枣汤缓解感冒、关节痛 >>>

紫苏叶10克与黑枣10颗入锅慢火熬汤。此汤有枣子甘味，药味轻，喝一大碗后，盖被小睡，待出汗后，骨痛、肌肉痛即能减轻。骨痛较甚者，除用紫苏叶之外，紫苏梗可同时用，不必弃去。凡是骨痛、肌肉痛，皆应吃发汗散表的食物，紫苏叶能疏解寒气，黑枣具有散骨节寒气的功能，可减轻患者的痛苦。

紫苏山楂汤缓解感冒、关节痛 >>>

取紫苏叶6克、山楂10克、冰糖90克，共煮5～6汤碗，尽量多饮，饮后入睡，隔天即缓解，屡试屡验。此药酸甜可口，常人亦可饮之。

芥菜豆腐汤缓解感冒 >>>

日久不愈的感冒，会有口干舌苦、食欲不振、咳嗽、生痰的症状。这时可用芥菜500克切成适当长度、豆腐半块切为3～4块、老姜10克切片、咸橄榄4个与一杯半的水，共放入锅内煮，煮好后，残渣沥出，趁热喝下，多穿衣服或盖上棉被休息，身体出汗即缓解。

葱豉黄酒汤缓解感冒 >>>

取葱30克、淡豆豉15克、黄酒50克，先将豆豉放砂锅内，加水一小碗，煎煮10分钟，再把洗净切段的葱（带须）放入，继续煎煮5分钟，然后加入黄酒，立即出锅，趁热顿服即可。

姜丝红糖水缓解感冒 >>>

风寒初起伴头痛、耳痛、无汗、口不渴，可用老生姜10克，洗净切丝，放入大茶杯内，冲入开水，盖上盖，泡5分钟，然后放入红糖15克，搅拌均匀后趁热服下。服后盖被卧床，出微汗即可。每天1次，连服2～3天。

▲ 葱豉黄酒汤缓解感冒

如果感冒是因淋雨而起，伴有寒冷腹痛的症状时，可将生姜30克切细，加红糖、葱白，以开水冲泡，或煮一沸，趁热饮后，盖被卧床，也是出汗即缓解。

"神仙粥"缓解感冒 >>>

先将糯米50克洗净后与生姜3克入砂锅内煮二沸，再放进葱白5茎。待粥将成时，加入米醋10毫升，稍煮即可。此方缓解感冒一定要趁热服用，最好服后盖被静卧，避免风寒，以微微汗出为佳。本方又名"神仙粥"，有辛温解表、宣肺散寒之功效，适用于风寒感冒兼见胃寒呕吐不思饮食者。

银花山楂饮缓解感冒 >>>

取银花30克、山楂10克放入锅内，加清水适量，用旺火烧沸3分钟后，将药汁滗入盆内，再加清水煎熬3分钟，滗出药汁。将两次药汁一起放入锅内，烧沸后，加蜂蜜250克，搅匀代茶饮。

药膏贴脐缓解风寒感冒 >>>

因受风寒而引起感冒，可用下列二方缓解：

❶取薄荷、大蒜、生姜各等份。将上药共捣烂如膏，取适量敷于肚脐，外盖纱布，胶布固定，1天换药1次。敷药后可吃热粥，经助药力，出微汗则疗效佳。

❷先将紫苏叶2克研为细末，再与适量葱白、生姜共捣为泥，制饼敷于脐上，外用胶布固定。每天更换1次，热敷2次，每次20分钟，有发散风寒之功效。

敷贴法缓解风寒感冒 >>>

❶将胡椒15克、丁香9克研末，入葱白适量捣如膏状，取适量敷于大椎穴（在背部，第七颈椎棘突下凹陷中），胶布固定；

另取药膏涂于双劳宫穴（位于掌心，握拳时中指尖下即是）；合掌放于两大腿内侧，夹定，屈膝侧卧，盖被取汗，早晚各1次，每次45～60分钟，连用2～3日。

❷取白芥子100克、鸡蛋清适量。将白芥子粉碎为末过筛，取鸡蛋1～2只，用蛋清和药末混合调如糊状，贴敷于神阙（位于脐部）、涌泉（位于足心）、大椎穴上，盖以纱布，胶布固定。令患者覆被睡卧，出微汗即缓解。

涂擦太阳穴缓解风寒感冒 >>>

感冒初起、症状不太严重时，取白芷末6克、姜汁适量，以姜汁调匀白芷末，涂擦太阳穴，每日数次，每次20分钟，有发散解表之功效。

薄荷粥缓解风热感冒 >>>

准备薄荷鲜品30克或干品10克，加水稍煎取汁，去渣后约留汁150毫升。用粳米30克加井水300毫升左右，煮成稀粥。加入薄荷汁75毫升，再稍煮热。加入冰糖少许，调化，即可食用。每日早晚食用2次，温热食最好。薄荷粥凉性，脾胃虚寒者少食。

▲薄荷粥缓解风热感冒

擦拭法缓解感冒 >>>

准备生姜、大葱头各30克，食盐6克，白酒1盅。将前3种药物合在一起捣烂成糊状，再加入白酒调匀，用纱布包起来，擦拭病人的前胸、后背、手心、脚心、腋窝等处。擦完药后，病人应卧床休息，盖被发汗。

葱头汤缓解风寒感冒 >>>

用葱头3个煎汤，临睡时热葱烫脚，再趁热服葱头汤。服后盖被，汗出则缓解。

药粉贴涌泉穴缓解感冒 >>>

用麝香止痛膏（1寸见方）2张，在其中心部位放少许感冒胶丸中药粉，分别贴在两脚的涌泉穴上。贴好后，按摩2～3分钟，一日到数日即可缓解。

豆腐汤预防缓解感冒 >>>

在流行性感冒多发季节，喝豆腐汤是预防和缓解感冒的好办法。先将豆腐250克切成小块，放入锅中略煎，后入淡豆豉12克，加水1碗煎取大半碗，再入葱白15克和调料适量，煎滚后趁热内服，盖被取汗，每天1剂，连服4～5天即可。

药酒预防流感 >>>

❶花椒50粒、侧柏叶15克捣碎，同白酒50毫升一起入瓶浸半月，在呼吸道及消化道传染病流行季节，每晨空腹温服5～10毫升。

❷苦参3克、桔梗1克捣碎后布包，同白酒250毫升入锅，文火煮10～20分钟拿下，连药包一起入大口瓶备用。春秋季及流感流行期间，每日用棉棒蘸药酒5毫升擦洗鼻孔、咽部，每日2～4次，或每次用5毫升加入温水100毫升漱口。

复方紫苏汁缓解感冒 >>>

取鲜紫苏叶50克、香菜30克、胡萝卜150克、苹果150克、洋芹100克。诸味切碎，放入果汁机内，酌加蜂蜜及冷开水制汁，滤去残渣即成。每次服1杯，1日3次。本方有疏风散寒、利尿健身之功效，除可缓解感冒外，高血压及各种病人都可饮用，以强身抗病。

香菜黄豆汤缓解感冒 >>>

香菜、黄豆做汤，有疏风祛寒之功效，做法是：将黄豆10克洗净打碎，加水适量，煎煮15分钟后，再加入新鲜香菜30克同煮10分钟，1次或分次服完。服时可加入食盐少许调味，每天1剂。

白萝卜缓解感冒 >>>

将白萝卜洗净切片，水煲，熟后加适量葱白，再烧3分钟，略加调味剂（糖、盐均可），一并服下。亦可加生姜3片，既可加强疏风祛寒之力，又可增加香味，熟后去姜或同服均可。若患有急性咽喉炎或扁桃体炎导致咽喉红肿疼痛者，另取生萝卜汁2酒盅、甘蔗汁1酒盅，以白糖水冲服，每天3次。

白芥子缓解小儿感冒 >>>

取白芥子9克，鸡蛋清适量。白芥子研末，用蛋清将白芥子末调成糊状，敷足心的涌泉穴，有清热解表的功效，可有效缓解小儿高热不退、感冒。

敷胸缓解小儿感冒 >>>

缓解小儿感冒、高热不退，可备绿豆粉100克，鸡蛋1枚。将绿豆粉炒热，取鸡蛋清，二味调和做饼，敷胸部。3～4岁小儿敷30分钟取下，不满周岁小儿敷15分钟取下，有解毒退热之功效。

咳嗽、哮喘、气管炎

葱姜萝卜缓解咳嗽 >>>

老姜10克切片，葱白6根剁碎，两者和切成5厘米宽度的萝卜片适量，放入锅中，与两杯水同煮，熬至只剩一杯水时即可，此法对咳嗽及喉咙生痰最有效，尤其是萝卜具有良好的镇咳作用。

香油拌鸡蛋缓解咳嗽 >>>

因感冒而咳嗽，可取香油50克，加热之后打入鲜鸡蛋1只，再冲进沸水拌匀，趁热吃下，早晚各吃1次，一日后咳嗽即停。

车前草汤缓解感冒咳嗽 >>>

感冒咳嗽不太严重时，可用车前草10～20克，以300毫升水煎至半量，空腹时分3次饮下，就能有良好的止咳效果。

大葱缓解感冒咳嗽 >>>

感冒大多会伴有咳嗽，以下二方可有效缓解病症：

❶大葱切碎，倒入生鸭蛋或鸡蛋一个调好，以开水注入碗中至八成满为止，趁热喝下，然后上床盖被，一觉而缓解。

❷喉咙疼痛难忍时，可将葱洗净，放铁丝网架上烤至柔软，取出放入盘中以酒浸泡，微温后，敷在喉咙上，以干净的布裹住，就可以见效。

大蒜缓解久咳不愈 >>>

用生大蒜1瓣（小者2瓣），剥去皮，切成细末，用匙送至咽部，以唾液搅和咽下（忌用开水送服），日服2～3次，喉部奇痒即能缓解。

鱼腥草拌莴笋缓解咳嗽 >>>

买鲜鱼腥草100克、莴笋500克，另准备生姜6克，葱、蒜、酱油、醋、味精、香油各适量。鱼腥草洗净，用沸水略焯后捞出。鲜莴笋去皮切丝，用盐腌渍沥水待用。姜、葱、蒜切末。上述数味放入盘内，加入酱油、

▲鱼腥草拌莴笋缓解咳嗽

味精、香油、醋拌匀后食用，能有效止咳。

枇杷叶缓解咳嗽 >>>

取鲜枇杷叶 5 片，去掉背面绒毛切成小段，用 10 克红糖炒热后加入清水 1500 毫升，再将 10 片紫苏叶、15 片薄荷叶加进去，煮沸后饮用，每次 1 碗，一天至少喝 4 碗，两天后咳嗽可缓解。

柠檬叶猪肺汤缓解咳嗽 >>>

有些咳嗽患者本身有阳虚症状，这时可准备柠檬叶 15 克，猪肺 500 克，葱、姜、食盐、味精各适量。将猪肺洗净切块，加适量水煮沸，再加入柠檬叶、葱、姜等煨汤，分顿食用。这种汤有温阳补虚、化痰止咳的功效，适用于阳虚咳嗽。

虫草蒸鹌鹑缓解咳嗽 >>>

先将鹌鹑 8 只宰杀，准备虫草（中药店有售）10 克，鸡汤 300 克，姜、葱、食盐、胡椒粉各适量。将虫草温水洗净，鹌鹑洗净后沥去水。在每只鹌鹑腹内加入虫草 2 ~ 3 条。然后放入碗内，加鸡汤及调料，上锅蒸熟。分顿食用。这道菜味道相当不错，还有温补脾肾、止咳的作用。

松子胡桃仁缓解干咳 >>>

购去皮散松子和胡桃仁各 500 克，蜂蜜 1 瓶。每次用松子 25 克、核桃仁 50 克，二者混合，用铜钵将其磨为泥状（也可用菜刀先将其剁碎，再用不锈钢勺将其磨为泥状），然后加入蜂蜜调成膏状即可食用，食后可喝温开水润喉，适用于咽痒咳嗽不止又咳不出痰者。

自制八宝羹缓解咳嗽 >>>

咳嗽大多由肺燥引起，而食用自制的八宝羹可养阴润肺，化痰止咳。八宝羹的材料是：米仁、淮山药、百合、鲜藕、松仁、红枣、麦冬、石斛各 30 克。做法是：将麦冬、石斛加水 500 毫升煎汁去渣，加入其他材料共煮熟。熟后加入白糖适量，分顿服用。

陈皮萝卜缓解咳嗽 >>>

取陈皮 10 克、白萝卜半个，加入一碗半的水后放进小锅内熬，熬至能盛一碗为止。再加进红糖适量，分成 3 份，每日吃 3 次，每次 1 份。连吃 3 天，咳嗽可缓解。

▲陈皮萝卜缓解咳嗽

蒜泥贴脚心缓解咳嗽 >>>

大蒜适量捣泥，敷双足涌泉穴，以伤湿止痛膏固定，次晨去除，连敷 4 ~ 5 次。该法对缓解咳嗽有很好的效果。

心里美萝卜缓解咳嗽 >>>

将心里美水萝卜 1 个洗净，切成片，放在火炉上或烤箱里烤至黄焦，不要烤煳了。每天晚上临睡时吃，吃上两三天，即可见效。

桃仁浸酒缓解暴咳 >>>

有的患者经常暴咳不止，十分难受，这时可取桃仁200克，煮至外皮微皱，捞出，浸入凉水搓去皮尖，晒干，装袋入2500毫升酒中浸1周，随量饮用。

橘皮香菜根缓解咳嗽 >>>

因感冒而引起咳嗽，可用橘皮和香菜根熬水，每天3次，连喝两天即可见效。

水果缓解咳嗽 >>>

❶选好梨1个，削去外皮，挖去子，放川贝粉3克，再嵌入冰糖，放入大碗中，入锅隔水慢炖1个小时左右，直到冰糖溶化，再取出食用，每天吃1次，只需月余，即可收效。

❷与梨同样具有止咳效果的水果，是凤梨和柠檬。取凤梨罐头1罐，混合1个柠檬绞成的汁，在饭前服下，连喝几次，就可见效。

柿子缓解咳嗽 >>>

咳嗽会耗费体力，喝柿子汤会帮助身体恢复健康。方法是：柿子3个加一杯水煮，煮好后加入少许蜂蜜，再煮一次，煮好后趁热服用。同时，也可用柿子蒂、冰糖各15克、梅仁10克及两杯的水，放入锅中熬至一杯水的浓度，取出分2次食用，每天1剂。

红白萝卜缓解咳嗽 >>>

患感冒、咳嗽痰多，可用白萝卜150克、红萝卜50克煮烂，加适当的冰糖，萝卜和汤同吃，缓解咳嗽有良效。

白萝卜缓解咳嗽黄痰 >>>

感冒引发的咳嗽，有时会伴有黄痰，此时可买一个白萝卜，切为半截，用小刀挖空其心，里面放冰糖及橘饼，置于碗中，放入蒸笼，待十几分钟后，即有蜜汁流出，吃时连汁带肉，功效特佳，对老年人多痰咳嗽、小孩子百日咳也很有效。

萝卜子桃仁缓解咳嗽 >>>

取萝卜子10克、桃仁30克、冰糖适量，全部放入锅中，用水煮，饮用煮好的汁液，桃仁也可食用。萝卜的种子在中医

▲柿子缓解咳嗽

里称莱菔子，它有下气平喘的功能，且能润肺，对病情较重的咳嗽及气喘颇具功效。桃仁、冰糖的润肺止咳功能也很有效。

蜂蜜香油缓解咳嗽 >>>

咳嗽不止的时候，可用蜂蜜、香油各一大匙，以铜锅煮开即溶，温时服下。如果没有蜂蜜，以滚水冲鸡蛋，喝下也有效，要放香油，但不必放盐。这个方子老少咸宜，缓解咳嗽很有效。

干杏仁缓解咳嗽 >>>

经常在晚上咳嗽的人，可买几袋脱苦干杏仁，每天吃一小把，当晚咳嗽即可明显见轻。连续吃几个晚上，即可缓解。

百合杏仁粥缓解干咳 >>>

鲜百合（干品亦可）60 克、杏仁（去皮尖）10 克，大米 60 克，白糖适量。先将大米加水适量煮数沸，再入百合、杏仁同煮，粥成后加入白糖即得。可作正餐食之，每日 1 剂。本方能润肺止咳，用于肺燥干咳效果尤好。

▲百合杏仁粥缓解干咳

猪粉肠缓解干咳 >>>

如果只是干咳，喉间痒麻麻的，有时咳至声音嘶哑，这时可买猪粉肠洗净，锅底铺上一层薄而均匀的盐，将粉肠置其上，盖好，以慢火熏熟食用，具有奇效。若是咳嗽带痰时，将猪粉肠、冰糖少许、橘饼 2 个共放入大碗中加水慢蒸，待粉肠熟透，即可食用，第二天即缓解。

梨杏饮缓解肺热咳嗽 >>>

缓解肺热咳嗽、咽痛喉哑，可先将雪梨 1 个去核切成块，加水适量，与杏仁 10 克（去皮尖）同煮，待梨熟时加入适量冰糖即成。每日 1 ~ 2 剂，不拘时，饮汤食渣。该方简便易得，味美可口，能清热润燥，化痰止咳。

蜂蜜木瓜缓解咳嗽 >>>

以成熟的木瓜 1 个去皮，放入锅里，加入适量的蜂蜜与水，蒸熟后食用。木瓜味酸，有收敛肺部的功能。脱水的木瓜就是中药的一种。蜂蜜有润肺的功能。因此，食用此方，对缓解咳嗽有很大的帮助。

烤梨缓解咳嗽 >>>

将梨泡湿，用纸包好，放入稻草的火堆中烤，烤至果皮变色为止，烤好后将梨压碎了吃。梨有润肺功能，缓解咳嗽效果很好。

油炸绿豆缓解咳嗽 >>>

缓解咳嗽，可取一长把铁勺倒上 50 克香油，坐火上烧热，起烟后放入七八粒绿豆，再用筷子不停地搅动，直到绿豆挂上黄色为止，等不烫了以后服用。服用时，要先嚼碎绿豆再与烧过的油一同吃下。

桃仁杏仁缓解咳嗽 >>>

用桃仁、甜杏仁、蜂蜜各 15 克，放进

蒸锅中蒸煮，食用前加入少量老姜绞汁，即能对咳嗽的缓解发挥很大的效用。桃仁能促进血液的循环，而杏仁有去痰作用。另外要注意，杏仁分苦杏仁与甜杏仁两种，一般中药用的是苦杏仁，但如果是长期食疗，选甜杏仁较为适宜。

丝瓜花蜜饮缓解咳嗽 >>>

缓解肺热咳嗽，可取丝瓜花 12 克放茶杯内，用沸水冲泡，加盖，15 分钟后再加入蜂蜜 20 克，搅匀，去渣，趁热饮服，每日 2 ~ 3 剂。一般 3 天内可缓解。

莲藕缓解咳嗽 >>>

买小而嫩的莲藕 500 克，洗干净，用刀刮去上面的杂色点，以刮板刮刨成丝。用纱布包住，用力挤渣，500 克的莲藕约可出 250 克汁。先以半碗水及一汤匙冰糖煮沸，待冰糖溶化，将藕汁倒入冰糖水中，一边倒一边搅匀，趁热喝下，一次即可见效。

缓解咳嗽验方一则 >>>

有的患者咳嗽痰多，整晚无法入眠，脸面水肿，这时以蚌粉置新瓦上焙久，拌以青黛少许，用淡盐汤滴香油数点调服，颇有神效。

姜末荷包蛋缓解久咳不愈 >>>

缓解因风寒引起的气管炎，可取生姜 1 小块，鸡蛋 1 只，香油少许。将生姜切碎，姜末撒入蛋中，卧荷包蛋熟后趁热吃下，每日 2 次，数日后咳嗽即缓解。此方疗效颇佳，久咳不愈肺部无异常者可尝试。

炖香蕉能缓解咳嗽 >>>

日久不愈的咳嗽，备香蕉 2 只、冰糖 30 克。将香蕉剥皮，切成 1 厘米见方的小块，冰糖捣碎，加入半饭碗冷开水，入锅用水炖约 10 分钟，冰糖溶化冷后，即可食用。经过这样处理过的香蕉非常难吃，舌头会发麻，但若每晚服用 1 次，只需一星期咳嗽即可缓解。

麦芽糖缓解咳嗽 >>>

买 1500 克麦芽糖，装在玻璃瓶中，病重时，每 15 ~ 20 分钟抓一撮拇指大小的麦芽糖吃下，随着病症的减轻，逐渐延长到 30 ~ 60 分钟吃一次，也就是感到喉咙痒想咳时就吃，如此最慢 2 个星期即可缓解。发病期间，避免吃辛辣的东西。

常服百合汁可缓解咳嗽 >>>

备野百合 60 克，甘蔗汁、萝卜汁各半杯。将百合煮烂后和入两汁，于临睡前服下，每日 1 次，常常服用效果好，对于虚弱的患者，于病后容易得气管炎或肺结核，吃了更为有效。

小枣蜂蜜润肠缓解咳嗽 >>>

500 克小枣洗净放入砂锅内，加清水 750 毫升烧开后，转入小火熬煮八成熟时加蜂蜜 75 克，再煮熟后凉凉，放入冰箱内，加上保鲜纸，随食随取，有润肠、止咳的食疗作用。

加糖蛋清缓解咳嗽 >>>

有的患者咳得咽喉发痛，咳嗽很厉害。取几个新鲜的鸡蛋，只用蛋清，充分搅拌，加上适量白糖再搅拌，到成为泡沫状止，每半小时服用一匙，较严重的，可每隔 1 刻钟服 1 次，效果奇佳。

白糖拌鸡蛋缓解咳嗽 >>>

缓解慢性支气管炎引起的咳嗽不止，可取鲜鸡蛋 1 只，磕在小碗内，不要搅碎蛋黄、蛋白，加入适量白糖和一匙植物油，放锅中隔水蒸煮，在晚上临睡前趁热一次吃完。一般2~3次即可缓解。咳嗽顽固的可多吃几次。

蒸柚子缓解咳嗽气喘 >>>

老年人咳嗽气喘，取柚子1个去皮，削去内层白髓，切碎，放于盖碗中，加适量麦芽糖或是蜂蜜，隔水蒸至烂熟，每天早晚一匙，用少许热黄酒服下，止咳定喘的效果颇佳。

自制止咳秋梨膏 >>>

将梨洗净，切碎捣烂取汁液，小火熬至浓稠，加入蜂蜜搅匀熬开，放凉后即是秋梨膏，可常服，有润肺止咳的功效。

猪肺缓解咳嗽 >>>

用猪肺1个、萝卜1块、杏仁8克加水煮熟食用，可缓解因肺部衰弱引起的咳嗽。这里用猪肺来恢复肺部的功能，与中医上"同物同治"的说法相符，这是长年经验累积的结果。如果因肺部衰弱而常患感冒，则可安排在日常三餐中服用，可以使肺恢复原有功能。

麦竹汁缓解咳嗽 >>>

缓解咳嗽，可选择较新鲜的麦竹，将两节之间有30厘米的部分砍下，一头用火烤，另一头就会流出澄清的水来，以杯子接住此水，每天早、晚及饭前饮用，大有助益。

茄子缓解咳嗽 >>>

将茄子磨成汁，喝下一杯，或取茄子蒂晒干后，熬成汤汁饮服。此法对因咳嗽而无法入睡，或痰里杂有血液的情况，最为有效。

烤柑橘能缓解咳嗽 >>>

将未完全熟透的柑橘去蒂，以筷子戳1个洞，塞入食盐约10克，放于炉下慢烤，塞盐的洞口避免沾到灰。烤熟时，塞盐的洞口果汁会沸滚，约5分钟后，取出剥皮食之，能缓解咳嗽。咳嗽较严重者，可于果汁沸滚后先取出，加入一些贝母粉再烤熟，效果更佳。

烤红皮甘蔗能缓解咳嗽 >>>

取红皮甘蔗数节，长约17厘米，放在木炭火上或炉灶里烤熟后食用，可祛痰止咳。

深呼吸止咳法 >>>

患支气管炎的人，夜间睡下总是咳嗽不止，彻夜难眠。这时用力做缓慢而深长的呼吸，很快就能缓解咳嗽，安然入眠。如果中间醒来，继续用深呼吸法，仍能止咳入眠。

缓解小儿咳嗽一方 >>>

有的小孩春夏季常轻咳不愈，缓解时可用百合10克、鸭梨半个、川贝1克煮水，每日1剂，分两次服，见效很快。

简单方法缓解哮喘 >>>

哮喘发作时，可让患者安静、缓慢地从床上坐起或坐在椅子上，然后喝水，以喝热开水为宜，水温以不烫口为限，喝至周身发热后，哮喘可很快缓解。

哮喘发作期疗方 >>>

冬瓜子15克，白果仁12克，麻黄2克，白糖或蜂蜜适量。麻黄、冬瓜子用纱布包，与去壳白果同煮沸后用文火煮30分钟，加白糖或蜂蜜，连汤服食。本方具有清肺平喘之功效，适用于哮喘发作期。

仙人掌缓解哮喘 >>>

仙人掌适量，去刺及皮后，上锅蒸熟，加白糖适量后服用，对哮喘病疗效甚佳。如一时疗效不明显，可多服几次。

炖紫皮蒜缓解哮喘 >>>

紫皮蒜 500 克去皮洗净，和 200 克冰糖同放入无油、干净的砂锅中，加清水到略高于蒜表面，水煮沸后用微火将蒜炖成粥状，凉后早晚各服一汤匙。

萝卜荸荠猪肺汤缓解哮喘 >>>

白萝卜 150 克，荸荠 50 克，猪肺 75 克。白萝卜切块，荸荠、猪肺切片。3 味加水及作料共煮熟食用，可缓解痰热引起的哮喘症。

缓解哮喘家常粥 >>>

芡实 100 克，核桃肉 20 克，红枣 20 颗。将芡实、核桃肉打碎，红枣泡后去核，同入砂锅内，加水 500 毫升煮 20 分钟成粥。每日早晚服食。本方补肾纳气，敛肺止喘，可缓解肺肾两虚型哮喘。

葡萄泡蜂蜜缓解哮喘 >>>

缓解哮喘，可备葡萄、蜂蜜各 500 克，将葡萄泡在蜂蜜里，装瓶泡 2 ~ 4 天后即可食用，每天 3 次，每次 3 ~ 4 小匙。

栗子炖肉缓解哮喘 >>>

缓解肾虚引起的哮喘，可准备栗子 60 克，五花肉适量，生姜 3 片。以上各料分别切丁，共炖食，常吃有效。

缓解冬季哮喘一方 >>>

缓解冬季哮喘，可备蜂蜜、黄瓜子、猪板油、冰糖各 200 克。将黄瓜子用瓦盆焙干研成细末去皮，与蜂蜜、猪板油、冰糖放在一起用锅蒸 1 小时，捞出板油肉筋，装在瓶罐中。在数九第一天开始每天早晚各服一勺，温水冲服。

腌鸭梨缓解老年性哮喘 >>>

准备鸭梨 5 千克，大盐粒 2.5 千克。将鸭梨洗净擦干，在干净的容器中撒上一层大盐粒，然后码上一层梨，再重复撒盐放梨，直到码完为止。从农历冬至腌到大寒即可食用。用此法腌制的鸭梨香甜爽口，对老年性哮喘疗效很好。

小冬瓜缓解小儿哮喘 >>>

小冬瓜（未脱花蒂的）1 个，冰糖适量。将冬瓜洗净，刷去毛刺，切去冬瓜的上端当盖，挖出瓜瓤不用。在瓜中填入适量冰糖，盖上瓜盖，放锅内蒸。取瓜内糖水饮服，每日 2 次。本方利水平喘，可辅治小儿哮喘症。

蒸南瓜缓解小儿寒性哮喘 >>>

南瓜 1 只（500 克左右），蜂蜜 60 毫升，冰糖 30 克。先在瓜顶上开口，挖去部分瓜瓤，纳入蜂蜜、冰糖盖好，放在盘中蒸 1 小时即可。每日早晚各服适量，连服 5 ~ 7 天。

生姜黑烧缓解气管炎 >>>

急性的支气管炎会引起激烈的咳嗽，缓解咳嗽最好的特效药是黑烧生姜。做法是：把生姜放入平底锅里，盖上锅盖，用弱火烧，一会儿就冒出白烟，约 4 小时后变成青烟，这时就可熄火，待锅冷却后，打开盖子于睡前取 2 ~ 3 克的生姜，用开水冲服。一般到了次日早晨醒来，咳嗽就会缓解。

丝瓜叶汁缓解气管炎 >>>

将丝瓜叶榨汁，即成丝瓜水，每次服 50 ~ 60 毫升，一日 2 ~ 3 次。本方对气管炎引起的吐脓痰、咳喘、咯血颇有疗效，也可缓解肺痈。

缓解慢性气管炎一法 >>>

缓解慢性支气管炎，可用桂圆肉、大枣、冰糖、山楂同煮成糊状，其中以大枣为主，桂圆肉一个冬天500克就够了，冰糖、山楂适量即可。这种糊一次可多煮些，放在冰箱冷藏室保存。每年从冬至开始，共服用81天，有明显效果。

南瓜汁缓解支气管炎 >>>

秋季南瓜败蓬，即不再生南瓜时，离根2尺剪断，把南瓜蓬茎插入干净的玻璃瓶中，任茎中汁液流入瓶内，从傍晚到第二天早晨可收取自然汁一大瓶，隔水蒸过，每服30～50毫升，每日2次。此方缓解慢性支气管炎有良效。

百合粥缓解支气管炎 >>>

先用水将粳米50克煮成粥，将熟前放入百合50克，续煮至熟即可。加冰糖适量，晨起做早餐食之。如无鲜百合可用干百合或百合粉，与米同煮做粥亦可。用于肺气虚弱型慢性支气管炎。

五味子泡蛋缓解支气管炎 >>>

有一些慢性支气管炎患者，一到冬季就病情加重，这与肾虚有关。缓解方法是：冬至前后，将五味子250克煮取汁液，待冷却后放入10个鸡蛋，浸泡6～7天，每天吃1个，沸水冲服。

萝卜糖水缓解急性支气管炎 >>>

将萝卜（红皮辣萝卜更好）洗净，不去皮，切成薄片，放于碗中，上面放麦芽糖2～3匙，搁置一夜，即有溶成的萝卜糖水，取之频频饮服，有止咳化痰之效，适用于急性支气管炎。

猪肺缓解慢性支气管炎 >>>

买猪肺1个（勿水洗）约1200克，将盐铺在铁锅底部，微温火煎约一个多小时，至熟为止。欲食时将猪肺切薄片，沾锅底之盐为三餐佐膳，1日吃不完，煎热再吃，但不可超过3天。

海带缓解老年慢性支气管炎 >>>

将海带浸洗后，切寸段，再连续用开水泡3次，每次半分钟，滗出水，以绵白糖拌食，早晚各1小碗，连服1周即有明显效果。此法对于一般老年慢性支气管炎有显著疗效。

茄干茶缓解慢性支气管炎 >>>

当秋季慢性支气管炎发作、痰稠带血的时候，可在茄子茎叶枯萎时（9～10月间），连根拔出，取根及粗茎，晒干，切碎，装瓶备用。用时取茄干10～20克，同绿茶1克一起冲泡，10分钟后饮用，有很好的疗效。

冬季控制气管炎发作一法 >>>

备沙参50～100克，老母鸡1只。将老母鸡褪毛，去掉内脏后，把沙参装入鸡肚内缝上后煮熟，煮时不放调料。腊月数九天，每9天服1剂。用此方可控制气管炎在冬季发作。

食倭瓜缓解支气管炎 >>>

缓解支气管炎，可选大黄倭瓜一个，清水洗净，在把处挖一方口，装白糖500克，上锅蒸1小时，取出食用，1天3次食完为止，食用期间不可吃咸食。

腹泻、消化不良

平胃散鼻嗅法缓解腹泻 >>>

买平胃散 2 包，用布包起，放在枕边嗅其气，每次 30 ~ 50 分钟，也可用布包好平胃散 1 包放脐上用热水袋熨之，每次 30 ~ 50 分钟，一般听到肠鸣，患者觉肚中发热再熨 15 ~ 20 分钟。每日 2 ~ 3 次。可祛湿散寒、固本止泻。

核桃肉缓解久泻 >>>

患慢性腹泻伴神疲乏力时，可每天取核桃肉 20 克，分 2 次嚼服。每次 10 克，连服 2 个月。此方可有效缓解慢性腹泻。

生熟麦水缓解急性肠炎腹泻 >>>

得了急性肠炎，会有腹痛腹泻等症状，可将小麦 300 克放入铁锅中摊匀不翻动，用文火烫小麦至下半部分变黑色，加水 800 毫升煎沸，再将红糖 50 克放入碗内，把煎沸之生熟麦水倒入碗内搅匀，温服 1 剂，即可缓解腹痛、腹泻。

豌豆缓解腹泻 >>>

将豌豆煮成豌豆泥食用，能促进肠的消导作用，对缓解腹泻有一定的帮助。因为豌豆含有豆沙质，故古代的《千金翼方》说豌豆能缓解泻痢。

醋拌浓茶缓解腹泻 >>>

泡浓茶 1 杯，将茶叶沥出，加入少许醋调拌，即可饮用。古代就流传以茶止泻的说法，近来更发现茶有收敛肠、胃的功能，可以缓解疗肠、胃的发炎。醋本身是酸性的，酸能收敛肠、胃的肠滑泻痢，所以醋是很好的止泻剂。

大蒜缓解腹泻 >>>

❶取大蒜 10 个洗净，捣烂如泥，和米醋 250 毫升，徐徐咽下，每次约 5 瓣，每日 3 次。本方有消炎止泻之功效，适用于急性

▲生熟麦水缓解急性肠炎腹泻

胃肠炎之腹泻，水样便。

❷大蒜2个放火上烤，烤至表皮变黑时取下，放入适量的水煮，患者食其汁液即可。

辣椒缓解腹泻 >>>

用辣椒或辣油佐膳，可缓解久泻，辣椒虽然辛辣，但正好借助其辛辣的功力，敛肠止泻。另外，辣椒含有多种维生素，营养价值高，辣椒温中、散寒、除湿、缓解肠胃薄弱。故除了有止泻的功能外，它也有健胃的功能。

焦锅巴可缓解腹泻 >>>

服下烧至焦黑的锅巴一碗，肚子会有适感，再服一次，可缓解腹泻，这是多年传下的古方。如果将已蒸熟的馒头放在炭火上烤焦变黑，将烤焦的部分全吃掉，其效果是相同的。

焦米汤缓解风寒腹泻 >>>

将米一小杯（不必洗）倒进炒菜锅里（锅需洗净），不必放油，不停地翻炒，像炒花生仁一样，直到米粒变为焦黑为止，随即加水一碗及红糖少许，煮开后，将米汤盛起，趁热喝下（米粒不要吃）。这种汤甜甜的，且有焦米香，一喝此汤，肚子格外温暖舒服，腹泻也得以缓解。

青梅缓解腹泻 >>>

❶夏日痧气引起腹痛、呕吐、泻痢时，饮用适量青梅酒或吃酒浸的青梅一个，即可止呕、止痛、止泻。此法对食物中毒性的胃肠病同样有效。青梅酒的制法是以未熟的青梅若干，放置瓶中，用高粱酒浸泡，以浸没青梅高出3～6厘米为度，密封一个月后即可饮用。此酒越陈越好。青梅酒还可代替十滴水，作为外用药水。

❷4月中旬采下青梅1.5～2千克，洗净

去核，捣烂榨汁，贮于陶瓷锅中，置炭火上蒸发水分，使之浓缩如饴糖状，待冷却凝成胶状时装瓶。每日3～5克，溶于温水中，加白糖调味。饭前饮服，每日3次。小儿酌减。本方收敛止泻，适用于急性胃肠炎的辅助治疗。

▲青梅缓解腹泻

苦参子缓解腹泻 >>>

溽暑煎熬下，引发肚子绞痛泄泻，肛门紧痛，便如浆水带赤色时，用苦参子6克，水两碗煎成一碗的量温服，如不怕苦味，将研末直接以温开水送下亦可，一连服用3次，马上见效。苦参子在一般中药铺有售，味辛性寒，有去湿杀虫之功，又能疗一切风热，为缓解腹泻良药。

风干鸡缓解腹泻 >>>

民间缓解腹泻有很多食疗方，风干鸡是比较有效的一种。备母鸡1只（1.5千克左右），葱节、姜片各60克，山奈、白芷各3克，丁香2克，盐6克，料酒适量。从鸡的肛门上部剖一横口，挖去内脏，将腔洗净，用盐将鸡里外抹匀，把丁香、山奈、白芷及葱、姜各30克塞进腔内，把料酒6克撒在鸡身上，放入盒中，放冰箱内（1昼夜）。次日将鸡

▲酱油煮茶叶缓解消化不良

挂在通风的地方晾两天，然后用冷水洗净，把膛内的原料拣去不要。把鸡放在大盘里，下葱、姜各30克，料酒6克，隔水蒸烂为止。蒸烂后，拣去葱、姜，趁热将鸡骨剔净，把净肉放入原汤内浸泡，存入冰箱。吃时皮朝上切块即可。

吃鸡蛋缓解腹泻 >>>

❶将鸡蛋打碎搅匀，加15毫升白酒，沸水冲服。

❷将鸡蛋用醋煮熟，食之。

❸将鸡蛋用艾叶包好，放火中烧熟，去壳食蛋。

以上方均有补中止泄之功效，适用于脾虚腹泻。

海棠花栗子粥缓解腹泻 >>>

取秋海棠花50克，去梗柄，洗净；栗子肉100克去内皮洗净，切成碎米粒；粳米150克洗净；冰糖70克打碎；粳米、栗子碎粒放入锅内，加入清水适量，用旺火烧沸，转用慢火煮至米熟烂。加入冰糖、秋海棠花，再用小火熬煮片刻，即可食用。每日服食1~2次。本方健脾养胃、活血止血，适用于泄泻乏力、吐血、便血等症。

白醋缓解腹泻 >>>

胃酸太少、消化不良引起腹泻的患者，以白醋调冷开水各半服下，如无不良反应，第2天可再饮1次，最严重的腹泻，只要服3次即会恢复正常，但对胃酸过多患者则不适用。

酱油煮茶叶缓解消化不良 >>>

消化不良引起腹痛泄泻时，可先取茶叶9克，加水1杯煮开，然后加酱油30毫升，再次煮开，口服，1日3次，有消积止泻之功。

蜜橘干缓解消化不良 >>>

取蜜橘1只挖孔，塞入绿茶10克，晒干。成人每次1只，小儿酌减。吃这种蜜橘，缓解消化不良有效。

日饮定量啤酒缓解消化不良 >>>

患有习惯性消化不良的人，喝啤酒是很好的缓解方式。一般在饭后30分钟及临睡前饮用，量不要超过300毫升。30天即有明显效果。

生姜缓解消化不良 >>>

❶取适量米酒加热，注入生姜汁10毫升服用。可缓解消

化不良引起的厌食恶心。

❷干姜 60 克、饴糖适量共研细末，每次服 4.5 克，温开水送服。用于酒食停滞。

❸干姜、吴茱萸各 30 克共研细末，每次 6 克，温开水送下。用于伤食吐酸水。

双手运动促进消化 >>>

平坐或盘坐，以一手叉腰，一手向上托起，移至双眉时翻手，掌心向上，托过头顶，伸直手臂。同时，两目向上注视手背，先左后右，两手交替进行各 5 次。此法能调理脾胃，帮助消化。

焦锅巴末缓解消化不良 >>>

用焦锅巴炒成炭，研为细末，每次服 3 ~ 6 克，温水送服，可改善消化不良症状。

缓解消化不良二方 >>>

❶因胃弱引起消化不良，可以香菜子、陈皮各 6 克，茅术 10 克水煎服用。

❷将干果切成小粒，炒至半焦，加适量白糖，开水冲泡，以之代茶饮，有开胃助消化的功能。

吃红薯粉缓解消化不良 >>>

将红薯粉加红糖与水拌和，倒入锅中，以中火煮，不时搅动，待全部开透，即成半透明之浓糊状，此时倒少许酒进锅，继续翻动数下，盛起即可食用。此物可当药食，也可当点心，因易调易服，价廉味美，平常可自己做来吃。

处理积食一法 >>>

如一时疏忽，吃多了东西，引起积食难化，即以饭团一小块，约鸡蛋般大，放在火里，将它烧成灰（必须彻底完全成灰，不可稍留焦物，取出时也不能有其他附着物），

▲处理积食一法

尽管让它冷却，再放进锅里煮成药汤，每次一小碗，可煎 2 ~ 3 次。这是在民间广为人知的验方，缓解消化不良效果不错！

吃萝卜缓解胃酸过多 >>>

年糕属于酸性食品，吃太多会导致胃酸过多，胃口会难受两三天。此时将萝卜连皮一起擦，擦好后，连萝卜带汁吃下。在擦萝卜泥时，不可太快速，慢慢地擦，才会减轻辣味，否则辣味太重，对胃肠不利。不宜放入醋或酱酒，这样虽能减少辣味，但消化力也会相对减低。

吃过多粽子积食的处理 >>>

粽子吃多了，会有饱胀感，此时将吃过粽子留下来的干粽叶烧成灰，研末，以温水送下，胀感即可马上缓解。

喝咖啡也能缓解消化不良 >>>

消化不良引起的胃痛，以开水冲泡 3 克的咖啡粉饮用。咖啡粉用来缓解胃痛，是一种新发现。它有排出食积的作用，所以消化不良需要灌肠时，服用咖啡粉，可帮助多余食物的排出。

胃痛、呃逆 ~

生姜缓解胃寒痛 >>>

❶ 买上好的老姜，用小火（电炉或炭火较好，勿用煤气炉）烤干，切成细块，每天早晨空腹拌饭吃，怕辣的人，可用香油炸至有点儿焦黄（不能太焦，否则味苦又无效），和饭一起炒一下，趁热吃，一般需要连用两个月才有效果。

❷ 取老生姜500克（越肥大越好）不用水洗，放入灶心去煨，用烧过的木炭，或木柴之红火炭埋住，次晨将姜取出，姜已煨熟，刮除外面焦皮，也不必水洗，再把姜切成薄片，如姜中心未熟透，把生的部分去掉，然后拿60克的冰糖研碎成粉，与姜片混合，盛于干净的瓶中，加盖盖好。约过一周，冰糖溶化而被姜吸收，取姜嚼食，吞入胃中，每日2～4次。

归参敷贴方缓解胃痛、胃溃疡 >>>

胃痛老犯时，可用当归30克、丹参20克、乳香15克、没药15克，另备姜汁适量。将上药前4味粉碎为末后，加姜汁调成糊状。取药糊分别涂敷于上脘、中脘、足三里穴，每日3～5次。

蒸猪肚缓解胃溃疡 >>>

猪肚1个洗净，老姜切成硬币厚的宽度5片，放入猪肚中，入蒸锅中蒸烂，连汤吃下，可分2次食用。猪肚能健胃，《本草纲目》上说它能补虚损，健脾胃。

缓解胃寒症一方 >>>

有的胃寒症者，胃部特别怕冷，遇寒风则隐隐作痛，吃了凉的东西会更痛。这类患者的普通症状是心中忧闷，饮食无味，食积不消。用干姜12克，生白术10克，茯苓、香附、砂仁、淮山各6克，炙草、半夏、陈皮各5克，另备生姜5片，大枣5颗。以上诸药煎水服用，缓解胃寒症有良效。

柚子蒸鸡缓解胃痛 >>>

寒冷时腹痛、胃痛，可取柚子1个（留在树上，用纸包好，经霜后采下）切碎，童子鸡1只（去内脏），放于锅中，加入黄酒、红糖适量，蒸至烂熟，1～2日吃完。柚子属于柑橘类，它与陈皮有相同的功能，能排出淤积在器官中的滞留物，特别适用于有消

▲蒸猪肚缓解胃溃疡

化不良症状的胃寒症患者。

巧用荔枝缓解胃痛 >>>

荔枝也可缓解胃寒，食荔枝干少许，可缓解胃寒引起的疼痛，因它有暖胃之功，但不能多吃，胃部恢复正常即停食。荔枝性热，如食用太多，会使人发热烦渴，甚至牙龈发肿、鼻孔流血。如果吃太多，引起头昏、胃不舒服时，可用荔枝的外壳煮汤，饮用后，即可缓解这种情形。对于妇女经期腹部寒冷，隐隐作痛时，可吃荔枝干5～6个，便能渐渐回暖，如痛势严重，用荔脯10枚、生姜1片、红糖少许，煮成糖水喝，也能止痛。

煎羊心可缓解胃痛 >>>

在胃痛时或过后数天，吃东西难以下咽，吃冷食也感到很不舒服，小便带红色，口中发苦，用手指轻按胃部，似有硬块，但不痛时，又与常人无异，每逢情绪烦躁或气候不佳时就会引起胃痛。有此类病症的患者可服用以下一方：羊心1个洗净开一个小洞，放进20粒白胡椒，用香油煎来吃，最好是以平底锅小火，不停地翻煎、煎到里外皆熟为止。就寝前，白胡椒、羊心一同吃，连续吃几个，就可见效。

青木瓜汁缓解胃痛 >>>

青木瓜汁是公认的缓解胃痛良药。将长到拳头大的青木瓜用水洗净，然后割下切开，取出子，放进榨汁机，用细布过滤其渣，一碗可分3次喝，虽然难喝，但已有多人试过，有胃病久病不愈的，不妨一试。

花生油缓解胃痛 >>>

花生油是常用的日常调味品，它是将花生去皮后，以冷压的方式榨出来的淡黄色液体，有调节胃功能的作用。每天早晨，服用2大匙的花生油，对胃病的康复大有裨益。

▲青木瓜汁缓解胃痛

鱼鳔猪肉汤缓解胃痛 >>>

以鱼鳔30克、猪瘦肉60克、冰糖15克，放适量水煮，熟后食用。鱼鳔脱水称为鱼肚，鱼肚有青花鱼的小鱼肚和鲨鱼的大鱼肚两种，均有补精益气的功能，可以补充消耗过多的体力；猪肉能补充营养，冰糖有调理肠胃的功能。

烤黄雌鸡缓解胃痛 >>>

脾胃虚弱而有下痢的患者，可买黄雌鸡1只，掏净内脏，以盐、酱、醋、茴香、小椒等拌匀，刷于鸡上，用炭火炙烤，空腹食用，可缓解心胃刺痛。

缓解打嗝 >>>

人们由于吃饭受凉，或者吃得太快，使膈肌痉挛，造成打嗝的现象，十分难受。制止打嗝的方法非常简单，即分别用自己的左右手指指甲，用力掐住中指顶部，过1~2分钟以后，即可达到制止打嗝的目的了。此外，也可用指甲掐"内关穴"，此穴位于手腕内侧6~7厘米处，即第一横纹下约2横指的距离，也可有效制止打嗝。

▲雄黄高粱酒止打嗝

南瓜蒂汤止打嗝 >>>

在寒冷天气里，有的人会因胃寒而导致打嗝不止。缓解时可用南瓜蒂4个用水煎服，连服3～5次，即可有效止嗝。

黄草纸烟熏止打嗝 >>>

犯了呃逆（即俗称的打嗝），久呃不止时，可用黄草纸一张，卷成纸条点燃，随即吹息，趁浓烟冒起放在患者鼻前，让其深呼吸一次，呃逆便可停止。

韭菜子止打嗝 >>>

韭菜子适量，研末，日服3次，每次9克，温开水送服，本方适用于脾肾虚弱之呃逆。

雄黄高粱酒止打嗝 >>>

大病之后元气亏虚、呃逆不止时，可将雄黄2克研粉，与高粱酒12克调匀，放在水杯内。备一大碗（砂锅亦可）盛水，碗下加温，把盛药水杯放入大碗内隔水炖煮，以鼻闻之，会有一股热力由鼻孔钻入直冲顶门，经后脑直下项背，再由背至尾闾。5分钟即可止呃。阴亏血虚者及孕妇忌服。

绿豆粉茶止打嗝 >>>

打嗝伴烦渴不安等，可取茶叶、绿豆粉等份，白糖少许。将绿豆粉、茶叶用沸水冲泡，加糖调匀后顿服，很快可止嗝。

拔罐法止打嗝 >>>

拔罐是缓解呃逆不止的常用方法。取大小适宜的玻璃火罐，用酒精棉球点燃后投入罐内，不等烧完即迅速将罐倒扣在膻中穴上，罐即吸着皮肤。留罐20～30分钟。中途火罐如有松动脱落，要重新吸拔。

姜汁蜂蜜止打嗝 >>>

因胃中寒冷导致的呃逆，可取生姜汁60克，白蜂蜜30克调匀，加温服下，一般1次即止，不愈再服1次。

缓解顽固性呃逆方 >>>

取柿蒂6个，生姜2片，大茴香2个，用开水泡茶频频饮下，对呃逆有良效。

按摩耳部缓解失眠 >>>

晚上失眠时，索性起来靠在床上，用双手搓两耳的内外和耳垂，一会儿就打哈欠，有睡意了，但不要就此停手，要继续搓十几分钟，等睡意浓时再睡下去，会睡得很香。

阿胶鸡蛋汤缓解失眠 >>>

先将米酒500毫升用小火煮沸，入阿胶40克，溶化后再下4只蛋黄及盐，搅匀，再煮数沸，待凉入净容器内。每日早晚各1次，每次随量饮服，缓解失眠有良效。

吃大蒜可缓解失眠 >>>

大蒜有缓解失眠的作用。患者可于每天晚饭后或临睡前，生吃两瓣大蒜。如果不习惯生吃大蒜，可把蒜切成小碎块，用水冲服。

五味子蜜丸缓解失眠 >>>

习惯性失眠的人，可用五味子250克，水煎去渣浓缩，加蜂蜜适量做丸，贮入瓶中。每服20毫升，每日2～3次。

枸杞蜂蜜缓解失眠 >>>

缓解失眠，可取饱满新鲜的枸杞，洗净后浸泡于蜂蜜中，1周后每天早中晚各服一次，每次服枸杞15粒左右，并同时服用蜂蜜。蜂蜜用槐花蜜最佳。新鲜枸杞也可选质量上乘的干品替代，但要在蜂蜜中多泡几天。

按摩胸腹可安眠 >>>

缓解失眠有一简单方法：每晚睡觉时躺平仰卧、用手按摩胸部，左右手轮换进行，由胸部向下推至腹部。每次坚持做3～5分钟，即可睡着。本方疏肝顺气，能提高消化系统的功能。

猪心缓解失眠 >>>

患有失眠症的人，可试用的食疗法：猪心1个，用清水洗净血污，再把洗净的柏子仁10克放入猪心内，放入瓷碗中，加少量水，上锅隔水蒸至肉熟。加食盐调味，日分2次吃完。本方安神养心，有助于恢复正常的睡眠。

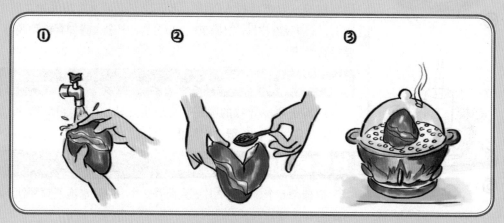

▲猪心缓解失眠

桂圆泡酒缓解失眠、健忘 >>>

用桂圆肉 200 克，60 度白酒 400 毫升，装瓶内密封，每日振动 1 次，半月后饮用。每日 2 次，每次 10 ~ 20 毫升。对失眠、健忘有一定疗效。

醋蛋液缓解失眠 >>>

患有多年失眠症的人，可将一只红皮鸡蛋洗净，用 150°~180° 毫升酸度 8°~10° 的米醋泡在广口瓶里，置于 20 ~ 25℃ 处。48 小时后搅碎鸡蛋，再泡 36 小时即可饮服。

灵芝酒缓解失眠 >>>

缓解因神经官能症引起的失眠，可备灵芝 25 克，白酒 500 毫升。灵芝用水洗净，放进白酒瓶内，盖封严；酒逐渐变成红颜色，一周就可饮用，每晚吃饭时或睡觉前根据自己的酒量，多则喝 20 毫升左右，酒量小的也可少喝一点儿。

红枣葱白汤缓解失眠 >>>

先将红枣 20 颗用一大碗清水煮 20 分钟，加 3 根大葱白，再煮 10 分钟，凉凉后吃枣喝汤，每晚睡觉前 1 小时吃，催眠效果很好。

▲红枣葱白汤缓解失眠

红枣也可用黑枣代替。

蚕蛹泡酒缓解失眠 >>>

蚕蛹 100 克，米酒 500 毫升。将蚕蛹在酒中浸泡 1 月后饮用，每次饮 2 匙，每日 2 次。

鲜果皮有安眠作用 >>>

将鲜橘皮或梨皮、香蕉皮 50 ~ 100 克，放入一个不封口的小袋内。晚上睡前把它放在枕边。上床睡觉时，闻到一股果皮散发的芳香，即可安然入睡。

酸枣仁熬粥缓解失眠 >>>

经常失眠、心情烦躁的人，可用酸枣仁 15 克与大米 50 克共熬成粥，每晚于临睡前食下。这种粥有养心安神、健脑镇静的作用，对失眠有一定疗效。

莲子心缓解失眠 >>>

将莲子心 30 个水煎，食前加盐少许，每晚睡前服。本方有养心安神的功效，失眠患者常服，病症定能减轻。

药粉贴脚心缓解失眠 >>>

买吴茱萸适量，每次取 9 克研成细末，米醋调成糊，敷于两足涌泉穴，盖以纱布，胶布固定，每次敷贴 1 次。

摩擦脚心缓解失眠 >>>

晚上躺在床上失眠时，可将一只脚的脚心放在另一只脚的大踇趾上，做来回摩擦的动作，直到脚心发热，再换另一只脚。这样交替进行，大脑注意力就集中在脚部，时间久了，就有了睡意。

默数入睡法 >>>

失眠不寐时，可仰卧床上，头、躯体自然放平，两手心相合，五指交叉，握置于丹田上，先用左手大拇指轻轻按摩右手，默数 1 ~ 120；再换手用右手大拇指轻轻按摩左手，默数 1 ~ 120。如此往复 2 ~ 3 遍，便可入睡。

干姜粉缓解失眠 >>>

将干姜 30 克研为细末，贮罐备用。每晚服 3 克，米汤送下，然后令患者盖被取微汗，以加强疗效。

按摩穴位缓解失眠 >>>

有的人晚上入眠快，但半夜容易醒，然后就失眠了，这时可用穴位按摩法重新入睡。所选穴位是：百会、太阳、风池、翳风、合谷、神门、内外关、足三里、三阴交、涌泉。按摩次数以失眠程度为准，失眠轻少按摩几次，失眠重多按摩几次。按摩后立即选一种舒适的睡姿，10 分钟左右可入睡。如果仍不能入睡，可继续按摩一次。

花生叶缓解失眠 >>>

缓解神经衰弱、经常性失眠，可将花生叶 50 克放到锅里，以水浸没，上火煎，水开后微火再煎 10 分钟，然后将煎得的水倒入小茶杯中饮服。每天早晚各服一杯，一般连服 3 日。

柿叶楂核汤缓解失眠 >>>

在经常失眠的人中，青少年学生为数不少，有的甚至每晚需服安眠药才能入睡，但久服安眠药对智力发育不利。因此，建议使用下方：备柿叶、山楂核各 30 克，先将柿叶切成条状，晒干；再将山楂核炒焦，捣裂。每晚 1 剂，水煎服。7 天为 1 疗程。一般 1 疗程即可见效。

摇晃促进入眠 >>>

每晚临睡之前，在床上坐定，呈闭目养神之式，然后开始左右摇晃头颈和躯体。每次坚持做摇晃动作 10 分钟。可感到心情怡静，头脑轻松，大有入眠之意。

大枣煎汤缓解失眠 >>>

取大枣 120 克，连核捣碎，煎汤饮之，煎时以红糖 12 克入汤。如兼有盗汗症，则加黄芪 10 克，与红糖同入汤煎饮，效果更佳。

西洋参缓解失眠 >>>

每天晨起空腹，以 6 克西洋参用开水泡在碗里，约密盖半小

▲柿叶楂核汤缓解失眠

时后饮用，晚上临睡前，用早上泡剩的渣再泡饮 1 次，不但夜晚容易入眠，而且次晨醒来时头脑清爽，精神百倍。

核桃仁粥缓解失眠 >>>

每次取核桃仁 50 克，碾碎；另取大米若干，洗净加水适量，用小火煮成核桃仁粥。吃这种粥，缓解失眠效果不错。但要注意核桃仁不宜多吃。

百合酸枣仁缓解失眠 >>>

有的失眠症因虚烦所引起，这时可用新鲜百合 300 克，清水泡 24 小时，取出洗净，然后将酸枣仁 10 克煎水去渣，加入百合，煮熟食用，缓解失眠疗效很好。

红果核大枣缓解失眠 >>>

适量红果核（中药店有售），洗净晾干，捣成碎末。每剂 40 克，加撕碎的大枣 7 个，放少许白糖，加水 400 毫升，用砂锅温火煎 20 分钟，倒出的汤汁可分 3 份服用。每晚睡觉前半小时温服，可缓解失眠。

麦枣甘草汤缓解失眠 >>>

取小麦 60 克、大枣 10 枚、甘草 30 克，与 4 杯量的水一起放入锅中，煮至剩 1 杯水的量，沥去残渣，喝其汁液，分 2 次食用，早、晚各一次。小麦、大枣、甘草都是家常食材，也是中医治疗精神状态异常的药剂。失眠所引起的情绪异常、打呵欠等，可用此三种药材来缓解。

百合蜂蜜缓解失眠 >>>

取生百合 6 ~ 9 克、蜂蜜 1 ~ 2 匙，拌和蒸熟，临睡前适量食用，对睡眠不宁、惊悸易醒的失眠患者有所助益，但要注意：服用此方，睡前不可吃得太饱。

老年人失眠简单缓解 >>>

老年人大多喜欢早睡早起，但对于失眠的人来说，不妨把睡眠时间拖后一些，可以看看书或电视，直到深夜一两点才睡，这样上床很快就能睡着，睡眠质量很高。起床时间应比平常稍晚一些。

静坐缓解失眠 >>>

因工作疲劳而导致失眠的人，可于睡前睡后各静坐半小时，坚持几天就可见效。

小麦缓解盗汗 >>>

❶将浮小麦用大小火炒为末，每服 7.5 克，米汤送服，1 日 3 服，也可煎汤代茶。缓解虚汗、盗汗有效。

❷小麦 1 撮、白术 25 克共煮干，去小麦研末，每服 3 克，以黄芪汤送服，此方可缓解老少虚汗。

❸对于热病的虚汗，用黑豆 10 克、浮小麦 10 克水煎服，也有良效。

胡萝卜百合汤缓解盗汗 >>>

胡萝卜 100 克，百合 10 克，红枣 2 颗。

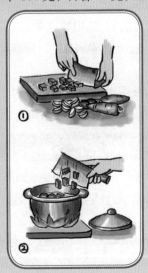

▲胡萝卜百合汤缓解盗汗

315

将胡萝卜洗净切块，与红枣、百合共放砂锅中水煮，熟后，饮汤食胡萝卜、百合、红枣。可有效缓解乏力盗汗病症，也适用于久咳痰少、咽干口燥的调理。

牡蛎蚬肉汤缓解阴虚盗汗 >>>

用干牡蛎 60 克、蚬肉 60 克、韭菜根 30 克全部入锅，加水煮，熟后食用。盗汗的原因是阴虚，即身体阴气不足的结果。无论是生牡蛎还是干牡蛎，均有"滋阴"作用。蚬能增强牡蛎的作用，韭菜根则能帮助体力的恢复。

羊脂缓解盗汗 >>>

老是汗出不止的人，可买羊脂（或牛脂）适量，再准备一些黄酒，将羊脂用温酒化服，经常饮用，可有效缓解盗汗。

紫米、麸皮缓解盗汗 >>>

紫米 10 克，小麦麸皮 10 克，共炒后研成细末，用米汤冲服。或用熟猪肉蘸食，每日 1 次，连服 3 次。可缓解盗汗、虚汗不止。

用黑豆缓解盗汗 >>>

缓解方法 1：选用黑豆 9 克、黄芪 6 克、浮小麦 3 克，加水煎汤服，可缓解小儿自汗、盗汗。

缓解方法 2：将黑豆衣 10 克、浮小麦 10 克，加水煎汤服用，可缓解肾阴虚盗汗。

服百合缓解盗汗 >>>

选用百合、蜂蜜各 100 克，锅蒸一小时，取出，放凉，每日早晚各服一汤匙，7 天为一疗程。

用韭菜缓解盗汗 >>>

选取 40 ~ 50 克韭菜，用其根加水煎服，

每日 3 次，坚持服用 4 ~ 5 天。

吃甲鱼缓解盗汗 >>>

肾虚出汗，尤其是晚上睡觉盗汗，可选用一只甲鱼，适当烹调炖汤饮服，即可缓解。火力旺盛者慎服。

用二锅头泡枸杞缓解虚汗 >>>

用一瓶二锅头酒，选用 50 克枸杞浸泡于酒中，密封保存至白酒变黄即可饮用，每天饮用量按患者酒量而定，每天 1 ~ 2 次。

用五倍子缓解多汗盗汗 >>>

选用 25 克五倍子，将五倍子研成细末，晚上睡觉前，用唾液将细末揉成拇指大小略厚一些的小饼敷在肚脐上，然后用棉布和医用胶布将其固定，第二天早晨揭下并注意肚脐的保暖。

用黄芪白术缓解夜间盗汗 >>>

选用黄芪 20 克、焦白术 15 克、焦麦芽 30 克、大红枣 20 克、五味子 15 克，每天用水煎，每日一服，分两次煎服，服用 4 剂后可缓解。

用火腿煮白萝卜可缓解盗汗 >>>

将 150 克火腿肉，放入锅里煮，稍热后再放入约 250 克的白萝卜煮熟，加入适量的盐。服用后当天晚上盗汗即可减少。坚持服用即可恢复健康。

用明矾五倍子敷脐缓解盗汗 >>>

盗汗初期时，可取均等的明矾、五倍子，将两者研成粉末，用适量自己的唾液调匀，敷在脐中，数天后可缓解。

肾病、泌尿系统疾病

荠菜鸡蛋汤缓解急性肾炎 >>>

急性肾炎的食疗，可买鲜荠菜100克，洗净放入瓦锅中，加水3大碗，煎至1碗水时，放入鸡蛋1只（去壳拌匀），煮熟，加盐少许，饮汤，吃菜和蛋。每日1~2次，连服1个月为1疗程。

玉米须茶缓解急性肾炎 >>>

取玉米须30~60克、松萝茶（其他绿茶亦可）5克，同置杯中以沸水浸泡15分钟，即可饮用，或加水煎沸10分钟也可。每日1剂，分2次饮服。

贴脚心缓解急性肾炎 >>>

缓解急性肾炎，可取大蒜2~3头，蓖麻子70粒，合捣成末，敷于脚心，以纱布固定，每12小时换药1次，连用1周可见效。

缓解肾炎水肿一法 >>>

备葫芦壳50克、冬瓜皮30克、红枣10颗，加水400毫升煎至150毫升，去渣饮用。每天1剂，服至水肿消退为度。

缓解慢性肾炎古方二则 >>>

《本草纲目》中载有二方，可缓解慢性肾炎。

❶ 备猪肾2个（去膜切片），大米50克，葱、生姜、五香粉、盐等调料适量。猪肾与大米合煮做粥，将熟时入葱、姜等调料，晨起作早餐食之。

❷ 黑豆100克浸泡2小时，猪瘦肉500克切丁，二者同放锅中炖2小时，汤成后以少量的低钠盐调味，饮汤，吃黑豆和猪瘦肉。一天内分2次食用，每次间隔12小时，连服15~20天。适用于面色苍白、头昏耳鸣、疲劳无力的慢性肾炎患者。

蚕豆糖浆缓解慢性肾炎 >>>

缓解慢性肾炎，可用带壳陈蚕豆（数年者最好）120克，红糖90克，同放砂锅中，加清水5茶杯，以文火熬至1茶杯，分数次服用。一般在早上空腹时服用，分5天饮完。

缓解慢性肾炎一方 >>>

取炙龟板、薏仁各15克，生黄芪10克。

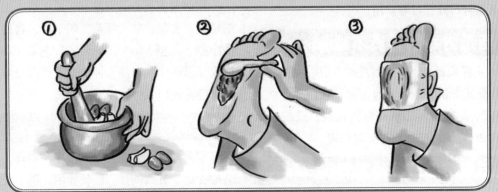

▲贴脚心缓解急性肾炎

先煎龟板 1 小时，再加入黄芪、薏仁，煎浓去渣，1 日 2 次分服，连服 1 ~ 2 个月。本方对慢性肾炎有良效。

柿叶泡茶缓解肾炎 >>>

9 ~ 10 月采柿叶 4 千克，切碎，蒸 30 分钟，烘干后备用，每次使用时取绿茶 2 克、柿叶 10 克，加开水 400 ~ 500 毫升，浸泡 5 分钟，分 3 次，饭后温服，日服 1 剂。本方对急、慢性肾炎均有良效。

鳖肉缓解肾炎 >>>

缓解肾炎，可采用如下食疗方：取鳖肉 500 克、大蒜 100 克，共入锅内，炖至鳖肉烂熟，加调料适量，食肉饮汤，早晚各 1 次。

黄精粥缓解慢性肾炎 >>>

缓解慢性肾炎，可先将黄精 30 克洗净切碎，与大米 50 克同煮做粥，分 2 次量，当早餐食之。该方见于清代医书《饮食辨录》。

鲤鱼缓解肾炎水肿 >>>

鲤鱼剖腹留鳞，去肠杂、鳃，洗净，将大蒜瓣填入鱼腹中，用纸将鱼包严，以棉线扎紧，外面糊上一层和匀的黄泥，将其置于烧柴禾的炉灶火灰中煨熟。剥去封泥，揭纸，淡食鱼肉。1 日吃完。此方对慢性肾炎水肿不退者有效，可常食用。

西瓜方缓解肾炎不适 >>>

肾盂肾炎患者在盛夏季节，往往有多汗、小便短赤的症状，此时可每日饮西瓜汁，或用西瓜皮 50 ~ 100 克煎饮代茶，或配冬瓜皮 30 克同煎汤，均有缓解作用。

巧用蝼蛄缓解肾盂肾炎 >>>

捉蝼蛄 2 ~ 3 只，用黄土泥封，微火烧

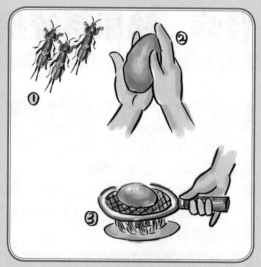

▲巧用蝼蛄缓解肾盂肾炎

煅，去黄土泥，研末冲酒服。或取蝼蛄 7 只，瓦上焙干研末，黄酒冲服。对肾盂肾炎均有较好疗效。

酒煮山药缓解肾盂肾炎 >>>

古代养生著作《寿亲养老新书》中载有一方，可缓解肾盂肾炎。做法是：取生山药 500 克刮去皮，以刀切碎，研令细烂；将适量水、酒煮沸后下入山药泥，不得搅，待熟后适当加盐、葱白，并再适当加酒，顿服之。

苦瓜代茶缓解肾盂肾炎 >>>

缓解肾盂肾炎，可取鲜苦瓜 1 只，把上端切开，去瓤，装入绿茶，阴干后，将外部洗净擦干，连同茶叶切碎，和匀，每取 10 克，放入保温杯中，以沸水冲泡，盖严温浸半小时，经常饮用。

鲜拌莴苣缓解肾盂肾炎 >>>

取鲜莴苣 250 克，去皮洗净，切丝，放适量食盐、黄酒调拌，佐餐食用。用于肾盂肾炎引起的小便不利、尿血及目痛。使用本

方要注意：凡体寒脾虚者不宜多食。

缓解肾盂肾炎一方 >>>

缓解肾盂肾炎，可把白茅根、干西瓜皮、芦根、鲜丝瓜秧各等份，熬水当茶饮，1天数次，1周即可见效。

小叶石苇缓解肾盂肾炎 >>>

缓解肾盂肾炎，可每日将小叶石苇25～50克放入砂锅，加适量水煎服。

贴脐缓解肾炎水肿 >>>

生姜、青葱、大蒜各适量，共捣如泥，烘热敷脐上，外以纱布覆盖，胶布固定。每天换药3～4次，10天为1疗程。适用于急、慢性肾炎水肿。

白瓜子辅缓解前列腺肥大 >>>

前列腺肥大症患者，会有尿频、排尿困难等现象，除常规治疗外，还可常吃些白瓜子（即南瓜子）用来辅助治疗。

绿豆车前子缓解前列腺炎 >>>

缓解慢性前列腺炎，可取绿豆50克，车前子25克（用细纱布包好），同置于锅中加5倍的水烧开，而后改用温火煮到豆烂，再将车前子去掉，把绿豆吃下，一次吃完，每天早晚各吃一次。坚持一段时间，前列腺炎可大为减轻。

猕猴桃汁缓解前列腺炎 >>>

买新鲜猕猴桃50克，将猕猴桃捣烂加温开水250毫升，调匀后饮服，能缓解前列腺炎和小便涩痛。

马齿苋缓解前列腺炎 >>>

缓解前列腺炎，可选新鲜马齿苋500克左右，洗净、捣烂，用纱布分批包好，挤出汁来，加上少许白糖和白开水一起喝。每天早、晚空腹喝2次，坚持一段时间就有效果。

缓解中老年尿频一方 >>>

中老年尿频患者，可坚持每天用枸杞、葡萄干各20粒，红枣、桂圆、核桃仁各2个，干杏1个，泡开水喝，控制尿频效果不错。本方对中老年腿脚水肿亦有良效。

▲马齿苋缓解前列腺炎

西瓜蒸蒜可缓解尿频 >>>

夏季买几个小西瓜，在瓜蒂上方切口，挖出少量瓜瓤后将剥好的蒜瓣放入，与瓜瓤搅拌在一起，然后把原来切下瓜蒂的部分盖上，放盆碗内加水煮20分钟左右，连蒜带瓜瓤一起服下，缓解泌尿系统感染引起的尿频疗效独特。

按摩缓解前列腺肥大 >>>

缓解前列腺肥大、尿频，可采取按摩法。方法是：稍用力按摩左右脚跟上面的内侧，这是前列腺的反射区。一天按摩两次，每次6~8分钟，很快见效。

草莓缓解尿频 >>>

缓解尿频，可用草莓熬汤加白糖饮食。据文献报道：草莓性味酸甜，能清凉解热，生津止渴。对尿频、糖尿病、腹泻等症有疗效。

拍打后腰可缓解尿频 >>>

每天晚上睡觉前，用左右手掌拍打左右侧后腰部，有节奏地拍打150~200下，长期坚持即可缓解尿频。

栗子煮粥缓解尿频 >>>

用栗子、大米煮粥，佐以生姜、红糖、红枣食用，能缓解尿频、脾胃虚弱等症。

紫米糍粑缓解夜尿频数 >>>

紫米糍粑50克，生大油50克。用大油将糍粑煎至软熟，温黄酒或温米汤送服，待肚中无饱感时入睡，当夜即止。

丝瓜水缓解尿频 >>>

出现尿频或尿痛时，可用嫩丝瓜放砂锅中水煮，煮熟后加白糖。将丝瓜和水一同服下，连续服用1周，病症就可减轻。若症状

▲丝瓜水缓解尿频

较重，可多服几日。

核桃仁缓解尿频 >>>

缓解因糖尿病而引起的尿频，可用核桃3~5个，取仁，加盐适量炒熟，嚼细后用白酒或黄酒送服。每日起床后和晚睡前各1次。数日即可见效。

盐水助尿通 >>>

患有前列腺增生的人，不但尿频、尿急，还往往有尿不通的症状。碰到这种情况，可以喝1小碗盐开水，过半小时尿就通了。

捏指关节可通尿 >>>

患有老年性前列腺肥大症，发作时小便不畅，甚至闭尿。每逢这种情况发生，立即用左手捏右手小拇指关节，用右手捏左手小拇指关节，不但小便通畅，而且长期坚持能减少残留尿。

缓解尿滞不畅妙法 >>>

老年人患前列腺肥大者，每有尿滞不畅之苦。除了从根本上治疗前列腺疾患外，也

可用一法辅助排尿：小便时打开自来水管发出滴水声，很快就可以把尿导引出来。一般而言，自来水管下端接一盆水或水桶，滴水声会更清脆，从而增强导尿效果。

田螺缓解小便不通 >>>

将田螺连壳捣烂，拌食盐涂于肚脐上；或摊在纸上，将纸贴于脚心，立即可以通尿。注意尿通后立即除去脚底的纸，否则直尿不止。

车前草缓解老年人零撒尿 >>>

一些老年人会有零撒尿的现象，时可将车前草除草根，洗净，煮水当茶饮，每天3~4次。1个月内可见效。

缓解老年遗尿一法 >>>

老年遗尿患者，可于每天早晨睡醒后，先排完尿，然后平躺在床上，按下述步骤练习：

第一步：将左手放在肚子上，右手扶在左手上，以逆时针揉肚子，手向上移时提肛、提肾。向下推时放松，转50圈。

第二步：用右手顺时针揉肚子，左手扶在右手上转50圈，也是手向上时提肛、提肾，手向下放松。

第三步：右手在下、左手在上，从上往下推肚子，双手先由腹部上端往下推，双手往上时提肛、提肾，连做50下。

根据上法每日做3次，必可见效。

猪尿泡煮饭缓解遗尿 >>>

缓解遗尿，可将猪尿泡用温水洗净，装进适量大米，用白线封好口，放锅内煮熟或蒸熟。不要加任何作料，也不要就菜，1次将猪尿泡及米饭吃下。每天1次，一般吃3~4次即可缓解。

鲜蒿子缓解急性膀胱炎 >>>

急性膀胱炎发病急，疼痛难忍，治疗后又多易复发。现介绍一简便易行的方法，即取新鲜蒿子（杂草丛生处有）洗净，煮水，然后坐盆熏洗，能很快控制病情，数次后即可缓解。

用花生衣缓解血尿 >>>

选取半茶杯炒熟后的花生仁外的红衣，将其研成细末，用开水冲服，可缓解血尿。注意：血尿患者忌辛辣食物。

用茄子黄酒缓解血尿 >>>

选用隔年茄子叶若干，将其烘干研末，然后用温热的黄酒或淡盐水送服，每次服用10克，可缓解血尿。

用苦杏仁缓解尿道炎 >>>

选苦杏仁100克，洗净、砸碎，放适量清水煮开后倒入不锈钢盆内趁热熏患处，等水温后用纱布清洗患处。留下原水苦杏仁，可第2天加热再用，连续坚持1周后，即可倒掉。

用玉米缓解尿路结石 >>>

秋季时节，选取鲜玉米根及嫩叶各60克，加水煎服，可缓解尿路结石。或者取金钱草与玉米须各30克用水煎服，也有同样疗效。

核桃麻油冰糖缓解尿路结石 >>>

将120克麻油入锅后熬热，加入120克核桃仁，将其炸酥后捞起研末，拌以研碎的白冰糖120克，调成乳状即可。成人可在2天内服完，儿童可在3~4天内服完，每天分3~4次服用。

高血压、高血脂、贫血

按摩缓解高血压症状 >>>

❶头顶部，用五指指端操作，以百会穴（近于头顶正中部）为主，同时点叩头痛处或不适处。也可以用食指、中指及无名指指端捏住膝后脚窝内大筋，强力揉捻2～3分钟。还可以摩擦脚心。

❷先搓热两手掌，擦面数次，然后按摩前额，用五指和掌心稍用力推按前额中央至两侧太阳穴部，再向后至枕部，接着沿颈后向下推按，最后按压两肩背部，按摩3～5分钟。

洋葱降血压二方 >>>

❶洋葱半个切成块，加适量水放榨汁机里榨汁，1次服下，经常服用，可降血压，保护心脏。

❷将洋葱50克捣烂，在100毫升葡萄酒中浸泡1天，饮酒食洋葱。每天分成3～4次服用。

高血压患者宜常吃西红柿 >>>

对高血压患者来说，西红柿是极好的食疗水果，可于每日晨起空腹食用鲜西红柿1～2个。15天为一疗程，会有明显效果。

降血压一方 >>>

精选山里红1.5千克、生地50克、白糖适量。山里红洗净去子，放不锈钢锅内煮烂，放入白糖，煮熟凉后放冰箱储藏。每天不计时食用，就像吃零食。

萝卜荸荠汁降血压 >>>

原发性高血压的食疗，可准备白萝卜750克，荸荠500克，蜂蜜50毫升。前2味切碎捣烂，置消毒纱布中挤汁，去渣，加入蜂蜜，1日内分2～3次服完。

花生壳降血压 >>>

将平日吃花生时所剩下的花生壳洗净，放入茶杯一半，把烧开的水倒满茶杯饮用，既可降血压又可调整血中胆固醇含量，对高血压患者有效。

▲花生壳降血压

香菇炒芹菜可降血压 >>>

香菇3～6只，芹菜段50克，植物油少许。每天取香菇3～6只，与芹菜段下油锅炒至熟，长期食用，对高血压有一定疗效。

刺儿菜降血压 >>>

将农田里（秋后时期最好）采来的刺儿菜200～300克洗净（干刺儿菜约10克），加水500毫升左右，用温火约熬30分钟（干菜时间要长些），待熬好的水温晾至40℃左右时一次服下，把菜同时吃掉更好。每天服1～2次，1周可见效。常喝此药，即可稳定血压。

银耳羹缓解高血压、眼底出血 >>>

干银耳 5 克用清水浸泡一夜，于饭锅上蒸 1 ~ 2 小时，加入适量的冰糖，于睡前服下。适用于高血压引起的眼底出血。

天地龙骨茶降血压 >>>

降血压，可用天麻 40 克、地龙 30 克、龙骨 100 克捣碎如茶状，小火煎沸 10 分钟，离火，去渣代茶，分 2 日口服。上述 3 药中药店均有售。

山楂代茶饮可降血压 >>>

山楂 10 克置于大茶杯中，用滚水冲泡，代茶饮用，每天 1 次，多服即可。山楂可消除血脂肪（胆固醇），对高血压引起的血管硬化有食疗作用。

喝莲心茶降血压 >>>

降血压，可取莲心干品 3 克、绿茶 1 克，一起放入茶杯内，用沸开水冲泡大半杯，立即加盖，5 分钟后可饮，饭后饮服。头泡莲心茶，饮之将尽，略留余汁，再泡再饮，至味淡为止。

臭蒿子降血压 >>>

秋季时取野生黄蒿子（俗名臭蒿子）1 把，放在脸盆中用开水冲泡，待稍凉后，洗头 10 分钟（每晚 1 次），水凉后再加热，洗脚 10 分钟。每天坚持洗头洗脚，不要间断。本方能有效降血压。但要注意，黄蒿子不是熏蚊子的绿色蒿子，不可混同。

敷贴法降血压 >>>

取糯米 5 克，胡椒 1.5 克，桃仁、杏仁、山栀各 3 克，鸡蛋清适量。上述诸药共为细末，鸡蛋清调成糊状，临睡前敷于两脚心涌泉穴，次日洗掉，晚上再敷。

明矾枕头降血压 >>>

取明矾 3 ~ 3.5 千克，捣碎成花生米大小的块粒，装进枕芯中，常用此当枕头，可降低血压。

▲明矾枕头降血压

猪胆、绿豆降血压 >>>

猪胆 1 个，绿豆适量。将绿豆粒装入猪胆内，装满为止，放置 3 个月后再用。每天 1 次，顿服 7 粒。服绿豆粒后，血压下降，继续服用白糖加醋，至血压正常为止。

香蕉皮水泡脚降血压 >>>

初期高血压患者，若发现血压升高时，可取香蕉皮 3 个，煮水泡脚 20 ~ 30 分钟，水凉再加热水，连续 3 天，血压可降至正常。

芥末水洗脚可降压 >>>

将芥末面 250 克平分成 3 份，每次取一份放在洗脚盆里，加半盆水搅匀煮开；稍放一会儿，免得烫伤脚。用芥末水洗脚，每天早晚 1 次，一般 3 天后血压就降了，再用药物巩固一段时间，效果更好。

小苏打洗脚降血压 >>>

降血压，可以采用小苏打洗脚的方式。先把水烧开，放入两三勺小苏打，等水温能放下脚时开始洗，每次 20 ~ 30 分钟即可，长期坚持必可奏效。

大蒜降血压 >>>

❶每天早晨空腹食用糖醋大蒜 1 ~ 2 头，连带喝些糖醋汁，连吃 10 ~ 15 天。该法能使血压比较持久地下降，对于哮喘和顽固咳喘也很有效。

❷大蒜 30 克入沸水中煮片刻后捞出，大米 100 克加水煮粥，粥将熟时加入大蒜，再煮片刻后调味，趁热服。本方春季使用效果最佳。

巧用食醋降血压 >>>

❶醋大半瓶，黄豆适量。黄豆炒熟，装入瓶中占 1/3，倒入醋，盖上盖子，1 周即成。每日 1 匙，腹泻减量。

❷冰糖 500 克，放入醋 100 毫升溶化，每次 10 毫升，每日 3 次，饭后服。需要注意，患有溃疡病、胃酸过多者不宜用本方。

荸荠芹菜汁降血压 >>>

原发性高血压的食疗，可取荸荠十几个，带根芹菜的下半部分十几棵，洗净后放入电饭煲中或瓦罐中煎煮，取荸荠芹菜汁，每天服 1 小碗，降血压效果显著。如果无荸荠，也可用红枣代替，只是疗效略差。

赤豆丝瓜饮降血压 >>>

降血压，可取赤小豆 30 克、丝瓜络 20 克放入砂锅中，加水适量，煎 30 ~ 40 分钟，滤汁分早晚两次空腹服。

羊油炒麻豆腐降血压 >>>

用 150 克羊油炒 500 克麻豆腐。不吃羊油可用其他食用油炒，但麻豆腐必须是以绿豆为原料加工制成的。炒麻豆腐时可放盐适量及葱花、鲜姜等调料。每当血压不稳定或升高时可如法炮制，疗效显著。

海带拌芹菜降血压 >>>

海带 50 克，鲜芹菜 30 克，香油、醋、盐、味精适量。鲜芹菜洗净切段，海带洗净切丝，然后分别在沸水中焯一下捞起，

▲海带拌芹菜降血压

放在一起倒上调料拌和食用。常服能预防早期高血压。脾胃虚寒者慎食。

茭白、芹菜降血压 >>>

茭白、芹菜各 20 克，水煮喝汤，每日 2 ～ 3 次，长期服用，可降血压。

芦笋茶降血压 >>>

取鲜芦笋 100 克洗净，切碎，与绿茶 3 克同入砂锅，加水 500 毫升，煮沸 10 分钟后，去渣留汁。代茶，频频饮用，当日服完。本方清肝降压、平肝明目，适用于临界高血压，对兼有眼结膜充血者尤为适宜。

降血压一方 >>>

鲜藕 1250 克，切成条或片状；生芝麻 500 克，压碎后，放入藕条（片）中；加冰糖 500 克，上锅蒸熟，分成 5 份，凉后食用，每天 1 份。一般服用 1 副（5 份）即见效。

芦荟叶降血压 >>>

降血压，可取芦荟鲜叶 1 ～ 3 厘米长，去刺生食。每日 3 次，饭前 30 分钟服用。使用时需要注意的是，不可突然停止正在服用的降压药。应随着病情的好转，待血管逐步恢复弹性，血压稳定后再慢慢减少降压药的用量。

苹果降血压 >>>

❶苹果皮 50 克，绿茶 1 克，蜂蜜 25 克。苹果皮洗净，加清水至 450 毫升，煮沸 5 分钟，加入蜂蜜绿茶即可。分 3 次温服，每日服 1 剂。

❷苹果 2 个。将苹果洗净，榨汁服，每次 100 克，每日 3 次，10 天为 1 疗程。

玉米穗缓解老年性高血压方 >>>

缓解老年性高血压病，可从自然成熟的老玉米穗上采"干胡子毛"（即雌花的细丝状干花柱）50 克，煮水喝，连用两剂，即有降压的作用，缓解头晕、头痛等症状。

热姜水泡脚降血压 >>>

血压升高时，可用热姜水浸泡双脚 15 分钟左右。这样可反射性引起外周血管扩张，使血压下降。

缓解高脂血症一方 >>>

胡萝卜 120 克，绿豆 100 克，大藕 3 节。绿豆用水泡半日；胡萝卜捣泥，2 味加适量白糖调匀待用。在靠近藕节的一端用刀切下，将调匀的绿豆胡萝卜泥塞入藕洞内，塞满塞实为止。再将切下的部分盖好，用竹签插牢，上锅蒸熟，当点心吃。经常食用可降低血脂，软化血管。

自制药酒降血脂 >>>

取山楂片 300 克，红枣、红糖各 30 克，米酒 1 升。将山楂片、红枣、红糖入酒中浸 10 天，每天摇动 1 次，以利药味浸出。每晚睡前取 30 ～ 60 克饮服。实热便秘者忌用。

山楂柿叶茶降血脂 >>>

山楂 15 克，柿叶 10 克，茶叶 3 克。以沸水浸泡 15 分钟即可。每日 1 剂，不拘时，频频饮服。如没有柿叶，也可用荷叶代替。

▲山楂柿叶茶降血脂

高脂血症患者宜常吃猕猴桃 >>>

每天取鲜猕猴桃 2 ~ 3 个，将鲜猕猴桃洗净剥皮，榨汁饮用；也可洗净剥皮后直接食用。每日 1 次，常服有效。本方可缓解高脂血症，并有防癌作用。

花生草汤缓解高脂血症 >>>

花生全草（整株干品）50 克。将花生全草切成小段，泡洗干净，加水煎汤，代茶饮。每日 1 剂，不拘时饮服。本方养肝益肾，适用于高脂血症。

海带绿豆缓解高脂血症 >>>

海带 150 克，绿豆 100 克，红糖 80 克。将海带发好后洗净，切成条状，绿豆淘洗干净，共入锅内，加水炖煮，至豆烂为止。用红糖调服，每日 2 次，连续服用一段时间，必见效果。

高脂血症食疗方 >>>

黑芝麻 60 克，桑葚 40 克，大米 30 克，白糖 10 克。将黑芝麻、桑葚、大米分别洗净后同放入瓷罐中捣烂。砂锅中先放清水 1升，煮沸后入白糖，水再沸后，徐徐将捣烂的碎末加入沸汤中，不断搅动，煮至成粥糊样即可。可常服之。

红枣熬粥缓解贫血 >>>

红枣 15 颗洗净，与大米 50 克同置锅内，加水 400 毫升，煮至大米开花，表面有粥油即成。每日早晚温热服。适用于贫血、营养不良等症。患有实热证者忌食。

龙眼小米粥缓解贫血 >>>

龙眼肉 30 克，小米 50 ~ 100 克，红糖适量。将小米与龙眼肉同煮成粥。待粥熟，调入红糖。空腹食，每日 2 次。这道粥品有补血养心、安神益智之功效，对贫血患者极为有益。

缓解贫血一方 >>>

缓解贫血，可用花生红衣 30 克、大枣10 颗、蜂蜜 15 克，水煎服。每日 1 剂，连服 20 天为 1 疗程。

香菇蒸鸡缓解贫血 >>>

水发香菇 50 克，红枣 10 克，鸡肉 150克。以上各料加盐隔水蒸熟，每天吃 1 次。可缓解贫血引起的体质虚弱、四肢无力等症状。

藕粉糯米饼可补血 >>>

糯米 250 克，藕粉、白糖各 100 克。以上各料加水适量，揉成面团，放于蒸锅中蒸熟。分餐随量煮吃或煎食均可，连续食用5 ~ 10 天。本方有补虚、养胃之功，适用于贫血患者。

吃猪血可预防贫血 >>>

每次取猪血 100 克，醋 30 毫升，植物油、盐各适量。炒锅下植物油，加醋将猪血炒熟，加盐调味，1 次吃完，每日 1 次，对预防贫血均有良效。

缓解贫血食疗二方 >>>

❶鳝鱼 250 克，红枣 5 颗，盐、料酒、植物油各适量。将鳝鱼宰杀，去内脏，洗净，油锅烧热，下鳝鱼煎至两面微黄时，加水、红枣炖煮至熟，调以料酒、盐即可，食鱼肉饮汤。

❷乌贼 200 克，生甘草 30 克，白糖 30克。把生甘草洗净，切片；乌贼洗净，切 4厘米见方的块，把甘草、乌贼放锅内，加水300 毫升炖煮至熟。每日 1 次，佐餐食用。

糖尿病 ~

洋葱缓解糖尿病 >>>

❶洋葱 150 克切成片，按常法煮汤，加少许盐食用，每日 1 剂，宜常服。

❷洋葱 500 克洗净，切成 2～6 瓣，放泡菜坛内淹浸 2～4 日（夏季 1～2 日），待其味酸甜而略带辛辣时，佐餐食用。

❸将拳头大的洋葱 1 个平分成 8 份，浸入 500～750 毫升红葡萄酒中，8 天后饮用。每餐前空腹吃洋葱 1 份，喝酒 60～100 克。可长期服用。

蚕蛹缓解糖尿病 >>>

蚕蛹 20 枚洗净，用植物油翻炒至熟，也可将蚕蛹加水煎煮至熟。炒的可直接食用，煮的可饮用药汁。每日 1 次，可连用数日。本方可调节糖代谢，适用于糖尿病及合并高血压病。

银耳菠菜汤缓解糖尿病 >>>

水发银耳 50 克，菠菜（留根）30 克，味精、盐少许。将菠菜洗净，银耳泡发煮烂，放入菠菜、盐、味精煮成汤。适用于脾胃阴虚为主的糖尿病。

山药黄连缓解糖尿病 >>>

取山药 30 克，黄连 10 克。水煎，共 2 次，将 2 次煎液混匀，分早晚 2 次服用，每日 1 剂，10 剂为 1 疗程。适用于糖尿病口渴、尿多、易饥。

猪脾缓解糖尿病 >>>

❶山药 120 克切片，猪脾 100 克切成小块。先将山药炖熟，然后猪脾放入片刻，熟后趁热吃，猪脾和汤须吃完，山药可以不吃，若要吃则须细嚼，始可咽下，此方每天早晨吃 1 次。

❷薏米 30 克，猪脾 1 个。猪脾、薏米水煎，连药代汤全服，每日 1 次，10 次即可见效。

❸枸杞 15 克，蚕茧 10 克，猪脾 1 个。加水适量，将上物煮熟后服食。每天 1 剂，常食。适用于糖尿病伴小便频多、头晕腰酸者。

▲洋葱缓解糖尿病

红薯藤、冬瓜皮缓解糖尿病 >>>

缓解糖尿病,可备干红薯藤30克,干冬瓜皮12克。同入砂锅,水煎服。可经常服用。

鸡蛋、醋、蜜缓解糖尿病 >>>

生鸡蛋5个(打散),醋400毫升,蜂蜜250毫升。生鸡蛋与醋150毫升混合,泡约36小时,再用醋、蜜各250毫升与之混合,和匀后服,早晚各服15毫升。

西瓜皮汁缓解糖尿病 >>>

将吃西瓜剩下的西瓜皮削去红肉和外层绿皮,剩白肉部分,用适量清水煮,煮到白肉部分烂后捞掉,取其汁液,口渴时喝,不渴也可以喝,自西瓜上市一直喝到西瓜淡季为止,会有很大功效。对于胃冷的人来说,西瓜皮水若喝多了,胃会有不舒服的感觉,则可用玉米须来代替西瓜皮。

枸杞蒸蛋缓解糖尿病 >>>

鸡蛋2只,枸杞10克,味精、盐少许。把蛋打入碗内,放入洗净的枸杞和适量的水及味精、盐少许,用力搅匀,隔水蒸熟。本方补肾滋阴,益肝明目,适用于肾阴虚为主的糖尿病。

糖尿病患者宜常吃苦瓜 >>>

鲜苦瓜60克。将苦瓜剖开去子,洗净切丝,加油盐炒,当菜吃,每日2次,可经常食用。这道菜有清热生津的作用,适用于口干烦渴、小便频数之糖尿病。

蔗鸡饮缓解糖尿病 >>>

缓解糖尿病,可取蔗鸡90克洗净,置陶罐中,加清水2.5升,以文火煎至500毫升,去渣,汤汁贮于保温瓶中备用。每日1剂,不拘时温服。注:蔗鸡为禾本科植物甘蔗节上所苗出之嫩芽,一般中药店即有售。

降糖饮配方 >>>

白芍、山药、甘草各等份。上药研成末,每次用3克,开水送服,每天早、午、晚饭前各吃1次,一般1周就可见效。适用于口渴而饮水不止的糖尿病患者。

▲糖尿病患者宜常吃瓜子

南瓜汤辅治糖尿病 >>>

患了糖尿病的人，往往口渴多饮、形体消瘦、大便燥结，食疗可用南瓜100克，煮汤服食，每天早晚餐各用1次，连服1个月。病情稳定后可间歇食用。

鲫鱼缓解糖尿病 >>>

❶活鲫鱼500克，绿茶10克。将鱼去内脏洗净，再把绿茶塞入鱼腹内，置盘中上锅清蒸，不加盐。每日1次。

❷鲫鱼胆3个，干生姜末50克。把姜末放入碗中，刺破鱼胆，将胆汁与姜末调匀，做成如梧桐子大小的药丸。每次服5～6丸，每日1次，米饭送下。

茅根饮缓解糖尿病 >>>

生白茅根60～90克，水煎当茶饮，1日内服完。连服十几日即可见效。本方消胃泻火、养阴润燥，适用于糖尿病。

冬瓜皮、西瓜皮缓解糖尿病 >>>

冬瓜皮、西瓜皮各15克，天花粉10克。上药同入砂锅，加水适量，文火煎煮取汁去渣，口服，每日2～3次。本方清热养阴润燥，适用于口渴多饮、尿液混浊之糖尿病。

田螺汤缓解糖尿病 >>>

缓解糖尿病，可买田螺10～20个，放清水中3～5天，使其漂吐去泥沙，取出田螺肉，加黄酒半小杯拌和，用清水炖熟，食肉、饮汤，每日1次。

乌龟玉米汤缓解糖尿病 >>>

取鲜玉米须60～120克（干品减半），乌龟1～2只。用开水烫乌龟，使其排尿干净，去内脏、头、爪，洗净后将龟甲肉与玉米须一起放入瓦锅内，加清水适量，慢火熬煮，饮汤吃龟肉。适用于口渴多饮、形体消瘦之糖尿病。

芡实老鸭汤缓解糖尿病 >>>

取老鸭1只，芡实100～200克。将老鸭去毛和肠脏，洗净，将芡实放入鸭腹中，置瓦锅内，加清水适量，文火煮2小时左右，加食盐少许，调味服食。本汤对糖尿病有辅助疗效。

黑豆、黄豆等缓解糖尿病 >>>

每天空腹服用格列本脲2片、苯乙双胍1片。另用鸡蛋两个与黄豆7粒，黑豆7粒，花生仁7粒，红枣7个，核桃仁2个，共六样32粒（个）放在一起，用砂锅熬煮，当鸡蛋熟后，用勺捞出，去皮吃掉。锅内余下的五样东西多煮会儿，待烂熟后吃完。

注意：煮熬时切忌使用铁、铝、搪瓷等类锅，以免降低效果。

用苞米缨子煎水缓解糖尿病 >>>

取苞米棒子尖部突出的红缨子100～200克，用煎药锅加水煎煮，日服3次，每次两小茶杯，不用忌口。连服效果显著。

黑木耳、扁豆缓解糖尿病 >>>

黑木耳、扁豆等份。晒干，共研成面。每次9克，白水送服。此方益气，清热，祛湿。适用于糖尿病。

冷水茶缓解糖尿病 >>>

茶叶10克（以未经加工的粗茶为最佳，大叶绿茶次之）。将开水晾凉，取200毫升冷开水浸泡茶叶5个小时即可。

注意：禁用温开水冲泡，否则失去疗效。

便秘、痔疮、肛周疾病

按摩腹部通便 >>>

❶用按摩腹部方法可解除或缓解便秘症状。方法是：用右手从心窝顺摩而下，摩至脐下，上下反复按摩40～50次，按摩时要闭目养神，放松肌肉，切忌过于用力，如按摩时腹中作响，且有温热感，说明已发生良好作用。另在按摩时，适量喝一点儿优质蜂蜜水更好。

❷在步行时捶打腹部，以不痛为限度，以30分钟大约捶打1000次为宜，每日1次。

❸大便之时，将双手交叉压于肚脐部，顺时针方向揉，然后逆时针揉，交替进行；或做腹部一松一缩的动作亦可。

葱头拌香油缓解便秘 >>>

将紫洋葱头洗净切丝，生拌香油，视个人情况每日2～3次，与餐共食。缓解顽固性便秘有良效。

吃猕猴桃缓解便秘 >>>

患便秘的人，不妨趁猕猴桃上市的时候，每天坚持吃，效果很好。此法既保养身体又防病。

缓解习惯性便秘一方 >>>

草决明100克，微火炒一下，注意别炒�糊。每日取5克，放入杯内用开水冲泡，加适量白糖，泡开后饮用，喝完可再续冲2～3杯，连服7～10天即可见效。注意：因草决明有降压明目作用，血压低的人不宜饮用。

煮黄豆缓解便秘 >>>

黄豆200克，温水泡涨后放铁锅内加适量清水煮，快煮熟时加少许盐，豆熟水干后捞至碗中，趁热吃。一般每天吃50克左右，三四天即可见效。

葡萄干能通便 >>>

老年人患便秘，可于每天晚饭后食用20～30粒葡萄干，10天左右见效。经常食用可预防便秘。

▲缓解习惯性便秘一方

指压法预防便秘 >>>

在便前或如厕时，用双手的食指按压迎香穴（鼻翼两侧的凹陷处），按压 5 ~ 10 钟，以局部出现触痛感即可。

四季缓解便秘良方 >>>

缓解便秘，可采用冬吃白萝卜、夏喝蜜的方法，效果极佳。方法是：每年冬春季节，把萝卜洗净切成小块，用清水煮，每天食用 250 ~ 500 克，分早晚两次吃。夏秋季节，每晚睡前将 1 汤匙蜂蜜加入 1 小杯开水中饮用，同样可收到良效。

食醋可通大便 >>>

每日清晨空腹饮用 1 大杯加入 1 勺醋的白开水，饮后再饮 1 杯白开水，然后室外散步 30 ~ 60 分钟，中午即可有便意，长年坚持服用效果尤佳。

冬瓜瓤缓解便秘 >>>

取冬瓜瓤 500 克，水煎汁 300 毫升，一日内分数次服下，有润肠通便之功。

炒葵花子可缓解便秘 >>>

缓解便秘，可每天吃些炒葵花子，以 100 ~ 150 克为宜，最好不间断。同时还要养成定时大便的习惯，尽可能少吃或不吃抗菌消炎药。

菠菜面条缓解便秘 >>>

取菠菜择洗干净，放在清水中煮烂，做成菠菜汁，晾温后，倒入面粉中和好制成面团，再擀成薄片叠起来切成条，煮熟后即可捞出，浇上自己喜爱的卤汁食用。经常食用可预防便秘。

洋葱拌香油缓解老年便秘 >>>

缓解老年便秘，可买回洋葱若干，洗净后切成细丝，500 克细丝拌进 75 克香油，再腌半个小时，一日三餐当咸菜吃，1 次吃 150 克，常吃可预防便秘。

芹菜炒鸡蛋缓解老年便秘 >>>

取芹菜 150 克，和鸡蛋 1 只炒熟，每天早上空腹吃，缓解

① ② ③ ④ ⑤

▲ 菠菜面条缓解便秘

老年便秘有特效。

菠菜猪血汤缓解便秘 >>>

患有习惯性便秘，可用菠菜猪血汤来缓解。做法是：鲜菠菜 500 克洗净，切成段；鲜猪血 250 克，切成小块，和菠菜一起加适量的水煮成汤，调味后于餐中当菜吃，每天至少吃 2 次，常吃有效。

黑豆缓解便秘 >>>

缓解便秘，可将黑豆用清水洗净，晾干备用。每天清晨空腹服 49 粒，此方效果不错，而且无痛苦、无副作用。

炒红薯叶缓解便秘 >>>

缓解便秘，可取鲜红薯叶 500 克，花生油适量，加盐适量炒熟后当菜吃，每日 1 次以上。

生土豆汁缓解便秘 >>>

取当年生新鲜土豆 1 个，擦丝，用干净白纱布包住挤出汁，加凉开水及蜂蜜少许，兑成半玻璃杯左右，清晨空腹饮用，对缓解习惯性、老年性便秘有显著疗效。

空腹喝紫菜汤可缓解便秘 >>>

每日早起空腹喝 1 ~ 2 碗紫菜汤，对便秘有显著疗效，但注意要喝热紫菜汤，喝时加少许醋则疗效更好。

空腹吃橘子可缓解便秘 >>>

便秘患者可在早晨起床后空腹食用橘子 2 个（小的 3 ~ 4 个），约 1 小时后大便即可顺利解下。

空腹吃梨可缓解便秘 >>>

每天早晨起床后空腹吃梨 2 个，连服 2 周以上，有润肠之功，可有效缓解便秘。

芦荟缓解便秘 >>>

芦荟鲜叶内含有大量的大黄素苷，可健胃、通便、消炎。便秘患者可于饭后生食鲜叶 3 ~ 5 克，每日 3 次，也可根据个人爱好煎服、泡茶、榨汁兑饮料，泡酒也可，服用几次就见效。需要注意的是，芦荟叶一次服用不宜超过 9 克，否则可能中毒。

便秘防脑血管破裂法 >>>

便秘是老年人的常见病、多发病。因为便秘，排便时用力过猛，导致脑血管破裂，脑溢血，危及生命。今有一方简便易行，即在排便用力时，以双掌紧捂两耳，可保无虞。

缓解老年习惯性便秘一方 >>>

生附子 15 克，苦丁茶、炮川乌、白芷各 9 克，胡椒 3 克，大蒜 10 克，共捣碎炒烫，装入布袋，置神阙（肚脐），上加热水袋保持温度，每日 2 次，缓解老年习惯性便秘。

红薯粥缓解老年便秘 >>>

老年便秘患者，可用大、小米各 100 克，加红薯 200 克，熬成红薯稀饭，晚饭前后食用，翌日早上，大便即可缓解。可常食，无副作用。

自制苹果醋缓解便秘 >>>

苹果 1000 克，洗净晾干后切成小块；冰糖 400 克加水以小火煮化；酒曲 1 个碾碎；将苹果、冰糖水、酒曲混合后装入干净的小缸内密封；两周后，每天打开搅拌 10 分钟，使空气进入，这样做两周后，苹果醋就做成了。常喝苹果醋不但能缓解便秘，还能促进皮肤的新陈代谢。

番泻叶缓解便秘 >>>

番泻叶 20 ~ 30 克水煎服，每日 1 剂代茶饮可缓解便秘。老年、体弱、产后不宜服。

郁李仁缓解便秘 >>>

缓解便秘，可用郁李仁20克，打碎，水煎去渣，加白糖适量，1次顿服，每天1剂。

蒲公英汤缓解小儿热性便秘 >>>

小儿热性便秘，可取蒲公英60～90克，加适量水煎至50～100毫升，每日1剂，1次服完，年龄小服药困难者可分次服。每当犯病，服1～2剂即可。

痔疮熏洗疗法 >>>

缓解痔疮可用熏洗法，做法是：用地龙（即大蚯蚓，中药房有售）20克，放在盆里或新痰盂内，用一壶刚烧开的水倒入盆内，坐盆，用热气熏治，如熏时发痒发痛，因热气足，可以移动变化位置，逐渐适应。待水温下降到不烫手时，再用纱布蘸水轻洗患部，每天1次。

水菖蒲缓解痔疮 >>>

取水菖蒲根200克（鲜者加倍），加水2升，煎沸后10分钟去渣（药渣可保留作第2次用，1剂药可连用2次），取药液先熏后坐浴10～20分钟。坐浴时取1小块药棉，来回擦洗肛门，洗完后药液可保留，下次煮开消毒后可重复使用。每天2次，连洗1～3天。此方一直用于痔疮的临床治疗，效果很好。

无花果缓解痔疮 >>>

缓解痔疮，可采用无花果叶适量，用水熬汤半小时后熏洗，一般洗两次即可见效。若用无花果茎、果熬汤熏洗，效果更好。

蒲公英汤缓解痔疮 >>>

取鲜蒲公英全草100～200克（干品

50～100克），水煎服，每天1剂。止血则炒至微黄后使用。对内痔嵌顿及炎性外痔配合水煎熏洗。一般1天后可止血，渗出物大为减少，2～4剂即可消肿止痛。

缓解痔疮一方 >>>

犯痔疮久治不愈者，可于臭椿树荫面地下半米深处取根200克，与梨1个共同捣碎取汁备用。再将鲜姜、红糖各100克捣碎，和上汁搅匀，用开水沏开喝下，1次即可见效。

牡丹皮饼缓解痔疮 >>>

比较严重的痔疮，患者便后会有点儿滴状便血，而且往往痔核脱出肛外，不能自行回纳。这时可取牡丹皮、糯米各500克，共为细末后和匀。每天100克，以清水调和，捏成拇指大小的饼，用菜油炸成微黄色，早晚2次分吃，若嫌硬，可稍蒸软后再吃。连用10天为1疗程，一般服用1～2个疗程后即可见效。

花椒缓解痔疮 >>>

花椒1把装入小布袋中，扎口，用开水沏于盆中，患者先是用热气熏洗患处，待水

▲花椒缓解痔疮

温降到不烫，再行坐浴。全过程约 20 分钟，每天早晚各 1 次。

枸杞根枝缓解痔疮 >>>

取枸杞根枝适量，将上面的泥洗净，将根枝断成小节（鲜干根枝都可以），放入砂锅煮 20 分钟即可。先熏患处，等水温能洗时泡洗 5 ~ 10 分钟。用过的水可留下次加热再用。一般连洗 1 周即见效。

痔疮坐浴疗法 >>>

❶艾叶 50 克（鲜品 250 克），以 1 升的水煎至半量，加入热水中，实行坐浴，这是腰部以下浸入热水中的沐浴法，浸到上半身冒汗的程度即可。

❷干萝卜叶 2 ~ 3 株，用 2 升的水煎至半量后加入浴水中，实行坐浴。

❸洗澡时，先用棉花浸入热开水，拿出在肛门周围慢慢轻贴，待热气渐入肤内，肛门肌肉可以耐热，便慢慢浸入，一泡半小时，待水温度全散，才可起来。

以上 3 种坐浴法，都可促进患部血液循环，一般连续 10 多天，可明显改善。但要注意的是，坐浴时，上半身要披上毛巾或穿上浴衣，以防热气丧失。

河蚌水缓解痔疮 >>>

以活河蚌 1 个，掺入黄连粉约 0.3 克，加冰片少许，待流出蚌水时，用碗承接，以鸡毛扫涂患部，一日数次，缓解痔疮有奇效。

蜂蜜香蕉缓解痔疮 >>>

痔疮便血患者可于每日清晨，空腹吃下抹上蜂蜜的香蕉 2 ~ 3 根，香蕉愈熟愈好，蜂蜜则愈纯愈佳，重症患者服用 40 ~ 50 日，轻症患者服用 30 日，一般就可见效。

皮炎平缓解痔疮 >>>

患有外痔的人，若涂抹痔疮膏不见效，可试用皮炎平药膏，会有意想不到的效果。

龟肉利于缓解痔疮 >>>

凡患痔疮与痔漏的人，常用龟肉加葱、酱煮食，有滋阴清热、消炎止血的功效。但要注意，煮龟肉时不要用醋。

田螺敷贴缓解脱肛 >>>

患了脱肛，可取田螺数只用米酒适量拌匀，以芭蕉叶包住，埋于热火灰下，待热，敷肚脐、背部、尾骨。最好是在睡前使用。

▲田螺敷贴缓解脱肛

五倍子缓解脱肛 >>>

脱肛患者往往面色萎黄，口唇淡白而干燥起皮，渴欲饮水而饮则不多，舌尖略红、苔根淡黄微腻。此时，取五倍子适量，研末，直接外敷在脱出的肛门黏膜上，然后再行回纳，一般即告成功。此方缓解脱肛，确有良效。

关节炎、风湿症、腰腿痛

药粥缓解关节炎 >>>

备糯米50克，米醋15克，姜5克，连须葱7茎。先用糯米洗净后与姜入砂锅内煮一二沸。再放葱白，待粥熟后加入米醋调匀，空腹趁热顿服。服后若不出汗宜即盖被静卧，以微微出汗为佳。本粥有祛风散寒之功，但需要注意的是：凡风热及关节红肿者禁用。

羊肉串缓解关节炎 >>>

将嫩羊肉250克切成桂圆大小的块，串在10个烤签子上，另备人参、杜仲、桂心、甘草各15克，研为细末，掺入细精盐少许。将羊肉串放在炭火上，烤熟撒上药末即可酌量食用。这样处理过的羊肉串更具补气养血、强肾壮骨之功效，可辅助治疗类风湿性关节炎。

姜糖膏缓解关节炎 >>>

取鲜生姜1千克捣烂如泥，红糖500克用水溶化，与姜泥调匀，用小火熬成膏，每天早、中、晚各服1汤匙。本方可温阳散寒、活血止痛，适用于下部受寒，两腿疼痛之关节炎。

五加皮鸡汤缓解风湿 >>>

五加皮60克，老母鸡1只。将老母鸡去头、足及内脏，洗净，二者加水炖熟。吃鸡饮汤。待症状减轻，隔3～5天再服1剂。这种鸡汤有温阳通络补虚之功效，适用于日久不愈之风湿症。

炖牛肉缓解关节炎 >>>

取无筋膜之嫩牛肉250克，切大块，与薏仁、白藓皮各100克共炖，不加盐，肉烂即可。食肉饮汤，1日3次。这道菜有祛湿益气、健脾消肿之功效，辅助治疗关节炎肿痛。

花椒水缓解关节炎疼痛 >>>

取花椒60克，入锅加水600毫升，煎至200毫升，用干净布盖上，放屋外高处露一夜，次晨取回，冷服，盖被取汗。本方温

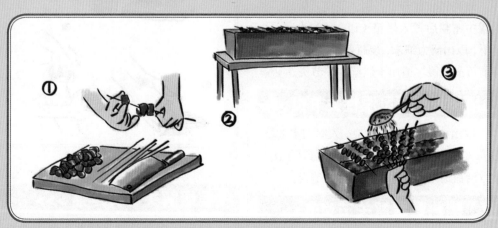

▲羊肉串缓解关节炎

阳散寒、通络止痛，可缓解关节炎疼痛。

芝麻叶缓解关节炎肿痛 >>>

取新鲜芝麻叶100克，洗净切碎，水煎服，每日2次。冬季无叶，可用芝麻秆水煎服。本方补血通络散寒，适用于风寒引起的关节炎肿痛。

药酒缓解关节炎 >>>

❶备白桑葚500克，白酒1升。将桑葚放入酒中浸1周，滤渣，每日早晚各服15毫升。本方滋阴补血、活血止痛，适用于风湿性关节炎。

❷丝瓜络150克，白酒500毫升。将丝瓜络入白酒中浸泡7天，去渣饮酒，每次1盅，日服2次。本方活血通络止痛，适用于关节炎疼痛。

墨鱼干缓解风湿性关节炎 >>>

取墨鱼干（带骨）2只，陈酒250毫升，共炖熟，食鱼喝汤，每日2次，连食数日。本方适用于风湿性关节炎，对心脏病、肝脏病及肾炎也有疗效。

狗骨粉缓解风湿性关节炎 >>>

取狗四肢骨若干，剔去筋肉，砸碎，装入罐中密封后置入烤箱（以120℃为宜），烤酥，取出研为细末，装瓶备用。每服12克，睡前黄酒送服。适用于风湿性关节炎。

山楂树根缓解风湿性关节炎 >>>

取山楂树根30～60克，入锅加水适量，煎煮30～40分钟，滤汁饮汤。每日1次。本方活血通络，适用于风湿性关节炎。

葱、醋热敷缓解关节炎 >>>

得了急性关节炎，患部肿痛难忍，这时可将好醋500克煎至250克，再加入洗净切细的葱白30克，煮沸2～3遍，过滤后用布包好，趁热敷于患部关节，每日2次，有止痛促康复之功。

缓解关节肿痛一方 >>>

备红辣椒皮500克、嫩松树叶与嫩松枝各250克，分别焙干，研成末。3味拌匀，加黄酒适量，炼成药丸，如梧桐子大小，饭后服，每次服3克，每日2～3次。适用于关节肿痛、肌肉瘦削、四肢不遂等。

桑葚缓解关节炎 >>>

患者关节疼痛、肢体麻痹之时，可取黑桑葚50克洗净，入砂锅，加水适量，文火煎煮服用，或将桑葚熬制成膏，每次服1汤匙，开水和少许黄酒送服，每日1～2次。

鲜桃叶缓解关节炎 >>>

备鲜桃叶适量，白酒250毫升。白酒烧热，桃叶用手稍揉，蘸酒洗患处，每晚睡前1次。适用于风湿性关节炎有良效。

▲鲜桃叶缓解关节炎

生姜缓解关节炎疼痛 >>>

❶先用生姜适量（切片）蘸香油反复

擦抹痛处，然后将生姜在炭火中煨热，捣烂敷于痛处，盖以纱布，包扎固定。

❷姜用擦菜板擦成细碎片，放入小布袋中，在盆中注满热水，将小布袋在水中来回摇荡，姜汁就会渗透出来，再以毛巾浸入水中，拧干，贴于疼痛的部位，凉了就换，如此反复数次，即可缓解关节疼痛。

柳芽泡茶预防关节炎复发 >>>

备柳芽（清明前嫩芽尚未飞花者，若无，可用嫩叶、嫩枝代之）2克、绿茶2克，用开水冲泡，代茶饮，可预防关节炎复发。

陈醋熏法缓解关节炎 >>>

得了关节炎，除了吃药、食疗以外，还可试试下面的方法：备陈醋300毫升、新砖数块。将砖烧红后放入陈醋中吸透，趁热放在关节下烟熏（先以纱布1块浸热醋后裹于关节），以能耐受为度，并以被子包住，防止热、醋走失，砖冷即止，隔日1次。

黄豆缓解风湿性关节炎 >>>

黄豆含维生素A、维生素B特多，除改善脚气肿胀之症外，民间也常用于缓解风湿。方法是用黄豆和鸭睾丸（或羊睾丸）一同熬汤，豆熟后吃豆喝汤。医学界认为，风湿症或许是性腺缺乏某种物质造成，所以在发病后，不妨试试这个疗法。

酒烧鸡蛋缓解关节炎 >>>

将3个鸡蛋洗净，放入干净的小锅内，倒入50度以上的白酒，以白酒刚好没过鸡蛋为度。先把锅底稍加热一会儿，关火，再把锅内白酒点燃，火自行熄灭后，待鸡蛋和残酒冷却至温热时，将鸡蛋去壳连同残酒一起吃下，然后上床捂上被子睡觉，让身上出一场透汗，每星期做一次。提示：点燃白酒

时一定不要离开，注意防火。

换季时缓解关节疼痛二方 >>>

❶晒干的桑根与艾叶各10克（鲜品桑根40克，艾草60克），以500毫升的水煎至剩300毫升为止，分为3等份，每餐后服1次。持续服用，1个月就会减轻痛楚。

❷桑根、决明子、薏仁各20克，用700毫升的水煎至500毫升即可，分为3次，1天内喝完，约10天即可收效。

桑根与艾叶都是止神经痛的特药。慢性风湿性关节炎患者，有的是到了季节更换时，特别感到疼痛，上述2法最具特效。

敷贴法缓解关节炎 >>>

患有慢性风湿性关节炎，可取壳仓中稻草（愈陈愈好），烧成灰，浇小便，借其热气，盖关节上，约1周，即可行动自如。或者将柳树皮捣碎，涂在干净布上，敷痛处，也可达到止痛的效果。

芝麻叶汤缓解关节炎 >>>

取鲜芝麻叶200克放砂锅内，注入清水，待煎至水剩1碗时，趁热喝下，每天1次，此法可缓解关节炎。

酒炖鲤鱼缓解风湿 >>>

北杜仲15克，当归、龟板各12克，蜜黄芪10克，甘杞、五加皮各6克，上药与米酒1瓶，置酒缸中浸泡7天备用。另买鲤鱼1尾（约1.5千克重），养于清水中，约1小时换水1次，经6~7次换水，使其肚中粪污排泄净尽，再趁其活着时入蒸罐（不可去鳞或剖腹），将泡好的酒浸入，密封放锅中隔水炖烂。把炖好的鲤鱼盛碗中，用筷子轻轻刮去鱼鳞，连汤喝下。此方不但可去风湿，对平日精力衰退、腰酸骨痛及病后失

调，都非常有效。

乌鸡汤缓解关节炎 >>>

得了关节炎，反复发作，天气不好则疼痛加剧。此时可备雌乌鸡 1 只，麻黄、牛蒡子各 12 克。先将乌鸡捏死或吊死，勿见铁器，去毛及内脏，洗净，放入砂锅内，加水淹没鸡为度。用纱布将麻黄、牛蒡子包裹，同时放入锅内炖煮，可加少量食盐调味，勿加别的调味品，以肉熟烂为度，取出麻黄、牛蒡子，食肉喝汤，早晚各服 1 次。

宣木瓜缓解关节不利 >>>

宣木瓜煮水或浸酒饮服，能化湿行筋，缓解脚气湿痹，腰膝坠重，四肢关节不利。木瓜有两种，一种叫宣木瓜，另一种叫番木瓜。宣木瓜是硬且坚的果实，有一种强烈的气味，略带酸味，不能作为生果进食，可作缓解风湿的药品，《本草纲目》（别录）中提到"木瓜主治湿病"可见其效用。

桑树根蒸猪蹄缓解关节炎 >>>

猪蹄 1 只（约 600 克重）切成小块，和米酒一并入大碗中，放进桑树根（又名桑白皮，用鲜品更佳）适量，隔水蒸至两物熟烂为止，趁热分早、晚 2 次喝，最好连肉吃下，连吃 3 只，即可见效。

辣椒、陈皮缓解老年性关节炎 >>>

老年人膝、肘关节或腿痛是常见病，可取小尖红辣椒 10 克、陈皮（橘皮）10 克，用白酒 500 毫升浸泡 7 天，过滤后，每天服 2～3 次，每次 2 毫升，可有效缓解或制止疼痛。不能饮酒者，用此药涂于疼痛处来回擦，而后用麝香止痛膏贴于患处，也有效果。

童子鸡缓解风湿症 >>>

小红公鸡（童子鸡）1 只去肠杂，洗净，将木香、木瓜、当归、红花、甘草各 3 克以纱布包好，纳入鸡腹，将鸡头提起，从切口处灌入黄酒 1 / 3 瓶，再予缝合（提起鸡头，是恐黄酒自鸡头流出）。将鸡放瓦盆或陶器罐，加盖，锅中放水，隔水蒸 1 小时左右，以鸡烂为度。先吃鸡，再喝汤，1 次服完，盖被发汗，以感觉脚心发汗为止，起而拭汗，更衣，再休息。此时绝对不能见风。风湿症轻者 1 剂，重者 2 剂即可见效。

▲童子鸡缓解风湿症

缓解关节炎一方 >>>

用嫩苍耳子适量，将其捣烂成泥状，敷于患处，再用纱布或布条扎紧，敷40分钟即可。如病情重也可敷长些时间。用此方拔的水泡越大，效果越好。

粗沙子渗醋缓解关节炎 >>>

患有关节炎，可用粗沙渗醋的土方医治。方法是：取粗沙若干，淘净沥干后装入布袋里，用时以醋渗透，再放到蒸锅上蒸烫，取下敷于患处。每晚1次，每次约半小时，坚持半年见效。

药水熏蒸缓解膝关节痛 >>>

膝关节发炎疼痛者，可用核桃树枝切成10厘米长，入锅煮1小时，倒入盆中。盆上盖盖，中间挖一孔，让蒸汽从孔中蒸其痛处，每晚睡前进行，时间长短不限，水凉为止。连用数周疗效显著。

妙法缓解肩周炎 >>>

取一只白色无毒的塑料薄膜袋，剪成比患部稍大些的面积，然后将水烧开，待水温降至30 ~ 40℃时，滴少许白酒于温水中，再将塑膜置于温水中浸泡1 ~ 2分钟，然后将其贴于患处，蘸些许温水于塑膜上，快速穿上内衣。因塑膜有渗入酒精成分的水汽及排出汗液的吸附力，一般不易脱落。塑膜1天换1次，白天夜间都坚持按以上方法贴敷。坚持一段时间即有效果。

缓解骨结核、腰椎结核一方 >>>

寻找一种在山东叫大葛篓的多年生蔓生草本植物，取其根50克，放砂锅内用文火煎4小时后过滤，余渣再煎服1次，用白酒或黄酒早晚2次送服。服用2周后，瘘口大量流脓，要坚持继续服，3个月为1疗程，

可连续服两三个疗程。外敷消炎生肌药见效更快。

麦麸加醋缓解腰腿痛 >>>

老年人腰腿常痛，可用麦麸加醋热敷缓解。做法是：在1.5千克麦麸之中加入500克陈醋，一起拌匀，炒热，趁热装入布袋中，扎紧袋口后立即热敷患处，凉后再炒热再敷，每3小时敷1次，1次敷30分钟，效果明显。

芥菜缓解腿痛 >>>

老年人容易犯腿痛病，一活动骨节就会发出响声。可将芥菜研碎后贴于患处，必有效果。

倒行缓解腰腿痛 >>>

老年人练倒行可解除腰腿背部疾患。方法是：找一平坦地，双手叉腰，腰背挺直，两眼直视正前方，向后退着走，速度可适当加快。若在练倒行时，再加做几下腰部运动，更好。

转体缓解腰痛 >>>

腰痛是老年人的常见病，今有一法：闲坐时，两腿保持20 ~ 30厘米的距离，以腰椎为中心，体稍左倾，转动36次，再体稍右倾，也转动36次，然后坐正，身体小范围的前倾后仰72次，整个活动，形成1个周期，大概用5 ~ 6分钟即可完毕。每天早晚各1次，不过要注意身体左右倾转动时，向下以不低于腰带为度。坚持就会有效。

缓解膝盖痛一法 >>>

缓解膝盖痛，可取花椒100克压碎，鲜姜10片、葱白6段切碎，混合在一起，装豆包布内，将药袋放膝痛处，药袋上放一热水袋，盖上被子，热敷30 ~ 40分钟，早晚

各 1 次。也可以膝痛处在上，药袋在下。每袋用 7 天为 1 疗程。

喝骨头汤预防腿脚抽筋 >>>

有些人腿脚经常抽筋，可能是由于缺钙引起，常喝点儿骨头汤，就能预防并缓解腿脚抽筋的毛病。

熏洗缓解老寒腿 >>>

取生姜 200 克、醋 250 克，加水 1 升，煮开后熏洗患处，每天 2 次，用后的姜醋不要倒掉，第二天用时再加些生姜、醋、水，用过六七次再换新的。

热姜水缓解腰肩疼痛 >>>

先在热姜水里加少许盐和醋，然后用毛巾浸泡再拧干，敷在患处，反复数次，此法能使肌肉由张变弛、舒筋活血，缓解疼痛。

▲热姜水缓解腰肩疼痛

红果加红糖缓解腿痛 >>>

缓解腿部酸痛无力，可用 500 克红果（去核）加 500 克红糖，加水熬煮成糊状，趁热服用，以出汗为宜，并用棉被盖上双腿。这样连服 3 ~ 5 次即见效。如果效果不显，可多服几次。

自制药酒缓解腿酸痛 >>>

缓解风寒性腿脚痛，可买 1 瓶白酒，1 瓶蜂蜜，1 把姜末，将酒与蜂蜜按 1 ：1 的比例混合在一起，将姜末泡入其中。10 天后就可以服用，喝 1 小酒杯即可，同时吃一点儿姜末。

热药酒缓解老寒腿 >>>

缓解老寒腿，可将红花、透骨草各 50 克放入瓦盆内倒 2 碗水，文火煎半小时后加入白酒 50 毫升，略放一会儿。患者坐在床上，就热将瓦盆放在双腿膝盖下，用棉被蒙在双腿上盖严，以热药酒气熏腿，注意别烫着。最好在秋冬，每晚临睡前熏 1 次，持之以恒，定能有效。

火酒缓解腰腿痛 >>>

由于环境潮湿导致腰腿痛，可用火酒法缓解：取白酒约 40 克，倒入碗内点燃，用手快速蘸取冒着蓝火苗的火酒搓患部。操作时动作一定要快，并迅速将火苗搓灭。每天 1 次，7 ~ 10 天即可见效。

用核桃泡酒喝缓解劳伤腰痛 >>>

核桃（青的最好，带皮）7 枚，捣碎，浸泡于 500 毫升白酒内 1 周。每天睡前饮酒 3 ~ 5 盅，2 剂即见效。

注意：绿核桃皮、壳、仁皆入药，尤其仁，入肺、肾经，有缓解腰痛脚弱之效。加之酒辛散行瘀之力，故疗效显著。

手脚干裂、麻木

大枣外用缓解手脚裂 >>>

取大枣数颗，去掉皮核，洗净后，加水煮成糊状，像抹脸油一样，涂抹于裂口处，轻的一般 2 ~ 3 次即见效。

橘皮缓解手足干裂 >>>

手足干裂的时候，可取橘子皮 2 ~ 3 个或更多，放入锅或盆里加水煎 2 ~ 5 分钟后，先洗手再泡脚，至水不热为止，每天最少要洗 1 次，连洗多天，就有明显的效果。

麦秸根缓解手脚干裂 >>>

取麦秸切成约 10 厘米长的小段，清晨取 1 把，用清水浸泡 1 天，晚上在火上煮约 10 分钟后浸泡手或脚，3 天换 1 次水和麦秸，1 周见效。

抹芥末缓解脚裂口 >>>

缓解脚裂口，可用 40℃左右的温水洗脚，泡 10 分钟左右，然后擦干；用温水调好芥末，成糨糊状，不要太稀，用手抹在患处；穿上袜子以保清洁；第二天再用温水洗脚，再抹，一般 2 ~ 3 次即见效。

洗面奶缓解手脚干裂 >>>

秋冬时节，许多老年人手足皮肤干燥皲裂，十分难受。可于每天早晨穿袜子前，用洗面奶少许擦双足，并用手轻轻揉搓，待稍干后穿上鞋袜，晚上睡觉前用温水洗脚，长期坚持必有效果。

"双甘液"缓解脚皲裂 >>>

缓解脚皲裂，可备甘草 100 克，甘油半瓶，酒精半瓶。将甘草装空瓶中，然后将酒精倒入甘草瓶中浸没甘草，用盖封好。1 周之后，用纱布过滤液体，再将等量的甘油倒在同一个瓶中混合后即可使用。每天晚上用温热水洗脚泡 20 分钟，擦干后用药棉花蘸"双甘液"擦在皲裂处，早晨起床后再擦一遍，3 ~ 4 天即可见效。

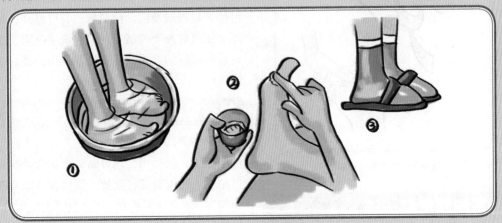

▲抹芥末缓解脚裂口

冬季常喝果汁缓解手脚干裂 >>>

冬季手脚干裂的人，如果每天喝一杯果汁，并坚持一段时间，就会有明显的好转。冬季手脚干裂，既由气候寒冷干燥造成，同时冬季新鲜蔬果摄取量相对减少也是重要因素。

蔬菜水缓解脚干裂 >>>

将菜帮、菜叶及水果皮煮沸，晾到适温后洗脚，每次洗30分钟左右，每天1次，1个月左右，患脚即光滑无痛。

食醋缓解手脚裂 >>>

手脚容易干裂的人，可取500毫升食醋，放在铁锅里煮，开锅后5分钟，把醋倒在盆里，待温后把手脚泡在醋里10分钟，每天泡2～3次，7天为1疗程。一般2个疗程即可见效。

苹果皮缓解脚跟干裂 >>>

将削苹果剩下的果皮搓擦足跟患病处，一般只需搓擦3~5次，足跟干裂处即缓解。

▲苹果皮缓解脚跟干裂

缓解脚跟干裂一法 >>>

脚跟干裂疼痛难忍时，可用热水泡一下

脚，然后拿酒精消毒过的刀片，将脚跟的硬皮和干皮一层层削掉，一直到露出软皮部分为止，将凡士林油纱布裹在脚跟上，再用绷带固定好。隔3天换2次油纱布，一般1周后就可见效。

黄蜡油缓解手脚裂 >>>

缓解手脚裂，可备香油100克、黄蜡（中药店可买到）20～30克，用火将香油热熬，放黄蜡，待黄蜡熔化即成。先用温热水泡洗手（脚）部10～15分钟，待手（脚）泡透擦干，擦蜡油于患处，用火烤干，当时就有舒适感。每日2次，一般1周见效。

缓解脚跟干裂一方 >>>

脚跟干裂的人，可取用过的干净塑料袋，对角剪开，取带底部的一半（呈三角形的一个兜儿）。晚上洗完脚或第二天早晨，将塑料兜儿套在脚后跟处，穿上袜子，一天下来，脚后跟湿润润的，一点儿干裂都没有，每隔2～3天（视干裂程度）套1次即可，效果极佳。

橘子皮缓解手脚干裂 >>>

将新鲜的橘子皮汁，涂擦在手脚裂口处，可使裂口处的硬皮渐渐变软，裂口愈合，另外，还可将晾干的橘子皮泡水洗手洗脚，也可收到同样的效果。但要经常使用，最好连续2周。

创可贴改善冬季手脚干裂 >>>

冬季手脚容易干裂的人，先用温水将脚洗净擦干，然后用"创可贴"止血膏对准裂口贴上，数天后即可见效。裂口和疼痛会逐渐消失，随之恢复正常。待皲裂再次发生时，继续以此法缓解。

牛奶缓解脚跟干裂 >>>

缓解脚跟干裂，可用鲜牛奶在洗过的脚跟处擦抹，数次即可见效。不但能促进裂口愈合，脚跟皮肤也会变得柔软光滑。

香蕉缓解皮肤皲裂 >>>

❶选熟透的、皮发黑的香蕉 1 个，放火炉旁烤热、涂于患处，并摩擦一会儿，可以促使皲裂皮肤很快愈合。

❷用香蕉皮内皮擦患处，坚持 3 ~ 5 天，每天擦 1 ~ 2 次，也可见效。

软柿子缓解手皲 >>>

先用温水洗手，然后把软柿子水挤在手上，来回反复用力搓一搓，连续几个晚上就能见效。

▲软柿子缓解手皲

巧去脚后跟干裂现象 >>>

涂抹少许凡士林在肌肤干裂处，裹上保鲜膜，经过一个晚上，脚后跟就会变得细嫩而光滑。

用蜂蜜缓解手皲裂 >>>

缓解手皲裂，可于每日早饭后，将双手洗净擦干，将蜂蜜涂于手心、手背、指甲缝，并用小毛巾揉搓 5 ~ 10 分钟，双手暖乎乎的。

晚间睡觉前洗完手，再用上述办法双手涂蜂蜜揉搓。

凤仙花根茎缓解脚跟痛 >>>

缓解脚跟痛，可找约 30 厘米高的指甲草（又名凤仙花）五六棵，取根茎洗去泥土，放入盆里，加上可漫过脚的水煮开后，添 1 小勺盐，稍微搅一搅。开始水太烫，可先用棉垫盖上盆，脚伸进去熏一熏痛处，稍后就要反复洗泡，直至水凉为止。第二天加点儿水煮开继续洗。每天 1 次，数次即可见效。

缓解脚跟痛一方 >>>

去中药店购买针麻 20 克、湖脑 50 克，将两者捣碎合拌一起，分 5 份装入缝制好的小布袋里，每次 1 袋垫在脚跟痛点上，1 周换 1 次，用 3~5 次即可见效。

新鲜苍耳缓解脚跟痛 >>>

缓解足后跟干裂疼痛，可将鲜苍耳叶数片垫于袜内足跟处，24 小时更换新叶 1 次，通常 7 次即可见效。

缓解脚趾关节骨质增生 >>>

脚趾关节长出大圆包，疼痛难忍，一般是骨质增生的表现。可用醋 2 大碗（以没过脚面为度），将 50 克干黄花菜放醋里，用慢火煎熬至黄花菜涨开，用来烫脚，两三次即可见效。

捏手指法缓解手麻 >>>

有的人一遇急事就会手麻，此时可用拇指和食指，用力抻有犯麻的手指，后用食指托着那个犯麻的指甲；再用大拇指的指甲用力捏那个犯麻的手指肚顶部；如整手麻就按五指顺序以上述方法捏，然后再用食指和拇指用力抻每个被捏过的手指，这个过程多捏几次，就有效果。

汗脚、脚气

"硝矾散"缓解汗脚 >>>

白矾25克，芒硝25克，匾蓄根30克(中药店均有售)。制法：将白矾打碎与芒硝、匾蓄根混合，水煎2次，煎出液约有2升，放盆内备用。洗脚时，把脚浸泡在药液内，每日3次，每次不得少于30分钟，临睡前洗脚最好。每服药可使用2天，洗时再将药液温热，6天为1疗程。

缓解汗脚一法 >>>

缓解汗脚，可取0.5毫克乌洛托品(西药)2～4片，压成细粉，待脚洗净擦干后，用手将药粉揉搓在脚掌趾内，每日1次，连用4～8天，可保脚干燥50天。

无花果叶缓解脚气 >>>

取无花果叶数片，加水煮10分钟左右，待水温合适时泡洗患足10分钟，每日2次，一般3～5天即见效。

冬瓜皮缓解脚气 >>>

脚气病重时会导致溃烂流水，这时可买1个冬瓜，削下瓜皮熬水洗脚，方便又便宜，效果不错。

吃栗子鸡缓解脚气 >>>

得脚气的人很多是由于脾肾不足，吃栗子鸡能健脾补肾，对脚气病大有裨益。栗子鸡的做法很简单：备栗子250克，母鸡1只，料酒、酱油少许。将栗子去壳，一切为二，母鸡洗净切成块，加料酒、酱油煨蒸至熟烂即可。

嫩柳叶缓解脚气 >>>

采一把嫩柳叶，加水煎熬，而后洗脚，数次即可见效。如果仅是脚趾缝溃烂，可将嫩柳叶搓成小丸状，夹在趾缝，晚上夹入(可穿上袜子)，第二天即见效。

▲冬瓜皮缓解脚气

白茅根缓解脚气 >>>

采集白茅之根，水洗去细砂，于日光下晒干，切细，用10～15克煎汁，将此汁代茶饮用，对缓解脚气很有效。

巧用白糖缓解脚气 >>>

脚用温水浸泡后洗净，取少许白糖在患脚气部位用手反复揉搓，搓后洗净（不洗也可以）。每隔两三天洗1次，3次后一般轻微脚气患者可见效，此法尤其对趾间脚气疗效显著。

小枣煮海蜇头缓解脚气 >>>

备小红枣500克、黄酒250毫升、海蜇头500克。用砂锅文火将小红枣、海蜇头煮熟，随意吃并饮黄酒。本菜是缓解脚气的佳品，但在食用时要忌荤腥油腻之物。

花生缓解脚气 >>>

花生是脚气病的克星。脚气症初起，用花生连衣熬成浓汤饮服，每次120克，1天4次，连服3天，对单纯性的脚气病有良效。如系慢性脚气病，宜每天用花生150克煮汤，持久饮服。

白皮松树皮缓解脚气 >>>

把白皮松树的树皮剥下烧成灰，用香油调成糊，涂抹在患处。每天1～2次，注意不能洗脚，要连续抹。一般用此方2周就能见效。

烫脚可缓解脚垫、脚气 >>>

缓解脚垫、脚气，有一个非常简单的方法，即每晚睡前用热水烫脚，每次烫10多分钟，如水温下降，中间可再加热水。烫完脚后打上肥皂，用大拇指擦脚趾缝30～50次。

蒜头炖龟缓解脚气 >>>

用龟1只洗净切块，将蒜头5枚略为捣烂，放入锅中，清炖乌龟，每天1次，4～5天可消肿胀，缓解脚气病有效，对老年人更为适宜。

花椒盐水缓解脚气 >>>

花椒10克、盐20克，加入水中稍煮，待温度不致烫脚了，即可泡洗，每晚泡洗20分钟，连续泡洗1周即可见效。用过的

▲白茅根缓解脚气

花椒盐水，第二天经加温，可连续使用。已溃疡感染者慎用。

缓解脚气一方 >>>

有些脚气病患者，足背水肿，延至脚踝，连小腿部分也微胀不适，如用手指按之有凹坑，很久才会回复原状。此时可用花生仁、赤小豆、大蒜头（去皮）各120克，煮服数次即见效。不可加盐，否则无效。

高锰酸钾水缓解脚气 >>>

用半盆温水放入2粒（小米粒大小）高锰酸钾，水成粉红色，双脚浸泡3~5分钟即可。每月泡1次，可缓解脚气并防复发。

啤酒泡脚可缓解脚气 >>>

患脚气久治不愈的人，可试着用啤酒缓解。方法是：把瓶装啤酒倒入盆中，不加水，双脚清洗后放入啤酒中浸泡20分钟再冲净。每周泡1～2次，即可见效。

芦荟缓解脚气 >>>

缓解脚气病，可于每晚洗完脚后，揉搓芦荟叶叶汁往脚上挤抹，自然风干，没味，也无疼痛感觉，每次1只脚用1叶，一般3~5次即可见效。

夏蜜柑缓解脚气 >>>

每日饭后吃夏蜜柑，能帮助消脚气肿。食用时为减少酸味，可略加些盐，但不可用砂糖。

缓解脚气一方 >>>

用市场上常见的"紫罗兰"擦脸油（增白的，4～5元）1瓶；用醋根据情况调匀（陈醋效果最佳），一般调匀至颜色暗淡为宜，涂抹到患处。该处方适用于有异味、奇痒、

一挠就破呈溃疡状或脚上有网状小眼等症状的脚气病。

预防脚气冲心一方 >>>

取干姜、木香、陈酒各4克，李子2克。加水400毫升，煎至半量，此煮汁为1日量，分3次饮服，可预防脚气冲心症。

吃鲫鱼利于缓解脚气 >>>

鲫鱼1尾清理干净，和大蒜60克、赤小豆60克、陈皮3克、老姜30克共放入锅中，加适量的水煮，熟后食用。脚气病与脾、胃有连带关系，所以恢复脾、胃的正常功能即能消除脚气水肿。赤小豆和鲫鱼都有消水肿的功能；陈皮、老姜也各具辅助作用，能使小豆与鲫鱼充分发挥它们的功能。

老盐汤缓解脚气 >>>

腌水芥（疙瘩头）的老盐汤，取少许，可踮起脚跟，浸泡十趾，每晚泡1次，每次浸泡15分钟左右，稍停片刻再用清水冲洗干净。已溃疡者慎用。

醋蒜缓解脚气 >>>

取鲜大蒜3头去皮捣碎，再放入500毫升老醋中泡40小时。将患脚泡进溶液，1天泡3~4次，每次半小时，一般24小时见效。

煮黄豆水缓解脚气 >>>

用150克黄豆打碎煮水，用小火约煮20分钟，加水1000毫升左右，待水温能洗脚时用来泡脚，可多泡会儿。缓解脚气病效果极佳，脚不脱皮，而且皮肤滋润。一般连洗3~4天即可见效。

黄精食醋缓解脚气 >>>

黄精250克、食醋2千克，都倒在搪瓷

盆内，泡3天3夜（不加热、不加水）后，把患脚伸进盆里泡。第一次泡3个小时，第二次泡2个小时，第三次泡1个小时。泡3个晚上即有效果。

APC 药片缓解脚臭 >>>

脚奇臭的人，可试着将一两片APC药片碾成粉状，分别撒在两只鞋里，1~2天投1次即可，独特有效。

萝卜水洗脚缓解脚臭 >>>

用白萝卜半个，切成薄片，放在锅内，然后加适量水，用大火熬3分钟再用小火熬5分钟，随后倒入盆中，待降温适度后反复洗脚，连洗数次即可见效。

土霉素缓解脚臭 >>>

将土霉素研成末，涂在脚趾缝里，每次用量1~2片，能保证半月左右不再有臭味。

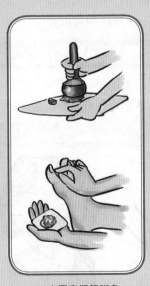

▲土霉素缓解脚臭

姜水洗脚缓解脚臭 >>>

❶热水中放适量盐和数片姜，加热数分钟，不烫时洗脚，并搓洗数分钟，不仅缓解脚臭，脚还感到轻松，可消除疲劳。

❷将脚浸于热姜水中，浸泡时加点儿盐和醋，浸15分钟左右，抹干，加点儿爽身粉，效果明显。

用番茄敷可缓解脚气 >>>

将一个番茄弄破了，连汁带瓤贴敷到患处，当天即觉见轻；洗净脚，擦干，再贴1次，即见效。患有脚气者不妨一试。

杏仁陈醋可缓解脚气 >>>

取苦杏仁100克，陈醋300毫升，入搪瓷容器内煎沸，然后用文火续煮15~20分钟（使药液浓缩至150毫升为宜），冷却后装瓶密封备用。用时先将患处用温开水洗净晾干，再涂药液即可，1天3次。

熬醋泡脚缓解顽固性脚气 >>>

醋100毫升，用200毫升水熬开，倒入洗脚盆里，温度在40~50℃时搅拌后浸泡患脚，每天1次，每次泡30分钟。

酒精浸泡黄精缓解脚气 >>>

黄精100克，75%酒精250毫升。将黄精切薄片置于容器内，加入酒精，密封浸泡15天。用4层纱布过滤，挤尽药汁后再加普通米醋150毫升和匀即可。将患处用水洗净擦干，用棉签蘸药液涂擦患处，每天3次。

川椒拌面缓解口腔溃疡 >>>

口腔溃疡若因脾胃虚寒所引起，可先将挂面100克煮熟，川椒5克用温火焖干，研成细末。植物油烧热，加入川椒末和少许酱油，拌面食用。本方温中健脾，缓解口腔溃疡有良效。

莲心缓解口腔溃疡 >>>

每天取20粒莲子心，用开水泡，喝茶水一样到无苦味为止，缓解口腔溃疡有良效。

口腔溃疡缓解一法 >>>

取维生素C药片适量（根据情况自定），取一纸对折，把药夹其中，用硬物在外挤压碾碎，把药面涂在口腔溃疡患处，一两次即见效。

橘叶薄荷茶缓解口腔溃疡 >>>

橘叶、薄荷各30克洗净切碎，代茶饮。宜温凉后饮用，避免热饮刺激口腔溃疡疼痛。橘叶味苦性平，功能疏肝行气；薄荷辛散，理气解郁，因含挥发油，能使口腔黏膜血管收缩，感觉麻木，故可止口腔溃疡疼痛。

荸荠煮水缓解口腔溃疡 >>>

将20多个洗净的大荸荠削皮，然后放到干净的搪瓷锅里捣碎，加冰糖和水煮熟，晚上睡前饮用，冷热均可，缓解口腔溃疡效果极佳。

嚼茶叶缓解口腔溃疡 >>>

口腔溃疡突发而疼痛时，可立即嚼花茶一小撮，半小时后吐掉，就能见效。

枸杞沏水喝缓解口腔溃疡 >>>

缓解口腔溃疡，可每天用枸杞10~20粒沏水喝，早、中、晚各1杯，最后连枸杞一起吃了。1周内即可见效。

苹果片擦拭缓解口腔溃疡 >>>

生了口腔溃疡，可把削了皮的苹果切成小片，用苹果片在有口腔溃疡的地方来回轻轻擦，擦拭后很舒服。一般每天擦3~4次，

▲口腔溃疡缓解一法

一两天就见效。

缓解口舌溃疡一法 >>>

缓解口舌溃疡，可用吴茱萸10克研成细末，取鸡蛋清调和，敷贴双足心，每天换药1次，连用3～5天。本方若以米醋调敷，则可以缓解小儿支气管炎。

绿豆蛋花缓解慢性口腔溃疡 >>>

将一小撮绿豆洗净熬水，水量约1碗，上火煮5分钟，以水呈绿色为准，趁热倒入装有一只已搅化鸡蛋的碗内冲之，立即饮用。症状较重时，可早晚各1次，鸡蛋搅化均匀成蛋花更佳。

腌苦瓜缓解口腔溃疡 >>>

取2～3个苦瓜，洗净去瓤子，切成薄片，放少许食盐腌制10分钟以上，将腌制的苦瓜挤去水分后，放味精、香油搅拌，就饭一起吃。吃数次即可见效。

生食青椒缓解口腔溃疡 >>>

挑选个大、肉厚、色泽深绿的青椒，洗净蘸酱或凉拌，每餐吃2～3个，连续吃3天以上，即见效。

芦荟胶缓解慢性口腔溃疡 >>>

缓解慢性口腔溃疡，可用芦荟胶外擦，一般连用3～4次，症状即可完全消失。

葱白皮缓解口腔溃疡 >>>

从葱白外用刀子削下一层薄皮，有汁液的一面向里，贴于患处，每天2～3次，3～4天后即见效。

含白酒缓解口腔溃疡 >>>

口腔溃疡，可含一口高度数的白酒（如北京二锅头），用气将酒顶向口腔溃疡的部位，两三分钟后，咽下或吐掉都行，1天2～3次，第二天就不痛了。再过一两天后就会好。

牙膏交替使用预防口腔溃疡 >>>

缓解口腔溃疡，可备用两种牙膏，早上用一种，晚上用另一种，而且刷牙最好是在饭后立即进行。此法能将口腔溃疡的发病率减少到最低程度。

热姜水缓解口腔溃疡 >>>

缓解口腔溃疡，可用热姜水代茶漱口，每日2～3次。一般用过6～9次后，溃疡面即可收敛。

蜂蜜缓解口腔溃疡 >>>

缓解口腔溃疡，可用不锈钢勺取蜂蜜少量，直接置于患处，让蜂蜜在口腔中存留时间长些最好，然后用白开水漱口咽下。每天2～3次，2天即见效。

核桃壳煮水缓解口腔溃疡 >>>

缓解口腔溃疡，可取核桃8～10枚，砸开后去肉，取核桃壳，用水煮开20分钟，以此水代茶饮，当天可见效，疼痛减轻，溃疡面缩小，连服3天可见效。

女贞子叶汁缓解口腔溃疡 >>>

从女贞子树上采摘较嫩叶片，洗净捣碎取汁，用药棉蘸汁敷在口腔溃疡部位，每敷5～10分钟，1天2次，此汁对溃疡部位有清凉麻醉感觉，敷后口腔内呈黑色。每次敷后吐出药棉，并以水漱口，不要将叶汁吞入腹内。

明矾缓解口腔溃疡 >>>

将25克明矾放在勺里，在文火上加热，

▲明矾缓解口腔溃疡

待明矾干燥成块后，取出研成细面，涂于溃疡患处，每天4～5次。一般1周内即可见效。

口香糖缓解口腔溃疡 >>>

把口香糖咀嚼到没有甜味，再用舌头卷贴住创面，对口腔溃疡有不错的疗效。

蒲公英叶缓解口腔炎 >>>

取蒲公英鲜叶几片，洗净，有空就放在嘴里咀嚼，剩下的渣或吞或吐。连嚼几个月无妨，可有效缓解口腔炎、口臭。蒲公英鲜叶越嫩、汁越多越好。

漱口法缓解口腔炎 >>>

黄连15克、明矾10克（用纱布包好），放入砂锅内加3杯水文火煎熬，剩水1杯时滤去药渣，放冷。用药汁频频漱口，如扁桃体或喉头发炎要仰漱，使药汁作用于患处，连漱30剂即可见效。

缓解口苦二方 >>>

❶口苦初起时，用山榄15～20粒，刀背拍扁；红萝卜4枚，刀切成片，加紫苏叶6克，以水熬成汤，趁热进食，1天饮3～4次，口苦即可缓解。

❷口苦兼有饮食失常、肠中滞积时，可再加上山楂12克、麦芽12克、炒鸡内金10克，方有效用。

马蹄通草茶缓解口苦 >>>

口苦不退引起发热，为防热退后引发黄疸，故宜清解湿热，饮食力求清淡。用马蹄10个、车前子15克，加通草6克同煎，以此煎汁泡茶饮服。每天最少3～4次。

鲫鱼缓解口腔炎 >>>

缓解口腔炎，可取小活鲫鱼1条，洗净后放器皿中，加白糖适量，鱼身渗出黏液后，用黏液涂患处，1日多次，效果极佳。

蒸汽水缓解烂嘴角 >>>

缓解烂嘴角，可用做饭、做菜开锅后，刚揭锅的锅盖上或笼屉上附着的蒸汽水，趁热蘸了擦于患处（须防烫伤），每日擦数次，几日后即可脱痂。

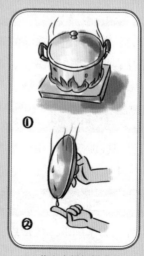

▲蒸汽水缓解烂嘴角

荠菜缓解口角炎 >>>

患口角炎可用荠菜疗法，每天吃1次，

2 天后炎症自然消失。荠菜是一种鲜甜的野菜，可做汤或炒食。将它洗净用开水烫一下，挤水后放冰箱冰室内储存，随用随取。

缓解口舌生疮一方 >>>

将西瓜红瓤吃完，将青瓤部分切成小薄片含在口中，最好贴在生疮部位，如此含 3 ~ 5 片即可减轻，照此法，轻的 2 ~ 3 次即可见效，重者晚间临睡前加用淡盐水漱口，效果更好。

香蜜蛋花汤缓解咽炎 >>>

犯了咽喉炎，可备生蜂蜜 20 克，鸡蛋 1 只，香油数滴。将鸡蛋打入碗内，搅匀，以极沸水冲熟，滴入香油及蜂蜜，调匀顿服。每日 2 次，早晚空腹服食。使用本方忌烟酒及辛辣。

糖腌海带缓解咽炎 >>>

缓解慢性咽炎，可将水发海带 500 克洗净，切丝，放锅内加水煮熟，捞出，拌入白糖 250 克，腌渍 1 天后食用，每服 50 克，每日 2 次。本方有软坚散结、清利咽喉之功。

罗汉果缓解咽炎 >>>

罗汉果 250 克洗净，打碎，加水适量煎煮。每 30 分钟取煎液 1 次，加水再煎，共煎 3 次，最后去渣，合并煎液，再继续以小火煎煮浓缩到稍稠黏将要干锅时，停火，待冷后，拌入干燥白糖 100 克把药液吸净，混匀，晒干，压碎，装瓶备用。每次 10 克，以沸水冲化饮用，次数不限，缓解咽喉炎有良效。

嚼芝麻叶缓解咽炎 >>>

鲜芝麻叶 6 片洗净，嚼烂慢慢吞咽。每日 3 次，连服 3 天有效。本方滋阴生津、润

咽消炎，适用于急慢性咽炎。

盐腌藕节缓解咽炎 >>>

将生藕 1 节去皮洗净，放入食盐里贮存 2 周以上备用。用时取出藕节，以开水冲洗后放入口中含服。每天 2 次，每次 1 枚。此方缓解急性咽炎效果绝佳，一般含 1 ~ 4 枚即可见效。

缓解咽炎贴方 >>>

缓解慢性咽炎，可取吴茱萸 60 克研末，分成 4 份，每次 1 份，以盐水调敷于足部涌泉穴，每天 1 次。

自制止咳清音合剂 >>>

将鲜苍耳根茎 250 克洗净，加水 1 升，煎沸 20 分钟即可，加食盐调味，每天 1 剂，代茶频饮。此方缓解咳嗽失音有效。

缓解声音沙哑一方 >>>

抽烟过多、饮酒过量、油炸食物吃多了，往往会使身体干燥、发热、喉咙沙哑，讲不出话来，这时可取陈年茶叶、竹叶各 3 克，咸橄榄 5 个，乌梅 2 个，加 1 杯水放进锅中，煮好后沥去残渣，在汁液中加少许砂糖，调拌后即可食用。

吸玉米须烟缓解鼻炎 >>>

玉米须（干）6 克，当归尾 3 克。玉米须晒干切细丝。当归尾焙干切碎，混合装入烟斗，点燃吸烟，让烟从鼻腔出。每日 5 ~ 7 次，每次 1 ~ 2 烟斗。本方有活血通窍之功效，适用于鼻炎。

香菜冰糖茶缓解声音沙哑 >>>

备香菜 1 束、冰糖 2 小块、茶叶 1 大匙、盐适量。一起放进大茶碗中，用滚开水冲入，

随即从火炉中夹起一块烧红的木炭，投入大碗内，用盖子将碗盖好，待5分钟后，即可倒出饮用，轻者1次，重者2～3次即缓解。该方对于风寒侵袭引起的喉咙沙哑、失音者，效果极佳。

缓解慢性咽炎一方 >>>

缓解慢性咽炎，可取黄花菜（金针菜）干品30克，石斛20克，麦冬15克，开水冲泡代茶饮，每日1剂。

缓解声音嘶哑三法 >>>

❶将萝卜和姜捣烂取汁，每次喝少许，嘶哑的嗓子可逐渐恢复。

❷将雪梨捣烂取汁，慢慢含咽，可缓解突然失音。

❸香油能增加声带弹性，以讲、唱为职业者，常喝少量香油能使嗓音圆润清亮，但注意不可过量。

热姜水缓解咽喉肿痛 >>>

用热姜水代茶漱口，早晚各1次。如喉咙痛痒，可在热姜水内加少许食盐饮用，每日2～3次，一般9次左右便可化解炎症、消除痛痒。

巧用葱白缓解鼻炎 >>>

取葱白10根，捣烂绞汁，涂鼻唇间；或用开水冲后，趁温熏口鼻。有通鼻利窍之功效，对鼻炎颇有助益。

鸡蛋缓解失音 >>>

❶每天早晨用鲜鸡蛋1只，微微热，挖2个小孔，放在唇边吮吸至净尽，味尚清润可口，连吃10余天，可使喉部润泽，发音清亮。

❷砂糖或冰糖适量做成糖汤，煮沸后，冲泡生鸡蛋1～2只食用，每天傍晚服用1次。

❸取2只鸡蛋，将其蛋白放入碗中，像做蛋糕一样，打至起泡为止，再用滚水冲茶（乌龙茶最佳，红茶亦可）1杯，加入些许冰糖，待溶解后，倒入蛋白内，趁热喝下，蛋白的泡沫会浮在上面，若将蛋白的泡沫大口吞咽，效果更好。

姜枣糖水缓解急性鼻炎 >>>

取生姜、大枣各9克，红糖72克。前2味煮沸加红糖，当

▲鸡蛋缓解失音

▲姜枣糖水缓解急性鼻炎

茶饮。适用于急性鼻炎、鼻寒、流清涕。

辛夷花缓解急性鼻炎 >>>

取辛夷花30克，研末，瓶贮备用。用时取药适量吹鼻。1日3～5次，3日为1疗程。适用于急性鼻炎。

桃叶塞鼻缓解鼻炎 >>>

桃树嫩叶1～2片。将嫩叶片揉成棉球状，塞入患鼻10～20分钟，待鼻内分泌大量清涕不能忍受时，弃掉塞药，每日4次，可连用1周。适用于萎缩性鼻炎。

巧用蜂蜜缓解鼻炎 >>>

准备蜂蜜适量。先用温水洗去鼻腔内的结痂和分泌物，充分暴露鼻黏膜后，再用棉签蘸无腐败变质的生蜂蜜涂鼻腔患处，每日早晚各涂药1次。至鼻腔无痛痒、无分泌物、无结痂，嗅觉恢复为止。这个方法有润燥消炎之功效，适用于萎缩性鼻炎。

大蒜汁缓解鼻炎 >>>

大蒜适量捣取汁，以生理盐水配成40%

的大蒜液，用时以棉卷蘸取涂布鼻腔，每日3次。适用于萎缩性鼻炎。

香油缓解慢性鼻炎 >>>

缓解慢性鼻炎，可将香油置锅内以文火慢慢煮炼，待其沸腾时保持15分钟，待冷后迅速装入消毒瓶中。初次每侧鼻内滴2～3滴；习惯后渐增至5～6滴。每日3次。滴药后宜稍等几分钟让药液流遍鼻黏膜。一般2周后显效。

味精止牙痛 >>>

用筷子头蘸上一点儿味精放在疼痛的牙齿上，疼痛会得到缓解。一次不要用太多。

冰块可缓解牙痛 >>>

可取冰块置于合谷穴上，即人们俗称的虎口处。左侧牙痛，冰右侧合谷穴；右侧牙痛冰左侧，一般冰5～7分钟，牙痛即可以止住。止痛时间可以维持2小时左右。一般冰一侧穴位即可以止痛，如冰冻两侧，止痛效果更佳，维持止痛的时间会更长些。

五倍子漱口缓解虫牙痛 >>>

俗话说"牙痛不是病，痛起来真要命"，牙痛多由虫牙引起，缓解时可用五倍子15克，煎浓汁含漱口，每天数次，一般2天内牙痛即消。

牙痛急救五法 >>>

❶用花椒1枚，噙于龋齿处，疼痛即可缓解。

❷将丁香花（中药店有售）1朵，用牙咬碎，填入龋齿空隙，几小时牙痛即消，并能够在较长的时间内不再发生牙痛。

❸用水摩擦合谷穴（手背虎口附近）或用手指按摩压迫，均可减轻牙痛。

❹用盐水或酒漱口几遍，也可减轻或止牙痛。

❺牙若是遇热而痛；多为积脓引起，可用冰袋敷颊部，疼痛也可缓解。

黄髓丸缓解牙痛 >>>

牙痛若因胃热及虚火引起，可用大黄60克研极细末，后取新鲜猪脊髓（或猪骨髓）适量（以能把大黄粉全部调成面团状为度），同杵为丸如梧桐子大，烘干或晒干备用。根据不同体质条件，每次用量由3克递增至6克口服。使用此方，一般1～3天显效。

酒煮鸡蛋缓解牙周炎 >>>

缓解牙周炎，可将白酒100毫升倒入瓷碗，用火点燃，鸡蛋1只打入白酒，不搅动，不加调料，待火熄蛋熟，冷后1次服下，每日2次，1～3次即可。

五谷虫缓解牙周炎 >>>

将五谷虫20个以油炙脆，与冰片0.3克共研细末，装瓶备用。温水漱口，药棉拭干，将药末撒于齿龈腐烂处，每天5～6次。此方缓解牙周炎（牙瘭），一般1～2天可见效。

含话梅核可预防牙周炎 >>>

吃完话梅，将核多在口中含一会儿，使之在口中上下翻滚，再用舌头将核推至外唇里，用唇挤压，这时会有牙龈被按摩的感觉。不断地用舌头挪动话梅核，不断地挤压，使牙龈普遍得到按摩，这对预防牙周炎，坚固牙齿大有益处。同时这种口腔运动产生许多口水，对消化系统也颇有好处。

月黄雄黄缓解牙周炎 >>>

缓解牙周炎，可选用老月黄（即藤黄）10克、雄黄5克共研细末，装瓶备用。在患处搽少许即可，应注意勿口服。月黄有"止血化毒，箍毒杀虫，缓解虫牙龋齿"的功用。雄黄也有燥湿杀虫的作用。

热姜水缓解牙周炎 >>>

犯了牙周炎，可先用热姜水清洗牙石，然后代茶饮，每日1～2次，一般6次左右即可消炎。

嚼食茶叶缓解牙龈出血 >>>

每餐后半小时嚼食茶叶2～3克，不但可缓解牙龈出血，也可消除口腔异味。嚼的时候要细细嚼，让茶叶在口中磨嚼成细粉末，再含化用唾液服下。

缓解牙龈炎食疗法 >>>

每天早上用小火煮适量绿豆，煮熟后加一些小米、炖至极烂，加白糖少许，早晚各服两碗。中午，准备100克猪肉、500克苦瓜，切片，先炒肉片至熟，再放入苦瓜片炖半小时，加盐少许，出锅即可。如此吃1周即可见效。

两根汤缓解红眼病 >>>

得了红眼病，症状为结膜充血、两目涩痛，缓解时可用板蓝根、白茅根各60克，水煎分早晚饭后服，每天1剂。小儿则少量频服。此方缓解红眼病，一般3剂见效，重者6剂便可。使用本方时忌食辛辣。

敷贴法缓解结膜炎 >>>

取生地15克、红花10克、当归尾8克，将上药捣烂敷患眼，每天敷1次。此方外敷缓解眼结膜炎，效果显著。

清热桑花饮缓解结膜炎 >>>

缓解急性结膜炎，可取桑叶30克，野

菊花、金银花各 10 克。上药置砂锅内，加水 500 毫升浸泡 10 分钟左右，文火煎沸 15 分钟即可。先用热气熏患眼 10 分钟，过滤药液，用消毒纱布蘸药液反复洗患眼 5 分钟，每天 3 次。一般 3 天即可见效。

小指运动可缓解眼病 >>>

人的身体有 12 条经络，有 6 条是通过手。坚持手指运动，就会对这些经络的穴位有按摩刺激作用，每天坚持早晚各做一遍小指向内折弯，再向后扳的屈伸运动，每遍进行 50 次，并在小指外侧的基部用拇指和食指揉搓 50 ~ 100 次。这种方法缓解眼病功效良好。

蒜味熏眼缓解红眼病 >>>

将大蒜捣烂装入小瓶中，以瓶口对着患眼，让大蒜气味熏蒸眼部，每日数次。此方对"结膜炎""偷针眼"有奇效。

菖蒲甘草汤缓解中耳炎 >>>

耳鸣伴头晕目眩、腰膝酸软等症，当属肾精亏损所致，可取石菖蒲 60 克、生甘草 10 克，水煎分 2 次服，每天 1 剂。病久者同时服六味地黄丸或汤剂。此方缓解耳鸣效果显著。

蒲公英汁缓解中耳炎 >>>

缓解化脓性中耳炎，可采鲜蒲公英全草，用清水洗净晾干，剪成碎片，捣成糊状，用双层消毒纱布包住，用力拧挤取汁，干净器皿盛接。每天早、中、晚用滴管吸取药汁滴入耳孔。滴药前，先将耳道脓血消除干净。

滴耳油缓解中耳炎 >>>

核桃仁 10 个去壳，取仁研烂，用布包裹，用力挤压取核桃油约 10 毫升。将冰片 2 克研末兑入油中调匀即成。缓解时患者侧卧，患耳朝上，先用双氧水清洗外耳道 3 次，擦干耳道后滴入滴耳油 5 ~ 7 滴，用干棉球堵住耳道口。每天 1 次，7 天为 1 疗程。愈后要用 3% 双氧水清洗耳道，以免结痂阻塞耳道，影响听力。此方缓解慢性化脓性中耳炎疗效显著。

田螺黏液缓解中耳炎 >>>

将大活田螺洗净外壳，放置冷水中让其吐出污泥。放置时间越长，吐纳就越清洁。用时先用棉签蘸生理盐水或双氧水反复拭干耳内脓液，然后侧卧，使患耳朝上；将田螺剪开尾部（螺尖）呈漏斗状，对准患耳的外耳道，用物刺激田螺盖，使田螺体收缩，释出清凉黏液滴入患耳，滴完后患者应继续侧卧片刻。每天 1 次。此方缓解中耳炎，轻者 1 次即见效，重者 3 ~ 5 次可见效。

▲田螺黏液缓解中耳炎

鸡肝粥缓解遗精 >>>

备雄鸡肝1只，菟丝子15克，粟米100克，葱白、椒盐少许。将鸡肝切细，菟丝子研末，与粟米同煮粥，将熟时加葱、椒盐调和，再煮一二沸即可食用。该方录于古医书《太平圣惠方》中，经长期临床实践证明，该方缓解男子遗精颇具效验。

韭菜子缓解遗精 >>>

韭菜子性温，味辛、甘，具有滋补肝肾、助阳固精之功效，在中医里常用于缓解男子遗精。以下是两副民间验方：

❶韭菜子5～10克，粳米60克，盐适量。将韭菜子研细末，与粳米一起煮粥。待粥沸后，加入韭菜子末及食盐，续煮为稀粥，空腹食用。

❷韭菜子10克水煎，用黄酒适量送服，每日2次。

酒炒螺蛳缓解遗精 >>>

螺蛳500克洗净泥土，置铁锅中炒热，加适量白酒和水，煮至汤将尽时起锅食用。用针挑螺蛳肉蘸调料吃。这道菜为佐餐佳品，可以经常食用。螺蛳性寒，味甘咸，有清热利尿止遗之功效，适用于湿热引起的遗精、小便白浊不利之症。

山药茯苓包子缓解遗精 >>>

备山药粉、茯苓粉各100克，白糖300克，面粉200克，九制陈皮、大油适量，发酵后做包子皮的软面。将山药粉、茯苓粉放碗内，加水浸泡成糊，蒸半小时，调入面粉、白糖、九制陈皮、大油，和匀成馅。取发酵后的软面，擀成包子皮，裹馅成包。蒸熟即可，随意食用，有固肾止遗之功效。

山药核桃饼缓解遗精 >>>

备生山药500克，核桃仁100克，面粉150克，蜜糖（即蜂蜜1汤匙、白糖100克、大油少许，加热而成）。生山药洗净，蒸熟去皮，放盆中加入面粉、核桃仁（碾碎），揉成面团，擀成饼状，在蒸锅上蒸20分钟，出锅后在饼上浇一层蜜糖即成。每日1次，每次适量，当早点或夜宵食用。用于肾阴亏虚导致的男子遗精。

核桃衣缓解遗精 >>>

核桃衣15克加水1小碗，文火煎至半小碗，临睡前1次服下。核桃衣性温味甘，有固肾涩精之功，民间常用此药缓解肾气不固的遗精、滑精。

山药酒缓解遗精 >>>

山药60克研末，加水适量煮糊，煮熟后调入米酒1～2汤匙，温服。适用于肾虚遗精，小便频数清长。

蝎子末缓解遗精 >>>

全蝎2只焙黄研末，用黄酒送服，汗出缓解，适用于遗精白浊。蝎子是我国传统的名贵药材，具有抗癌、解毒、止痛等功能，对于男子遗精也有不错疗效。

药敷肚脐缓解遗精 >>>

五倍子10克、白芷5克共烘脆研为极

细粉末，用醋及水各等份调成面团状，临睡前敷于肚脐（神阙穴）上，外用消毒纱布盖上，橡皮膏固定，每天换药 1 次。此方缓解遗精，一般连敷 3～5 天即可收到明显效果，且无副作用。

淡菜缓解梦遗 >>>

凡梦遗患者，用大淡菜酒洗，空腹代点心食之，或与鸡蛋一同顿食，有补肾固精的作用。淡菜为海产介类的一种，壳呈三角形，肉呈红紫色，味道鲜美。

猪肾核桃仁缓解遗精 >>>

缓解肾虚引起的遗精，可用猪肾 2 个、桃仁 30 克，加适量水入锅中煮烂后即可食用。这种食物对于遗精所引起的头晕、耳鸣、腰痛、倦怠、消瘦等都有很好的缓解效果。根据中医同物同治的原理，吃猪肾对肾虚大有裨益。只要使肾的功能恢复正常，包括遗精在内的各种症状自然消失。

蚕茧缓解遗精 >>>

将蚕茧 10 个放入火中烤，待表皮呈黑色后，泡开水饮用。利用蚕脱壳后的茧，来缓解体内排泄过多的各症状，是中医常用的处方。蚕茧除了有缓解遗精的功能外，对血便、血尿、子宫出血、糖尿病及皮肤病的辅助治疗，都有很大的帮助。

金樱子膏缓解遗精 >>>

遗精早泄患者，可取金樱子 1.5 千克，捣碎，加水煎煮 3 次，去渣，过滤后再浓煎，加蜂蜜使成膏状，每日临睡前服 1 匙，可用开水冲服。

缓解遗精、早泄一方 >>>

缓解遗精、早泄，可用草莓 30 克（干品 15 克），芡实 15 克，覆盆子 10 克，韭菜子（炒）10 克，水煎服。本方还可缓解尿频及小儿遗尿等症。

黄花鱼海参缓解阳痿、早泄 >>>

海参 50 克泡发，与净黄花鱼 1 尾同煮，加盐少许后服食。适用于体虚纳呆、阳痿早泄等症。

白果鸡蛋缓解阳痿 >>>

生白果仁 2 枚，鸡蛋 1 只。将生白果仁研碎，把鸡蛋打一小孔，将碎白果仁塞入，用纸糊封，然后上蒸笼蒸熟，每日早晚各吃

▲蚕茧缓解遗精

1只鸡蛋，可连续食用。清心泻火，滋肾养阴，适用于阴虚火旺型阳痿。

苦瓜子缓解阳痿、早泄 >>>

苦瓜子、黄酒适量。苦瓜子炒熟，研成细末，每次服10克，每日2～3次，黄酒送服，10天为1疗程。

韭菜缓解阳痿、早泄方 >>>

❶韭菜30～60克洗净切细；粳米60克先煮为粥，待粥沸后，加入韭菜细末、盐，同煮成稀粥，每日1次。阴虚内热、身有疮疡及患有眼疾的人忌用。炎夏季节亦不宜食用。

❷韭菜150克，鲜虾仁150克，鸡蛋1只，白酒50毫升。韭菜炒虾仁，鸡蛋作佐餐，喝白酒，每天1次，10天为1疗程。

❸韭菜子、覆盆子各150克，黄酒1500克。将上2味炒熟、研细、混匀，浸黄酒中7天，每日喝药酒2次，每次100克。

蚕蛹核桃缓解阳痿、滑精 >>>

缓解肾虚引起的阳痿、滑精等症，可取蚕蛹50克（略炒），核桃肉100克。隔水蒸，去蚕蛹。分数次服。

牛睾丸缓解阳痿、早泄 >>>

牛睾丸2个，鸡蛋2只，白糖、盐、豉油、胡椒粉各适量。将牛睾丸捣烂，鸡蛋去壳，6物共拌均匀，锅内放少许食油烧热煎煮，可佐餐食。本方补气益中，适用于中气不足导致的阳痿、早泄。

栗子梅花粥缓解阳痿 >>>

栗子10个去壳与粳米50克兑水，文火煮成粥，然后将梅花3克放入，再煮二三沸，

加适量白糖搅匀即可。空腹温热服。用于抑郁伤肝、劳伤心脾的阳痿不举。

▲栗子梅花粥缓解阳痿

缓解阳痿、早泄食疗方 >>>

❶黄芪羊肉粥：羊肉100克，黄芪30克，粳米150克。黄芪加水，文火煎20分钟去渣留汁，加入洗净的粳米，添水煮粥。至煮半熟时，再加入洗净切末的羊肉，搅匀，煮烂熟即可随意食用。1～2天内服完。用于阳痿、早泄及身体虚弱畏寒者。暑热天不宜食用；发热、牙痛、便秘及痰火内盛者忌食。

❷黑豆狗肉汤：黑豆50克，狗肉500克。狗肉切成块，黑豆先用水浸泡，然后共放锅内加水炖烂，吃肉喝汤，每日2次，10天为1疗程。本方具有温肾扶阳之功效，适用于肾阳衰弱型阳痿、滑精、早泄等。

鲜铁线藤可缓解遗精 >>>

采鲜铁线藤（又名蔓蔓藤）连叶46～62克，煅存性研末，开水冲服。每天临睡前服用1次。

妇科疾病

侧身碰墙缓解痛经 >>>

离高墙或树约 0.5 米的地方，侧身站立，抬起一个胳膊，和肩一样平，肘部弯曲，由前臂和手掌贴在墙上或树上，另一手叉腰，用力把近墙边的胯部靠拢墙或树，这样每天练几十回。两侧交替做。尤其月经疼痛时这样做更好。

小腹贴墙缓解痛经 >>>

站在离墙或树 0.5 米的地方，面对着墙，两手在胸前互抱，抬起来和肩平。先让小肚子尽量去贴墙或树，然后再离开，如此反复做 30 下。

黄芪乌骨鸡缓解痛经 >>>

乌骨鸡（1～1.5 千克）去皮及肠杂，洗净；黄芪 100 克洗净，切段，置鸡腹中。将鸡放入砂锅内，加水 1 升，煮沸后，改用文火，待鸡烂熟后，调味服食。每料为 5 天量。月经前 3 天服用。

川芎煮鸡蛋缓解痛经 >>>

缓解痛经，可用鸡蛋 2 个、川芎 9 克、黄酒适量，加水 300 毫升同煮，鸡蛋煮熟后取出去壳，复置汤药内，再用文火煮 5 分钟，酌加黄酒适量，吃蛋饮汤，日服 1 剂，5 剂为 1 疗程，每于行经前 3 天温服。

双椒缓解痛经法 >>>

用花椒 10 克、胡椒 3 克共研细粉，用白酒调成糊状，敷于脐眼，外用伤湿止痛膏封闭，每日 1 次，此法最适宜于寒凝气滞之痛经。

姜枣花椒汤缓解痛经 >>>

取干姜、大枣各 30 克洗净，干姜切片，大枣去核，加水 400 毫升，煮沸，然后投入花椒 9 克，改用文火煎汤，每日 1 料，分 2 次温服。5 剂为 1 疗程。临经前 3 天始服。

叉腰摆腿缓解痛经 >>>

两手叉腰，一腿站稳，另一只腿前后摆

▲叉腰摆腿缓解痛经

动 20 下左右，两腿交替进行，先幅度小再幅度大，先慢后快。

三花茶缓解痛经 >>>

取玫瑰花、月季花各 9 克（鲜品均用 18 克），红花 3 克，上 3 味制粗末，以沸水冲泡焖 10 分钟即可。每日 1 剂，不拘时温服，连服数天，在行经前几天服为宜。

山楂酒缓解痛经 >>>

干山楂 200 克洗净去核，放入 500 毫升的酒瓶中，加入 60 度白酒 300 毫升，密封瓶口。每日摇动 1 次，1 周后便可饮用。饮后可再加白酒浸泡。本方适用于淤血性痛经。

韭菜月季花缓解痛经 >>>

备鲜韭菜 30 克，月季花 3 ~ 5 朵，红糖 10 克，黄酒 10 毫升。将韭菜和月季花洗净压汁，加入红糖，兑入黄酒冲服。服后俯卧半小时。本方理气活血止痛，适用于气滞血瘀之痛经，效果较好。

黄芪膏缓解痛经 >>>

生黄芪、鲜茅根各 12 克，淮山药 10 克，粉甘草 6 克，蜂蜜 20 克。将黄芪、茅根煎十余沸，去渣澄汁 2 杯。甘草、山药研末同煎，并用筷子搅动，勿令药末沉锅底。煮沸黄芪膏即成，调入蜂蜜，令微沸。分 3 次服下，可缓解痛经。本方有健脾益肾、补气养血之功效。

桑葚子缓解痛经 >>>

取新鲜熟透桑葚子 2.5 千克，玉竹、黄精各 50 克，天花粉、淀粉各 100 克，熟地 50 克。将熟地、玉竹、黄精先用水浸泡，文火煎取浓汁 500 毫升。入桑葚汁，再入天花粉，文火收膏。每次服 30 毫升，每日 3 次。

本方补益肝肾，用于肝肾虚损之痛经，长期服用，有改善阴虚体质的作用。

煮鸭蛋缓解痛经 >>>

青壳鸭蛋 3 个（去壳），酒半碗，生姜 25 克。鸭蛋与姜、酒共煮熟，以白糖调服。适用于来经时小腹或胃部疼痛，不思饮食。

莲花茶缓解痛经 >>>

每年 7 月间采开放的莲花或含苞未放的大花蕾，阴干，和绿茶 3 克共研细末，白开水冲泡，代茶饮，每日 1 次。适用于淤血腹痛、月经过多等症。

贴关节镇痛膏缓解痛经 >>>

缓解各种痛经，可于行经前 3 天，剪取大小适中的痛舒宁（关节镇痛膏）小块，贴关元、中极、三阴交、肾俞、次髎穴，2 天换 1 次。经净停贴，连续 3 个月。

乳香没药缓解痛经 >>>

乳香、没药各 15 克。将上两药混合碾为细末，备用。于经前取药 5 克，调黄酒制成药饼如五分硬币稍厚大，贴在患者脐孔上，外用胶布固定。每天换药 1 次，连用 3 ~ 5 天。适用于妇女痛经。

耳窍塞药缓解痛经 >>>

❶痛经轻者，可备 75% 酒精 50 毫升，用消毒棉球蘸后塞耳孔中，5 ~ 30 分钟内见效。

❷痛经重者，可将大蒜适量捣汁状，用消毒棉球蘸汁后塞耳孔中。1 次见效。

樱桃叶糖浆缓解痛经 >>>

以樱桃叶（鲜、干品均可）30 克、红糖 20 克水煎，取液汁 300 ~ 500 毫升，加入红糖溶化，1 次顿服。经前服 2 次，经后服 1 次。此方缓解痛经有良效。

金樱当归汤缓解闭经 >>>

取参樱根 15 ~ 30 克，当归 5 克，瘦猪肉适量。上药与瘦猪肉加水适量煮，去药渣，临睡前作 1 次服。经未潮，次日晚再服 1 次。此方缓解闭经有效。

猪肤汤缓解经期鼻出血 >>>

新鲜猪皮（去净毛）250 克，糯米粉 30 克，蜂蜜 60 克。先将猪皮洗净加水约 3 升，文火煎取 1 升，去渣，加糯米粉、蜂蜜稍熬至糊状，放冷，装瓶备用。每于经前 1 周早晚各空腹温开水送服 3 匙。忌食辛辣刺激之物。此方缓解经行鼻衄（鼻出血）收效显著。

▲猪肤汤缓解经期鼻出血

改善不孕症一方 >>>

备茶树根、小茴香和凌霄花各 15 克。于月经来时，将前 2 味药同适量黄酒隔水炖 3 小时，去渣加红糖服。月经完后的第二天，将凌霄花炖老母鸡，加少许米酒和食盐拌食，每月 1 次，连服 3 个月，缓解女子痛经、不孕有良效。

狗头骨改善不孕症 >>>

全狗头骨 1 个，黄酒、红糖适量。将狗头骨砸成碎块，焙干或用砂炒干焦，研成细末备用。月经过去后 3 ~ 7 天开始服药。每晚睡时服狗头散 10 克，黄酒、红糖为引，连服 4 天为 1 个疗程。服药期间正常行房，忌食生冷食物。服 1 个疗程未成孕者，下次月经过后再服。连用 3 个疗程而无效者，改用其他方法。此方适用于宫寒、子宫发育欠佳不能受孕者。

参乌汤改善不孕 >>>

乌梅、党参各 30 克，远志、五味子各 9 克。上药水煎服，每天 1 剂。适用于肾气不足所导致的不孕。

川芎煎剂缓解子宫出血 >>>

取川芎 24 ~ 28 克，白酒 30 毫升。川芎、酒置容器内，再加水 250 毫升浸泡 1 小时后，用文火炖煎，分 2 次服。不饮酒者可单加水炖服。此方缓解功能性子宫出血有良效。

党参汤缓解子宫出血 >>>

缓解功能性子宫出血，可取党参 30 ~ 60 克水煎，每天 1 剂，早晚各服药 1 次。月经期或行经第一天开始，连续服药 5 天，必有显效。

旱莲牡蛎汤缓解子宫出血 >>>

对于子宫出血偏阴虚者，可备旱莲草 30 克，牡蛎 20 克，阿胶、大黄炭各 15 克，卷柏炭 12 克，川芎、甘草各 6 克。上药水煎服，每天 1 剂。

核桃皮煎剂改善子宫脱垂 >>>

改善子宫脱垂，可取生核桃皮 50 克，

加水煎成 2 升,早晚用药液温洗患部 1 次,每次 20 分钟,7 天为 1 疗程。

芦荟叶缓解乳腺炎 >>>

鲜芦荟叶适量洗净捣碎,敷在患处,外面用纱布盖住,用胶带贴牢,次日再换一次,2 ~ 3 日后,症状改善。

缓解带下病一方 >>>

取鲜鸡冠花、鲜藕汁、白糖粉各 500 克,将鸡冠花洗净,加水适量煎煮,每 20 分钟取煎液 1 次,加水再煎,共煎 3 次,合并煎液,再继续以文火煎煮浓缩,将要干锅时,加入鲜藕汁,再加热至黏稠,停火,待温,拌入干燥的白糖粉把煎液吸净,混匀,晒干,压碎,装瓶备用。每次 10 克以沸水冲化,顿服,每日 3 次。

▲缓解带下病一方

用芹菜缓解经血超期 >>>

选取新鲜的芹菜 500 克,连茎带叶一起洗净晒干。每天吃时将其切碎放入锅里做汤面或淡炒,连续 4 天,即可恢复正常。

喝红葡萄酒使经期正常 >>>

可坚持每天喝 1 ~ 2 小杯红葡萄酒,不但可以养胃,而且还能促使月经周期恢复正常。

用花椒陈醋缓解阴道炎 >>>

取 15 克干花椒、250 克老陈醋,加水500 克一起煮开后,凉凉熏洗阴部,每天晚上 1 次,长期熏洗,可对滴虫引起的阴道炎有疗效。

孕妇临时止吐法 >>>

孕妇呕吐不止时,可用手掐住胳膊肘往上的伸缩肌肉,片刻后可止住呕吐。此方法也可用于妇女妊娠反应性呕吐。

用菊花叶缓解乳疮 >>>

取适量鲜菊花叶,将其捣烂后,直接敷于患处,用医用胶条贴紧,干了再换,持续2 ~ 3 天便可见效。

用仙人掌防奶疮 >>>

好多产妇在生育后,因护理措施不当,在乳房周围长了几个大肿块,疼痛难忍。这时可试试以下方法:取适量仙人掌,将其去皮捣成糊状敷在疼处,用 2 次即好转。

用电动按摩器消除乳胀 >>>

产妇在生完孩子后,常常会受到乳胀困扰,轻则疼痛,重则染患乳腺炎。这时可以先用毛巾热敷一下,放上吸奶器,同时用一个小电动按摩器轻轻按摩,奶水就会自然顺利地流出,以达到疏通乳腺管道、消除乳胀、避免发生乳腺炎的目的。

用蒲公英缓解奶疙瘩 >>>

选取适量蒲公英洗净,连根带叶一起捣成碎末,用纱布包好,放在热锅内蒸热,敷于患处,一般几分钟后即可化开。

各种外伤

巧止鼻血 >>>

❶鼻子流血时，自己双手的中指互勾，一般一会儿就能止血。幼儿不会中指互勾，大人用中指勾住幼儿的左右中指，同样可止血。

❷出鼻血者在颈后、鼻翼两侧冰敷，可止血。

巧用白糖止血 >>>

身上有伤口流血时，可立即在伤口上撒些白糖，因为白糖能减少伤口局部的水分，抑制细菌的繁殖，有助于伤口收敛愈合。

巧用生姜止血 >>>

如果切菜时不小心弄伤了手，把生姜捣烂敷在伤口流血处，范围以敷满伤口为宜，止血效果很好。

赤小豆缓解血肿及扭伤 >>>

摔伤碰伤引起血肿，尚未破溃时，可用适量赤小豆磨成粉，凉水调成糊，于当日涂敷受伤部位，厚约0.5厘米，外用纱布包扎，24小时后解除，涂数次即可见效，此外本方还可缓解小关节扭伤。

香油缓解磕碰伤 >>>

当摔倒或因其他原因，身体某部位被磕碰时，马上用小磨香油涂抹患处，并轻轻揉一揉，如此处理过后，患处既不会起肿块，也不会出现青斑。

用韭菜缓解外伤淤血 >>>

身体磕碰或跌伤，皮肤往往会出现红肿、黑紫，经久不散，此时可用韭菜100～150克，洗净捣碎，用纱布包好，搽抹伤痛部位，即有消肿感，红肿、黑紫部位颜色也会变浅。每天搽2～3次，一般数天即可见效。

柿子蒂助伤口愈合 >>>

外伤或手术遗留伤口，可将吃剩下的柿子蒂用旧房瓦焙干，研成粉末待用。把伤口洗净消毒，然后把研好的柿子蒂粉末涂在伤口上。

刺菜、茉莉花茶可止血 >>>

❶手指等部位若不慎被利器划伤，可采几颗刺菜，把刺菜水滴在伤口处，血很快就会止住。如果伤口大，把刺菜砸烂糊在伤口上，用手按几分钟就能止血。用布包扎住刺菜末，时间长些效果更好。

❷不小心碰伤流血时，只要捏一小撮茉莉花茶放进口里嚼成糊状，贴在伤口处（不要松手），片刻即可将血止住。

柳絮可促进伤口愈合 >>>

每年柳絮飘飞之时，拣一些干净的储存起来备用。受了一般外伤，如手指划破等，可敷上柳絮毛，可立即止血、镇痛，一般一天多伤口便愈合了。

蜂蜜可缓解外伤 >>>

皮肤肌肉发生小面积的外伤，可用蜂蜜缓解。具体用法：取市售蜂蜜，以棉棒蘸取适量直接涂于伤口上，稍大面积的伤口，涂抹后用无菌纱布包扎，每日涂2～3次，一般伤口 3～5 天即见效。另外，用蜂蜜外涂，还可以缓解因感冒发烧引起的口角单纯疱疹、水火烫伤等。据《本草纲目》载：蜂蜜有清热、补中、解毒、润燥、止肌肉、疮疖之痛等功效。

土豆缓解打针引起的臀部肿块 >>>

有的小孩打完针，臀部容易起肿块，这时可将新鲜土豆切开，从中削取 0.5～1 厘米厚的一片，大小比肿块略大些，将它盖在肿块上，用胶布固定好，一天后取下，即见好转。

土豆生姜缓解各种红肿、疮块 >>>

用土豆 2 份、老姜 1 份洗净，捣烂如泥，用量以能盖住患处为准。如捣后过干可加冷水或蜂蜜，过湿可加面粉，以糊糊状为宜，摊于塑料薄膜上，每晚贴于患处，用布带缠紧，早上揭去。如有痛感，可涂上少许香油再贴药。用此法外敷，适用于腮腺炎、乳腺炎、急性关节炎红肿、睾丸炎等炎症、红肿。打针后的肌肉硬结也能消除。

缓解闪腰一法 >>>

不小心闪了腰以后，可用橘子皮、茴香秆各 50 克，加 2 碗水，煮到剩 1 碗水时，把汤倒进碗里，加适量红糖，晚上睡觉前趁热服下，每天 1 次。一般连服三四天就好了。注：如没有茴香秆，可用茴香代替。

槐树枝缓解外伤感染 >>>

取一些槐树枝烧成灰，研成粉末，用香油拌好，再把一节约 14 厘米长的粗葱白切成两半，用砂锅将一些醋烧开，然后用葱白蘸着烧开的醋洗抹患处，以感觉不很烫为度，洗的时间越长越好。洗完后再抹上香油拌的槐树枝灰末。每天 2 次，几天后药干了即好，如不好可以再用。

槐子缓解开水烫伤 >>>

若不慎被开水烫伤，可去中药店买 100 克槐子，炒焦碾碎过筛成细面，放在热花生油内，拌成厚粥状，敷在烫伤处，用严格消毒过的纱布包好。本方可促进伤势复原，而且不落疤痕。

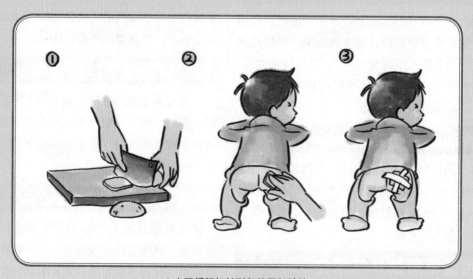

▲土豆缓解打针引起的臀部肿块

大白菜缓解烫伤 >>>

烫伤以后，可立即将大白菜捣碎，敷患处，立时便不觉疼痛。大白菜上面会冒热气，待不冒了就又感觉疼痛，马上换敷新捣碎的大白菜，如此数次，伤处就一点儿也不痛了，此时用纱布包好。

小白菜叶缓解水火烫伤 >>>

小白菜去掉菜帮，用水洗净，在阳光下晒干。然后用擀面杖将其碾碎，越细越好。用香油将其调成糊状，稀稠程度以不流动为宜，装瓶待用。遇有水火烫伤时，不论是否起泡或感染溃烂，用油膏均匀地涂于伤处（不要用纱布或纸张敷盖）。每日换药 1 次，持续数日，此方除愈合快外，还可减少疼痛。

黑豆汁缓解小儿烫伤 >>>

小儿不慎烫伤后，可用黑豆 25 克加水煮浓汁，涂擦伤处，疗效很好。

紫草缓解烫伤 >>>

把碾碎的紫草（中药店有售）粉装入干净的器皿中或玻璃瓶中，倒入香油，使香油漫过紫草粉，放在笼屉上，上锅蒸 1 小时，进行消毒，并使紫草和香油充分混合。把消毒好的紫草油放凉，用油涂于烫伤处，用消毒纱布敷盖好。要保持烫伤处经常湿润，不等药油干，就再涂药油。涂药油的小刷子或药棉也要消毒，经常保持伤处的清洁，避免感染。

枣树皮缓解烫伤 >>>

枣树皮适量（新、老树皮都可），用开水洗净，烤干（不要烤焦），碾成粉末后加香油拌稀，抹于烫伤处。几次擦抹后即可结痂，不留伤痕。

鸡蛋油缓解烫伤 >>>

取煮熟的鸡蛋黄 2 个，用筷子搅碎，放入铁锅内，用文火熬，等蛋黄发烟的时候用小勺挤油。放入小瓶里待用。每天抹 2 次，3 天以后即可见效。注意熬油时火不要太旺，要及时挤油，不然蛋黄就焦了。

▲鸡蛋油缓解烫伤

大葱叶缓解烫伤 >>>

遇到开水、火或油的烫伤，即掐一段绿色的葱叶，劈开成片状，将有黏液的一面贴在烫伤处，烫伤面积大的可多贴几片，并轻轻包扎，既可止痛，又防止起水泡，1～2天即可明显好转。

浸鲜葵花缓解烫伤 >>>

用干净玻璃罐头瓶盛放小半瓶生菜籽油，将鲜葵花洗净擦干，放入瓶中油浸，像腌咸菜一样压实，装满为止，如油不足可再加点儿，拧紧瓶盖放阴凉处，存放 2 个月即可使用。存放时间越长越好。使用时，一般需再加点儿生菜籽油，油量以能调成糊状为度。将糊状物擦在伤处，每天两三次，轻者3～5天，重者1周可见效，不留伤痕。

地榆绿豆缓解烧伤、烫伤 >>>

轻度烧伤、烫伤，可取地榆（中药店有售）、绿豆各25克，香油100克。将地榆、绿豆研为细末加入香油调匀，熬成膏状备用，盛药容器应消毒。用时可用消毒棉签蘸药涂抹患处。

虎杖根缓解开水烫伤 >>>

若不慎被开水烫伤，出现水泡，可取虎杖根（中药店有售）50克，用擀面杖细细捣碎研末，先用香油薄薄涂于伤处，后用虎杖粉均匀撒于患处，用卫生纱布包扎。伤口敷药后不得沾水。半日后疼痛减轻，次日水泡消失。每日换药1次，直至伤好。

巧用生姜汁缓解烫伤 >>>

烫伤后可将生姜捣烂，取其汁液，然后用药棉蘸上姜汁擦患处，此法可使起泡者消炎除泡，破皮者促进结痂。

绿豆缓解烧伤 >>>

取生绿豆100克研末，用白酒或浓度75%的酒精调成糊状，30分钟后加冰片15克，再调匀后敷于烧伤处。用此方法，痛苦小，结痂快，愈后不留疤痕。

用植物油去血痂 >>>

取适量植物油，将其烧开，凉凉后涂抹在血痂处，连续3～4次，血痂可很快脱掉。

用橘皮缓解皮肤皲裂 >>>

取新鲜的橘皮若干，将其榨汁后涂擦在皮肤皲裂处，便可使裂口处的硬皮逐渐变软，促进裂口愈合。也可将晒干后的橘子皮泡水后浸泡皮肤，一段时间后，可收到同样的效果。

用烤香蕉缓解皮肤皲裂 >>>

选用熟透的、皮发黑的香蕉一个，将其放在火炉旁烤热，然后把皮涂抹于患处，可稍微摩擦，即可促使皲裂的皮肤愈合。

用米醋花椒缓解皮肤皲裂 >>>

将25克花椒，放入1千克米醋中浸泡一周后，取适量溶液兑水加热后泡于患处，2天1剂，一天1次，每次15分钟，2周即可缓解皲裂。注意：若裂口有出血，等伤口愈合后再泡。

用鱼肝油缓解皮肤皲裂 >>>

冬季皮肤比较容易皲裂，可在每晚睡前先用温水浸泡患处，擦干后，取3～5粒鱼肝油，将丸内油性液体挤出后抹皲裂处。每天涂1～2次，一周后可见效。

用羊油缓解皮肤皲裂 >>>

每次涮羊肉时，可将汤上层的浮油冷却后取出，去杂质后放在瓶内冬春备用。用此油擦脸、手或脚部皲裂处，一般3～5天即可见效。

用伤湿止痛膏猪油缓解皮肤皲裂 >>>

将皮肤皲裂处用热水浸泡8～10分钟，用刀片去除硬皮，再将1～2片敷有少量猪油的伤湿止痛膏贴于患处，每天换1次，数天后即可见效。

用甘油蜂蜜缓解嘴唇皲裂 >>>

若发现嘴唇太干或有裂口，可在嘴唇上涂少许甘油、橄榄油或蜂蜜，即可很快恢复嘴唇的柔嫩光滑。注意：使用甘油前必须加冷开水或50%的蒸馏水调配；日常生活中多吃含维生素B_6的食品可预防嘴唇皲裂。

鸡眼、赘疣

乌梅肉除鸡眼 >>>

乌梅4~6克放在小玻璃瓶内，加20~30毫升好食醋，浸泡7天。用时取乌梅外层皮肉，研碎成糊状外敷。嘱患者用热水浸洗患处后，医者用刀削平表层角化组织，以有血丝渗血为度。视病灶大小，取胶布1块，中间剪1小孔，贴在皮肤上，暴露病变部位；取乌梅肉糊敷在患处，外盖一层胶布封闭。3天换1次。此方缓解鸡眼，一般3~5次可见效。

芹菜叶除鸡眼 >>>

芹菜叶洗净，将水甩掉，捏成一小把，在鸡眼处涂擦，至叶汁擦干时为止。每日3~4次。1周后鸡眼即被吸收。

乌桕叶除鸡眼 >>>

春季取乌桕之嫩叶，用时折断其叶柄，取断叶柄分泌之乳白色汁直接搽鸡眼上，每只鸡眼连搽5分钟，每天上午搽2次（因上午其汁最多），晚上用热水泡浸，并刮去软化之角质，连用10~15天，必见其效。

葱白除鸡眼 >>>

脚上若长鸡眼，可用葱白缓解。方法是：晚上用热水泡脚后，剪一块比鸡眼稍大点儿的葱白贴在患处，用伤湿止痛膏固定，连用数次即可见效。

大蒜除鸡眼 >>>

脚上长了鸡眼，走路很痛，可用大蒜进缓解。方法是：把大蒜砸成泥，摊在布上备用。把脚洗净，沿鸡眼周围用针挑破，以见血丝为宜，然后把摊在布上的蒜泥贴到患处包好。一般用此方数次，鸡眼即可消失。

循序渐进除鸡眼二法 >>>

❶以脚盆盛热水，倒入米酒约1杯，将脚浸入，至水冷为止，再拭干脚，以不含化学成分的醋，滴于患处，并速以刀片轻轻刮除四周之鸡眼皮，对中间之"眼珠"切勿

▲大蒜除鸡眼

猛然割除，如此持续日久，鸡眼自会平复。

❷以 20% 的浓碘酒少许，用牙签裹棉花蘸碘酒涂患部厚皮部，切记不可擦到上面普通皮肤上，以免灼伤。如此每日 1 ~ 2 次，2 ~ 3 天后患部就会脱下一层厚皮，鸡眼的根就出来一点儿了，可以不再刺伤脚底，持续此法几天，鸡眼的根部会变小变浅，最后就可脱出而消失。

盐水除鸡眼 >>>

脚掌长了鸡眼，可用一汤匙食盐加生水煮沸，或用开水化开，待稍凉后烫脚，烫后擦干即成，不要用清水洗。每天烫脚 2 次，1 周左右，鸡眼自然脱落，不易再犯。

葱蒜花椒除鸡眼 >>>

用大蒜头 1 个、葱白 10 厘米、花椒 3 ~ 5 粒共捣如泥，敷患处，卫生纸搓一细条围绕药泥，并包扎、密封，24 小时后去药，3 日后鸡眼变黑，逐渐脱落，半月即可完全脱落。

韭菜汁除鸡眼 >>>

韭菜连茎带根切碎，用研钵磨过，再以纱布过滤，绞出黏液，用来涂患部，每天 1 次，10 天左右即可见效。

芦荟除鸡眼 >>>

脚上长鸡眼是一件非常难受也非常麻烦的事情，而要消除鸡眼有个很有效的方法，就是可以把芦荟果冻状的部分切成适当大小敷在鸡眼处，再用纱布包起来，每天更换 1 次，不久鸡眼就会脱落。

贴豆腐除鸡眼 >>>

患了鸡眼，可于睡觉前将患处用温水洗净，把市售豆腐切成片贴在患处，用塑料袋裹好，外套袜子固定。次日起床后，去掉豆腐，用温水洗脚。此法缓解鸡眼效果显著，而且不易复发。

银杏叶除鸡眼 >>>

取 20 ~ 30 枚的银杏叶子，放入平底锅用弱火烧（盖上盖子），然后把烧焦的叶子用研钵磨成粉末，加入饭粒使之带黏性，将它敷于患处，以纱布扎牢，重复几天后，鸡眼表皮就会显得腐烂，把它除去，再换，几次以后，鸡眼就会消失。

荔枝核除鸡眼 >>>

将荔枝核在太阳下晒干,置瓦片上（忌用铁器）焙干，碾压成粉，用不加色素的米醋，混合如泥，涂抹患处，荔枝核粉泥须把周围僵硬的皮盖着，上覆脱脂棉，用纱布包扎，每晚将脚烫洗后换洗 1 次，轻者 3 ~ 5 天后，突出部分会日渐脱落，若鸡眼长于手上，用此法也可缓解。

醋蛋除鸡眼 >>>

鸡蛋 3 只，醋适量。将鸡蛋泡进醋里，密封 7 天，然后捞出煮熟吃，一般 5 ~ 6 天后，鸡眼里即生长出嫩肉，把患处逐渐顶高。这时每天临睡前用热水将患处泡软，再用刀刮去硬皮，持续 7 ~ 8 天，鸡眼即可全部脱落。

巧用荞麦、荸荠除鸡眼 >>>

备荸荠 6 枚，荞麦 12 粒。每晚以温水洗脚后，先用针尖轻轻剔鸡眼（不必深剔），去其浮污，将 2 粒荞麦放口中，以门牙咬碎，去其柔韧之黑皮，以指头将荞麦面涂在鸡眼里，填平鸡眼，抹点儿唾液润在荞麦面上。另以洗净之荸荠，切成如鸡眼大小如铜钱厚，贴敷在鸡眼的荞麦面上，以薄布包好，以免散落，如此持续约 1 周，鸡眼会不知不觉地消失。

▲鸡蛋拌醋除寻常疣

煤油除鸡眼 >>>

脚上长了鸡眼，可先用热开水泡一会儿脚，然后用刀将鸡眼老皮削去，点上一滴煤油就好了，屡试屡验。

薏仁除赘疣 >>>

先将连壳的薏仁 15 克敲碎，加上 1 杯水，煎至剩半量为止，如此煎出的就是黏黏的浓液，这是 1 天的分量，成年人服用 10 天即可见效，如是皮肤柔嫩的孩童，3 天就会好转，至于老人，则需 2～3 个星期的时间。如果不喝煎汁，也可将粉末调成泥状，利用它来涂抹患部，分早、午、晚，1 天 3 次，约 10 天即可见效。

鸡蛋拌醋除寻常疣 >>>

缓解寻常疣，可取鲜鸡蛋 7 个煮熟去壳，用竹筷刺若干小孔后切成 4 等份装入杯中，加入食醋 70 毫升。拌匀加盖放置 6 小时。空腹连蛋带醋一次服食尽，每周 1 次，1～2 次可见效。使用本方忌盐、酱油及碱性食物、药物。

黄豆芽汤除寻常疣 >>>

缓解寻常疣，可取适量黄豆芽入锅内，加水适量，煮熟即可食用，吃豆喝汤。连续 3 日作为主食。使用本方忌食油和其他粮食。

丝瓜叶除软疣 >>>

软疣俗称水瘊子，是一种皮肤病。此病如不及时诊治，极易反复发作，重者蔓延胸背四肢，让人心烦。缓解方式是：将丝瓜叶揉搓后涂擦于患处，两三天后身上的疣体开始变小，直至消失。

鲜丝瓜叶除寻常疣 >>>

取鲜丝瓜叶数张，用清水洗净备用。用一小片丝瓜叶反复擦搓患处，以叶片搓烂、水汁渗出为度，每天 2 次，每次 10 分钟左右。此方缓解寻常疣，一般连用 5～7 天即见效。

鱼香草除寻常疣 >>>

先用 75% 酒精消毒疣体及周围皮肤，用消毒刀片将疣的表面削去一部分，后取适量鲜鱼香草（土薄荷）搓绒，擦疣体表面，每天 3 次。此方缓解寻常疣，一般 3～6 天见效。

注：鱼香草为唇形科植物圆叶薄荷的茎叶或嫩枝头，性凉味辛，有散风热、消肿毒之功。

鲜半夏除寻常疣 >>>

将疣局部用温水泡洗 10 ~ 20 分钟，用消毒刀片轻轻刮去表面角化层；再将 7 ~ 9 月间采挖的鲜半夏洗净去皮，在寻常疣局部涂擦 1 ~ 2 分钟，每天 3 ~ 4 次。一般只涂擦初发疣（母疣）即可，若继发疣较大较多时，可逐个进行涂擦，效果更好。

薏仁霜除疣 >>>

薏仁 100 克研细末，用适量雪花膏调和，洗脸后用此霜涂擦患部，每天早晚各 1 次。此方缓解扁平疣有良效。一般周余以后，赘疣即全部脱落。

木香薏仁汤除扁平疣 >>>

取木香、生薏仁各 100 克，香附 150 克。加水 1 升，浸泡 30 分钟，煎煮 1 小时后倒出药液；药渣再加水 500 毫升，用同法煎煮。合并 2 次药液待用。用前以热水洗净患部，将药液加热至 30℃左右，外洗患部，并用力摩擦，直至患部发红，疣破为度。再取鸦胆子 5 粒，去壳捣烂，用 1 层纱布包如球状，用力摩擦，每次 10 分钟，早晚各 1 次，1 周为 1 疗程。外洗宜每 3 天 1 剂，鸦胆子每天更换 1 次。此方缓解扁平疣有良效。

马齿苋除扁平疣 >>>

采适量马齿苋，将其洗净，剁成细末，纱布包好挤出汁液，每日早晚各 1 次涂抹于患处，一般 2 周后，扁平疣即可消失。

牙膏除寻常疣 >>>

用牙膏适量（每次刷牙的量）擦于患部，再用喝剩下的冷茶及茶叶来洗掉牙膏，2 ~ 3 分钟后，再以清洁毛巾擦净，连续数天，可收奇效。此法缓解全身发痒也很有效。

蜈蚣油除瘊子 >>>

把 1 ~ 3 条活蜈蚣用香油浸泡在瓶子里，3 天后用棉签蘸油擦瘊子，每天 2 ~ 3 次。轻者擦几次就好，重者擦 1 周或稍长时间也会好的。

▲蜈蚣油缓解瘊子

荞麦苗除瘊子 >>>

缓解瘊子，可于夏末荞麦生长季节，取鲜荞麦苗揉擦患处，1 次即可见效，特别神奇。

蜘蛛丝除瘊子 >>>

用蜘蛛丝系在瘊的根部，不到顿饭功夫，瘊的根就变得尖尖细细，每天使用此法，不到 1 周，瘊的根部就会有腐烂的现象，只要用手轻轻一拔，就会应手而落，且不再复发，这是民间流传很久的古方，如果是以蜘蛛刚吐出的鲜丝来缓解，效果更是立竿见影。

癣、斑、冻疮、蚊虫叮咬

大蒜韭菜泥缓解牛皮癣 >>>

缓解牛皮癣，可将韭菜与去皮的大蒜各50克共捣如泥，放火上烘热，涂擦患处，每日1～2次，连用数日即见效。

鸡蛋缓解牛皮癣二方 >>>

❶将鸡蛋2枚浸泡于米醋中7日，密封勿漏气。取出后用鸡蛋搽涂患处，经1～3分钟再涂1次。每日涂2～3次，不可间断，以愈为度。

❷将鸡蛋5个去清留黄，硫黄、花椒各50克混放鸡蛋内，焙干后同蛋一同研末，去渣，加香油适量调成糊状，外贴患部。

老茶树根缓解牛皮癣 >>>

将老茶树根30～60克切片，加水煎浓。每日2～3次空腹服，缓解牛皮癣有良效。

缓解牛皮癣一方 >>>

用泡过的茶叶捣烂敷患处，使角质层软化，再用小刀削去角质层，用芦荟和甘草（研末）调醋外搽；或大蒜、韭菜合捣烂敷患处。

紫皮蒜缓解花斑癣 >>>

缓解花斑癣，可用紫皮蒜2头，捣烂涂擦患处，以局部发热伴轻微刺激痛为度，使用2次就有效果。

土茯苓缓解牛皮癣 >>>

土茯苓60克研粗末，水煎，分早晚2次服。每日1剂，15天为1疗程。本方清热利湿、解毒消炎，适用于牛皮癣。

芦笋缓解皮肤疥癣 >>>

芦笋15克洗净，切片，加水煎汤服或煎水熏洗，或捣烂涂敷患处，缓解各种皮肤疥癣均有效果。

缓解牛皮癣一法 >>>

缓解牛皮癣，可取露蜂房1个，明矾、冰片各适量。将蜂房各孔内杂物剔除干

▲鸡蛋缓解牛皮癣二方

净，明矾粉填满各孔，文火待明矾枯干为度，研细末入冰片适量装瓶备用。患处用肥皂水洗净，将药粉用香油调敷患处，每日1次。

药粥缓解牛皮癣 >>>

薏米30克，车前子15克（布包），蚕沙9克（布包），白糖适量。把车前子与蚕沙加水煎成3碗，再加入薏米煮成稀粥，用白糖调服。每天1剂，连服8～10剂。本方清热凉血活血，适用于牛皮癣属血热型者。

白及、五倍子缓解牛皮癣 >>>

将白及30克、五倍子60克分别捣细研末，先将五倍子粉与老陈醋适量混匀呈稀汤状，置锅内文火煎熬，待稍稠后入白及粉，调成糊状备用。用时将药糊涂敷患处。切记有皮损者不可用。

荸荠缓解牛皮癣 >>>

缓解牛皮癣，可取鲜荸荠10枚去皮，切片浸适量陈醋中，与醋一起放锅内文火煎10余分钟，待醋干后，将荸荠捣成泥状备用。用时采少许涂患处，用纱布摩擦，当局部发红时再敷药泥，贴以净纸，包扎好。每天1次。

简易灸法缓解牛皮癣 >>>

取大蒜4头捣烂如泥状，敷患处，点燃艾条隔蒜灸之，以痛为度，适用于牛皮癣。

醋熬花椒缓解癣 >>>

将1把花椒在醋中熬半小时，放凉后将花椒水装入瓶中，用一小毛笔刷花椒水于患处，每天坚持早、午、晚刷涂患处，可缓解癣。

缓解牛皮癣简法 >>>

缓解牛皮癣，可采几条鲜榆树枝，挤压出汁液抹在患处。每天1次，连抹10天即可见效。要注意此汁液只能用1次。

芦荟叶缓解脚癣 >>>

缓解脚癣，可取鲜芦荟叶适量以冷开水洗净，压取汁液，涂搽或调水浸泡患处。每日2～3次，每次15分钟。

▲荸荠缓解牛皮癣

三七缓解脚癣 >>>

得了脚癣或脚痒难忍的时候，摘一把带叶、茎、花的三七，用凉水洗净后，捣烂成糊状，稍放点儿盐，涂敷患处，每次约20分钟，1天3次，连续3天，患脚就不痒了。

西红柿缓解脚癣 >>>

缓解脚癣，可取西红柿叶20克，西红柿汁10克，将西红柿叶洗净，捣汁，与西红柿汁混合均匀，涂患处，每日4～5次。

醋水浸泡缓解手癣 >>>

用醋120克兑水100毫升，浸泡患处，每天1次，可缓解手癣。

韭菜汤水缓解手癣、脚癣 >>>

买1把韭菜，洗净切细，放入盆中捣碎成糊状，然后倒入开水冲泡（量够浸泡手脚即可），待水温降至温热，将手、脚放入浸泡，搓洗患处，约30分钟。一般泡2次即可见效。

缓解白癜风一方 >>>

备补骨脂200克，骨碎补100克，花椒、黑芝麻、石榴皮各50克。上药装入瓶内，加75%酒精500毫升，浸泡7天。用此液外搽皮损处，每天2～3次。每次搽药后在阳光下照射局部10～20分钟，30天为1疗程。一般用药10～30天，皮损处表面微红微痒，30天以上皮肤由红变成微黑，有明显痒感，表皮部分脱落，留有少量色素沉着，6个月以后色素慢慢消退。

生姜缓解白癜风 >>>

取生姜1块，切去1片擦患处，姜汁擦干后再切去1片，擦至皮肤灼热为度，每日3～4次。

巧用苦瓜缓解汗斑 >>>

缓解汗斑，可取苦瓜2条，密陀僧10克。将密陀僧研细末、苦瓜的心子去尽。取密陀僧末灌入苦瓜内，放火上烧熟，切片，擦患处，每天1～2次。此方缓解汗斑，一般擦5～6次即见效。

陀硫粉缓解汗斑 >>>

取密陀僧50克，硫黄40克，轻粉10克。上药共研细末，过120目筛，装瓶备用。先用食醋擦洗患处，再取鲜生姜1块，切成斜面，以斜面蘸药末，用劲在患处擦至有灼热感为度，每天2次。擦药后患处渐转变为褐色，继而脱屑见效，不损害皮肤，亦无不良反应。

乌贼桃仁缓解黄褐斑 >>>

乌贼1只，桃仁6克。先将乌贼去骨皮洗净，与桃仁同煮，鱼熟后去汤，只食鱼肉。可作早餐食之。本方可美肤乌发，除斑消皱，适用于黄褐斑及皱纹皮肤者。

芦荟绿豆外用缓解黄褐斑 >>>

芦荟300克，绿豆150克，分别研末。每日1次，取适量粉末以鸡蛋清调成糊状（夏季用西瓜汁调），覆盖于面部或患处。每日1次，1个月为1疗程。

橘皮生姜缓解冻疮 >>>

缓解冻疮，可取鲜橘皮3～4个，生姜30克。上药加水约2升，煎煮30分钟，连渣取出待温度能耐受时浸泡并用药渣敷患处，每晚1次，每次30分钟，如果冻疮发生在耳轮或鼻尖时，可用毛巾浸药热敷患处。

蒜泥防冻疮 >>>

暑伏时，取大蒜适量去皮捣烂如泥状，

敷在上年生过冻疮之处，盖以纱布，胶布固定，过24小时洗去，隔3～4日后再敷1次，可以有效预防冻疮。

蜂蜜凡士林缓解冻疮 >>>

熟蜂蜜、凡士林等量调和成软膏，薄涂于无菌纱布上，敷盖于疮面，每次敷2～3层，敷盖前先将疮面清洗干净，敷药后用纱布包扎固定，缓解冻疮。未溃者可不必包扎。

云南白药缓解冻疮 >>>

患了冻疮，可取云南白药适量，用白酒调成糊状外敷于冻伤部位。破溃者可用干粉直接外敷，消毒纱布包扎。一般用药2～3次即可。

辣椒酒缓解冻疮 >>>

冻疮初起，局部红肿发痒之时，可取辣椒6克，用白酒30毫升浸10天，去渣，频搽患处，每日3～5次。

巧用生姜缓解冻疮 >>>

用生姜1块在热灰中煨热，切开搽患处。适用于冻疮未溃者。

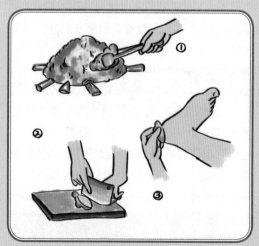

▲巧用生姜缓解冻疮

河蚌壳缓解冻疮 >>>

将冻疮溃烂面洗净后，取河蚌壳适量，煅后研末敷患处，经常使用。此方曾临床治疗冻疮溃烂患者多例，均在撒药1周内见效，比一般的冻疮膏效果更好。

山楂细辛膏缓解冻疮 >>>

取成熟的北山楂若干枚（据冻疮面积大小而定），用灰火烧焦存炭捣如泥状；细辛2克研细末，合于山楂泥中，摊布于敷料上，贴于患处，每天换药1次，一般4～5次即可见效。

缓解冻疮药洗方 >>>

取茄梗、辣椒梗、荆芥各60～80克。上药加水2～3千克，煮沸后热洗患处，每天1次。

预防冻疮一法 >>>

入冬前将紫皮大蒜捣烂，擦在常患冻疮处，每日1次，连擦5～7天，可预防冻疮发生。若有皮肤起泡的情况，可暂停用。

浸冷水缓解冻疮 >>>

寒冷季节，有时会冻得脚趾和手指都呈紫色，奇痒无比，脚部会呈一块块的青紫，像淤血一般，温度愈高愈痒，连药物都无效。这时将患处浸在冷水中约30分钟，就不再痒了，每天1次，不出1周即可见效。

山药缓解冻疮初起 >>>

冻疮初起，可将鲜山药捣烂，涂敷于患部，干即更换，数次即消。或加蓖麻子仁数粒一同捣烂，外敷更好。

防冻疮一方 >>>

冻疮初起未溃时，用白萝卜1个，生姜、

桂枝各 15 克，白附子 1.5 克一同煎水，分成两等份，每天早、晚各洗 1 次。趁热洗过后，不至于疼痛和发痒，连洗 2 天，即可见效。

大油蛋清缓解冻疮 >>>

以大油 1 份和蛋清 2 份的量混合，轻轻地抹擦患部，每晚睡前 1 次，3 次就可见效。大油合蛋清只要擦上皮肤 10 ~ 20 分钟后，就会自结干壳，不必顾虑会弄脏衣服，且涂抹很简便。

紫草根缓解冻疮 >>>

紫草根 15 克切薄片，先将橄榄油 90 克加热至沸，再将切片之紫草根投入油内，随即离火，趁热过滤去渣，将滤油装入瓶内，待冷却后外用，涂于溃疡面，一日 1 ~ 3 次。

凡士林缓解冻疮 >>>

用凡士林，冻疮较轻则涂 2 ~ 3 次即见效，重者则应在涂凡士林后尚须点燃蜡烛，晃动烤熔，使凡士林透于肌里，必能止痛，伤口得以缓解，光润如常。

肥皂止痒法 >>>

遭蚊子叮咬后，用湿肥皂涂患处即刻止痒，红肿渐消。

纳凉避蚊一法 >>>

炎热的夏季，大家都喜欢在外面纳凉，但可恶的蚊子使人无法安宁。现介绍一避蚊妙法：用 2 个八角茴香泡半盆温水来洗澡，蚊子便不敢近身。

苦瓜止痒法 >>>

将苦瓜捣烂取汁，外搽皮肤，可祛湿杀虫、除痒。

蚊虫叮咬后用大蒜止痒 >>>

用切成片的大蒜在被蚊虫叮咬处反复擦一分钟，有明显的止痛去痒消炎作用，即使被咬处已成大包或发炎溃烂，均可用大蒜擦，一般 12 时后即可消炎去肿，溃烂的伤口 24 小时后可好转。但皮肤过敏者应慎用。

洗衣粉止痒法 >>>

被蚊子叮咬后不仅红肿起包且刺痒难忍，可用清水冲洗被咬处，不要擦干，然后用一个湿手指头蘸一点儿洗衣粉涂于被咬处，可立即止痒且红肿很快消失，待红肿消失后可用清水将洗衣粉冲掉。

食盐止痒法 >>>

遭蚊子叮咬后，用湿手指蘸点儿盐搓擦患处可去痛痒。

猪蹄甲缓解冻疮 >>>

猪蹄甲烧成灰，患部洗净擦干后，搽上猪蹄甲灰，每天洗换 1 次。如果溃烂的范围过大，1 ~ 2 天都未结疤，则至中药铺购冰片 3 克，同猪蹄甲灰一起擦，即可见效。用棉花保温，冻疮结疤后，须让它自然脱落，结疤后如附近发痒，可用缓解冻疮初起的方法煎洗。

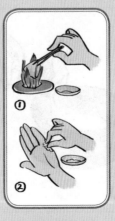

▲猪蹄甲缓解冻疮

皮炎、湿疹、荨麻疹

红皮蒜缓解皮炎 >>>

缓解神经性皮炎，可取红皮蒜适量，去皮捣烂如泥状，敷患处约5毫米厚，盖以纱布，胶布固定，每天换药1次，7天为1疗程。

猪蹄甲缓解皮炎 >>>

新鲜猪蹄甲焙干，研细末，每次15～30克，以黄酒60～90毫升冲服，服后盖被至病灶发汗。每周1～2次，10次为1疗程。适用于神经性皮炎。

缓解皮炎一方 >>>

陈茶叶（1年以上）、陈艾叶各25克，老姜（捣碎）50克，紫皮大蒜2头（捣碎）。上药水煎，加食盐少许，分2次外洗。适用于神经性皮炎。

醋蛋液缓解皮炎 >>>

备新鲜鸡蛋3～5只，好浓醋适量。将鸡蛋放入大口瓶内，泡入好浓醋，以浸没鸡蛋为度，密封瓶口，静置10～14天后，打开取出蛋，并将蛋清蛋黄搅和，涂患处皮肤上，经3～5分钟，稍干再涂1次，每日2次。如涂药期间皮肤发生刺激现象时，减少涂药次数。

水浸松树皮缓解皮炎 >>>

缓解皮炎，可取水浸松树皮适量（最好用浸在水中的年久的松树桩皮），研极细末，调醋搽患处。

丝瓜叶缓解皮炎 >>>

将鲜丝瓜叶适量搓碎，在患处摩擦，以患处发红为止。每天1次，3次为1疗程。

食醋糊剂缓解皮炎 >>>

取食醋500克（瓶装山西老陈醋最佳）放入铁锅内煮沸浓缩成50克，装入干净大口瓶内。将苦参20克、花椒15克洗净，放入瓶内，浸泡1周后可用（浸泡时间越长越好）。温开水清洗患部，用消毒棉签蘸食醋糊剂涂擦病变部位，每天早晚各1次。

▲食醋糊剂缓解皮炎

海带水洗浴缓解皮炎 >>>

缓解神经性皮炎,可取海带50～100克,先洗去盐和杂质,用温开水泡3小时,捞去海带、加温水洗浴,数次即可见效。

姜汁缓解皮炎 >>>

鲜姜250克捣碎,挤取全汁盛杯内,再用10%盐水1升洗净患处,擦干,用棉签蘸姜汁反复涂搽,至姜汁用完为止。每周1次。头部有感染时可用复方新诺明1克,每天2次,连服5天,待炎症消失后再用上方;涂姜汁后患处有时剧痛,一般不用服止痛药物,3天后疼痛可消失。此方缓解头部脂溢性皮炎疗效显著,连用2～3次即好转。

陈醋木鳖子缓解皮炎 >>>

将木鳖子(去外壳)30克研成细末,放250毫升陈醋内浸泡7天,每天摇动1次。用小棉签或毛刷浸蘸药液涂擦受损之皮肤,每天2次,7天为1疗程。此方缓解神经性皮炎有良效。

小苏打洗浴缓解皮炎 >>>

用小苏打溶于热水中洗浴,全身浴用小苏打250～500克,局部浴用50～100克。适用于神经性皮炎。

韭菜糯米浆缓解皮炎 >>>

取韭菜、糯米各等份,混合捣碎,局部外敷,以敷料包扎,每天1次。此方缓解接触性皮炎疗效甚佳,一般3～5天即可好转。

自制明矾皮炎茶 >>>

缓解皮炎,可备茶叶、明矾各60克,用500毫升水浸泡30分钟,然后煎煮30分钟即可。外用,每次用此茶水浸泡患处10分钟,不用布擦,使其自然干燥。

桑葚百合汤缓解湿疹 >>>

缓解湿疹,可用桑葚、百合各30克,大枣10颗,青果9克。上药共同煎服。每天1剂,连续服用10～15剂,必有效用。

绿豆香油膏缓解湿疹 >>>

缓解湿疹,可取适量绿豆粉炒呈黄色,凉凉,用适量香油调匀涂患处,每天1次。

双甘煎汤缓解湿疹 >>>

取甘蔗皮、甘草各适量,煎汤洗患处,每天2次。此方缓解湿疹有效。

松叶泡酒缓解湿疹 >>>

缓解湿疹,可取松叶200克细切,以酒1000克煮取200克,日夜服尽,处温室中,汗出即见效。

干荷叶、茶叶外敷缓解湿疹 >>>

干荷叶不拘量,茶叶适量。将荷叶焙干研成极细末,或烧灰,用茶叶煎成浓汁,调荷叶末或灰成糊状。外用,每日1～2次,涂敷患处。本方是缓解湿疹的著名古方,见于《本草纲目》。

▲干荷叶、茶叶外敷缓解湿疹

核桃仁粉缓解湿疹 >>>

缓解湿疹，可取适量核桃仁捣碎，炒至呈黄色出油为度，研成粉状，敷于患处，每天2次。

海带绿豆汤缓解湿疹 >>>

缓解急性湿疹，可将海带30克、鱼腥草15克洗净，同绿豆20克煮熟。喝汤，吃海带和绿豆。每天1剂，连服6～7天。

茅根薏仁粥缓解湿疹 >>>

鲜白茅根30克先煮，20分钟后，去渣留汁，纳入生薏仁300克煮成粥。本方有清热凉血、除湿利尿的作用。

牡蛎烧慈姑缓解湿疹 >>>

取牡蛎肉100克（切片），鲜慈姑200克（切片），调料适量。将牡蛎肉煸炒至半熟，加入鲜慈姑后同煸，纳调料，加清汤，武火烧开，文火焖透，烧至汤汁稠浓即可，有清热凉血、除湿解毒之功效。

玉米须莲子羹缓解湿疹 >>>

莲子50克（去心），玉米须10克，冰糖15克。先煮玉米须20分钟后捞出，纳入莲子、冰糖后，微火炖成羹即可。本方有清热利尿、除湿健脾之功效，适于缓解湿疹。

清蒸鲫鱼缓解湿疹 >>>

缓解湿疹，可备鲫鱼1条（约重300克），陈皮10克（切丝），调料适量。将陈皮、姜放入鲫鱼肚内，加调料、清汤，同蒸至熟烂即可。这道食疗方有健脾除湿、滋阴润燥之功效，湿疹患者不妨常吃。

山药茯苓膏缓解湿疹 >>>

缓解湿疹，可备生山药200克（去皮），茯苓100克，大枣100克，蜂蜜30克。先将生山药蒸熟，捣烂。大枣煮熟，去皮核留肉。茯苓研细粉，与枣肉、山药拌匀，上锅同蒸成糕，熟后淋上蜂蜜即可。

冬瓜莲子羹缓解湿疹 >>>

冬瓜、莲子都有健脾除湿、清热利尿之功效，可用于缓解湿疹。做法是：取冬瓜300克去皮、瓤，莲子200克去皮、心，另备调料适量。先将莲子泡软，与冬瓜同煮成羹。待熟后加调料。每日1剂，连服1周。

土豆泥缓解湿疹 >>>

将土豆洗净，切细，捣烂如泥，敷于患处，用纱布包扎，每天换药4～6次，如此过2天，患部即呈明显好转，3天后，即可大致消退。

蜂蜜缓解湿疹 >>>

适量的蜂蜜放入一小杯水中溶化，用它来涂抹患部，1天2～3次，如果患处是在大腿、手臂等衣服隐蔽处，则可在涂抹后施以包扎，约2天，即可止痒，1周后即可好转。蜂蜜在民间被广泛利用，有不少人用它来缓解外伤及皮肤炎，且可防止伤口化脓。

嫩柳叶缓解湿疹 >>>

将新鲜嫩柳叶（或泡柳）3～5千克装入布袋，用木棒捶击，压榨，取其清汁备用。使用前加热至45～60℃为宜，并加入75%的酒精适量，将患处浸熏洗，每晚1次，每次约1小时。严重湿疹，白天可在鞋内放一层鲜柳叶，行走时能踩碎柳叶，其汁自出，与脚掌充分接触。此方缓解足部湿疹有奇效。

川椒冰片油缓解阴囊湿疹 >>>

将鸡蛋数只煮熟，取蛋黄放在铁勺内搅

碎，用文火熬炼即得蛋黄油。取上油40毫升，兑入川椒粉1.5克，五倍子粉3克、冰片粉2克，摇匀后备用。适用于男性阴囊湿疹，一般1周内见效。急性湿疹渗出多时，本方不宜使用。

缓解阴囊湿疹一方 >>>

取黄花蒿100克，紫苏、艾叶各50克，冰片10克。前3味药加水适量，煎取药液约100毫升，再加入研细的冰片粉，混匀备用。用时取纱布或药棉蘸药液湿敷患处30分钟，若洗浴30分钟则效果更好。另外，每天以此药外搽患处4～6次。期间，忌饮酒及辛辣鱼腥。此法缓解阴囊湿疹效果不错。

芋头炖猪排缓解荨麻疹 >>>

缓解荨麻疹，可准备芋头茎（干茎）30～60克，猪排骨适量。将芋头茎洗净，加适量猪排骨同炖熟食。每天1次。

韭菜涂擦缓解荨麻疹 >>>

荨麻疹俗称"风疹块"，是一种过敏性的皮肤疾患。可采鲜韭菜1把，将韭菜放火上烤热，涂擦患部，每日数次，必可见效。

鲜木瓜生姜缓解荨麻疹 >>>

取鲜木瓜60克，生姜10克，米醋100毫升。将上药共入砂锅煎煮，醋干时，取出木瓜、生姜，分早晚2次服完。每日1剂，有良好的缓解效果。

浮萍涂擦缓解荨麻疹 >>>

将鲜浮萍60克洗净捣烂，以250克醇酒浸泡于净器之中，经5日后开封，去渣备用。用时取适量涂擦患处，见效很快。

火罐法缓解荨麻疹 >>>

患者取仰卧位，准备玻璃罐头瓶1个，大于脐眼的塑料瓶盖1个，酒精棉球若干。用一枚大头针扎入塑料盖，将酒精棉球插到大头针尖上并点燃，立即将玻璃瓶罩在肚脐上面，待吸力不紧后取下，连续拔3次。每日1次，3天为1疗程，适用于急、慢性荨麻疹。

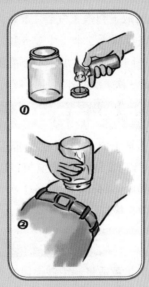

▲火罐法缓解荨麻疹

葱白汤缓解荨麻疹 >>>

准备葱白35条。取其中15条水煎热服，另20条水煎局部温洗。一般用药后瘙痒即明显好转。风团基本消失后，可再服1～2剂以巩固疗效。

野兔肉缓解荨麻疹 >>>

取野兔肉适量，切成块，加茶油炒熟，加调味品后食用，每次250克，15天服1次，共食3次。此方缓解慢性荨麻疹有良效。

小儿常见病

白菜冰糖饮缓解百日咳 >>>

取大白菜根 2 个、冰糖 30 克，水煎服，每日 3 次。适用于百日咳的初咳期。

金橘干炖鸭喉缓解百日咳 >>>

杀鸭时取下鸭喉（气管）1 条，洗干净备用，另备金橘干 5 个、生姜 5 片。将金橘干与鸭喉一同放锅内，加水煎，煮沸后喝汤吃果，每日 3 次。缓解小儿百日咳有良效。

童便鸡蛋清缓解百日咳 >>>

取鸡蛋清 1 个，童便（小儿哺乳期小便）60 毫升。将鸡蛋清与童便搅匀，以极沸清水冲熟，顿服。每日早、晚各 1 次。缓解小儿百日咳效果极佳。

蛋黄缓解百日咳 >>>

取熟鸡蛋黄适量，用铁锅以文火将蛋煎熬出油饮用。5 岁以下小儿用 3 个蛋黄油，每日 2 次；5 岁以上者可酌加，均连服半月即见效。

花生红花茶缓解百日咳 >>>

备花生、西瓜子(去壳)各 15 克，红花 1.5 克，冰糖 30 克。将西瓜子捣碎，连同红花、花生、冰糖放入锅内，加水烧开煮半小时，取汁作茶饮，另取花生食之。

川贝鸡蛋缓解百日咳 >>>

取鸡蛋 1 个打一小孔，再将川贝 6 克研粉后倒入小孔内，外用湿纸封闭，蒸熟食用。每日 1 个。本方润肺止咳，缓解百日咳有良效。

鸡苦胆缓解百日咳 >>>

缓解小儿百日咳，可将鸡苦胆汁适量加入白糖，再以开水送服。1 岁以下小儿，3 日服 1 个鸡胆汁；2 岁以下 2 日服 1 只；2 岁以上每日 1 只。

核桃炖梨缓解百日咳 >>>

取核桃仁 30 克，冰糖 30 克，梨 100 克。3 物共捣烂，入砂锅，加水适量，文火煎煮取汁。每次服 1 汤匙，日服 3 次，缓解百日咳有效。

大蒜敷贴缓解百日咳 >>>

大蒜适量去皮洗净，捣烂如泥，均匀摊于纱布上，厚约 1 厘米，临睡前敷贴于患儿两足底。为防止起泡，先涂少许凡士林油或大油。症状重者，每晚 1 次，连敷 3～5 次。症状轻者，可隔日 1 次。

雪里蕻煮猪肚缓解百日咳 >>>

取猪肚 1 个、姜 3 片、洋葱半个、雪里蕻 30 克，加水同煮至猪肚烂熟，加盐少许即可。每日 1 次，连汤吃 1/3 个猪肚，连吃 15 天。用于百日咳初咳期的食疗，体质虚弱者食用更佳。

鸡胆百合散缓解百日咳 >>>

鸡胆 1 个焙干，与百合 10 克共研细末。1 岁以内分 3 天服；1～2 岁分 2 天服；3～6 岁 1 天服完；7～10 岁以上药量加倍。此方缓解百日咳，一般用药 4 ~ 10 天即见效。

鸡蛋蘸蝎末缓解百日咳 >>>

将全蝎 1 只炒焦研末，再将去壳熟鸡蛋 1 个蘸全蝎末食之，每天 2 次。3 岁以下酌减，5 岁以上酌增。此方缓解百日咳效果很好，一般 4 ~ 7 天即见效。

缓解百日咳一方 >>>

苏叶、枇杷叶各 10 克，龙胆草 6 克，花椒 1 克，红糖 15 克。上药用清水煮沸 10 ~ 15 分钟，加入红糖微火溶化，少量频服，2 天 1 剂。此方缓解小儿百日咳，特别是百日咳的中后期疗效尤佳。

车前草缓解百日咳 >>>

把 10 克车前草的种子放入 1 碗水中，煎至 70% 的浓度时，再分 1 ~ 3 次空腹饮用，幼儿只能服此量的 1/10，3 岁以上服用 1/5。车前草含有一种称普列塔金的成分，是缓解百日咳的良药，如果咳嗽伴有痰的话，可在上方中加上 2 ~ 3 克的黄檗粉末。

百日咳初起缓解二方 >>>

❶百日咳初起，拿活鲫鱼 1 条（约 250 克），鱼腹洗净，和白糖 15 克摆在盘中蒸熟，食鱼肉喝汤。

❷冬瓜子 15 克（即连壳的冬瓜仁），水煎，加蜂蜜调服，适用于百日咳初期患者。

板栗叶玉米穗缓解百日咳 >>>

在锅中放入板栗叶 15 克、玉米穗 30 克，加 3 杯水，慢火熬至剩 1 杯，沥去残渣，于汁液中加冰糖少许调服，1 天内分 3 次喝完。

大枣侧柏叶缓解百日咳 >>>

以大枣 10 克、侧柏叶 15 克加水煮好，

残渣沥去，即可服用。百日咳严重时，会发生痉挛的现象，甜味的食物能缓和肌肉的紧张，大枣即是这一类的食品。侧柏叶则有很强的镇咳止痰的作用。

核桃缓解小儿百日咳 >>>

缓解小儿百日咳，可选皮薄的核桃 1 个，放烧着的草灰里烧，不要烧焦，略带黑色即取出。然后分别将核桃壳和肉砸碎成面状，再将核桃壳和肉调和一起，加点儿白糖，用温开水送服。日服 3 次，一般吃完即见效。

柚子皮缓解小儿肺炎 >>>

买一个柚子，吃完留皮，晾干，撕成不大不小的几块，放进锅里加水一起煮，连开几次后，把煮好的汤倒进碗里，给患儿喝下去，连着喝几次有良效。

▲柚子皮缓解小儿肺炎

黄花菜汤缓解小儿口腔溃疡 >>>

先用黄花菜 50 克煎汤半杯，再加蜂蜜 50 克调匀，缓缓服用，每天分 3 次服完，

连服 4 ～ 6 剂，缓解小儿口腔溃疡有良效。

香油缓解小儿口腔溃疡 >>>

缓解小儿口腔溃疡，可用香油数十滴，冲化于 1 汤匙的盐水中，每次滴入口内 4 ～ 5 滴，每日十余次。

缓解小儿口腔溃疡一方 >>>

香油 50 克倒入小锅内加热，打入鲜鸡蛋 1 只，炸黄后取出，油凉后倒入小碗里。将五倍子 10 克和鸡蛋壳 7 个放入锅内焙黄，研为末；冰片 5 克压碎，同放在鸡蛋油里即成。用时，取一块干净白布条卷在食指上，蘸少许鸡蛋油抹在小儿口中患处，每日 2 次，当日即可见效。

敷贴法缓解小儿口腔溃疡 >>>

莱菔子、白芥子、地肤子各 10 克，食醋适量。前 3 味以文火用砂锅炒至微黄，研成细末，调醋成膏状，涂于 2 厘米见方的纱布或白布上，膏厚 2 毫米，1 厘米见方，贴于患儿足心稍前涌泉穴处，胶布固定，每日 1 次，连用 3 ～ 5 天。适用于小儿鹅口疮。

地龙白糖浸液缓解口腔溃疡 >>>

将地龙（大蚯蚓）10 ～ 15 条用清水洗净后置于杯中（不要弄断），撒上白糖 50 克，用镊子轻轻搅拌，使其与白糖溶化在一起呈黄色黏液，盛于消毒瓶内备用。用棉签蘸此液涂在疮面上，3 ～ 5 分钟后用盐水棉签擦掉即可，每天 3 ～ 4 次，夜晚疼痛时可再外涂 1 次。此方缓解小儿鹅口疮，一般 3 ～ 5 天可见效。

药贴涌泉穴缓解婴儿鹅口疮 >>>

婴儿鹅口疮是初生小儿易患的一种口腔炎，其症状是口腔黏膜、舌上出现外形不规则的白色斑块，高出黏膜面，影响婴儿吮乳。可用吴茱萸 15 克碾为细末，与醋调成糊状。取药糊涂于双脚涌泉穴，固定，每日 1 换。此法简单、实用，无痛苦，很适合于婴儿。

荞麦面鸡蛋清缓解麻疹 >>>

缓解小儿麻疹，可用鸡蛋清、荞麦面、香油各适量，调匀如面团之状，搓搽患儿胸、背、四肢等处。

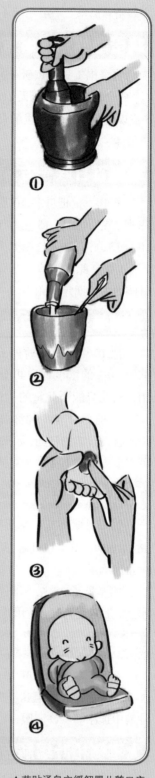

▲药贴涌泉穴缓解婴儿鹅口疮

金针香菜饮缓解麻疹 >>>

瘦肉 15 克切片，沸水下肉片，金针菜 15 克略炖，后下香菜 10 克及油、盐佐味。让患儿食菜饮汁，每日 3 次。

萝卜荸荠饮缓解麻疹 >>>

将萝卜 250 克、荸荠 150 克洗净切片，加 4 茶杯水，煎成 2 茶杯，去渣。加入切碎的香菜 50 克，趁热喝 1 杯，半小时后再温服 1 杯。本方清热解毒，助小儿麻疹透发。

老丝瓜缓解麻疹 >>>

用尾部近根的老丝瓜 1 个（长 10 ~ 13 厘米），悬挂通风处阴干，研为细末备用。每次服 6 克，开水送服，1 日 3 次。适用于小儿麻疹。服用本方时不宜食酸涩之品。

鼻嗅法缓解麻疹期哮喘 >>>

鲜葱 250 克纳入大嘴茶壶中，隔水炖，以纸套套壶口，让患儿鼻对壶口近尺许，使葱气吸入，每次吸 20 分钟，隔 1 ~ 3 小时吸 1 次，次数不限。用于麻疹期哮喘的辅助治疗。

缓解小儿疹发不畅一方 >>>

缓解小儿疹发不畅，可备鸡蛋 1 只、生葱 3 株、香菜 2.5 克。将鸡蛋连壳放入后 2 味所煎药汤内煮熟，取蛋备用。趁热用蛋搓患者，从头面到躯干，次至上肢、下肢，蛋凉再煮再搓，连续 3 ~ 4 遍后，盖衣被取微汗，每日 1 次，连用 2 次为 1 疗程。

樱桃核助麻疹透发 >>>

在麻疹将发未发时，以樱桃核 10 ~ 15 克，用水煎服，或是以等量的樱桃核和香菜子加黄酒和水合煎，趁温喷抹胸颈间，这时要注意室内温度，防止着凉，喷几次就可使麻疹透发，如果麻疹已透发者请勿使用此法。

黄花鱼汤助麻疹透发 >>>

小儿发热数日，麻疹不易透发，可用黄花鱼略加香菜熬汤喝。民间认为黄花鱼是一种发食，可助小儿麻疹透发。

缓解小儿麻疹一方 >>>

马蹄菜、甘蔗各 500 克，胡萝卜 250 克，与适量的水一起入锅煮，将残渣沥去，其汁当茶饮。马蹄菜熬出的汁甘甜可口，与甘蔗都有清热作用，因为麻疹乃热气侵入体内而造成的，所以采用有清热作用的食物。胡萝卜能强化消化器官，增加体力，促进麻疹康复，而且无白萝卜的辣味，小儿都很爱服用。

鲫鱼豆腐汤缓解麻疹 >>>

用鲫鱼 2 条、豆腐 250 克加水煮熟，喝其汁液。鲫鱼能缓解发疹，对皮肤上的疮、溃烂等的缓解效果也很好，豆腐亦有缓解发疹与清热的作用。

山椒缓解小儿蛔虫 >>>

有些小孩会突然感到肚子疼痛，大多数是因体内有蛔虫寄生，这时可用山椒种子作为驱虫剂，每次服食 10 粒，晚餐禁食，第二天早晨，蛔虫就随大便出来了。如果这方法效果不好的话，可以将 30 ~ 40 克的山椒树皮放入水中，煎至剩下一半的量，空腹趁热饮用，驱虫效果更好。

摄涎汤缓解小儿流涎 >>>

益智仁、鸡内金各 10 克，白术 6 克，水煎服，每天 1 剂，分 3 次服。一般数剂后，流涎即可减少或停止。

热姜水缓解蛲虫病 >>>

每天睡眠前，先用热姜水清洗肛门周围，然后再饮用热姜水 1 ~ 2 杯，持续 7 天左右即可见效。

缓解小儿蛲虫二法 >>>

小孩若体内有蛲虫，肛门会痒得不能安眠，常搔抓可致湿疹糜烂，虫体也可导致肠炎腹泻。

❶将大蒜捣碎，调入凡士林，临睡前涂于患儿肛门四周。第二天，将肛门清洗干净。

❷若在睡前，于肛门口周涂食醋，蛲虫闻到食醋，则全部涌到肛门外，经过几次即可杀清。

鸡肝缓解疳积 >>>

❶小孩疳积，腹胀现青筋，则可买鸡肝一副不落水，雄黄 0.6 克研为末，瓷碗盛好，用好酒少许纳入鸡肝内，放饭上蒸熟食用。

❷用白芙蓉花少许阴干研末，放入鸡肝内，蒸熟食用，效果更好。

止涎散缓解小儿流涎 >>>

黄连 4 克，儿茶 12 克（此为 3 岁以下剂量）。将药研细末，分 4 份，每早晚各服 1 份，用梨汁或甘蔗汁 1 ~ 2 汤匙将药粉搅匀吞服。此方缓解小儿脾胃湿热型流涎（滞颐），有较好的疗效。

白益枣汤缓解小儿流涎 >>>

白术、益智仁各 15 克，红枣 20 克（此为 5 岁用量，可视年龄大小增减）。每天 1 剂，水煎，分 3 次服。此方缓解小儿流涎症有良效。

天南星缓解小儿流涎 >>>

缓解小儿流涎，可用天南星研成细末，以食醋调成糊，涂敷两足心，用纱布固定。每日 1 次，过夜即洗去，连敷数日。此方也可缓解口腔炎。

鹌鹑蛋缓解小儿遗尿 >>>

缓解小儿遗尿，可于每天早晨空腹吃 1 个蒸熟的鹌鹑蛋，连吃 2 周即可见效。蒸鹌鹑蛋时一次可多蒸几个，每天吃时用开水泡热即可。

山药散缓解小儿遗尿 >>>

炒淮山药适量研末备用，每天服 3 次，每次 6 克，用温开水冲服。此方缓解小儿遗尿症，效果甚好。

缓解小儿遗尿症一方 >>>

小儿遗尿非肾脏疾病引起的，可用葱白缓解。方法是：取 7 只连根须的葱白头，洗净，捣碎，拌上硫黄粉成糊状，涂在布上，晚上睡时包在肚脐处。第二天早晨拿掉，晚上另换新的，一般 10 天即见效。

龙骨蛋汤缓解小儿遗尿 >>>

先煎龙骨 50 克，去渣，打入 1 只鸡蛋煎熟。吃蛋喝汤，睡前服。每天 1 剂，10 天为 1 疗程。此方缓解小儿遗尿疗效显著，一般 1 个疗程见效，个别需要 2 个疗程。

黑胡椒粉缓解小儿遗尿 >>>

若孩子尿床频繁，可在每天晚上睡觉前，把黑胡椒粉放在孩子肚脐窝里，填满为宜，然后用伤湿止痛膏盖住，防止黑胡椒粉漏掉，24 小时后去掉，7 次为 1 个疗程。

大黄甘草散缓解小儿夜啼 >>>

大黄、甘草以 4 : 1 配制，研为末备用。每天服 3 次，每次 0.6 克。并以适量蜂蜜调服。

此方缓解小儿夜啼属胃肠积滞者有效。

鹌鹑粥缓解小儿食欲不振 >>>

鹌鹑1只（最好在11月至次年2月间捉取），糯米100克、葱白3段。鹌鹑去毛及内脏洗净，炒熟，放白酒20毫升稍煮，加水适量入糯米100克，粥成加入葱白，再煮1~2沸即可，每日食2次。本粥益气补脾，对小儿食欲不振、肚腹胀实等症有一定疗效。

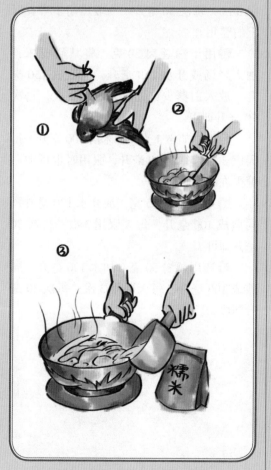

▲鹌鹑粥缓解小儿食欲不振

自制五倍子止啼汤 >>>

五倍子1.5克加水浓煎80毫升，于睡前顿服，每天1剂。此方缓解小儿夜啼，有较好的疗效。

灯芯草搽剂缓解小儿夜啼 >>>

将灯芯草适量蘸香油烧成灰，每晚睡前将灰搽于小儿两眉毛上。此方缓解小儿夜啼效果不错。一般连搽1~2晚见效。

牡蛎粉缓解小儿疝气 >>>

缓解小儿疝气，可用牡蛎粉40克，调成糊状，涂在小儿阴囊上，每天涂1次，有良好的缓解效果。

乌鸡蛋缓解小儿疝气 >>>

将乌鸡蛋1个用食醋搅拌匀后，把一块生铁烧红，用它把蛋醋液烫熟，趁热吃后盖被休息，最好出点儿汗。每天晚上吃1个，7天为1疗程，1个疗程即可见效。

荔枝冰糖缓解小儿疝气 >>>

每天用干荔枝（鲜荔枝也行）5~6个去壳，用水煮20分钟，加冰糖适量再煮10分钟（可以连煮3次）。每天当水饮用，3~4个疗程可好转。

丝瓜瓤缓解小儿疝气 >>>

缓解小儿疝气，可用丝瓜瓤2根，剪成数段，每次用几段放在药锅中煎熬半小时，每日当水饮用（不加任何东西），2周后即可明显好转。成人病情较顽固，时间要长些。

贴内关穴缓解小儿惊吓 >>>

小儿受到惊吓，轻则寝食不安，重则引发高烧或低热不退，可取生栀子4枝、葱白2根、面条碎段适量，共碾为末，以健康者唾液调稠，即刻敷扎在小儿"内关"穴（即腕横纹上2寸，屈腕时两筋之间），男敷左、女敷右。多数一次见效。少数效果欠佳者，3 日后再换 1 次便可见效。

侧柏叶糊剂缓解小儿腮腺炎 >>>

取鲜侧柏叶 250 克，鸡蛋清 1 个。侧柏叶捣烂如泥，加入鸡蛋清调匀摊于纱布上，贴于患儿肿胀部位，每天更换 1 ~ 2 次。此方缓解小儿腮腺炎，多在 1 ~ 2 天内消肿退热。

木鳖子缓解小儿腮腺炎 >>>

木鳖子适量去壳取仁，用瓷碗或碟将木鳖子仁加少许清水磨成糊糊状，以棉签蘸涂于患处，每天 10 余次。干后即涂，保持湿润。此方缓解小儿腮腺炎有良效。

梧桐花汁缓解小儿腮腺炎 >>>

有的腮腺炎患儿，两耳下红肿疼痛，张口咀嚼困难，伴头痛、恶寒等症，可采鲜梧桐花 20 朵，捣烂外敷患处，药干后再换，1 天数次。此方缓解小儿腮腺炎，一般会在 36 小时内退热消肿。

维生素 E 胶丸缓解婴儿脸部裂纹 >>>

每天晚睡前用刀切开一粒维生素 E 胶丸，均匀地涂抹在患处，半个月左右，孩子脸上的裂纹便可消失。

解除婴儿打嗝法 >>>

先将婴儿抱起，用一只手的食指尖在婴儿的嘴边或耳边轻轻地搔痒，一般至婴儿发出哭声，打嗝的现象就会自然消除了。

用橘皮缓解小儿厌食 >>>

取适量鲜橘皮，将其洗净切成条状，再放入适量白糖拌匀，置于阴凉处存放 7 天。在小儿进餐时取少许配菜吃，每天 1 ~ 2 次，可缓解小儿厌食。

小儿腹泻食疗 >>>

❶ 取粳米 50 克，煮粥 100 毫升，每天服 3 次，每次 30 毫升。一般适用于半岁以上的婴儿。

❷ 用干白莲肉 20 克，将其研成末，加入米汤或开水 260 毫升，同煎成 150 升，放入白糖少许，每天服用 3 次，每次 50 毫升即可。

❸ 取白胡椒 1 克，加米汤 100 毫升，每天服 3 次，每次 30 毫升，服用时也可加白糖少许调拌。

❹ 用山药粉 15 克，加开水 120 毫升，同煎成 100 毫升，每天服用 3 次，每次 30 毫升即可。

❺ 选用藕粉 30 克，加水 120 毫升，同煎成 100 毫升，每天服 3 次，每次 30 毫升即可。

家庭安全与急救 ～

生石灰入眼的处理 >>>

若是生石灰溅入眼睛，不能用手揉，也不能直接用水冲洗。因为生石灰遇水会生成碱性的熟石灰，同时产生大量热量，反而会伤眼睛。正确的方法是，用棉签或干净的手绢一角将生石灰拨出，然后再用清水反复冲洗伤眼，至少15分钟，冲洗后勿忘去医院检查和接受治疗。

橙皮巧缓解鱼刺卡喉 >>>

鱼刺卡喉时，可剥取橙皮，块窄一点儿，含着慢慢咽下，可化解鱼刺。

维生素C可软化鱼刺 >>>

细小鱼刺卡喉，可取维生素C一片，含服慢慢咽下，数分钟后，鱼刺就会软化清除。

鱼刺鲠喉化解法 >>>

吃鱼时若不慎将刺卡在了喉咙里，立即用橄榄核煎汤一碗，稍冷，一小口一小口地慢慢咽下，尽量使橄榄核汁接触喉中鱼刺的时间长些。这样，待这碗橄榄核汁喝完，鱼刺便被溶化了。此法效果神奇。

巧夹鱼刺 >>>

先试着用汤匙或牙刷柄压住舌头的前半部，在亮光下仔细观察舌根部、扁桃体及咽后壁，如果能找到鱼刺，可用镊子或筷子夹出。

巧除软刺 >>>

仙人掌之类的植物软刺扎进皮肤时，可用伤湿止痛膏贴在扎刺的部位，在灯泡下烘烤一会儿，然后快速将其揭去，刺就会被拔出。

巧除肉中刺 >>>

木刺、铁屑、玻璃屑等刺入皮肤难以拔出，可取蓖麻子或油菜籽适量，捣烂如泥，包敷患处，24小时后，异物就会退出皮肤表面，很容易拔以来。

牙齿磕掉怎么办 >>>

把牙齿捡起来，尽量不要使牙齿污染，争取在2小时内赶到医院。如果掉下来的牙已经很脏了，可以就近用清洁的水轻轻冲洗，注意不要用手或刷子使劲地刷，那样会破坏牙根表面的组织，影响牙的再植效果。如果离医院较远，要将牙齿含在口腔内，如在舌头底下含着，使牙齿有适宜的温度及保持牙齿表面的湿润，这是牙齿再植成功的有利条件。

巧去鼻子内异物 >>>

若一侧的鼻孔内塞入异物，可用一张纸条，刺激另一个鼻孔，人就会打喷嚏，鼻子里的异物自然会被喷出来。

巧排耳道进水 >>>

❶重力法：如果左耳进水，就把头歪向左边，用力拉住耳朵，把外耳道拎直，然后右腿提起，左脚在地上跳，水会因重力原因流出来。

❷负压法：如果左耳进水，可用左手心用力压在耳朵上，然后猛力抬起，使耳道

外暂时形成负压，耳道里的水就会流出来。

❸吸引法：用脱脂棉或吸水性强的纸，做成棉棍或纸捻，轻轻地伸入耳道把水吸出来。

解食物中毒五法 >>>

❶食蟹中毒，可用生藕捣烂，绞汁饮用，或将生姜捣烂用水冲服。

❷食咸菜中毒，饮豆浆可解。

❸食鲜鱼和巴豆引起中毒，可用黑豆煮汁，食用即解。

❹食河豚中毒，可用大黑豆煮汁饮用，或将生橄榄20枚捣汁饮用。

❺误食碱性毒物，大量饮醋能够急救。

昆虫入耳的急救 >>>

❶安慰伤者并让其坐下。

❷用手电筒照着耳道，吸引昆虫爬出来。

❸如未成功，小心地用食油或大约37℃的温水灌入伤者耳中，令昆虫有机会浮出来。如果无效，应寻求医疗援助。

巧除耳朵异物 >>>

能看到的异物可用小镊子夹出，但如果是圆形小球，不能用镊子取，应立即送医院。豆、玉米、米、麦粒等干燥物入耳，不宜用水或油滴耳，否则会使异物膨胀更难取出，可先用浓度95%的酒精滴耳，使异物脱水缩小，然后再设法取出。原有鼓膜穿孔者，不宜用冲洗法。

颈部受伤的急救 >>>

❶止血：如果颈部有大血管出血，应立即用无菌纱布或干净的棉织物填塞止血，然后将健侧的上臂举起，紧贴头部做支架，对颈部进行单侧加压包扎。切不可用纱布环绕颈部加压包扎，否则会压迫气管引起呼吸困难，并可能因压迫静脉影响回流而发生脑水肿。

❷通气：气管、食管损伤时，为防止窒息，应想方设法将口腔、气管的分泌物、血液或异物予以清除。

❸固定：将毛巾或报纸等卷成圆筒状围在颈部周围，防止伤员头部左右摇摆，加重颈椎脊髓损伤。

❹转运：转运过程中务必使患者平稳。其标准的做法，就是先找一块木板轻轻塞进患者身下，而后抬木板至担架上，接

▲解食物中毒五法

着用颈圈固定患者颈部，再以大宽布把患者身体与木板紧紧地从头缠到脚。

❺安慰病人。

缓解落枕 >>>

取米醋 300 ～ 500 毫升，准备一块棉纱布（或纯棉毛巾）浸入米醋中，然后平敷在颈部肌肉疼痛处，上面用一个 70 ～ 80℃的热水袋热敷，保持局部温热 20 ～ 30 分钟。热水的温度以局部皮肤感觉不烫为度，必要时可及时更换热水袋中的热水。热敷的同时，也可以配合活动颈部，一般 1 ～ 2 次，疼痛即可缓解。

心绞痛病人的急救 >>>

❶让患者保持最舒适坐姿，头部垫起。
❷如随身携带药品则给患者用药。
❸松开紧身的衣服使其呼吸通畅。
❹安慰患者。

胆绞痛病人的急救 >>>

患者发病后应静卧于床，并用热水袋在其右上腹热敷，也可用拇指压迫刺激足三里穴位，以缓解疼痛。

胰腺炎病人的急救 >>>

可用拇指或食指压迫足三里、合谷等穴位，以缓解疼痛，减轻病情，并及时送医院救治。

老年人噎食的急救 >>>

意识尚清醒的病人可采用立位或坐位，抢救者站在病人背后，双臂环抱病人，一手握拳，使拇指掌关节突出点顶住病人腹部正中线脐上部位，另一只手的手掌压在拳头上，连续快速向内、向上推压冲击 6 ～ 10 次（注意不要伤其肋骨）。昏迷倒地的病人采用仰卧位，抢救者骑跨在病人髋部，按上法推压冲击脐上部位。这样冲击上腹部，等于突然增大了腹内压力，可以抬高膈肌，使气道瞬间压力迅速加大，肺内空气被迫排出，使阻塞气管的食物（或其他异物）上移并被驱出。

老年人噎食的自救 >>>

如果发生食物阻塞气管时，旁边无人，或即使有人，自己已不能说话呼救，必须迅速利用两三分钟神志尚清醒的时间自救。此时可自己取立位姿势，下巴抬起，使气管变直，然后使腹部上端（剑突下，俗称心窝部）靠在一张椅子的背部顶端或桌子的边缘，或阳台栏杆转角，突然对胸腔上方猛力施加压力，也会取得同样的效果——气管食物被冲出。

咬断体温表的紧急处理 >>>

体温表内的水银（汞），是一种有毒金属，吃进人体后，一般能从肠道排出。万一咬断体温表，可立即服生鸡蛋清 2 ～ 3 只，以减少人体对汞的吸收，并注意检查近期内的粪便，如水银长时间未排出，应送医院处理。

游泳时腿部抽筋自救 >>>

若在浅水区发生抽筋时，可马上站立并用力伸蹬，或用手把足蹭指往上掰，并按摩小腿可缓解。如在深水区，可采取仰泳姿势，把抽筋的腿伸直不动，待稍有缓解时，用手和另一条腿游向岸边，再按上述方法处理即可。

呛水的自救 >>>

呛水时不要慌张，调整好呼吸动作即可。如发生在深水区而觉得身体十分疲劳不能继续游时，可以呼叫旁人帮助上岸休息。

游泳时腹痛的处理 >>>

入水前应充分做好准备工作，如用手按摩腹脐部数分钟，用少量水擦胸、腹部及全身、以适应水温。如在水中发生腹痛，应立即上岸并注意保暖。可以带一瓶藿香正气水，饮后腹痛会渐渐消失。

游泳时头晕的处理 >>>

游得时间过长或恰好腹中空空，可能会头晕、恶心，这是疲劳缺氧所致。要注意保暖，按摩肌肉，喝些糖水或吃些水果等，很快可恢复。

溺水的急救 >>>

将溺水者抬出水面后，应立即清除其口、鼻腔内的水、泥及污物，用纱布（手帕）裹着手指将溺水者舌头拉出口外，解开衣扣、领口，以保持呼吸道通畅，然后抱起溺水者的腰腹部，使其背朝上、头下垂进行倒水。或者抱起溺水者双腿，将其腹部放在急救者肩上，快步奔跑使积水倒出。或急救者取半跪位，将溺水者的腹部放在急救者腿上，使其头部下垂，并用手平压背部进行倒水。

煤气中毒的急救 >>>

❶迅速打开门窗使空气流通。

❷尽可能把中毒者转移至通风处，同时注意保暖。

❸保证呼吸道通畅，及时给氧，必要时做人工呼吸。

雨天防雷小窍门 >>>

雷雨降临时，最好不要在使用太阳能的热水器下冲淋；不要靠近窗户、阳台；家电及时断电，但一定不要在正打雷时断电，以防不测。

户外防雷小窍门 >>>

❶雷电天气如果从事户外活动应尽快撤离到安全地带，但不要奔跑或快速骑行。

❷如果正在空旷地带一时无处躲避，应尽量降低自身高度并减少人体与地面的接触面，或者双脚并拢蹲下，头伏在膝盖上，但不要跪下或卧倒。

❸远离铁栏铁桥等金属物体及电线杆，不要待在山顶、楼顶等制高点。

巧救油锅着火 >>>

油锅着火后，只要盖上锅盖或用湿布一压即可熄灭。千万不能用水浇，因为油比水轻，浇水会使烧着的油四处炸溅或漂到上面，反而助长火势。

▲巧救油锅着火

儿童电击伤的急救 >>>

❶立即切断电源：一是关闭电源开关、拉闸、拔去插销；二是用干燥的木棒、竹竿、扁担、塑料棒、皮带、扫帚把、椅背或绳子等不导电的东西拨开电线。

❷迅速将受电击的小儿移至通风处。

对呼吸、心跳均已停止者，立即在现场进行人工呼吸和胸外心脏按压。人工呼吸至少要做4小时，或者至其恢复呼吸为止，有条件者应行气管插管，加压氧气人工呼吸。

❸出现神志昏迷不清者可针刺人中、中冲等穴位。

电视机或电脑着火的紧急处理 >>>

电视机或电脑着火时，先拔掉插头或关上总开关，再用毯状物扑灭火焰。切勿用水或灭火器救火，因机体仍可能导电，会引致电击。

电热毯着火的紧急处理 >>>

电热毯失火时应先拔掉插头，然后向床泼水灭火，切勿揭起床单，否则空气进入，冒烟的床容易着火。如情势严重，则立即通知消防队。

火灾中的求生小窍门 >>>

❶如在火焰中，头部最好用湿棉被（不用化纤的）包住，露出眼，以便逃生。

❷身上的衣服被烧着时，用水冲、湿被捂住，或就地打滚，以达到灭身上之火的目的。绝对不能带火逃跑，这样会使火越着

越大，增加伤害。

❸遇有浓烟滚滚时，把毛巾打湿紧按住嘴和鼻子上，防烟呛和窒息。

❹浓烟常在离地面30多厘米处四散。逃生时身体要低于此高度，最好爬出浓烟区。

❺逃出时即使忘了带出东西，切忌再不要进入火区。

❻家门口平时不要堆积过多的东西，以便逃路通畅。老人小孩应睡在容易出入的房间。

火灾报警小窍门 >>>

❶遇有火灾，第一是大声呼救或立即给"119"打电话报警。

❷报警时，要报清火灾户主的姓名，区、街、巷、门牌号数以及邻近重要标记。

❸派人在巷口等引消防队，以免耽误时间。

如何拨打"120" >>>

❶把病人当前最危急的病情表现和以前的患病史、给病人服用了什么药等简要地说清。

❷把患者发病现场的详细地址说清楚，包括街道、小巷或小区的标准名称，门牌号

▲火灾中的求生小窍门

或楼号、单元及房间号。最好讲出附近的标志性建筑。

❸留下手机和固定电话以便调度人员联系。

❹如果是在路边或其他场所发现无人看管的倒地的伤病人员，病人身份不明又无人照看，在拨打"120"的同时也应拨打"110"，由他们到现场协助处理。如果是在公园、商场、剧场等场所发现不相识又不能说话的病人时可以向该单位的人员反映，由他们照看病人并向急救中心呼救。

如何进行人工呼吸 >>>

急救者位于伤员一侧，托起伤员下颌，捏住伤员鼻孔，深吸一口气后，往伤员嘴里缓缓吹气，待其胸廓稍有抬起时，放松其鼻孔，并用一手压其胸部以助呼气。反复并有节律地（每分钟吹 16～20 次）进行，直至恢复呼吸为止。

如何进行胸外心脏按压 >>>

让伤员仰卧，背部垫一块硬板，头低稍后仰，急救者位于伤员一侧，面对伤员，右手掌平放在其胸骨下段，左手放在右手背上，借急救者身体重量缓缓用力，不能用力太猛，以防骨折，将胸骨压下 4 厘米左右，然后松手腕（手不离开胸骨）使胸骨复原，反复有节律地（每分钟 60～80 次）进行，直到心跳恢复为止。

护送急症病人时的体位 >>>

如病人处于昏迷状态，还应将其头部偏向一侧，以免咽喉部分泌物或呕吐物吸入气管，引起窒息。心力衰竭或支气管哮喘病人适用坐位；一侧肺炎、气胸、胸腔积液病人适用侧卧位，且歪向患侧，有利保持呼吸功能。

家庭急救需注意 >>>

胃肠病人不可喝水进食；烧伤病人不宜喝白开水；急性胰腺炎病人应禁食；昏迷病人不可强灌饮料，否则易误进呼吸道引起窒息。

家庭急救箱配置 >>>

❶首先要准备一些消毒好的纱布、绷带、胶布和脱脂棉。

❷体温计是常用的量具，必须准备。

❸医用的镊子和剪子也要相应地配齐，在使用时用火或酒精消毒。

❹外用药大致可配置酒精、紫药水、红药水、碘酒、烫伤膏、止痒清凉油、伤湿止痛膏等。

❺内服药大致可配置解热、止痛、止泻、防晕车和助消化等类型的。

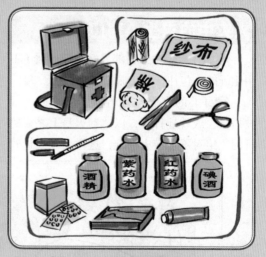

▲家庭急救箱配置

家庭急救注意 >>>

❶衣物接触敌敌畏、敌百虫等烈性药水时，不要用热水或酒精来擦洗，以防促进敌敌畏吸收。正确的处理方法是立即脱去污染衣服并用冷水冲洗干净。

❷触电的患者，切忌旁人用手去拉救。应立即切断电源或用绝缘物挑开触电部位。

❸出现急性腹痛症状时，不要服止痛药。因止痛药会掩盖病情，延误医生诊断，应立即送医院做详细检查。

❹心脏病患者发生气喘时，不要让患者平卧，以免增加肺部淤血和心脏负担，应将其扶坐起，并尽快送往医院诊治。

❺发生脑出血症状时，不要随意搬动患者，否则很容易扩大患者脑出血的范围，应立即让其平卧，把患者头部抬高就地治疗。

❻铁钉、木刺扎伤等小而深的伤口戒马虎包扎。应立即清洁伤口，注射破伤风血清。

❼昏迷的患者，不要进食饮水，以免误入气管而引起窒息或肺炎，应使患者侧躺，防止呕吐物吸入肺部。

❽腹部外伤内脏暴露时，应立即用干净纱布覆盖，以防感染，并送医院做抢救处理。

❾用止血带包扎时，忌结扎时间过长，以防肢体缺血而坏死，应每隔1小时松开15分钟。

❿抢救时勿舍近求远。抢救患者应争分夺秒，立即送往就近医院抢救。

家庭急救药箱配置 >>>

家庭急救药箱里要常备些消毒纱布、绷带、胶布、棉棒等。若有条件，最好备有一条边长为1米左右的三角巾、体温计、医用剪、镊子等，各种医用品均应在使用前用火或酒精消毒。同时应配置解热药、止痛药、止泻药、防晕车药、碘酒、紫药水、红药水、烫伤膏、止痒膏、眼药膏、清凉油、创可贴、伤湿止痛膏及75%浓度的酒精等及重大疾病的常用药。家庭急救药箱内的药品要保持定期检查和更换，注意要通风和阴凉处存放。

拨打急救电话的方法 >>>

在拨打急救电话时，要清楚地告诉接线员病人或伤者所在的地点、发生的情况以及目前病人的情形，并留下求救者的联系方式，时刻保持通讯通畅，保证急救车能尽快赶到出事地点。若病人或伤者呈昏迷状态，要简单说明可能导致昏迷的原因及昏迷者目前的情况。

急救病人不宜用出租车 >>>

❶腿部骨折的伤者必须先采取止血固定，及保护伤者的特定体位，以减少患者的疼痛和不必要的损伤。出租车空间小，对伤者不利，若搬运不当，很可能导致伤者残疾。

❷对于脊柱受伤者的正确搬运是处理伤者的关键，若乘坐空间狭小的出租车，会对抢救伤者以及伤势的恢复很不利，严重时，可能会造成终身残疾。遇到此类伤病者应遵守快速、正确、轻柔的原则，并用急救车送医院。

❸对于烧伤的伤者，要做好保护创面、防止感染、抗菌止痛的必要措施，因此应通过专业急救车的医护人员进行应急处理，再转入医院治疗。

食物中毒家庭急救 >>>

一旦发生食物中毒，家属应及时采取相应措施，若患者能饮水，应鼓励多饮浓茶水、淡盐水。中毒早期，吐泻严重时，应禁食8～12小时，若吃下去的有毒食物时间较长，且精神较好者，可服用1片泻药，促使中毒食物尽快排出体外。一般用大黄30克，用开水泡开，一次服完，同时给患者服用藿香正气水或香连丸，若症状较重，脱水明显者应尽快送往医院救治。

用山楂解食物中毒 >>>

用催吐法先吐净所吃食物，再取山楂10克用水煎，取热汁服用，可解食物中毒。

用橘皮解食物中毒 >>>

用催吐法吐净所吃食物后，取橘皮30克，用水煎，坚持服用2天，每天1次，可解食物中毒。

用韭菜解食物中毒 >>>

取适量韭菜，将其捣烂取汁，1次服完，即可解食物中毒。

用大蒜解食物中毒 >>>

取适量大蒜，将其去皮，置于砂锅中密封，用文火烧黑研末，每次3个，每天3次，饭前用水服用，可解食物中毒。

用生姜解食物中毒 >>>

食物中毒患者，可取4片干姜或鲜生姜，20克紫苏，加水同煎至1碗，分3次服完，可有效解除食物中毒。若在野外误食有毒食物时，可立即吃些生姜，亦可缓解。

用盐解食物中毒 >>>

将10克食盐，放进100克水中煮沸，取温盐汤服下，可利于毒素排出体外。

用糖水解食物中毒 >>>

食物中毒时，在采取急救措施的同时，大量服用浓糖水，能暂时起到保肝解毒的作用。

用绿豆解食物中毒 >>>

取适量新鲜的绿豆，将其洗净捣碎成粉，用水冲服，1次即可见效。若中毒严重，应尽快去医院急救为好。

用黑豆、干草等解毒 >>>

取黑豆、甘草各30克，甜桔梗15克煎水半碗，与朱砂末3克一同温服即可。

食用土豆中毒急救 >>>

取土豆苗250克，用水煎，去渣饮汁，每次1剂，每日2次。

食用未熟豆角中毒急救 >>>

缓解豆角中毒还没有特效药出现，有中毒症状应立即采取催吐措施，用手指、筷子等刺激咽后壁和舌根引起呕吐，可饮一些温开水反复催吐，直至呕吐物为清水。严重者需送往医院医治。

食用木薯中毒急救 >>>

取鲜萝卜、白菜各1500克，用凉水冲洗干净，切碎捣烂后榨压，滤汁后加适量红糖，分数次服用。

食用菱角中毒急救 >>>

取生姜6～10克，用清水煎煮，待冷却后分数次饮服，可起到健胃、消积、解毒的功效。

解蘑菇中毒 >>>

❶用适量黄豆，将其煎成汤剂，频频饮服，可解蘑菇中毒。

❷取20克绿豆，加水煎成汁，一次饮完，可解蘑菇中毒。

❸用手指按压第二脚趾和第三脚趾间的穴位，有助于解毒。

第七章

休闲旅游小窍门

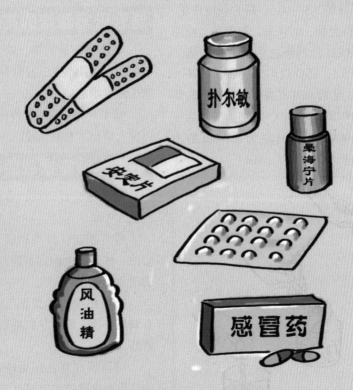

花卉养护

自测花土的 pH 值 >>>

到化工商店买一盒石蕊试纸，盒内装一个标准比色板。先用一勺培养土，按一份土、两份水的比例稀释，待沉淀以后，撕下一条试纸，放入溶液中 1~2 秒，取出和比色板对照，找出颜色与试纸颜色相似的色板号，即为土壤的 pH 值。如果黄绿色即为中性土壤，pH 值为 6.5 ~ 7.5，适合栽植的品种较多，如郁金香、水仙、秋海棠、文竹、勿忘草、金鱼草、紫罗兰等花卉。黄色到橘红色为弱酸性土壤，pH 值 5.5 ~ 6.5，适合栽植桂花、朱顶红、倒挂金钟、仙客来、万寿菊、波斯菊等花卉。橘红色到红色为强酸性土壤，pH 值 4.5 ~ 5.5，适合栽培凤尾蕨、山茶、杜鹃、凤梨、彩叶草等喜酸品种。蓝色到紫色为极强碱土壤，pH 值大于 9.5，适宜品种很少。大多数花卉在 pH 值为 6.0~7.0 的土壤中生长最佳。

▲自测花土的 pH 值

阳台栽花选择小窍门 >>>

根据高楼阳台的特点，栽花宜选用喜阳光耐旱的品种。因此，多肉植物仙人掌类花卉，便成了阳台上的宠儿；月季占着优先地位，特别是白色、黄色或很香的品种，如紫雾、月光、金不换之类，更为适合。其他木本花、盆松、盆竹、茉莉、海棠、太阳花等，还有扶桑、吊兰、宝石花等，都适合在阳台上栽种。其中还有晚香玉、水仙、倒挂金钟、仙客来等。

适合卧室栽培的花卉 >>>

❶芦荟、景天等，晚上不但能吸收二氧化碳，放出氧气，还能使室内空气中的负离子浓度增加。

❷丁香、茉莉的芳香能调节神经系统，可使人放松，有利于睡眠。

不适合卧室摆放的花木 >>>

❶兰花、百合花：香气过于浓烈，容易使人失眠。

❷月季花：月季所散发的浓郁香味，会使一些人产生胸闷不适、憋气与呼吸困难的现象。

❸松柏类：其芳香气味对人体的肠胃有刺激作用，能使孕妇感到心烦意乱、恶心呕吐。

❹洋绣球花：洋绣球花会散发一些微粒，导致皮肤过敏。

❺夜来香：夜来香在晚上会散发出大量刺激嗅觉的微粒，闻之过久，心脏病患者感到头晕目眩、郁闷不适，甚至病情加重。

❻郁金香：郁金香的花朵含有一种毒碱，如果接触过久，会加快毛发脱落。

❼夹竹桃：夹竹桃可分泌出一种乳白色液体，接触时间一长，会引起中毒、昏昏欲睡、智力下降等症状。

巧用冰块延长水仙花期 >>>

水仙适于低温，一般室内温度较高，使花期缩短。如果用干净的雪或冰块来代替水放在水仙盆内，到晚上将盆中化了的水倒掉，一天换几次冰块，放在封闭的阳台或阴凉处，则可使花期保持 1 个月左右。

巧用葡萄糖粉做花肥 >>>

变质葡萄糖粉是好肥料。变质的葡萄糖粉捣碎撒入花盆土四周，3 日后黄叶就会变绿，长势茂盛。其适用于吊兰、刺梅、万年青、龟背竹等。

巧法促进海棠开花 >>>

大叶海棠本应四季开花，但有时枝叶疯长就是不开花。此时可将疯长的枝在顶部 22 ~ 25 厘米处剪下，去掉基部一两片叶，插入大口玻璃瓶中，用水浸泡，20 多天长出白色小根，即可插种。每次浸 3 ~ 5 枝，插在一个花盆中，不久，各枝都会开花。剪后的老枝长出新枝，也能开花。

促进朱顶红在春节开花小窍门 >>>

距春节还有四五十天时，应把朱顶红花盆放在有阳光的房间暖气上。为了不烤坏根部，要在暖气和花盆之间垫块砖。这样在春节期间就可以看到喜人的花朵。

剩鱼虫可做花肥 >>>

现在养鱼的人越来越多，养鱼要喂鱼虫，但有时鱼虫死得快，剩下的死鱼虫残留物不要倒掉，可用来浇花用，给花增加了肥料，花长得壮、开得鲜，如一次用不了可灌到瓶子中备用。

巧用废油做花肥 >>>

先把抽油烟机里的废油倒在没有栽花的花盆土中，然后浇水使其发酵。发酵后再用，效果很好，被上肥的花不会被烧死。

巧用羽毛做花肥 >>>

羽毛的氮、磷、钾含量丰富，还含有花卉所需要的多种微量元素，最适合花卉做基肥使用，特别是施用安全，不会导致肥伤。施用方法：做基肥把羽毛放在盆底，做追肥则扒开盆土把羽毛埋在土层下，还可泡水做液肥。

巧做米兰花肥 >>>

将淘米水（稠者为好）和烂西红柿放在一个容器里，发酵后浇米兰，会使米兰枝繁叶茂，开出的花味道香浓。各种喜酸性的花卉，用这种肥效果也好。

巧用剩茶叶浇花 >>>

将残茶叶浸入水中数天后，浇在植物根部，可促进植物生长。

巧用柑橘皮泡水浇南方花卉 >>>

米兰、茉莉、海桐等南方花卉在北方的碱性土质上不易成活，生长不好。可用柑橘皮泡水 2 ~ 3 天，用来浇花，天长日久，花卉枝叶壮实，开花多，香味浓郁。

食醋可代替硫酸亚铁浇花 >>>

有些花性喜酸土，如果盆土少酸性，则花叶必泛黄，甚至枯死。这时就要浇一些泡有硫酸亚铁的水。但如果手头缺少硫酸亚铁，可用食用米醋代替，根据花盆大小，每次用半汤匙米醋，冲 500 克凉水，浇在花盆中，浇过几次以后，则花叶重新泛绿。

橘子皮除花肥臭味 >>>

给花上肥后会散发发酵后的恶臭味。如果在上肥时加入一些橘子皮，既可增加肥料的营养，又可大大减少花肥臭味。

巧用头发茬做花肥 >>>

在兰花、米兰或茉莉的花盆里埋入一些头发茬，可使花冠长得更茂盛，花蕾多且香味浓。

巧用花瓣 >>>

将各种花瓣晒干后混合置于一匣中，放在起居室或餐厅，就能使满室飘香。将其置于袋中，放在衣柜里，能把柜内的衣物熏上一股淡淡的幽香。

瓶插花的保鲜绝招 >>>

每隔一两天，用剪刀修剪插花的末端，使花枝断面保持新鲜，可以使花枝的吸水功能保持良好状态，延长插花寿命。

巧用白醋使花卉保鲜 >>>

天气渐热，鲜花买回家后易枯萎，不妨在花瓶中加几滴白醋或漂白水，再把花枝底部剪一下，可延长花朵保鲜期。

水切法使花卉保鲜 >>>

当植物切口接触空气的瞬间，植物的导管就会跑进空气，使流通水分的导管产生一个栓子，所以，剪枝时可将花枝放入水中，在切口的稍上方斜剪，使断面增大，以提高吸水效果。此法适用于剑兰、红掌、文心兰、桔梗、太阳花。

鲜花萎蔫的处理 >>>

鲜花蔫了，可剪去花枝末端一小段，然后将鲜花放到盛满冷水的容器中，仅留花头露出水面，一两个小时后花朵就会苏醒过来。

枯萎花材复活法 >>>

对已经枯萎得不能吸收水分的花材，可将其倒过来在茎部浇水，用莲蓬头淋水效果更佳。然后用湿报纸将整个花枝全部包起来，放置数小时，再簇入深水中数小时，如玫瑰、百合花、桔梗、太阳花。

受冻盆花复苏法 >>>

春寒时节，盆花在室外会冻僵。遇此情况，可将盆花速用吸水性较强的废报纸连盆包裹三层，包扎时注意不可损伤盆花枝叶，并避免阳光直接照射。如此静置一日，以使盆花温度逐渐回升。经此处理后，受冻盆花可以复苏。

巧用鲜花净化空气 >>>

室内摆放吊兰、文竹、龟背竹，能吸收二氧化碳、二氧化硫、甲醛等有害气体，减少空气污染，抵抗微生物的侵害。

巧用剩啤酒擦花叶 >>>

室内常绿花卉如龟背竹、橡皮树、君子兰、鹤望兰等，长期摆放时，虽以清水为叶面擦拭，水蒸发后仍难免留有尘渍泥点，影响观赏。用兑一倍水的剩啤酒液擦花叶，不仅叶面格外清新洁净、明显地焕发出油绿光泽，此后再依正常管理向叶面喷水，光亮期可保持 10 天左右。

盆景生青苔法 >>>

把盆景放在阳光充足的地方，每天用沉淀过的淘米水浇一次，15 ~ 20 天便能生出青苔。

巧用大葱除花卉虫害 >>>

取大葱 200 克，切碎后放入 10 升水中浸泡一昼夜，滤清后用来喷洒受害植株，每天数次，连续喷洒 5 天。

巧用大蒜除花卉虫害 >>>

大蒜 200 ～ 300 克，捣烂取汁，加 10 升水稀释。立即用来喷洒植株。

巧用烟草末除花卉虫害 >>>

烟草末 400 克，用 10 升水浸泡两昼夜后，滤出烟末，使用时再加水 10 升，加肥皂粉 20 ～ 30 克，搅匀后喷洒受害花木。

草木灰可除花卉虫害 >>>

水 10 升，草木灰 3 千克，泡 3 昼夜后即可喷洒植株。

根除庭院杂草法 >>>

平常腌制鸭蛋或咸菜的盐水，不要随便倒掉，在杂草繁盛季节，将盐水泼在杂草上，三四次即可遏止杂草的生长。此外，煮土豆的水也可除去庭院里或过道上的杂草。

▲根除庭院杂草法

巧灭盆花蚜虫 >>>

春暖花开时节，蚜虫是家庭养花之大敌。将一电蚊香器具放于花盆内，器具上放樟脑丸半颗。再找一无破损的透明大塑料袋一个，连花苗将整个花盆罩起来。然后将电蚊香插电源，2 小时后，揭开塑料袋即告结束。

君子兰烂根的巧妙处理 >>>

❶君子兰一旦烂根，叶子就会变黄枯萎，应立即将君子兰取出，用水将根冲净，然后放在高锰酸钾水（少量高锰酸钾溶入一盆水中）中，浸泡 10 分钟左右取出，用水将根洗净，埋入用水洗干净的沙子里，一直到长出较长的嫩根后，再放回君子兰土里继续培育。

❷可将烂根处理干净，晾干，用塑料口袋装好，放入冰箱下部的塑料保鲜盒内，不用采取任何措施，20 天后就能生出很健壮的根来。

君子兰"枯死"不要扔 >>>

君子兰外叶枯死，若拔出后根还充实，只要择去空皮根，把充实根冲洗干净，去除枯死叶片，稍微晾一会儿，再栽入君子兰用土中，洒上水，连盆置荫凉处（不可暴晒），在不强的光照下，不久会冒出新叶，照样成活。只要肥、水适宜，叶片自会逐渐增多、约达 20 片就可开花。

剪枝插种茉莉花小窍门 >>>

将茉莉花冬季长出的较粗壮的新枝条分段剪下，每段留两节（每节上有两片叶），用水泡 6 ～ 7 天后种在花盆里。种时将下面的一节和叶埋在土里，用大口玻璃瓶盖上，经常保持盆内湿润，直到上面的节两旁长出新芽，表明下面也长出根，待新芽稍大点儿就可把玻璃瓶子拿掉。

宠物饲养

磁化水浇花喂鸟效果好 >>>

用磁化水浇花和喂鸟，盆花长得苗壮、花朵多、花期长，且不用施肥，不爱生虫害；鸟儿也生长健康不患病，且羽毛艳丽、鸣叫时间长。具体方法是：在一铁桶或铁壶内壁中部相对部位各吸上一块磁铁，然后装满自来水，2小时后即可使用。

自制玻璃鱼缸 >>>

先将熟石灰粉（过筛）调入白油漆中，以可塑为度，然后将划好的玻璃分别嵌入钢角架，随即用泥料将接缝腻上、抹平，静置半月，即可装水。

新鱼缸的处理 >>>

新缸养鱼前应装水浸泡消毒，1～2天后将水换去，因为新缸的密封玻璃胶内含有大量的酸性有毒物质。

鱼缸容水量的计算方法 >>>

长（厘米）×宽（厘米）×高（厘米）÷1000=容量（升）

巧调养鱼水 >>>

❶把自来水用储水池或鱼缸晾晒24小时后放入鱼，同时打足氧气用过滤器过滤效果更佳。

❷用晶状硫代硫酸钠（俗称海波或大苏打），每百升水放入2克，稍微搅匀数分钟后即可放入鱼，同时打足氧气，用过滤器过滤效果更佳。

囤水妙招 >>>

用大可乐瓶或其他大汽水瓶装水放在角落里，不占地方，不显眼，比起桶来，可以化整为零，节省空间。

购鱼小窍门 >>>

选购比较活跃健康的鱼类，选鱼时注意观察出售鱼的容器，看盆中有无大量的饭汤皮状的白色黏性物，或是鱼身鱼尾大量充血及烧尾状态，很可能是水的硬度不适宜和被少量的氯气或严重的碰撞所伤，必须谨慎。

喂鱼小窍门 >>>

新缸进鱼一般禁喂鱼食5～6天，而后每5～6天喂一次，效果最佳。喂食后8～10分钟，未吃完的残余饵料，应及时用鱼捞捞起，以免造成水质影响。

冬季保存鲜鱼虫 >>>

❶在鱼虫生产的高峰期，将打捞的活鱼虫用清水洗2～3遍装进布袋，用洗衣机甩干，约2分钟后取出储存在冰箱冷冻室或冰柜内，能保鲜不变质。用时鱼虫呈颗粒状，鱼爱吃又不浑水。

❷入冬前多买些活鱼虫，把大部分清水倒出，而后装在塑料瓶或冻冰块的小盒内，放入冷冻室，待冻实后取出，用凉水冲一下，从瓶内取出，切成小块，装入塑料袋或铁盒内，存在冷冻室冻着，每天随喂随取。

鱼苗打包小窍门 >>>

打包时鱼的密度不能过高，应充足氧气，

避开阳光直射。回家后应连包装袋一起放入事先配好水的鱼缸中，数十分钟后，让袋中的水温与鱼缸内水温平衡时，将袋口解开连鱼连水一起放入鱼缸。

自制金鱼冬季饲料 >>>

❶金鱼的食物除了鱼虫以外，还有以下几种可做金鱼冬季的饲料。

❷瘦肉：将牛、羊、猪的瘦肉，煮熟煮烂后，除去油腻，捣碎后便可喂鱼。

❸鱼肉：把鱼（各种鱼都可以）煮熟，剔去鱼骨，然后制成小块状，但喂时要适量。

❹蚯蚓：蚯蚓一般生长在潮湿肥沃的泥土中，秋季可以多挖一些养在家中，喂之前要把蚯蚓切成小段。

❺河虾：将河虾煮熟去皮，撕碎喂鱼。

❻蛋类：鸡蛋或鸭蛋的熟蛋黄，是刚孵化出的仔鱼不可缺少的上好饲料，喂大鱼时最好先将蛋打在碗中，连蛋清带蛋黄一起搅匀，倒入沸水中煮熟，切成小碎块喂鱼。

冬季养热带鱼保温法 >>>

将鱼缸放置在阳光照射或靠近暖气片的地方，鱼缸上盖层玻璃，每天加小半壶温水分两次倒入鱼缸；或每次把烧完开水的壶里装半壶凉水，利用余热，3分钟后倒进鱼缸，每晚睡觉前在鱼缸上盖层布单；室内暖气16℃时，水温保持在19～20℃，这样冬天的鱼儿也可以活得自由自在了。

巧缓解热带鱼烂尾烂鳃 >>>

按5升水用1粒药的剂量，将土霉素和复方新诺明药片捻碎，放入玻璃杯中用温水化开，然后倒入鱼缸中。每24小时换一次水，重新换药。这样重复用药2～3次就可以了。

铜丝缓解金鱼皮肤病 >>>

把1段铜丝放进鱼缸里，加入1勺盐，4～5天内不要给鱼换水、喂食。加入盐后，水呈弱酸性，会和铜丝发生微弱反应，生成蓝矾化合物，这种化合物就是缓解金鱼皮肤病的良药。

鱼缸内潜水泵美观法 >>>

潜水泵配有一套出水软管，要从位于缸底的出口接到水面，

▲鱼苗打包小窍门

然后从滤盒中过滤后流入水中,完成水循环。这个软管在水里很难看,而且很难清洗。可取电工用塑料护套线管(硬的,直的,建材店有售)按泵与水面距离截断,用护套线弯头连接出水,成直角。这样管子在水中占位少、贴边、美观、好擦洗。

巧洗滤棉 >>>

找双尼龙袜子,洗净,高锰酸钾消毒后用皮筋套在出水口上,水先流进袜子,再经过滤材,清洗时袜子一翻就洗了,或用一块手绢或纱布铺在滤材上把粪便挡在滤材之上也可。

宠物洗澡小窍门 >>>

最好洗两遍澡,第一遍最好别洗头,用硫黄皂把四肢及肛门等比较脏的地方清洗;第二遍清洗要全面而细致,选用专业的宠物香波,可用毛刷进行清洗辅助,要防止将洗发剂流到宠物的眼睛或耳朵。冲水时要彻底,不要使肥皂沫或洗发剂滞留在宠物身上引起皮肤炎。

梳理宠物毛发小窍门 >>>

梳毛应顺毛方向快速梳拉,由颈部开始,自前向后,由上而下依次进行,即先从颈部到肩部,然后依次背、胸、腰、腹、后躯,再梳头部,最后是四肢和尾部,梳完一侧再梳另一侧。而口周围、耳后、腋下、股内侧、趾尖等宠物最不愿让人梳理的部位更要梳理干净。梳理时,动作应柔和细致,不能粗暴蛮干,为减少和避免宠物的疼痛感,可一手握住毛根部,另一只手梳理。梳理长毛宠物时,应一层一层地梳,即把长毛翻起,然后对其底毛进行梳理。

巧除宠物耳垢 >>>

用一般的药用棉签蘸取适量宠物耳朵清

洗剂或酒精,轻轻地在狗或猫的耳内旋转擦洗,这个过程精力要高度集中,手部力量要适度,否则宠物会拒绝配合。

与狗玩耍的时间限制 >>>

基本保持每天两次,大型狗每次40～60分钟,中型狗每次30～60分钟;小型狗每次20～30分钟。

幼犬不宜多接触陌生人 >>>

最好在2周内少让它接触陌生人,不要带它到热闹的场合去,这会使它受惊。

抓幼犬的小窍门 >>>

先用一只手抓住犬的颈部上方将其提起,随后用另一只手托住它的腹部,不要像提猫那样,只抓住它的颈背部的皮。抱犬时,可用一只手放在犬的胸前,另一只手或手臂托住它的后肢与尾部,并贴近身体,使它感到安稳。切勿只抓住幼犬的前腿,因为幼犬筋骨和肌肉尚未发育完全,很易骨折或损伤。

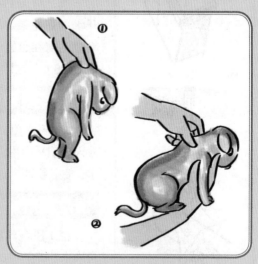

▲抓幼犬的小窍门

狗毛变亮小窍门 >>>

在狗食中加些剁碎的香菜和蛋黄,能使

狗的皮毛变得有光泽。

松叶防狗蚤 >>>

防止狗身上出现跳蚤，可在狗窝里放些新鲜松叶，或放些晒干的蕨类植物。

给狗狗剪指甲的窍门 >>>

每一趾爪的基部均有血管神经，修剪时不能剪得太多太深，一般只剪除爪的1/3左右，并应锉平整，防止造成损伤。另外，对趾爪和脚枕附近的毛，应经常剪短和剃除，以防滑倒。

巧喂狗狗吃药 >>>

给小狗吃的药品，如直接放进狗食，易被它发现。把药品碾碎拌进砂糖，狗就爱吃了。

从小培养狗狗的几个习惯 >>>

❶在狗狗小时候教它翻身，因为它长大后体检时需要把肚子露出来。

❷让狗狗从小习惯主人把手指放在它的嘴里，有了这个基础，以后为它检查牙齿或刷牙就不成问题。

训练狗狗的最佳时间 >>>

最好的训练时间是狗饥饿的时候。这时它会表现得更机警，对食物奖品的反应也更强烈。要注意，狗的注意力集中的时间比人短，因此要使训练课程时间短些，最多不超过15分钟，每天2次。每天给狗喂食2次，这样可以创造出2次训练的好时间。

自制狗狗小玩具 >>>

选一条比较柔软的毛巾，在中间打个结，或者毛巾比较长，那就两头各打一个结，丢给狗狗，小狗一定会咬得专心致志的，聪明的小狗还会把节解开，只要毛巾没有被咬坏，

洗一洗还可以反复使用。

巧算猫食分量 >>>

每次喂给猫的食物量应和猫头一般大小为宜，也就是和成年人的拳头那样大。

如何喂养没牙的小猫 >>>

在猫开饭约半个小时前，将一般的猫干料加水泡软即可。如果担心营养不足，还可以用猫儿专用奶替代清水将干料泡软。

巧法清洗猫咪牙齿 >>>

给猫刷牙时不要使用普通牙膏，要买宠物专用的牙膏，最好每周刷一次。先将一点儿点儿牙膏涂在猫唇上，让它习惯牙膏味道。使用牙刷前，先用棉签轻触牙龈使猫习惯。准备就绪后，用牙刷、宠物牙膏或盐水溶液给猫刷牙。必要时可请人帮忙将猫按住。

喂猫吃药法 >>>

❶不要把药放在食物中，猫灵敏的嗅觉器官能察觉任何掺进食物中的东西。

❷如果猫不太温顺的话、应找来一个助手抓住猫的身体，轻握它的头，稍向后倾，轻压下颚将猫嘴打开，喂入药片后，帮它揉揉喉咙以便吞下药片。

❸服用药液，应用注射器慢慢将药液注入猫口中，注射要慢，否则药液会从口中流出。

捉猫小窍门 >>>

如果猫性急，或因其受伤使人难以接近，最安全的捉拿方法是，用一块足够大的厚布迅速把猫盖住，并将其抱起，然后把猫头外露。必要时，可戴上厚而结实的手套，以防被猫抓伤或咬伤。

旅游出行

淡季出游省钱多 >>>

每年春节后至 5 月、11 月和 12 月都是旅游淡季，这时大多数航空公司和酒店因客源不足，会采取大幅下调价格来吸引旅行社。旅行社因成本降低，团费也会随之下调。

旅游应自备睡衣 >>>

出行前，尽量准备好长睡衣或大被单，入住旅店时，不使用旅馆提供的贴身卧具，以确保个人卫生。

旅游鞋应大一号 >>>

日常生活中买鞋都讲究要合脚，而户外活动时穿用的鞋却不能太"合脚"，而是应至少比平时穿的鞋大一号。这是因为长时间的步行会使脚部肿胀，如果买的鞋穿上感觉正好，那么步行一段时间后就会感到有些挤脚了。在选择新鞋（尤其是新的登山靴）时，首先穿好一双薄袜子和厚袜子，再穿鞋子，看看脚趾能不能在鞋内自由活动。如果脚尖碰到鞋尖，就不适合。再者穿鞋子走走看，如果脚跟和鞋跟很容易滑动，就容易擦伤，这样的鞋子也不适合。

随身携带消毒液 >>>

外出旅游，一定随身携带消毒液，用塑料紧口瓶装好，并不增加多少重量，可是对健康却有保障。

旅游常备的 7 种小药 >>>

❶创可贴及伤湿止痛膏。

❷阿司咪唑（息斯敏）或氯苯那敏（扑尔敏）：有过敏体质的人，到新的环境，可能接触到新的过敏原，易引起皮疹、哮喘等病。

❸安定片：初换住处，往往不易入睡，安定片能帮旅游者安然入睡。

❹茶苯海明（晕海宁片）：晕车、晕船、晕机者必备药物。

❺小檗碱（黄连素片）：如果患上肠炎、腹泻等病，小檗碱（黄连素）可消炎止泻。

❻风油精：旅游免不了蚊叮虫咬，风油精能驱虫止痒。

❼感冒药。

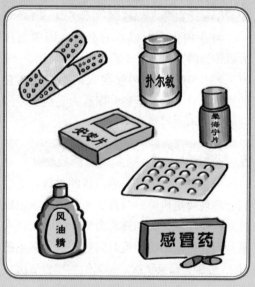

▲旅游常备的 7 种小药

鲜姜防晕车 >>>

爱晕车的人，应随身装块鲜姜，车船行驶途中，将鲜姜片随时放在鼻孔下面闻，使辛辣味吸入鼻中，可以防晕车；或者口含姜片也行。

止痛膏防晕车 >>>

晕车者于乘车前 1 小时，取伤湿止痛膏 1 片贴于肚脐上（称神阙穴）。如乘车超过 1 天，第二天另换一贴。可以有效地防止晕车。

自制腕套防晕车 >>>

自制一个腕套，套内安一颗坚硬的珠子，晕车前戴在左右手腕上，让其顶在左右内关穴，有镇静中枢神经的功能，可以止呕。

梅子陈皮防晕车 >>>

口里含点儿咸梅子、咸橘皮（陈皮），眼睛朝远处看，一般晕车晕船也好些。

牙膏缓解头晕头痛 >>>

在旅途中如果出现头晕头痛的现象，可在太阳穴上涂点儿药物牙膏，牙膏的丁香、薄荷油有镇痛作用。或者涂上一点儿风油精清凉油，效果都不错。

巧用腰带防晕车 >>>

上车前将腰带束紧，防止内脏过分在体内颠动，有助于预防晕车病发生。

杧果缓解晕船呕吐 >>>

去南方旅游或去新、马、泰周边国家旅游，往往多乘船，此时出现晕船呕吐症状，可就地取材，用杧果来缓解。

叩齿缓解晕船晕车 >>>

如果在旅途中出现了晕车晕船现象，手头又无药物，可将舌头紧贴上腭、叩齿。产生的唾液，分次下咽，晕昏症状即可缓解。

乘飞机前忌进食过饱 >>>

吃得过饱，在空中可使食物在体内产生大量的气体，一方面加重心脏和血液循环的负担，另一方面可引起恶心、呕吐和晕机等"飞行病"。

乘飞机前忌食油腻食物 >>>

如果在上机前 1.5 ~ 2 小时内进食了油腻的高脂肪和高蛋白质食物，即使进食量不多，也会因其在胃内难以排空而使肾肠膨胀。另外，人在空中，胃液分泌减少，胃肠蠕动减弱，这些高脂肪、高蛋白食物就更难消化，不仅使人在飞行时腹胀难受，而且在下机后亦可能出现消化不良的种种反应，如腹胀、腹痛、打饱嗝等。

乘飞机不适的临时处置方法 >>>

如果乘坐飞机出现耳胀、耳痛和听力下降等不适时，尤其飞机下降时，不妨做些吞咽动作，上述感觉会有缓解；还可以捏住鼻子，闭嘴鼓气，增加鼻腔内外的压差，冲开耳咽管，使气体冲入中耳腔，达到平衡。

巧法处理脚泡 >>>

先用热水烫脚 10 分钟，用消过毒的针刺破脚泡，使泡内液体流出、排干，再将脚泡部位消毒。忌剪去泡皮，以防感染。

扳脚缓解小腿抽筋 >>>

取坐姿，一手用力压迫痉挛的腿肚肌肉，一手抓住足趾向后扳脚，使足部背曲，再活动一下，即可缓解。

按压穴位缓解小腿抽筋 >>>

脚肚子抽筋了，可掐按压痛穴。此穴位在大踇趾外侧第二道横纹下缘，脚掌与脚侧结合部，哪侧腿抽筋就按掐哪侧。此时还可用圆珠笔尖扎按一下，如感到刺痛，就是此穴位。对着穴位用力掐按 2~3 分钟，抽筋即可缓解。常按此穴还可预防腿肚抽筋。

▲旅途巧打扮

缓解旅途扭伤 >>>

旅途中不幸扭脚，可冷敷缓解。冷水浸湿毛巾，拧干敷在伤处，隔 3 ~ 4 小时敷一次，每次 5 ~ 8 分钟，可消肿、止痛；也可用冷水淋洗伤部。切忌热敷，非但不能消肿止痛，反而会使血管扩张，加速血液流通，进而加剧肿胀及疼痛感。

外出住宿不可盆浴 >>>

在旅店洗澡，无论卫生间看上去多么干净，都不要盆浴或坐浴，因为表面看上去干净而细菌是否清除干净是看不见的，所以，应该用淋浴。如果旅店无淋浴，可先将脸盆用消毒剂洗净，用脸盆淋水洗。

景点门票避"通"就"分" >>>

一票通的门票，虽然有节约旅游售票时间的好处，而且比分别单个买票所花的钱加起来便宜一些，但是，大多数旅游者往往不可能将一个旅游区的所有景点都玩个遍。鉴于此，游客可不必买通票，而改为玩一个景点买一张单票。这样反可省钱。

旅行就餐避"大"就"小" >>>

旅游景点的饮食一般都比较贵，特别是在酒店点菜吃饭，价格更是不菲，而各个旅游点的地方风味小吃，反倒价廉物美，不但省钱，而且也可通过品尝风味小吃，领略当地的饮食文化。

旅途休息巧护肤 >>>

旅途中休息时，可静心闭目养神，同时轻轻按摩面部。有利于皮肤恢复弹性，保持美容。

旅途巧打扮 >>>

旅途中虽然比较紧张繁忙，但也可以巧妙地进行打扮，清晨洗脸时先用温水洗去面部的油污，再用冷水洗一次，使面部皮肤增加弹性。洗脸后可涂点儿香脂或防晒霜，淡淡地涂点儿口红，少洒一点儿香水，这种轻妆淡抹，既能保护皮肤，又会增加风采神韵。

盛夏出行巧穿衣 >>>

盛夏出行，衣服并不是越少越凉爽。赤膊只能在皮肤温度高于环境温度时，增加皮肤的辐射、传导散热，而气温接近或超过 37℃ 时，皮肤不但不能散热，反而会从外界环境中吸收热量，因而盛夏赤膊、女性穿过短的裙子均会感觉更热。专家建议，着浅色真丝绸类衣服旅游最佳。

解渴适可而止 >>>

出发前最好准备一壶清茶水，适当加些盐。清茶能生津止渴，盐可防止流汗过多而引起体内盐分不足。在旅途中喝水要次多量少，口渴时不宜一次猛喝，应分多次喝水，每小时喝水不能超过 1 升，每次以 100 ~ 150 毫升为宜。切忌饮生水。

胶卷多照照片的窍门 >>>

把旧胶卷（12~17 毫米）用透明胶布对接在新胶片头，这样无论 36 张还是 24 张的胶卷，都可以多照 4~5 张。

清晨巧测一日天气 >>>

清晨太阳未出之前，看东方黑云，如鸡头、龙头、旗帜、山峰、车马、星罗，如鱼、如蛇、如灵芝、如牡丹，或紫黑气贯穿，或在日上下者，当日有雨，多在 13 ~ 17 时。

水管预测天气 >>>

自来水管管道上面有水珠渗出，擦去后仍渗出者，一两天内必定有雨。

旅途巧避雷 >>>

在旅游途中遇到强雷电时，不要众人聚堆，要各自找最低处蹲下努力缩小目标，并迅速弃去身上所有金属和导电物体，如手电筒、大哥大、BP 机、瑞士刀、开罐器等。

看月色辨天气 >>>

夜晚，看月亮颜色，或青或红，次日多有雷雨。月亮周围有白云结成圆光，或大如车轮者（月晕），次日必有大风。

▲看月色辨天气

巧用手表判定方位 >>>

将当时的标准时间除以 2，再在表盘中找出商数的相应位置，然后将其对准太阳，表盘上"12"所指的方向就是北方。但要记住，如果是下午，要按 24 小时计时法计算。用这种方法求方向，其准确程度不亚于指南针。

看月亮辨方向 >>>

农历每月十五日，月亮很圆，叫满月，这时看月亮，晚上 6 时它在东方，子夜在正南方，次日晨 6 时在西方，农历初五、初六，月球被照亮只有一小部分，我们叫它月牙。这时看月亮，晚上 6 时大约在西南方，半夜在西方，农历二十三日前后，月亮又成了月牙，这时看月亮半夜 12 时在东面，早上 6 时约在南方。

观察北极星辨方向 >>>

大熊星座由 7 颗星排成勺状，勺端两颗星向前延伸，即北极星，也就是北方。

汽车养护

平稳开车可省油 >>>

行驶的速度，不要过高，最好保持经济时速。对一般车子而言，80 千米的车速是最省油的，每增加 1 千米的时速，就会使耗油量增加 0.5%。不要大油门起步、猛踩油门加速或急刹车，这样不但大大增加耗油量，还会加剧零部件的磨损。

轻车行驶可省油 >>>

车后的行李箱要及时清理，除了应急的工具以外，其余可要可不要的杂物最好"请"出去。因为每增加 45 千克的载重，就会使汽油使用效率减低 1% 以上。

▲轻车行驶可省油

油箱加满油更省钱 >>>

一些车主常常只加小半箱油，临近耗尽时再加油。其实这样做会使油箱中的燃油泵上部经常得不到燃油冷却，容易发热烧损。更换一只燃油泵需好几百元，用这种方法控制用油实在是因小失大。

汽油标号并非越高越好 >>>

汽油标号与汽油是否清洁和是否省油没有必然的联系，并不是汽油标号越高越好，即使是高档车也不等于该加高标号汽油。加什么油要遵循说明书上的用油标准，使汽车发动机压缩比系数与汽油抗爆系数相适应。

养成暖车好习惯 >>>

冬天出门前先热车 1 ~ 3 分钟，这样可以达到省油效果，对车子引擎也有好处。但是最好不要超过 3 分钟，否则会费油。

选择阴天贴膜 >>>

赶上阴雨天气，很多车主不急着贴膜，其实阴天才是贴膜的最好时机。因为阴天时空气中悬浮物减少，可避免膜和玻璃间出现杂质影响美观。

汽车防静电小窍门 >>>

❶少用纤维织物。纤维织物的摩擦是汽车静电的重要来源，特别是化纤产品，更易摩擦起电。因此在选择座套、坐垫及脚垫等用品时，尽量使用真皮、毛料或纯棉制品。

❷使用车蜡。车蜡具有防静电作用，但不同种类车蜡防静电能力不同。若您的车易产生静电，不妨采用防静电专用车蜡，效果会更加明显。

❸使用静电放电器。静电放电器有两种，一种是空气静电放电器，另一种是搭链式放电器。若想取得最佳的防静电效果，最好让这两种放电器结合使用。

巧洗散热器 >>>

为防止汽车引擎过热，要定期冲洗散热器，把散热器软管卸下，用另一根软管插入散热器上部的接头中，用软布将接头塞紧，然后盖上加水门压盖。此时可以放水清洗，直到水顺畅地流出底部软管为止。

防止汽车挡风玻璃结霜小窍门 >>>

冬季寒冷，汽车在露天停放一夜后，早晨挡风玻璃上经常结出厚厚一层霜花，不容易立即清除。可用一块旧单人床单大小的布，在晚上停车时罩在挡风玻璃上，两端用车门夹住。第二天早上掀开罩布，挡风玻璃干干净净。

如何检查胎压 >>>

校正胎压是安全检查中最重要的一环。胎压必须定期检查，除了备胎以外，其他的四个轮胎最少要两个星期检查一次，而胎压的检查必须是在轮胎冷却的情形下进行。胎压过高过低对车辆的油耗和使用性能都有影响。正确的做法是，将车停止行驶 1 小时以上，停放在平整的路面，避免阳光曝晒。

夏季保养轮胎小窍门 >>>

夏季汽车运行时，应经常检查轮胎的温度和气压，保持规定的气压标准，在酷热的中午行车应适当降低行驶速度，车每行 40 ~ 50 千米应停在阴凉地稍作休息，待轮胎温度降低后再继续行车。

汽车暴晒后需通风 >>>

暴晒之后的汽车就像是一条搁浅的鲸，需要一个既迅速又柔和的温度调节方式来降低温度，这种状况下打开汽车天窗和车内空调就是最好的选择。这种通风方式可带来适宜的温度分布和理想的氧气供给。

汽车启动小窍门 >>>

插上钥匙后，先转到电门，出现"HOLD"字样，让车的行车电脑先自检一遍，等灯灭了以后再打火，不要直接拧钥匙。另外，打着火后最好先热车 1~2 分钟再慢速起步，之后再逐渐提速。

高速路行驶最好开天窗 >>>

司机在高速行驶时，常常会被侧窗打开时的噪声和侧风所困扰，尤其当车速达到 100 千米时，打开侧窗通风而引起的噪声可高达 110 分贝，而如果打开"汽车天窗"却仅仅为 69 分贝，这样噪声会大幅度降低；其次，汽车天窗的通风换气是依靠汽车在行驶过程中气流在天窗顶部的快速流动，从而形成车内的负压，将污浊空气抽出，这种原理的应用也就解决了侧风扑面的问题。

汽车停放小窍门 >>>

停车选平地避免将车辆停放在有粗大、尖锐或锋利石子的路面上。车辆不要停放在靠近或接触有石油产品、酸类物质及其他影响橡胶变质的物料的地方。不要在停车后转动方向盘。

用牙膏去除划痕 >>>

如果划痕没伤及底漆，就取出随车携带的小牙膏，将毛巾沾湿，挤一点儿牙膏涂在湿毛巾上，在划痕处反复摩擦，再用没涂牙膏的湿毛巾擦干净即可。此办法还能有效地对付沾到漆面上的沥青、虫胶等污物。

巧用旧报纸除湿 >>>

下雨天上车时难免脚上满是雨水泥水，带到车上很快就会将干净的脚垫弄脏。可以在后备厢中存放点儿旧报纸，在雨天时，拿几张铺在乘客们的脚垫上面。但切忌驾驶位铺垫，否则会影响两脚操作。

橡皮可除车门上的鞋印 >>>

汽车车门附近经常会因为上下车而与皮鞋摩擦留下一道道黑印，并且很难除去，此时用学生用的橡皮擦一下会发现那些鞋印很快就不见了。

雨天巧除倒后镜上水珠 >>>

将牙膏挤在牙刷上，然后在倒后镜上研磨，由中间向外顺着一个方向打圈，效果很明显。

留意汽车异味 >>>

❶烧焦橡胶味：可能是关闭的制动闸片造成轮胎过热或由于衔接于热发动机的橡胶软管所造成。

❷烧焦油味：可能是润滑机油量太少或变速器液太少，以致变速器过热，润滑机油滴在发动机最热的部分。

❸烧焦塑胶味：多数是由于电器系统的电流短路所致，有着火危险。

❹车中的汽油味：多数是由于泄漏或开脱的蒸汽或燃气管线以及损坏的蒸发控制筒所致，有着火危险。

留意汽车怪声 >>>

❶咔嗒声（低沉噪声）：变速器液太少（限自动变速）。

❷嗒嗒声（节奏性，较清脆的金属轻敲声）：可能是由于松动的车轮外壳，有缺陷的车轮轴承，松脱的风扇翼片或发动机内的低油量所造成。

❸轻微的爆震声（敲击）：显示车子需要做一番调节或者发动机所需的汽油辛烷值太低。

❹尖锐刺耳的声音（金属摩擦声）：

可能是制动器出毛病。

❺短促刺耳的声音（尖锐的摩擦声）：也许是由于损坏的鼓式制动器衬垫、车子底盘架需要润滑、车轴弹簧磨损所致。

❻长而尖锐的声响（呜呜声）：可能是充气不足的轮胎、前轮定位失调的车轮，松动或磨损的动力转向风扇及冷气机压缩器带等造成的。

❼重击声（低沉的金属碰击声）：可能是显示车子的皮带轮松脱，曲轴主轴承已磨耗或排气管松动。

❽重大撞击声（连续不断）：也许是由磨损的曲轴主轴承或损坏的连接杆所致。

定期检查后备胎 >>>

后备轮胎是厂家配的，但往往被车主遗忘在行李厢下而缺少保养，建议每3个月定期检查一下后备轮胎，必要时还要给它充气，以免在需要它的时候才发现它是扁的。

车辆熄火的处理 >>>

车辆在行驶中熄火，这时要稳住自己紧张的情绪，慢抬离合器，轻踩油门，使车辆缓步前进。如果反复多次还不能使车辆开动起来，最好请其他车主帮帮忙。如果是车辆出现了故障不能启动，要赶快向维修站打电话，向他们求助。

如何换备胎 >>>

先用千斤顶把汽车稍微支起来，在轮胎还没有离开地面之前，把车轮的紧固螺母拧松。把紧固螺母拧松之后，继续用千斤顶把汽车支起来，待轮胎完全离开地面之后，把原轮胎拆下来，装上备胎，按对角线的次序，分别把所有的紧固螺母均匀地拧牢固，最后把千斤顶降下来，更换轮胎的工作到此结束。

巧取折断气门芯 >>>

在气门芯折断时，锥形的胶质部分可能断留在气门嘴内，取出办法很简单：用一根自行车13号车条，将其螺纹部分当作丝锥旋入折断的气门芯内向外拉动，即可。

风扇皮带断裂的应急维修 >>>

可把断了的皮带用铁丝扎好或采用开开停停的办法把车开走。

巧用千斤顶代替大锤 >>>

轿车的右侧尾部被撞凹，要恢复原形时，用敲击法修复，不仅会扩大表面损伤，而且很难恢复原形。可将一块合适的木板放到后行李箱左侧，在"千斤顶"顶端放一平铁，顶着凹部；沿撞击力的反方向缓缓加压，凹部就可被校平整，再补点儿漆便行。

油箱损伤的应急维修 >>>

机动车在使用时，发现油箱漏油，可将漏油处擦干净，用肥皂或泡泡糖涂在漏油处，暂时堵塞；用环氧树脂胶粘剂修补，效果更好。

油管破裂的应急维修 >>>

可将破裂处擦干净，涂上肥皂，用布条或胶布缠绕在油管破裂处，并用铁丝捆紧，然后再涂上一层肥皂。

油箱油管折断的应急维修 >>>

可找一根与油管直径相适应的胶皮或塑料管套接。如套接不够紧密，两端再用铁丝捆紧，防止漏油。

油缸盖出现砂眼的应急维修 >>>

可根据砂眼大小，选用相应规格的电工专用保险丝，用手锤轻轻将其砸入砂眼内，即可消除漏油、漏水。

油管接头漏油的应急维修 >>>

机动车使用时，如发动机油管接头漏油，多是油管喇叭口与油管螺母不密封所致。可用棉纱缠绕于喇叭下缘，再将油管螺母与油管接头拧紧；还可将泡泡糖或麦芽糖嚼成糊状，涂在油管螺母座口，待其干凝后起密封作用。

进、出水软管破裂的应急维修 >>>

破裂不大时，可用涂有一层肥皂的布将漏水处包扎好；如破裂较大时，可将软管破裂处切断，在中间套上一个竹管或铁管，并用铁丝捆紧。

卸轮胎螺母的妙法 >>>

在行车途中更换轮胎时，由于原轮胎螺母上得过紧、锈蚀或其他原因，很难卸下，有时甚至因卸螺母用力过大导致扳手损坏。其实，只需用破纱布之类的东西蘸少许易燃的油脂，放在难以卸下的螺母处点火燃烧，趁热用扳手一扳即可。

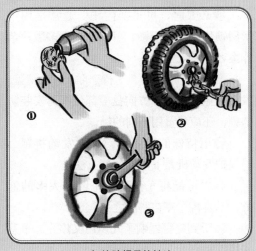

▲卸轮胎螺母的妙法

螺孔滑扣的应急维修 >>>

螺孔滑扣会导致漏油或连杆松动，使其无法工作。这时可将原螺杆用锤子捶扁，使其两边膨胀增大再紧固好，但不可多次拆卸，待下次保养时修理。

膜片或输油泵膜片破损的应急维修 >>>

膜片或输油泵膜片破裂或折断时，可拆开油泵取出膜片，用胶木板、电工绝缘胶木或塑料布按原形状、尺寸锯锉成型，并磨光装上。

气门弹簧折断的应急维修 >>>

气门弹簧折断后，可将断弹簧取下，把断了的两段反过来装上，即可使用。也可找一片1毫米厚的铁皮，剪成比弹簧直径大1毫米的圆片，内部剪一圆孔，直径小于弹簧直径4毫米，外部边缘每隔6毫米剪成4毫米长的裂口，剪好后每隔一片折叠一片，形成双面弹簧座槽，再将弹簧调头装入铁皮槽内即可使用。

汽车防盗小窍门 >>>

❶必要时，可更换门锁。通常是用锥形门锁代替标准门锁，可以防止大多数业余作案者。

❷点火开关、车门、行李厢、汽油箱盖、发动机盖、车轮、方向盘等部位都可安装防盗锁，还应尽量用不同的锁。

❸用特殊的前盖锁，锁上发动机罩，是保护发动机盖下部件的好方法。

❹尽可能将车停在一个明亮人多的地方，不要将车停在僻静之处。

❺听到报警器响了几声后又停止，千万别掉以轻心。

❻当把车停了一段时间再返回来时，一定要对车细细看一遍，查看轮轴盖、备胎、牌照等有无变化，许多小偷会偷窃牌照，并把它换到被通缉的车上。

❼不要将值钱的东西放在车座等显眼处，否则容易"引贼上车"。

❽将车重要易盗部件刻上特殊记号，并登记在派出所档案里，这样有利于找回丢失的零件。

私人车辆巧投责任保险 >>>

如果车上一般乘坐的都是家人，而车主和家人都已经投保过人寿保险中的意外伤害保险和意外医疗保险，作为私人轿车，就没有必要投保车上责任保险了，因为意外伤害和意外医疗保险所提供的保障范围基本涵盖了车上责任保险在这种情况下所能提供的保障。如果您车上经常乘坐朋友，而且经常变化，最好还是投保车上责任保险，用以满足意外交通事故发生时的医疗费用。

旧车怎样投保盗抢险 >>>

由于保险公司在赔偿的时候是根据保险车辆的折旧价、购车发票票面价格以及投保金额的最低价确定赔偿金额的，所以盗抢险的保费于新车和旧车是不同的。新车的保额要按照新车购置价投保，而旧车的保额要按照车辆折旧价和购车发票金额的最低金额确定，如果二手车按新车价投保，不但多交了保险费，一旦车被偷、被抢，只能得到折旧价或发票价中最低的赔偿。

小事故不要到保险公司索赔 >>>

如果车主当年没有出现保险事故，保险公司会在第二年给予10%的无赔款优待，这可是一笔不小的优惠。所以如果出现的事故较小，车主还是权衡一下，再决定是否向保险公司索赔。